江苏专转本高等数学一本通

迈成教育　主编

東南大學出版社
SOUTHEAST UNIVERSITY PRESS
·南京·

《江苏专转本高等数学一本通》编委会

主　　任：马　伟　吉　琳　关怀海

编 委 组：丁爱华　黄一维

前言

江苏省普通高校“专转本”工作自开展以来，已有数万名高职高专学生进入本科院校深造学习，为高职高专学生转入本科学习构建了通道。为选拔高质量专科毕业生，培养高层次技术技能人才，江苏省教育厅于2020年12月发布全新考试大纲，有针对性地加强学生对专业知识与专业技能的学习。

迈成教育培训品牌自创立以来，一直秉承着“服务至上”的经营理念，怀抱着长远发展的眼光，不断完善服务体系，追求更好的服务质量。经过多年的学习研究、改革发展，迈成教育帮助上万名专科生实现了本科梦想，先后获得多项荣誉与多家媒体的报道。

“专转本”考试中的高等数学科目命题灵活性较大，出题形式多样，考查的知识点综合性较强。尤其是近两年来，高等数学出题范围较往年有所扩大，出题角度较为新颖，考试内容与出题形式的变化致使高等数学卷面整体考查难度上升。因此对于在备考高等数学的“专转本”考生来说，需要在熟悉历年考试基础题型之外，重点培养对高等数学考纲知识点的全面掌握与灵活运用能力。

为帮助更多专科生考上好大学，迈成教育充分利用高等数学考试教学与研究经验与资源，结合近年来的出题方向及规律变化，组织优秀教研团队进行本教材的改版修订与出版工作，让考生学习备考更具全面性、针对性、时效性、科学性。

本书每章由知识框架、考情综述、基础精讲、考点聚焦等四个模块构成，具有以下几个特点：

1. 紧扣考纲，全面剖析。全书共分为八章，对各个知识点所涉及的概念、公式、定理、性质等进行了全面剖析。

2. 知识梳理，思路清晰。每个章节开头部分对本章所涉及的知识点进行了框架梳理，有利于考生在学习过程中形成知识体系，便于考生系统化掌握知识点。

3. 例题精析，重点突出。为帮助考生深度掌握基础题型解法，举一反三，本书结合近年来的考试题型，精选例题进行详细分析和解答，同时给出要点速记，便于考生加强重要考点的记忆。

4. 双色印刷,版式活泼。本书图文并茂,一目了然,既能提高书籍阅读体验,又能强化突出全书的重点内容。

本书由迈成教育组织多位专业从事“专转本”高等数学考试培训的专家编写,历经多次打磨、完善与修订,旨在帮助更多“专转本”考生顺利备考。

我们衷心希望本书能够得到各位考生的认可,书中肯定也存在不足之处,欢迎广大考生提出宝贵意见和建议,以便我们后续对本书的修订与完善。同时感谢考生们选择并信任迈成教育,祝大家学业顺利,心想事成,迈向成功。

迈成教育

目　录

第一章　函数、极限与连续

知识框架

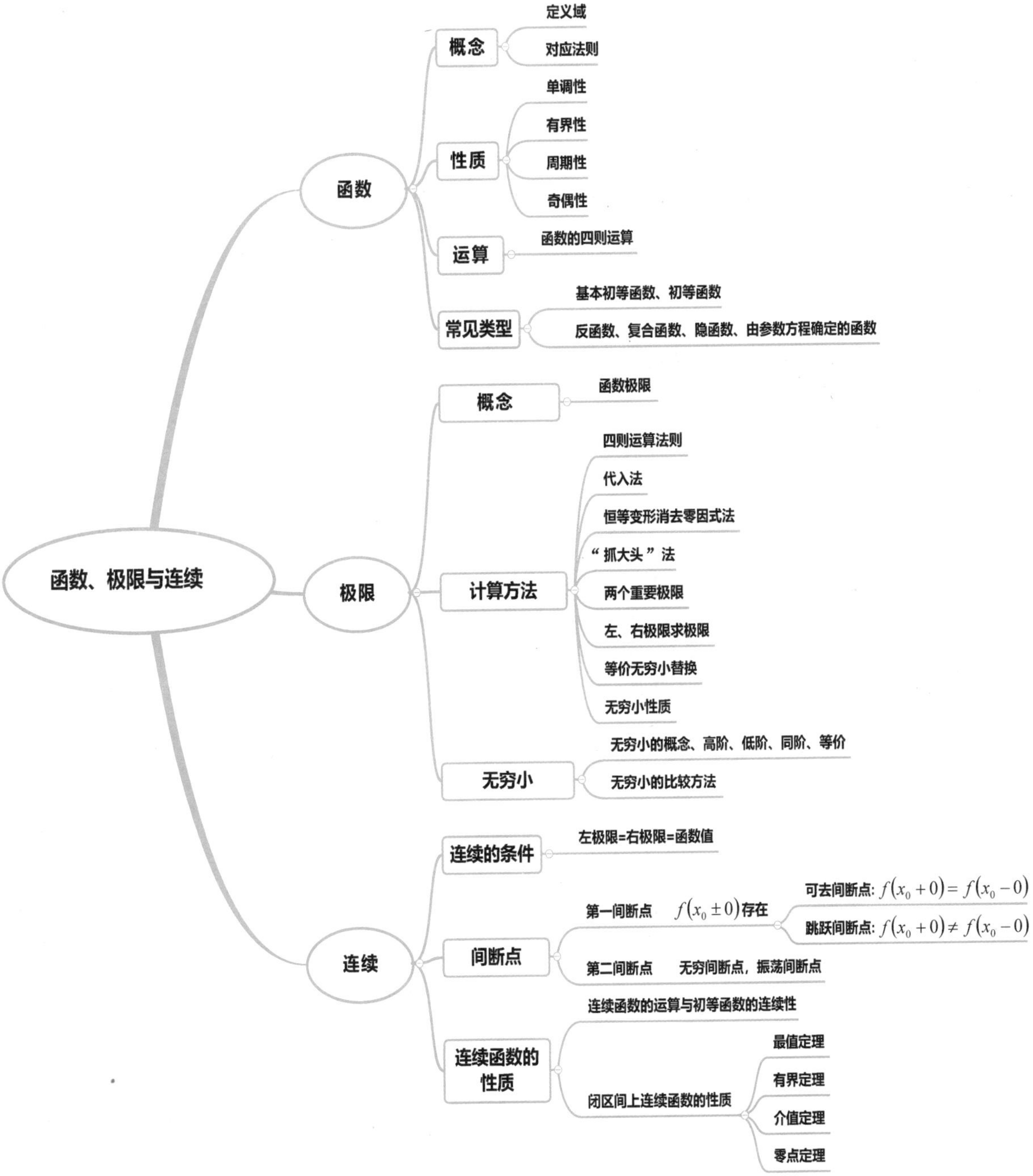

考情综述

一、考查内容及要求

考查内容		考查要求
1. 函数	(1) 函数的概念及表示法; (2) 函数的有界性、单调性、奇偶性和周期性; (3) 分段函数、复合函数、反函数和隐函数; (4) 基本初等函数和初等函数	(1) 理解函数的概念,掌握函数的表示法,会建立应用问题的函数关系;理解函数的有界性、单调性、奇偶性和周期性; (2) 理解分段函数、复合函数、反函数及隐函数的概念;熟练掌握基本初等函数的性质及其图形,了解初等函数的概念
2. 极限	(1) 数列极限与函数极限的定义及其性质; (2) 函数的左极限和右极限; (3) 无穷小量和无穷大量的概念及其关系; (4) 无穷小量的性质; (5) 无穷小量的比较; (6) 极限的四则运算; (7) 两个重要极限	(1) 理解极限的概念;了解数列极限与函数极限的性质;理解左极限与右极限的概念以及函数极限存在与左、右极限之间的关系; (2) 掌握极限的四则运算法则与复合函数的极限运算法则; (3) 熟练掌握利用两个重要极限求极限的方法; (4) 理解无穷小量与无穷大量的概念,掌握无穷小量的性质;了解函数极限与无穷小量的关系,了解无穷小量的比较方法,会熟练运用等价无穷小量求极限
3. 连续	(1) 函数连续的定义; (2) 函数的间断点及其分类; (3) 连续函数的运算性质与初等函数的连续性; (4) 闭区间上连续函数的性质	(1) 理解函数连续的概念,会利用函数的连续性求极限,并能够判定函数在给定点的连续性;会判别函数间断点的类型; (2) 了解连续函数的运算性质和初等函数的连续性;理解闭区间上连续函数的性质(有界性定理、最大值和最小值定理、介值定理、零点定理),并会运用这些性质

二、考查重难点

内容		重要性
1. 重点	(1) 函数的基本性质	☆☆☆
	(2) 基本初等函数和初等函数	☆☆☆
	(3) 无穷小量的比较	☆☆☆☆☆
	(4) 两个重要极限	☆☆☆☆☆
	(5) 连续的定义	☆☆☆☆
	(6) 函数的间断点及其分类	☆☆☆☆☆
2. 难点	(1) 无穷小量的比较、等价无穷小替换	☆☆☆☆☆
	(2) 函数的间断点及其分类	☆☆☆☆☆

三、近五年真题分析

年份	考点内容	占比
2024 年	极限的四则运算法则、两个重要极限、无穷小量的比较、间断点的类型、连续函数的性质(介值定理)	11.3%
2023 年	极限的四则运算法则,两个重要极限,等价无穷小,间断点的类型,无穷小量的性质,函数的有界性、单调性、奇偶性和周期性	13.3%
2022 年	函数的连续性、间断点的类型、无穷小量的性质、两个重要极限、等价无穷小	13.3%

（续表）

年份	考点内容	占比
2021 年	无穷小量的比较、函数的连续性、两个重要极限、等价无穷小	13.3%
2020 年	极限的四则运算法则、函数的连续性、两个重要极限、等价无穷小	13.3%
总结：本章在历年专转本考试中，是比较重要的考查内容，基本上属于较易题和中等难度题，约占 15%. 题型比较固定，一般选择题第 1、2 题，填空题第 1 题和计算题第 1 题都会考查本章的内容，当然，证明题、综合题中也常常用到本章的相关知识点与方法，如分段函数、复合函数、隐函数的概念等.		

基础精讲

第一节　函　　数

一、函数的概念及表示法

1. 函数的定义

定义 1　设有两个变量：x、y，x 的变化范围为 D，若对于 D 中每一个 x 值，按照一定法则都有一个确定的 y 值与之对应，则称变量 y 是 x 的函数，记作 $y=f(x)$，$x\in D$. **自变量** x 的取值范围 D 称为函数的**定义域**，**因变量** y 的取值范围 $z=\{y \mid y=f(x),\ x\in D\}$ 称为函数的**值域**.

提示

（1）函数是从实数集到实数集的映射，它包括两大要素：定义域和对应法则.

（2）函数和变量的选取无关，只要定义域和对应法则相同，不管用什么变量表示函数的自变量和因变量，函数都是一样的.

【例 1】　对应法则是 $y=\dfrac{1}{x}$，由于当 $x=0$ 时，对应法则无意义，故定义域是 $D=(-\infty,0)\cup(0,+\infty)$，这样对于每一个 $x\in D$，由对应法则确定唯一的 y 与之对应，即构成了函数 $y=\dfrac{1}{x}$，$x\in D$.

【例 2】　判断下列各对函数是否相同：

（1）$f(x)=\dfrac{x^2-1}{x-1}$ 与 $g(x)=x+1$；　　（2）$f(x)=\sqrt{x^2}$ 与 $g(x)=\begin{cases}-x, & x<0,\\ x, & x\geqslant 0.\end{cases}$

【精析】　如果能够一眼判断出两函数的定义域或者对应法则有一项是不相同的，可以直接确定这两个函数不相同. 如果不能，则一般先分别求定义域进行比较，如果定义域相同，再进行对应法则的比较.

（1）$f(x)$ 的定义域为 $x\neq 1$，$g(x)$ 的定义域为 $(-\infty,+\infty)$，两者定义域不同，故不是同一函数；

（2）$f(x)$ 与 $g(x)$ 的定义域均为 $(-\infty,+\infty)$ 且对应法则也相同，故是同一函数.

2. 函数的定义域

函数的定义域是指使函数有意义的自变量 x 的取值范围. 在研究函数时，首先要考虑它的定义域，在定义域外研究函数是没有意义的.

一般来说，求函数的定义域的方法有：

(1) 排除法

去掉使数学表达式没有意义的自变量的取值部分，就是该函数的定义域. 要使数学表达式有意义，通常考虑的要素有：

① 在分式中，分母不能为 0；

② 在对数中，对数的真数为正；

③ 在根式中，偶数次根号下非负；

④ 反正弦和反余弦记号下的表达式，其绝对值不超过 1.

(2) 交集法

若函数表达式由几个函数经四则运算所组成，则其定义域是各函数的定义域的交集(公共部分).

(3) 并集法

分段函数的定义域是各段函数定义域的并集.

(4) 代入法

若 $f(x)$ 的定义域为 $a < x < b$，则 $f[\varphi(x)]$ 的定义域为从 $a < \varphi(x) < b$ 中解出的 x 的范围.

【例 3】 函数 $f(x) = \arcsin(x-1) + \sqrt{3-x}$ 的定义域为________.

【精析】 要使 $\arcsin(x-1)$ 有意义，须使 $|x-1| \leqslant 1$，求解得 $0 \leqslant x \leqslant 2$；要使 $\sqrt{3-x}$ 有意义，须使 $3-x \geqslant 0$，求解得 $x \leqslant 3$，然后取二者交集，可得函数 $f(x)$ 的定义域为 $\{x \mid 0 \leqslant x \leqslant 2\}$.

【例 4】 函数 $y = \begin{cases} -x, & x \leqslant 0, \\ x+1, & 0 < x < 2, \\ x^2, & 2 \leqslant x < 5 \end{cases}$ 的定义域为________.

【精析】 此题为分段函数，必须取各分段区间内 x 取值区间的并集，即 $(-\infty, 0] \cup (0, 2) \cup [2, 5) = (-\infty, 5)$，故该分段函数的定义域为 $(-\infty, 5)$.

【例 5】 设函数 $f(x)$ 的定义域为 $[0, 1]$，则函数 $f(\ln x)$ 的定义域为________.

【精析】 因为 $f(x)$ 的定义域为 $[0, 1]$，则 $0 \leqslant x \leqslant 1$，所以对于 $f(\ln x)$ 有 $0 \leqslant \ln x \leqslant 1$，即 $\ln 1 \leqslant \ln x \leqslant \ln \mathrm{e}$，故 $1 \leqslant x \leqslant \mathrm{e}$，即 $f(\ln x)$ 的定义域为 $[1, \mathrm{e}]$.

【例 6】 已知函数 $f(2x-1)$ 的定义域为 $[0, 1]$，则函数 $f(x)$ 的定义域为________.

【精析】 当 $0 \leqslant x \leqslant 1$ 时，$-1 \leqslant 2x-1 \leqslant 1$，则 $f(x)$ 的定义域为 $[-1, 1]$.

3. 函数的值域或表达式

(1) 代入法

直接把 $g(x)$ 看作 $f(x)$ 中的自变量 x 代入 $f(x)$ 中，即得到复合函数 $f[g(x)]$ 的表达式.

【例 7】 已知 $f(x) = 2x^2 + 1$，则 $f(2x+1) =$________.

【精析】 由代入法得 $f(2x+1) = 2(2x+1)^2 + 1 = 8x^2 + 8x + 3$.

(2) 换元法

令 $u = g(x)$，将所做变换代入 $f[g(x)]$ 得 $f(u)$，令 $u = x$，可得 $f(x)$ 的表达式.

【例 8】 设$f(x+1)=x^2+2x$，则$f(x)=$________.

【精析】 令$x+1=u$，则$x=u-1$，有$f(u)=(u-1)^2+2(u-1)=u^2-1$，故$f(x)=x^2-1$.

(3) 恒等变形法(拼凑法)

首先将复合函数$f[g(x)]$的表达式通过恒等变形，写成以$g(x)$为自变量的表达式，然后将$g(x)$用自变量x代换，即得$f(x)$的表达式.

【例 9】 已知$f\left(x+\frac{1}{x}\right)=x^3+\frac{1}{x^3}$，则$f(x)=$________.

【精析】 $\because f\left(x+\frac{1}{x}\right)=\left(x+\frac{1}{x}\right)\left(x^2-1+\frac{1}{x^2}\right)=\left(x+\frac{1}{x}\right)\left[\left(x+\frac{1}{x}\right)^2-3\right]$，

$\therefore f(x)=x(x^2-3)$.

二、函数的性质

1. 单调性

定义 2　如果函数$y=f(x)$对区间(a,b)内的任意两点x_1和x_2，当$x_1<x_2$时，恒有$f(x_1)<f(x_2)$，那么称函数$f(x)$在(a,b)内是**单调增加**的；当$x_1<x_2$时，恒有$f(x_1)>f(x_2)$，那么称函数$f(x)$在(a,b)内是**单调减少**的.

单调增加与单调减少统称为**单调**.

单调增加函数的图形沿x轴的正向上升，见图 1-1；单调减少函数的图形沿x轴的正向下降，见图 1-2.

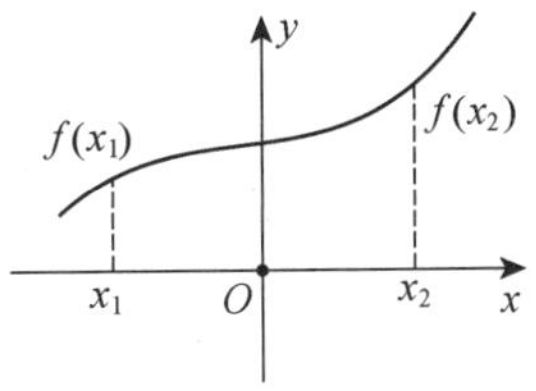

图 1-1

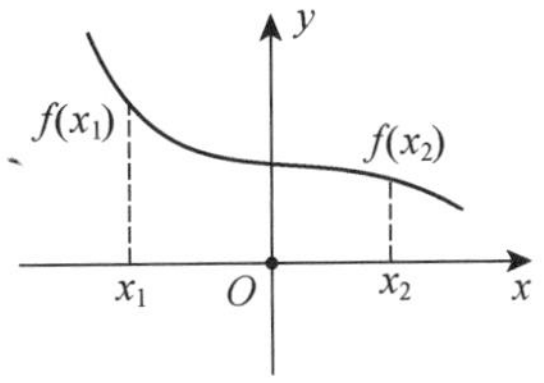

图 1-2

【例 10】 验证函数$y=5x-3$在区间$(-\infty,+\infty)$内是单调增加的.

【精析】 在区间$(-\infty,+\infty)$内任取两点$x_1<x_2$，于是

$f(x_1)-f(x_2)=(5x_1-3)-(5x_2-3)=5(x_1-x_2)<0$，即$f(x_1)<f(x_2)$，所以$y=5x-3$在区间$(-\infty,+\infty)$内是单调增加的.

2. 奇偶性

定义 3　设函数$y=f(x)$在集合D(D **关于原点对称**)上有定义，如果对任意的$x\in D$，恒有$f(-x)=f(x)$，那么称$f(x)$为**偶函数**；如果对任意的$x\in D$，恒有$f(-x)=-f(x)$，那么称$f(x)$为**奇函数**.

偶函数的图像关于 y 轴对称，见图 1-3；奇函数的图像关于原点对称，见图 1-4.

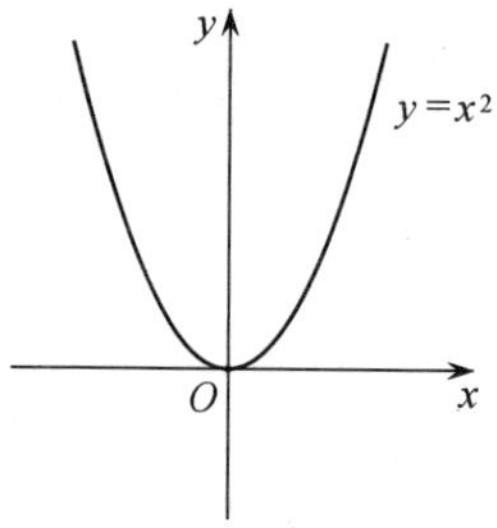

图 1-3

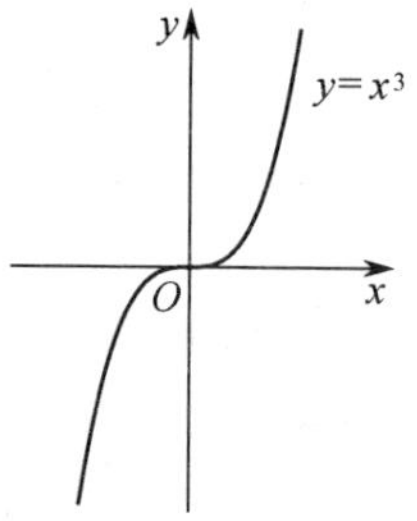

图 1-4

提示

函数的奇偶性是相对于对称区间而言的，若定义区间关于原点不对称，则该函数必不是奇、偶函数，例如 $f(x)=\begin{cases}1, & x\geqslant 0,\\ -1, & x<-1\end{cases}$ 就不具有奇偶性.

奇偶性的性质：

(1) 如果 $f_1(x)$ 和 $f_2(x)$ 都是偶函数（或奇函数），则对任意的常数 $k_1, k_2\in\mathbf{R}$, $k_1f_1(x)+k_2f_2(x)$ 仍是偶函数（或奇函数）.

(2) 如果 $f_1(x)$ 和 $f_2(x)$ 的奇偶性相同，则 $f_1(x)\cdot f_2(x)$ 为偶函数；如果 $f_1(x)$ 和 $f_2(x)$ 的奇偶性相反，则 $f_1(x)\cdot f_2(x)$ 为奇函数.

【例 11】 判断下列函数的奇偶性：

(1) $f(x)=\dfrac{1-x^2}{1+x^2}$；　　(2) $f(x)=x(x-1)(x+1)$.

【精析】 (1) 函数定义域为 $\mathbf{R}$，关于原点对称，且 $f(-x)=\dfrac{1-(-x)^2}{1+(-x)^2}=\dfrac{1-x^2}{1+x^2}=f(x)$，故 $f(x)=\dfrac{1-x^2}{1+x^2}$ 为偶函数；

(2) 函数定义域为 $\mathbf{R}$，关于原点对称，且 $f(-x)=-x(-x-1)(-x+1)=-x(x-1)(x+1)=-f(x)$，故 $f(x)=x(x-1)(x+1)$ 为奇函数.

3. 有界性

定义 4 设函数 $y=f(x)$ 在区间 (a,b) 内有定义，若存在一个正数 M，对任意的 $x\in(a,b)$，恒有 $|f(x)|\leqslant M$，则称函数 $f(x)$ 在 (a,b) 内是**有界的**；若不存在这样的正数 M，则称 $f(x)$ 在 (a,b) 内是**无界的**.

函数的有界性，是指函数值 y 取值的有界性，而且有界性具有区间的相对性，在一个区间上有界的函数，在另一区间上就可能无界. 例如 $f(x)=\tan x$ 在 $\left[-\dfrac{\pi}{3},\dfrac{\pi}{3}\right]$ 上是有界的，而在

$\left(-\frac{\pi}{2}, \frac{\pi}{2}\right)$ 内是无界的，**因此，我们说一个函数是有界的或是无界的，应同时指出其自变量的相应范围.**

提示

(1) 若 $f(x) \geq M$，则称 $f(x)$ 有下界；若 $f(x) \leq N$，则称 $f(x)$ 有上界. 上界、下界不唯一，且 $|M|$ 与 $|N|$ 不一定相同.

(2) 有界 $\Leftrightarrow$ 既有上界又有下界.

4. 周期性

定义 5　对于函数 $y = f(x)$，如果存在正数 a，使 $f(x) = f(x+a)$ 恒成立，那么称此函数为**周期函数**，满足这个等式的最小正数 a 称为**函数的周期**. 一般周期函数的周期是指最小正周期.

提示

(1) 并不是每个周期函数都有最小正周期，如常数函数就没有最小正周期.

(2) 周期函数的图形可以由一个周期 a 内的图形左右平移得到.

三、函数的运算

1. 四则运算

设函数 $f(x)$ 和 $g(x)$ 的定义域分别为 D_1 和 D_2，且 $D = D_1 \cap D_2 \neq \varnothing$，则这两个函数经过四则运算之后能形成新的函数：

和(差)运算：$f(x) \pm g(x)$，$x \in D$；

积运算：$f(x) \cdot g(x)$，$x \in D$；

商运算：$\frac{f(x)}{g(x)}$，$x \in D \setminus \{x \mid g(x) = 0, x \in D\}$.

2. 复合函数

定义 6　设 y 是 u 的函数 $y = f(u)$，u 是 x 的函数 $u = \varphi(x)$，如果 D 表示 $\varphi(x)$ 的定义域或者是定义域的一部分，当 x 在 D 上取一个值时，对应的 u 使 $f(u)$ 有定义，那么称 y 是 x 的**复合函数**，记作

$$y = f[\varphi(x)].$$

其中，x 是自变量，u 称为中间变量.

【例 12】 试求函数 $y=u^2$ 与 $u=\cos x$ 构成的复合函数.

【精析】 将 $u=\cos x$ 代入 $y=u^2$ 中,即为所求的复合函数 $y=\cos^2 x$.

【例 13】 已知 $y=\ln u$, $u=4-v^2$, $v=\cos x$, 将 y 表示成 x 的函数.

【精析】 u 和 v 都是中间变量,逐层代入便可得到 $y=\ln(4-v^2)=\ln(4-\cos^2 x)$.

【例 14】 设 $f(x)=\dfrac{1}{1+x}$, $\varphi(x)=\sqrt{\sin x}$, 求 $f[\varphi(x)]$, $\varphi[f(x)]$.

【精析】 (1) 求 $f[\varphi(x)]$ 时,应将 $f(x)$ 中的 x 视为 $\varphi(x)$, 因此 $f[\varphi(x)]=\dfrac{1}{1+\sqrt{\sin x}}$.

(2) 求 $\varphi[f(x)]$ 时,应将 $\varphi(x)$ 中的 x 视为 $f(x)$, 因此 $\varphi[f(x)]=\sqrt{\sin f(x)}=\sqrt{\sin\dfrac{1}{1+x}}$.

【例 15】 指出下列复合函数是由哪些简单函数复合而成的.

(1) $y=(3x+5)^{10}$;

(2) $y=\sqrt{\log_a(\sin x+2^x)}$.

【精析】 (1) 从外往里逐层用中间变量替换得到: $y=(3x+5)^{10}$ 是由 $y=u^{10}$ 和 $u=3x+5$ 复合而成的.

(2) $y=\sqrt{\log_a(\sin x+2^x)}$ 是由 $y=\sqrt{u}$, $u=\log_a v$, $v=\sin x+2^x$ 复合而成的.

3. 反函数

定义 7 设 $y=f(x)$ 是 x 的函数,其值域为 M, 若对于 M 中的每一个 y 值,都有一个确定的且满足 $y=f(x)$ 的 x 值与之对应,则得到一个定义在 M 上的以 y 为自变量,x 为因变量的新函数,我们称它为 $y=f(x)$ 的**反函数**,记作 $x=f^{-1}(y)$, 并称 $y=f(x)$ 为**直接函数**.

由于人们习惯于用 x 表示自变量,用 y 表示因变量,因此通常把 $x=f^{-1}(y)$ 改写为 $y=f^{-1}(x)$.

【例 16】 求 $y=\dfrac{2^x}{2^x+1}$ 的反函数.

【精析】

(1) $y=\dfrac{2^x}{2^x+1}\Rightarrow(2^x+1)y=2^x$

$\Rightarrow 2^x y+y=2^x\Rightarrow 2^x y-2^x=-y$

$\Rightarrow 2^x(y-1)=-y\Rightarrow 2^x=\dfrac{y}{1-y}$

$\Rightarrow x=\log_2\left(\dfrac{y}{1-y}\right)$;

(2) 交换 x 和 y 的位置,即得所求的反函数为 $y=\log_2\dfrac{x}{1-x}$, 其定义域为 $(0, 1)$.

敲黑板

求反函数的步骤:

(1) 由 $y=f(x)$ 解出 $x=f^{-1}(y)$;

(2) 交换字母 x 和 y.

四、常见的函数类型

1. 基本初等函数

函数类型	函数	定义域与值域	图像	特性
幂函数	$y=x$	$x\in(-\infty,+\infty)$ $y\in(-\infty,+\infty)$	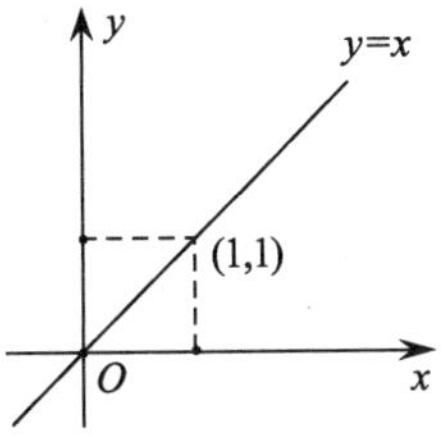	奇函数，单调增加
	$y=x^2$	$x\in(-\infty,+\infty)$ $y\in[0,+\infty)$	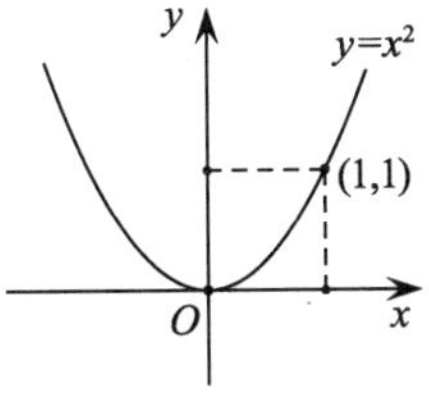	偶函数，在$(-\infty,0]$上单调减少，在$[0,+\infty)$上单调增加
	$y=x^3$	$x\in(-\infty,+\infty)$ $y\in(-\infty,+\infty)$	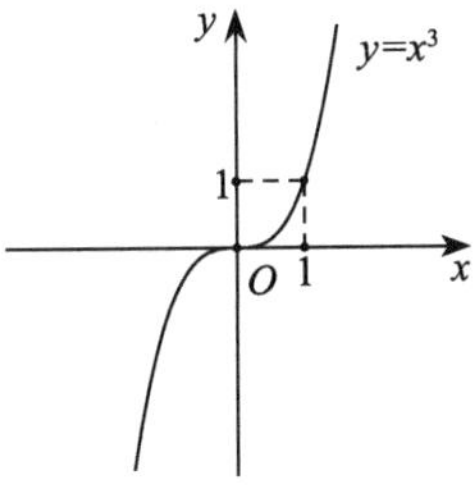	奇函数，单调增加
	$y=x^{-1}$	$x\in(-\infty,0)\cup(0,+\infty)$ $y\in(-\infty,0)\cup(0,+\infty)$	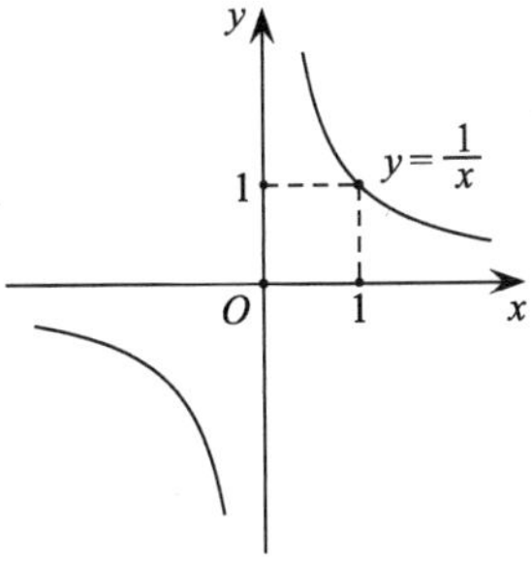	奇函数，在$(-\infty,0)$，$(0,+\infty)$上分别单调减少
	$y=x^{\frac{1}{2}}$	$x\in[0,+\infty)$ $y\in[0,+\infty)$	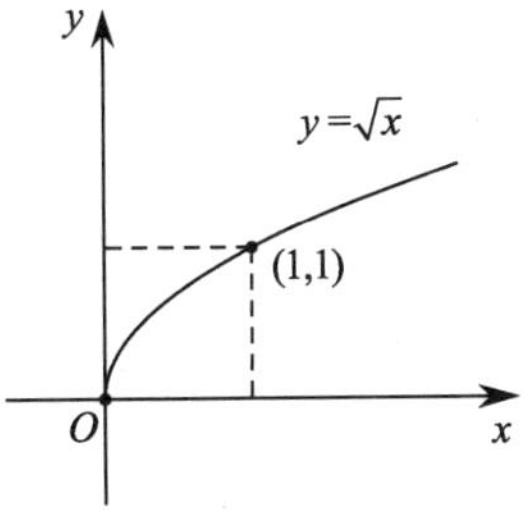	单调增加

（续表）

函数类型	函数	定义域与值域	图像	特性
指数函数	$y=a^x$ $(0<a<1)$	$x\in(-\infty,+\infty)$ $y\in(0,+\infty)$	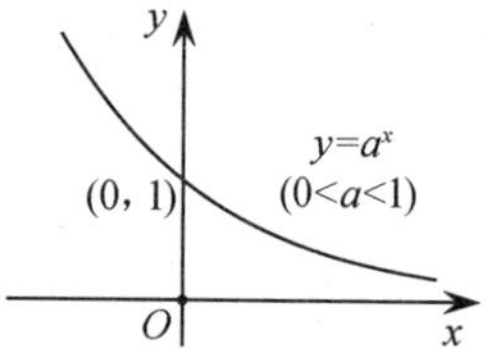	单调减少
	$y=a^x$ $(a>1)$	$x\in(-\infty,+\infty)$ $y\in(0,+\infty)$	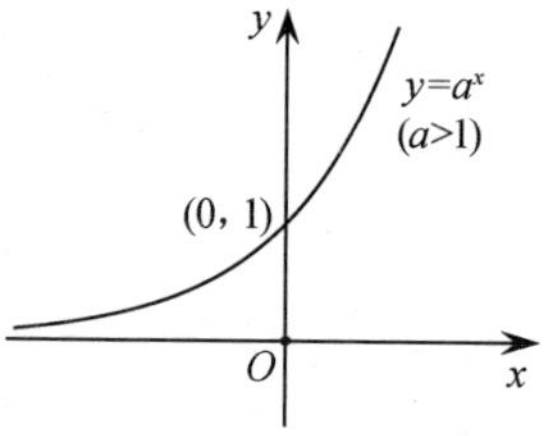	单调增加
对数函数	$y=\log_a x$ $(0<a<1)$	$x\in(0,+\infty)$ $y\in(-\infty,+\infty)$	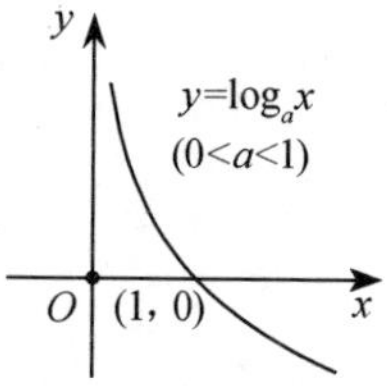	单调减少
	$y=\log_a x$ $(a>1)$	$x\in(0,+\infty)$ $y\in(-\infty,+\infty)$	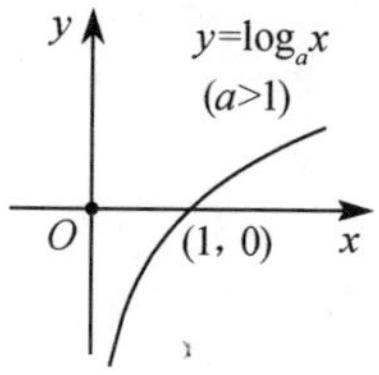	单调增加
三角函数	$y=\sin x$	$x\in(-\infty,+\infty)$ $y\in[-1,1]$	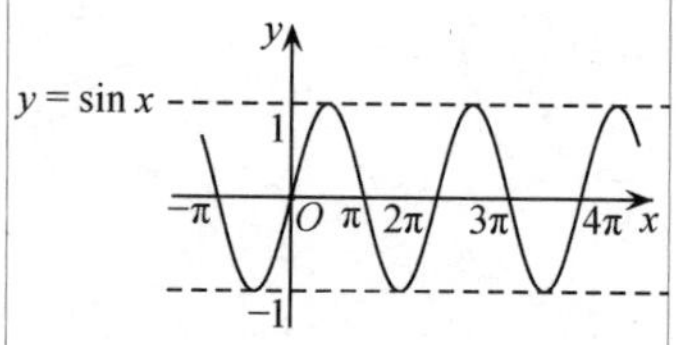	奇函数，周期 2π，有界，在 $\left[2k\pi-\frac{\pi}{2},2k\pi+\frac{\pi}{2}\right]$ 上单调增加，在 $\left[2k\pi+\frac{\pi}{2},2k\pi+\frac{3\pi}{2}\right]$ 上单调减少 $(k\in\mathbf{Z})$
	$y=\cos x$	$x\in(-\infty,+\infty)$ $y\in[-1,1]$	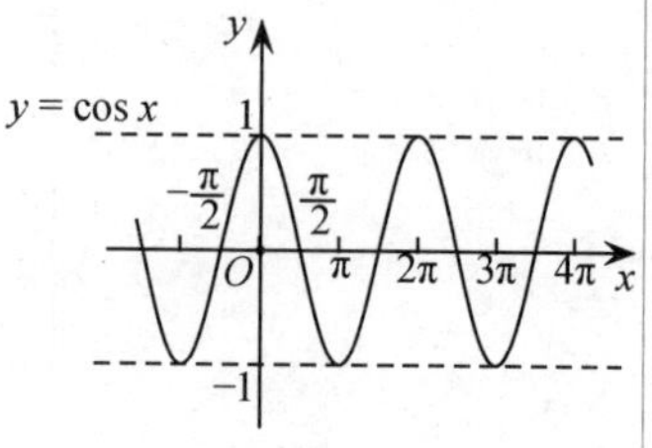	偶函数，周期 2π，有界，在 $[2k\pi,2k\pi+\pi]$ 上单调减少，在 $[2k\pi+\pi,2k\pi+2\pi]$ 上单调增加 $(k\in\mathbf{Z})$

（续表）

函数类型	函数	定义域与值域	图像	特性
三角函数	$y=\tan x$	$x\neq k\pi+\dfrac{\pi}{2}$ $y\in(-\infty,+\infty)$	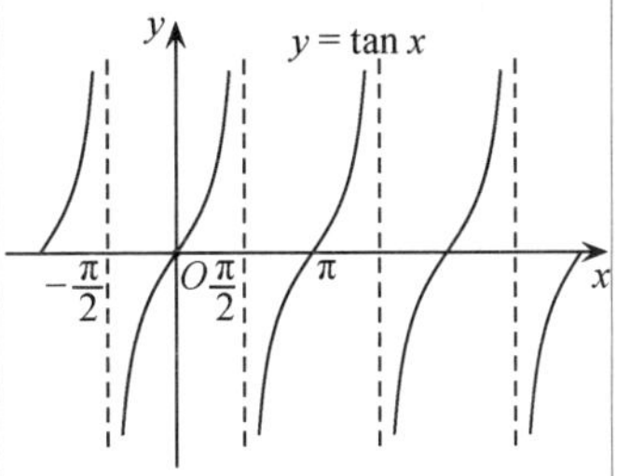	奇函数，周期 π，在 $\left(k\pi-\dfrac{\pi}{2},\ k\pi+\dfrac{\pi}{2}\right)$ 上单调增加（$k\in\mathbf{Z}$）
	$y=\cot x$	$x\neq k\pi$ $y\in(-\infty,+\infty)$	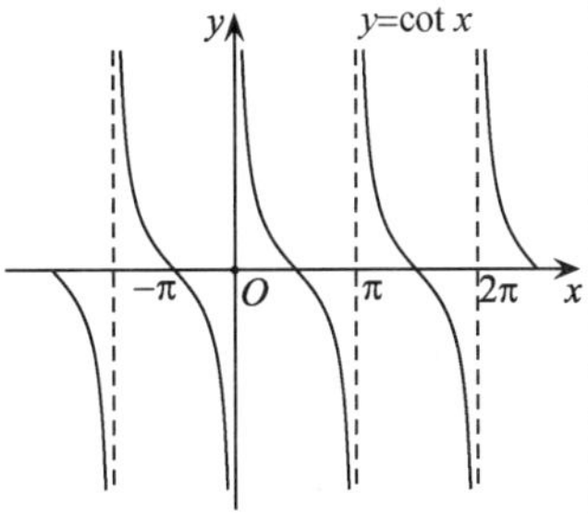	奇函数，周期 π，在 $(k\pi,\ k\pi+\pi)$ 上单调减少（$k\in\mathbf{Z}$）
反三角函数	$y=\arcsin x$	$x\in[-1,1]$ $y\in\left[-\dfrac{\pi}{2},\dfrac{\pi}{2}\right]$	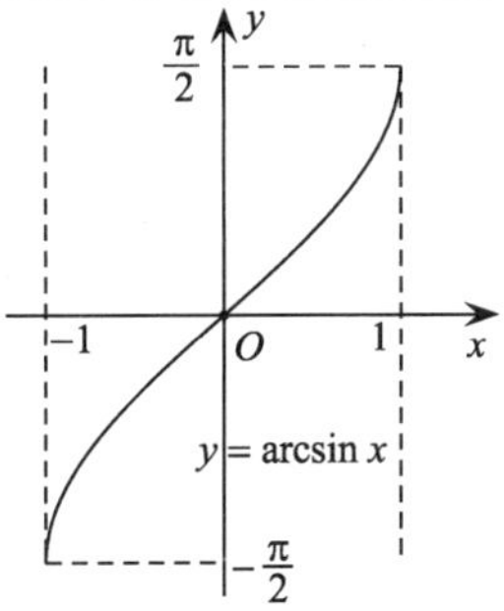	奇函数，单调增加，有界
	$y=\arccos x$	$x\in[-1,1]$ $y\in[0,\pi]$	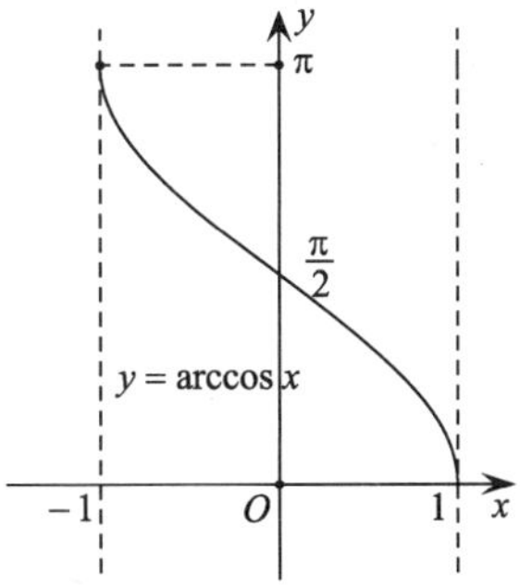	单调减少，有界
	$y=\arctan x$	$x\in(-\infty,+\infty)$ $y\in\left(-\dfrac{\pi}{2},\dfrac{\pi}{2}\right)$	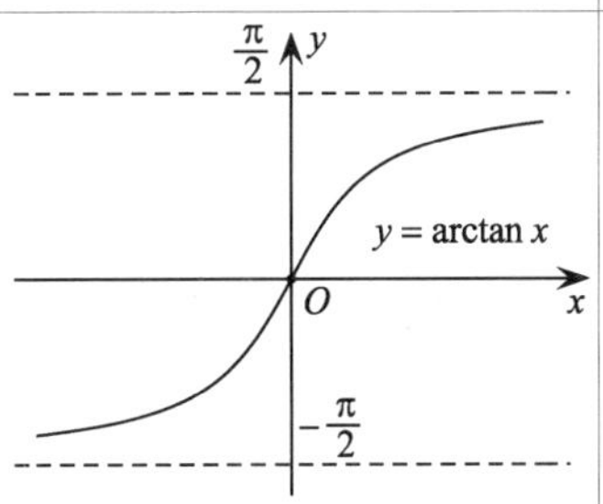	奇函数，单调增加，有界

（续表）

函数类型	函数	定义域与值域	图像	特性
反三角函数	$y = \operatorname{arccot} x$	$x \in (-\infty, +\infty)$ $y \in (0, \pi)$	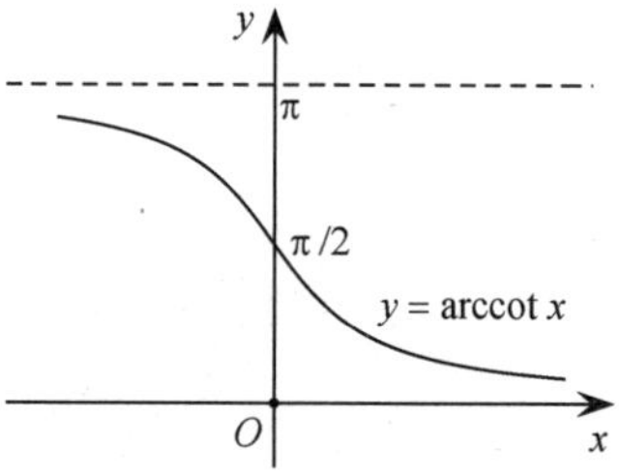	单调减少，有界

知识链接

(1) 指数函数常用的运算法则 ($a > 0, a \neq 1$)	
$\dfrac{a^m}{a^n} = a^{m-n}$	$a^m \cdot a^n = a^{m+n}$
$\sqrt[n]{a^m} = a^{\frac{m}{n}}$	$(a^m)^n = a^{mn}$

(2) 对数函数常用的运算法则 ($a > 0, b > 0, c > 0, a \neq 1, b \neq 1, c \neq 1, M > 0, N > 0$)	
$\log_a a = 1$	$\log_a b = \dfrac{1}{\log_b a}$
$\log_a M + \log_a N = \log_a MN$	$\log_a M - \log_a N = \log_a \dfrac{M}{N}$
$\log_a M^x = x\log_a M$	$\log_a b = \dfrac{\log_c b}{\log_c a}$
$a^x = e^{x\ln a}$	$a^x = N \Leftrightarrow x = \log_a N$

(3) 三角函数相关公式

① 倒数关系		
$\tan\alpha \cot\alpha = 1$	$\sin\alpha \csc\alpha = 1$	$\cos\alpha \sec\alpha = 1$
② 平方关系		
$\sin^2\alpha + \cos^2\alpha = 1$	$1 + \tan^2\alpha = \sec^2\alpha$	$1 + \cot^2\alpha = \csc^2\alpha$

③ 和差角公式
$\cos(\alpha \pm \beta) = \cos\alpha\cos\beta \mp \sin\alpha\sin\beta$
$\sin(\alpha \pm \beta) = \sin\alpha\cos\beta \pm \cos\alpha\sin\beta$
④ 倍角公式
$\sin 2\alpha = 2\sin\alpha\cos\alpha$
$\cos 2\alpha = \cos^2\alpha - \sin^2\alpha = 2\cos^2\alpha - 1 = 1 - 2\sin^2\alpha$

2. 初等函数

定义 8　由基本初等函数经过有限次的四则运算及有限次的函数复合所产生并且能用一个解析式表示的函数称为**初等函数**.

初等函数最明显的特征是能够用一个式子表示,这也是判定初等函数的简便方法. 例如,$y=\sqrt{4-x^2}$, $y=\ln\sin\frac{\pi}{2}x$, $y=\frac{x+2}{3x^2}$, $y=\frac{\sqrt[3]{2x}+\tan 3x}{x^2\sin x-2^{-x}}$, $y=\sqrt{\ln 5x-3^x-\sin^2 x}$ 等都是初等函数. 初等函数是常见和常用的函数,而基本初等函数则是这些函数最基本的组成单元. 当然基本初等函数本身也是初等函数. 而 $y=1+x+x^2+x^3+\cdots$ 不满足有限次运算,故不是初等函数.

3. 分段函数

定义 9　在不同的定义区间上有不同解析式的函数称为**分段函数**.

提示

分段函数表示的是一个函数,而不是多个函数. 分段函数定义域为各段区间的并集.

(1) 分段函数的基本形式:

$$f(x)=\begin{cases} f_1(x), & x\in I_1, \\ f_2(x), & x\in I_2, \\ \vdots & \vdots \\ f_n(x), & x\in I_n. \end{cases}$$

【例如】　$y=\begin{cases} 3^x, & x\geqslant 0, \\ x^2, & x<0. \end{cases}$

(2) 隐含的分段函数:

① 绝对值函数:

$f(x)=|x|=\begin{cases} x, & x\geqslant 0, \\ -x, & x<0, \end{cases}$ 其定义域是 $(-\infty, +\infty)$, 值域是 $[0, +\infty)$.

② 最大值、最小值函数: $y=\max\{f(x), g(x)\}$, $y=\min\{f(x), g(x)\}$.

4. 隐函数

设 x 在某数集 D 内每取一个值时,在一定条件下,由方程 $F(x, y)=0$ 可唯一确定一个 y 的值,则称由方程 $F(x, y)=0$ 确定一个隐函数 $y=y(x)$.

5. 由参数方程确定的函数

设 $\begin{cases} x=x(t), \\ y=y(t), \end{cases}$ 若 x 在某数集 D 内每取一个值时,由 $x=x(t)$ 可唯一确定一个 t 的值,并且对于此 t, 由 $y=y(t)$ 可唯一确定一个 y 的值,则称由参数方程 $\begin{cases} x=x(t), \\ y=y(t) \end{cases}$ 确定了函数 $y=y(x)$.

第二节 极　限

一、函数极限

1. 函数极限的定义

(1) 当 $x \to x_0$ 时,函数 $f(x)$ 的极限

定义 1　设函数 $y=f(x)$ 在点 x_0 的某个去心邻域内有定义,如果当 $x \to x_0$ 时,函数 $f(x)$ 趋于一个常数 A,那么称**当 $x \to x_0$ 时,$f(x)$ 以 A 为极限**,记作

$$\lim_{x \to x_0} f(x) = A \text{ 或 } f(x) \to A(x \to x_0).$$

(2) 当 $x \to \infty$ 时,函数 $f(x)$ 的极限

定义 2　如果当 $x \to +\infty$ 时,函数 $f(x)$ 趋于一个常数 A,那么称**当 $x \to +\infty$ 时函数 $f(x)$ 以 A 为极限**,记作

$$\lim_{x \to +\infty} f(x) = A \text{ 或 } f(x) \to A(x \to +\infty).$$

定义 3　如果当 $x \to -\infty$ 时,函数 $f(x)$ 趋于一个常数 A,那么称**当 $x \to -\infty$ 时函数 $f(x)$ 以 A 为极限**,记作

$$\lim_{x \to -\infty} f(x) = A \text{ 或 } f(x) \to A(x \to -\infty).$$

定义 4　如果当 $|x|$ 无限增大时,函数 $f(x)$ 趋于一个常数 A,那么称**当 $x \to \infty$ 时函数 $f(x)$ 以 A 为极限**,记作

$$\lim_{x \to \infty} f(x) = A \text{ 或 } f(x) \to A(x \to \infty).$$

2. 左极限和右极限

定义 5　设函数 $y=f(x)$ 在点 x_0 的右侧的某个邻域(点 x_0 本身可以除外)内有定义,当 x 从 x_0 右侧趋于 x_0 时,$f(x)$ 趋于一个常数 A,则称 A 是当 x 趋于 x_0 时,$f(x)$ 在点 x_0 的**右极限**,记作

$$\lim_{x \to x_0^+} f(x) = A \text{ 或 } f(x) \to A(x \to x_0^+).$$

定义 6　设函数 $y=f(x)$ 在点 x_0 的左侧的某个邻域（点 x_0 本身可以除外）内有定义，当 x 从 x_0 左侧趋于 x_0 时，$f(x)$ 趋于一个常数 A，则称 A 是当 x 趋于 x_0 时，$f(x)$ 在点 x_0 的**左极限**，记作

$$\lim_{x\to x_0^-} f(x)=A \text{ 或 } f(x)\to A(x\to x_0^-).$$

由函数 $f(x)$ 在点 x_0 处极限的定义和左、右极限的概念可知：

定义 7　当 $x\to x_0$ 时，函数 $f(x)$ 以 A 为极限的充分必要条件是 $f(x)$ 在点 x_0 的左、右极限都存在并均为 A，即

$$\lim_{x\to x_0} f(x)=A \Leftrightarrow \lim_{x\to x_0^-} f(x)=\lim_{x\to x_0^+} f(x)=A.$$

【例 1】　求极限 $\lim\limits_{x\to 0} e^{\frac{1}{x}}$.

【精析】

因为 $x\to 0^-$ 时，$\dfrac{1}{x}\to -\infty$，

所以 $\lim\limits_{x\to 0^-} e^{\frac{1}{x}} \xlongequal{u=\frac{1}{x}} \lim\limits_{u\to -\infty} e^u=0$； ——→求左极限

因为 $x\to 0^+$ 时，$\dfrac{1}{x}\to +\infty$，

所以 $\lim\limits_{x\to 0^+} e^{\frac{1}{x}} \xlongequal{u=\frac{1}{x}} \lim\limits_{u\to +\infty} e^u=+\infty$. ——→求右极限

所以左极限 $\lim\limits_{x\to 0^-} e^{\frac{1}{x}}=0\neq$ 右极限 $\lim\limits_{x\to 0^+} e^{\frac{1}{x}}=+\infty$，——→判断左、右极限是否相等

故极限 $\lim\limits_{x\to 0} e^{\frac{1}{x}}$ 不存在. ——→得出结论

要点速记

当遇到求一些特殊类型的函数（如指数函数、对数函数、反正切函数）在特殊点的极限时，一般需要讨论函数的左、右极限，当且仅当左、右极限都存在且相等时，函数在该点处的极限存在.

【例 2】　设 $f(x)=\begin{cases} \dfrac{\sqrt{x^2+a^2}-a}{\sqrt{x^2+1}-1}, & -1<x<0, \\ \dfrac{(m-1)x-m}{x^2-x-1}, & 0\leqslant x<1, \end{cases}$

其中 $a>0$，$m\neq 0$，若 $\lim\limits_{x\to 0} f(x)$ 存在，求 a 的值.

要点速记

当遇到求分段函数在分段点的极限时，一般需要讨论左、右极限，当且仅当左、右极限都存在且相等时，函数在该点处的极限存在.

【精析】　$\lim\limits_{x\to 0^-} f(x)=\lim\limits_{x\to 0^-} \dfrac{\sqrt{x^2+a^2}-a}{\sqrt{x^2+1}-1}$

$$=\lim_{x\to 0^-} \frac{x^2(\sqrt{x^2+1}+1)}{x^2(\sqrt{x^2+a^2}+a)}=\frac{1}{a},$$

$\lim\limits_{x\to 0^+} f(x) = \lim\limits_{x\to 0^+}\dfrac{(m-1)x-m}{x^2-x-1} = m$，由$\lim\limits_{x\to 0} f(x)$存在得$\lim\limits_{x\to 0^-} f(x) = \lim\limits_{x\to 0^+} f(x)$，即$\dfrac{1}{a} = m$，故$a = \dfrac{1}{m}$.

二、函数极限的性质与运算法则

1. 极限的性质

性质 1(唯一性) 若极限$\lim\limits_{x\to x_0} f(x)$存在，则极限值唯一.

性质 2(局部有界性) 如果$\lim\limits_{x\to x_0} f(x) = A$，那么存在常数$M > 0$和$\delta > 0$，使得当$0 < |x - x_0| < \delta$时，有$|f(x)| \leq M$.

性质 3(局部保号性) 如果$\lim\limits_{x\to x_0} f(x) = A$，且$A > 0$(或$A < 0$)，那么存在常数$\delta > 0$，使得当$0 < |x - x_0| < \delta$时，有$f(x) > 0$(或$f(x) < 0$).

性质 4(夹逼定理) 如果对于x_0的某一去心邻域内的一切x，都有

(1) $g(x) \leq f(x) \leq h(x)$；

(2) $\lim\limits_{x\to x_0} g(x) = A$，$\lim\limits_{x\to x_0} h(x) = A$，则

$$\lim_{x\to x_0} f(x) = A.$$

当$x \to \infty$时上述结论也成立.

2. 极限的四则运算法则

设有函数$f(x)$，$g(x)$，如果在自变量的同一变化过程中，有$\lim f(x) = A$，$\lim g(x) = B$，则

(1) $\lim[f(x) \pm g(x)] = \lim f(x) \pm \lim g(x) = A \pm B$；

(2) $\lim[f(x)g(x)] = \lim f(x)\lim g(x) = AB$；

(3) $\lim \dfrac{f(x)}{g(x)} = \dfrac{\lim f(x)}{\lim g(x)} = \dfrac{A}{B}\ (B \neq 0)$；

(4) $\lim[Cf(x)] = C[\lim f(x)] = CA$($C$是常数).

【例 3】 求下列极限：

(1) $\lim\limits_{x\to 2}(x^2 - 3x + 1)$； (2) $\lim\limits_{x\to 3}(3x^2 - 5x + 1)$.

【精析】 在求极限的过程中只要能代入，尽管代入即可.

(1) $\lim\limits_{x\to 2}(x^2 - 3x + 1) = \lim\limits_{x\to 2} x^2 - \lim\limits_{x\to 2} 3x + \lim\limits_{x\to 2} 1 = 4 - 6 + 1 = -1$.

(2) $\lim\limits_{x\to 3}(3x^2 - 5x + 1) = 3\times 3^2 - 5\times 3 + 1 = 13$.

下面我们来看有理函数极限的计算. 所谓有理函数，是指两个多项式函数的商，即

$$f(x) = \frac{P(x)}{Q(x)} = \frac{a_0x^m + a_1x^{m-1} + \cdots + a_m}{b_0x^n + b_1x^{n-1} + \cdots + b_n}.$$

接下来我们讨论有理函数的如下两种情况：

(1) $\lim\limits_{x\to\infty}\dfrac{P(x)}{Q(x)}$； (2) $\lim\limits_{x\to x_0}\dfrac{P(x)}{Q(x)}$.

若$\lim\limits_{x\to\infty}\dfrac{P(x)}{Q(x)}$是$\dfrac{\infty}{\infty}$型的未定式，一般有如下计算公式：

$$\lim_{x\to\infty}\frac{a_0x^m+a_1x^{m-1}+\cdots+a_m}{b_0x^n+b_1x^{n-1}+\cdots+b_n}=\begin{cases}\dfrac{a_0}{b_0}, & m=n,\\ 0, & m<n,\\ \infty, & m>n.\end{cases}$$

▶这个公式称为“抓大头”公式.

【例 4】　求下列极限:

(1) $\lim\limits_{x\to\infty}\dfrac{2x^2+3}{5x^2+2x+7}$;　　(2) $\lim\limits_{x\to\infty}\dfrac{2x^3+7x^2-1}{x^2+6x+2}$;

(3) $\lim\limits_{x\to\infty}\dfrac{16x^{2\,022}+10x^{10}+17}{8x^{2\,022}+\sqrt{e}x^{999}-\pi}$;　　(4) $\lim\limits_{x\to+\infty}\left(\sqrt{x+\sqrt{x+\sqrt{x}}}-\sqrt{x}\right)$.

【精析】　根据“抓大头”公式,即抓头最大的,抓分式分子中 x 的指数最大的那项与分母中 x 的指数最大的那项,剩下的一律不用看.

(1) $\lim\limits_{x\to\infty}\dfrac{2x^2+3}{5x^2+2x+7}=\lim\limits_{x\to\infty}\dfrac{2x^2}{5x^2}=\dfrac{2}{5}$.

(2) $\lim\limits_{x\to\infty}\dfrac{2x^3+7x^2-1}{x^2+6x+2}=\lim\limits_{x\to\infty}\dfrac{2x^3}{x^2}=\infty$.

(3) $\lim\limits_{x\to\infty}\dfrac{16x^{2\,022}+10x^{10}+17}{8x^{2\,022}+\sqrt{e}x^{999}-\pi}=\lim\limits_{x\to\infty}\dfrac{16x^{2\,022}}{8x^{2\,022}}=\lim\limits_{x\to\infty}\dfrac{16}{8}=2$.

(4) $\lim\limits_{x\to+\infty}\left(\sqrt{x+\sqrt{x+\sqrt{x}}}-\sqrt{x}\right)=\lim\limits_{x\to+\infty}\dfrac{\sqrt{x+\sqrt{x}}}{\sqrt{x+\sqrt{x+\sqrt{x}}}+\sqrt{x}}=\lim\limits_{x\to+\infty}\dfrac{\sqrt{x}}{\sqrt{x}+\sqrt{x}}=\dfrac{1}{2}$.

【例 5】　已知 $\lim\limits_{x\to\infty}\left(\dfrac{x^2}{x+1}-ax-b\right)=0$, 求 a 和 b.

【精析】　因为 $\lim\limits_{x\to\infty}\left(\dfrac{x^2}{x+1}-ax-b\right)=\lim\limits_{x\to\infty}\dfrac{(1-a)x^2-(a+b)x-b}{x+1}=0$,

根据“抓大头”公式可知,分子的次数应该小于分母的次数,而分母的次数为 1,于是分子必然是常数多项式,即 $\begin{cases}1-a=0,\\ a+b=0.\end{cases}$ 于是 $a=1$, $b=-1$.

最后我们来看 $\lim\limits_{x\to x_0}\dfrac{P(x)}{Q(x)}$, 分如下三种情形讨论:

(1) $Q(x_0)\neq 0$, 则根据极限四则运算法则,可知 $\lim\limits_{x\to x_0}\dfrac{P(x)}{Q(x)}=\dfrac{P(x_0)}{Q(x_0)}$;

(2) $Q(x_0)=0$, $P(x_0)\neq 0$, 则显然有 $\lim\limits_{x\to x_0}\dfrac{P(x)}{Q(x)}=\infty$;

(3) $Q(x_0)=0$, $P(x_0)=0$, 则 $\lim\limits_{x\to x_0}\dfrac{P(x)}{Q(x)}$ 是 $\dfrac{0}{0}$ 型的未定式.

目前,对于这类极限的计算,我们通常是分解因式,将分子和分母中趋于 0 的因式约掉(消除零因子法). 今后,我们也可以采用洛必达法则和等价无穷小来计算.

【例 6】 求下列极限：

(1) $\lim\limits_{x\to5}\dfrac{x-5}{\sqrt{2x-1}-\sqrt{x+4}}$；　　(2) $\lim\limits_{x\to-1}\left(\dfrac{1}{x+1}-\dfrac{3}{x^3+1}\right)$.

名师指点

对于当 $x\to x_0$ 时，“$\dfrac{0}{0}$”或“$\infty-\infty$”型的未定式，一般通过因式分解、分子分母有理化、两分式通分等方式恒等变形，并约去无穷小因子(零因子)，然后代入求极限.

(1) 通分变形时，常用到平方差公式或立方和差公式，即 $a^2-b^2=(a+b)(a-b)$，$a^3+b^3=(a+b)(a^2-ab+b^2)$，$a^3-b^3=(a-b)(a^2+ab+b^2)$.

(2) 当遇到含有“根式±根式”形式的极限时，常使用上述平方差公式化简，称为“有理化”.

【精析】 (1) $\lim\limits_{x\to5}\dfrac{x-5}{\sqrt{2x-1}-\sqrt{x+4}}=\lim\limits_{x\to5}\dfrac{(x-5)(\sqrt{2x-1}+\sqrt{x+4})}{(\sqrt{2x-1}-\sqrt{x+4})(\sqrt{2x-1}+\sqrt{x+4})}$

$=\lim\limits_{x\to5}\dfrac{6(x-5)}{x-5}=6.$

(2) $\lim\limits_{x\to-1}\left(\dfrac{1}{x+1}-\dfrac{3}{x^3+1}\right)=\lim\limits_{x\to-1}\dfrac{x^2-x+1-3}{x^3+1}=\lim\limits_{x\to-1}\dfrac{(x+1)(x-2)}{(x+1)(x^2-x+1)}$

$=\lim\limits_{x\to-1}\dfrac{x-2}{x^2-x+1}=-1.$

三、无穷小和无穷大

1. 无穷小和无穷大的定义

定义 8　若 $\lim\limits_{x\to x_0}f(x)=0$[或 $\lim\limits_{x\to\infty}f(x)=0$]，则称函数 $f(x)$ 是当 $x\to x_0$(或 $x\to\infty$)时的无穷小量，简称**无穷小**.

例如，当 $x\to0$ 时，$\sin x$，$\sqrt[3]{x}$，x^5 是无穷小量；当 $x\to1$ 时，$(x-1)^3$ 是无穷小量；当 $x\to\infty$ 时，$\dfrac{2}{x+5}$，$\dfrac{1}{x^3}$ 是无穷小量.

定义 9　若 $\lim\limits_{x\to x_0}f(x)=\infty$[或 $\lim\limits_{x\to\infty}f(x)=\infty$]，则称函数 $f(x)$ 是当 $x\to x_0$(或 $x\to\infty$)时的无穷大量，简称**无穷大**.

例如，函数 $y=\dfrac{1}{x-1}$，当 $x\to1$ 时，$y\to\infty$，即 $\lim\limits_{x\to1}\dfrac{1}{x-1}=\infty$，所以 $y=\dfrac{1}{x-1}$ 是当 $x\to1$ 时的无穷大. 函数 $y=\tan x$，当 $x\to-\dfrac{\pi}{2}$ 时，$y\to-\infty$，所以 $y=\tan x$ 是当 $x\to-\dfrac{\pi}{2}$ 时的无穷大.

提示

在同一极限过程中,

(1) 若函数 $f(x)$ 为无穷小,且 $f(x)\neq 0$, 则 $\dfrac{1}{f(x)}$ 为无穷大;

(2) 若函数 $f(x)$ 为无穷大,则 $\dfrac{1}{f(x)}$ 为无穷小.

例如,当 $x\to 0$ 时,函数 $f(x)=\dfrac{1}{x^2}$ 是无穷大;当 $x\to 0$ 时, $\dfrac{1}{f(x)}=\dfrac{1}{\dfrac{1}{x^2}}=x^2$ 是无穷小.

2. 无穷小量的性质

性质 1　有限个无穷小量的和、差、积仍是无穷小量.

性质 2　常数与无穷小量的积仍是无穷小量.

性质 3　有界函数与无穷小量的乘积仍是无穷小量.

提示

(1) 无穷多个无穷小量的代数和未必是无穷小量,如当 $n\to\infty$ 时, $\dfrac{1}{n^2}$, $\dfrac{2}{n^2}$, $\cdots$, $\dfrac{n}{n^2}$ 均为无穷小量,但 $\lim\limits_{n\to\infty}\left(\dfrac{1}{n^2}+\dfrac{2}{n^2}+\cdots+\dfrac{n}{n^2}\right)=\lim\limits_{n\to\infty}\dfrac{n(n+1)}{2n^2}=\lim\limits_{n\to\infty}\left(\dfrac{1}{2}+\dfrac{1}{2n}\right)=\dfrac{1}{2}$;

(2) 两个无穷小量之商未必是无穷小量,如当 $x\to 0$ 时, x 与 $2x$ 皆为无穷小量,但由 $\lim\limits_{x\to 0}\dfrac{2x}{x}=2$ 知,当 $x\to 0$ 时, $\dfrac{2x}{x}$ 不是无穷小量.

【例 7】　求下列极限:

(1) $\lim\limits_{x\to 0}x\sin\dfrac{1}{x}$;　　　　(2) $\lim\limits_{x\to\infty}\dfrac{\arctan x}{x}$.

名师指点

当遇到形式为 $\lim f(x)\cdot g(x)$ 或 $\lim f(x)\cdot\dfrac{1}{g(x)}$,其中一部分 $\lim f(x)$ 不存在,但 $f(x)$ 为有界函数时,考虑使用有界函数与无穷小量的乘积仍为无穷小量这一性质,不能用极限四则运算法则.

【精析】 (1) 因为 $\left|\sin\dfrac{1}{x}\right|\leqslant 1$, 所以 $\sin\dfrac{1}{x}$ 是有界函数;当 $x\to 0$ 时, x 是无穷小量. 因此,乘积 $x\sin\dfrac{1}{x}$ 是无穷小量,即 $\lim\limits_{x\to 0}x\sin\dfrac{1}{x}=0$.

(2) 当 $x\to\infty$ 时,分子和分母的极限都不存在,因此关于商的极限运算法则不能应用. 若把 $\dfrac{\arctan x}{x}$ 视为 $\arctan x$ 与 $\dfrac{1}{x}$ 的乘积,由于 $\dfrac{1}{x}$ 是当 $x\to\infty$ 时的无穷小,而 $|\arctan x|\leqslant\dfrac{\pi}{2}$ 是有界函数,因此根据有界函数与无穷小量的乘积仍为无穷小量知 $\lim\limits_{x\to\infty}\dfrac{\arctan x}{x}=\lim\limits_{x\to\infty}\dfrac{1}{x}\cdot\arctan x=0$.

3. 无穷小量的比较

设α,β是同一变化过程中的两个无穷小量,则有以下结论:

(1) 若$\lim\frac{\alpha}{\beta}=0$,这时$\lim\frac{\beta}{\alpha}=\infty$,则称$\alpha$是比$\beta$**高阶的无穷小**,$\beta$是比$\alpha$**低阶的无穷小**,记作$\alpha=o(\beta)$;

(2) 若$\lim\frac{\alpha}{\beta}=C\neq 0$,则称$\alpha$与$\beta$为**同阶无穷小**;

(3) 若$\lim\frac{\alpha}{\beta}=1$,则称$\alpha$与$\beta$是**等价无穷小**,记作$\alpha\sim\beta$.

【例 8】 已知$f(x)=3x^3+x^2$, $g(x)=x^2$,则当$x\to 0$时,有(　　).

A. $f(x)$是比$g(x)$高阶的无穷小　　B. $f(x)$是比$g(x)$低阶的无穷小

C. $f(x)$与$g(x)$是同阶但非等价无穷小　　D. $f(x)$与$g(x)$是等价无穷小

【精析】 本题考查的是无穷小的比较,应熟记无穷小的比较的各种定义.

因为$\lim\limits_{x\to 0}\frac{3x^3+x^2}{x^2}=\lim\limits_{x\to 0}(3x+1)=1$,所以当$x\to 0$时,$f(x)$与$g(x)$是等价无穷小. 故选 D.

4. 等价无穷小的重要性质

性质 1 在同一极限过程中,若$\alpha(x)\sim\beta(x)$, $\beta(x)\sim\gamma(x)$,则$\alpha(x)\sim\gamma(x)$. 这个性质称为**等价无穷小的传递性**.

性质 2 在同一极限过程中,若$\alpha(x)\sim\alpha^*(x)$, $\beta(x)\sim\beta^*(x)$,且$\lim\frac{\alpha^*(x)}{\beta^*(x)}$存在,则$\lim\frac{\alpha(x)}{\beta(x)}=\lim\frac{\alpha^*(x)}{\beta^*(x)}$.

性质 2 表明,在求“$\frac{0}{0}$”型未定式的极限过程中,分子与分母都可用各自的等价无穷小因子来替换,常称这种做法为**等价无穷小替换**.

在求极限时,使用等价无穷小进行局部替换必须是**在乘除的形式下**,即若$\lim\frac{\alpha^*\cdot\gamma}{\beta^*}$存在,且$\alpha\sim\alpha^*$, $\beta\sim\beta^*$,则$\lim\frac{\alpha\gamma}{\beta}=\lim\frac{\alpha^*\gamma}{\beta^*}$.

> **要点速记**
> 乘除可换,加减忌换.

5. 常见的等价无穷小替换公式

当$x\to 0$时,有

(1) $\sin x\sim x$;　　(2) $\tan x\sim x$;

(3) $\arcsin x\sim x$;　　(4) $\arctan x\sim x$;

(5) $a^x-1=e^{x\ln a}-1\sim x\ln a$;　　(6) $e^x-1\sim x$;

(7) $\ln(1+x)\sim x$;　　(8) $1-\cos x\sim\frac{1}{2}x^2$;

(9) $(1+x)^a-1\sim ax$.

提示

会使用变形形式,即若 $x\to0$ 时,$\square\to0$,则上述等价无穷小的式子中,所有的 x 可换成$\square$.

【例 9】 求下列极限:

(1) $\lim\limits_{x\to0}\dfrac{(x+2)\sin x}{\arcsin 2x}$;　　(2) $\lim\limits_{x\to0}\dfrac{x^2(e^x-1)}{(1-\cos x)\sin 2x}$;

(3) $\lim\limits_{x\to0}\dfrac{\sin^2 x}{x^2(1+\cos x)}$;　　(4) $\lim\limits_{x\to0}\dfrac{\sqrt[3]{1-2x^2}-1}{2^{3x^2}-1}$.

名师指点

对于“$\dfrac{0}{0}$”型的极限,如果分子分母中是几个因式的乘积,则可以先观察函数极限的存在情况,将有极限的函数部分先进行求解,再考虑用常用的等价无穷小替换进行化简,并会灵活运用其变形形式,如 $\sin[\varphi(x)]\sim\varphi(x)[\varphi(x)\to0]$ 等,从而求出函数的极限值.

【精析】 (1) 当 $x\to0$ 时,$\sin x\sim x$, $\arcsin 2x\sim 2x$,因此可利用等价无穷小替换进行计算.

$$\lim_{x\to0}\frac{(x+2)\sin x}{\arcsin 2x}=\lim_{x\to0}\frac{(x+2)x}{2x}=\lim_{x\to0}\frac{x+2}{2}=1.$$

(2) 当 $x\to0$ 时,$e^x-1\sim x$, $\sin 2x\sim 2x$, $1-\cos x\sim\dfrac{1}{2}x^2$,因此可利用等价无穷小替换进行计算.

$$\lim_{x\to0}\frac{x^2(e^x-1)}{(1-\cos x)\sin 2x}=\lim_{x\to0}\frac{x^2\cdot x}{\frac{1}{2}x^2\cdot 2x}=1.$$

(3) 当 $x\to0$ 时,$\sin x\sim x$,因此可利用等价无穷小替换进行计算.

$$\lim_{x\to0}\frac{\sin^2 x}{x^2(1+\cos x)}=\lim_{x\to0}\frac{\sin^2 x}{x^2}\cdot\frac{1}{1+\cos x}=\lim_{x\to0}\frac{\sin^2 x}{x^2}\cdot\lim_{x\to0}\frac{1}{1+\cos x}=\frac{1}{2}\lim_{x\to0}\frac{\sin^2 x}{x^2}=\frac{1}{2}.$$

(4) 当 $x\to0$ 时,$a^x-1=e^{x\ln a}-1\sim x\ln a$, $\sqrt[n]{1+x}-1\sim\dfrac{1}{n}x$,因此可利用等价无穷小替换进行计算.

$$\lim_{x\to0}\frac{\sqrt[3]{1-2x^2}-1}{2^{3x^2}-1}=\lim_{x\to0}\frac{\sqrt[3]{1-2x^2}-1}{e^{3x^2\ln 2}-1}=\lim_{x\to0}\frac{-\frac{2x^2}{3}}{3x^2\ln 2}=-\frac{2}{9\ln 2}.$$

【例 10】 当 $x\to0$ 时,$f(x)=\sqrt[3]{1+ax^2}-1$, $g(x)=1-\cos 2x$ 是等价无穷小,求常数 a.

【精析】 由等价无穷小的定义,可得到 $\lim\limits_{x\to0}\dfrac{f(x)}{g(x)}=1$,由此极限值求得其中的待定常数 a.

$$\lim_{x\to0}\frac{f(x)}{g(x)}=\lim_{x\to0}\frac{\sqrt[3]{1+ax^2}-1}{1-\cos 2x}=\lim_{x\to0}\frac{\frac{1}{3}ax^2}{\frac{1}{2}(2x)^2}=\frac{a}{6}=1\Rightarrow a=6.$$

【例 11】 已知 $x\to0$ 时，$\sqrt{1+ax^2}-1$ 与 $\sin^2x$ 是等价无穷小，求 a 的值.

【精析】 根据定义进行无穷小的比较，在做比求极限过程中，可利用等价无穷小替换进行化简.

因为 $\lim\limits_{x\to0}\dfrac{\sqrt{1+ax^2}-1}{\sin^2x}=\lim\limits_{x\to0}\dfrac{\frac{1}{2}ax^2}{x^2}=\dfrac{a}{2}=1$，所以 $a=2$.

四、两个重要极限

1. 重要极限：$\lim\limits_{x\to0}\dfrac{\sin x}{x}=1$

前面我们学到，当 $x\to0$ 时，$\sin x\sim x$，故有 $\lim\limits_{x\to0}\dfrac{\sin x}{x}=\lim\limits_{x\to0}\dfrac{x}{x}=1$，称此极限为**第一重要极限**.

重要极限 $\lim\limits_{x\to0}\dfrac{\sin x}{x}=1$ 有三个基本特征：

(1) 它是"$\dfrac{0}{0}$"型的极限；

(2) 在极限中出现了 $\sin 0$，即角度是无穷小的正弦函数；

(3) 分子 sin 后的表达式与分母一致，即可表达为：$\lim\limits_{\varphi(x)\to0}\dfrac{\sin[\varphi(x)]}{\varphi(x)}=1$.

符合这三个基本特征的极限，结果便是 1. 这三个基本特征刻画出该极限公式的应用环境和变形方向，是用好这个重要极限的基础.

提示

请注意：

(1) $\begin{cases}\lim\limits_{x\to0}x\sin\dfrac{1}{x}=0,\\ \lim\limits_{x\to\infty}x\sin\dfrac{1}{x}=1;\end{cases}$ (2) $\begin{cases}\lim\limits_{x\to\infty}\dfrac{\sin x}{x}=0,\\ \lim\limits_{x\to0}\dfrac{\sin x}{x}=1;\end{cases}$ (3) $\begin{cases}\lim\limits_{x\to0}\dfrac{x}{\sin x}=1,\\ \lim\limits_{x\to\infty}\dfrac{x}{\sin x}\text{ 不存在.}\end{cases}$

【例 12】 求下列极限：

(1) $\lim\limits_{x\to0}\dfrac{x-\sin 3x}{x+\sin 3x}$； (2) $\lim\limits_{x\to0}\dfrac{x^2\sin\frac{1}{x}}{\tan x}$.

名师指点

应用第一重要极限求极限，前提是求含三角函数的"$\dfrac{0}{0}$"型极限，要求使分母凑成与 sin 后的表达式完全一致，即 $\lim\limits_{\varphi(x)\to0}\dfrac{\sin[\varphi(x)]}{\varphi(x)}=1$，从而可以利用第一重要极限求解. 对于式中具有非零极限值的因式，可先将其极限求出.

【精析】 (1) $\lim\limits_{x\to 0}\dfrac{x-\sin 3x}{x+\sin 3x}=\lim\limits_{x\to 0}\dfrac{\dfrac{x-\sin 3x}{3x}}{\dfrac{x+\sin 3x}{3x}}=\lim\limits_{x\to 0}\dfrac{\dfrac{1}{3}-\dfrac{\sin 3x}{3x}}{\dfrac{1}{3}+\dfrac{\sin 3x}{3x}}=\dfrac{\dfrac{1}{3}-1}{\dfrac{1}{3}+1}=-\dfrac{1}{2}.$

(2) $\lim\limits_{x\to 0}\dfrac{x^2\sin\dfrac{1}{x}}{\tan x}=\lim\limits_{x\to 0}\dfrac{x}{\sin x}\cdot\lim\limits_{x\to 0}\cos x\cdot\lim\limits_{x\to 0}x\sin\dfrac{1}{x}=0.$

2. 重要极限：$\lim\limits_{x\to\infty}\left(1+\dfrac{1}{x}\right)^x=\mathrm{e}$

当 $x\to 0$ 时，$\ln(1+x)\sim x$. 则当 $x\to\infty$ 时，$\dfrac{1}{x}\to 0$，故有 $\ln\left(1+\dfrac{1}{x}\right)\sim\dfrac{1}{x}$，此时

$$\lim_{x\to\infty}\left(1+\frac{1}{x}\right)^x=\lim_{x\to\infty}\mathrm{e}^{x\ln\left(1+\frac{1}{x}\right)}=\lim_{x\to\infty}\mathrm{e}^{x\cdot\frac{1}{x}}=\mathrm{e},$$

称此极限为**第二重要极限**.

重要极限 $\lim\limits_{x\to\infty}\left(1+\dfrac{1}{x}\right)^x=\mathrm{e}$ 也有三个基本特征：

(1) 它是"1^∞"型的极限，这里的记号"1"不是数 1，而是极限为 1 的变量；

(2) 函数具有乘幂的形式，指数和底数都是变量；

(3) 括号内 1 后面的表达式与指数位置的表达式互为倒数，即可表达为：

$$\lim_{u(x)\to 0}[1+u(x)]^{\frac{1}{u(x)}}=\mathrm{e}.$$

符合这三个基本特征的极限，结果便是 e. 这三个基本特征刻画出该极限公式的应用环境和变形方向，是用好这个重要极限的基础.

提示

该重要极限也可表示为 $\lim\limits_{\square\to 0}(1+\square)^{\frac{1}{\square}}=\mathrm{e}$.

【例 13】 求下列极限：

(1) $\lim\limits_{x\to\infty}\left(1+\dfrac{1}{3x}\right)^x$；　　(2) $\lim\limits_{x\to 0}(1-\sin x)^{3\csc x}$.

名师指点

应用第二重要极限求极限，前提是求"1^∞"型未定式的极限，通常将底数位置化为 $1+u(x)$ 的形式，且 $u(x)\to 0$，指数要通过恒等变形凑出一个 $\dfrac{1}{u(x)}$（底数中趋于零部分的倒数），从而化成第二重要极限的标准形式：$\lim\limits_{u(x)\to\infty}\left(1+\dfrac{1}{u(x)}\right)^{u(x)}=\mathrm{e}$，然后通过恒等变形求出其极限.

【精析】 将函数变形并应用第二重要极限可得.

(1) $\lim\limits_{x\to\infty}\left(1+\dfrac{1}{3x}\right)^{x}=\lim\limits_{x\to\infty}\left(1+\dfrac{1}{3x}\right)^{3x\cdot\frac{1}{3}}=\lim\limits_{x\to\infty}\left[\left(1+\dfrac{1}{3x}\right)^{3x}\right]^{\frac{1}{3}}=\left[\lim\limits_{x\to\infty}\left(1+\dfrac{1}{3x}\right)^{3x}\right]^{\frac{1}{3}}=e^{\frac{1}{3}}$.

(2) $\lim\limits_{x\to 0}(1-\sin x)^{3\csc x}=\lim\limits_{x\to 0}[1+(-\sin x)]^{\frac{1}{-\sin x}(-3)}=\lim\limits_{x\to 0}\left\{\left[1+(-\sin x)\right]^{\frac{1}{-\sin x}}\right\}^{-3}=e^{-3}$.

第三节 连 续

一、函数连续的概念

1. 连续的定义

定义 1 设函数 $y=f(x)$ 在点 x_0 的某个邻域内有定义，若当 $x\to x_0$ 时，函数 $f(x)$ 的极限存在，且等于 $f(x)$ 在点 x_0 处的函数值 $f(x_0)$，即 $\lim\limits_{x\to x_0}f(x)=f(x_0)$，则称**函数 $f(x)$ 在点 x_0 处连续**.

由定义可知，一个函数 $f(x)$ 在点 x_0 处连续必须满足下列三个条件（通常称为**三要素**）：

(1) 函数 $y=f(x)$ 在点 x_0 的一个邻域内有定义，即有确定的函数值；

(2) $\lim\limits_{x\to x_0^-}f(x)=\lim\limits_{x\to x_0^+}f(x)=A$，即有极限；

(3) $\lim\limits_{x\to x_0}f(x)$ 恰好等于函数 $f(x)$ 在点 x_0 处的函数值，即 $\lim\limits_{x\to x_0}f(x)=f(x_0)$.

提示

(1) 函数 $y=f(x)$ 在点 x_0 处有极限并不要求其在点 x_0 处有定义，而函数 $y=f(x)$ 在点 $x=x_0$ 处连续，则要求其在 x_0 点本身和它的邻域内有定义.

(2) 如果三个条件有一个不满足，则函数 $f(x)$ 在点 x_0 处不连续.

2. 左连续与右连续

定义 2 设函数 $f(x)$ 在点 x_0 的左邻域（或右邻域）内有定义，$\lim\limits_{x\to x_0^-}f(x)=f(x_0)$ [即 $f(x_0-0)=f(x_0)$]，或 $\lim\limits_{x\to x_0^+}f(x)=f(x_0)$ [即 $f(x_0+0)=f(x_0)$]，则称函数 $y=f(x)$ 在点 x_0 处**左（或右）连续**.

定理 1 函数 $f(x)$ 在点 x_0 处连续的充分必要条件是：函数 $f(x)$ 在点 x_0 处左连续且右连续，即

$$\lim_{x\to x_0}f(x)=f(x_0)\Leftrightarrow\lim_{x\to x_0^+}f(x)=\lim_{x\to x_0^-}f(x)=f(x_0).$$

【例 1】 判断函数 $f(x)=\begin{cases}\dfrac{\ln(1+x)}{2x}, & x>0,\\ 1, & x=0,\\ \dfrac{1}{2-x}, & x<0\end{cases}$ 在 $x=0$ 处的连续性.

名师指点

判别函数在某一定点处是否连续，主要依据函数在某点处连续性的定义，即 $\lim\limits_{x\to x_0} f(x)=f(x_0)$. 上式表示函数 $f(x)$ 在点 x_0 处有定义且有极限，并且其函数值和极限值相等. 判别分段函数在分界点处的连续性时，经常用到的是下面的重要条件：$f(x)$ 在 x_0 处连续 $\Leftrightarrow f(x)$ 在 x_0 处既左连续又右连续.

【精析】 $\lim\limits_{x\to 0^-} f(x)=\lim\limits_{x\to 0^-}\dfrac{1}{2-x}=\dfrac{1}{2}$, ——→计算左极限

$\lim\limits_{x\to 0^+} f(x)=\lim\limits_{x\to 0^+}\dfrac{\ln(1+x)}{2x}=\lim\limits_{x\to 0^+}\dfrac{x}{2x}=\dfrac{1}{2}$, ——→计算右极限

故 $\lim\limits_{x\to 0} f(x)=\dfrac{1}{2}$. ——→得出 $f(x)$ 在该点的极限存在

因为 $f(0)=1\neq\lim\limits_{x\to 0} f(x)$,

所以 $f(x)$ 在点 $x=0$ 处不连续. ——→比较极限值和函数值，得出连续性

【例 2】 函数 $f(x)=\begin{cases}\dfrac{x^2-a}{x-2}, & x\neq 2,\\ b, & x=2\end{cases}$ 在 $(-\infty,+\infty)$ 内连续，a, b 为常数，则 $a-b=$ ________.

【精析】 函数 $f(x)$ 在分段点 x_0 处的左右极限存在并且都等于 $f(x_0)$，建立一个方程组，从而求得未知常数. 函数 $f(x)$ 在 $(-\infty,+\infty)$ 内连续，只需在 $x=2$ 处连续即可，即满足 $\lim\limits_{x\to 2} f(x)=f(2)$. 因此 $\lim\limits_{x\to 2} f(x)=\lim\limits_{x\to 2}\dfrac{x^2-a}{x-2}=b$，且极限式中分母趋向于0，于是 $\lim\limits_{x\to 2}(x^2-a)=4-a=0$，得 $a=4$, $b=\lim\limits_{x\to 2}\dfrac{x^2-4}{x-2}=\lim\limits_{x\to 2}(x+2)=4$，故 $a-b=0$.

二、函数的间断点

1. 函数间断点的定义

设函数 $f(x)$ 在点 x_0 的某去心邻域内有定义，且 $f(x)$ 在点 x_0 处不连续，则称点 x_0 是函数 $f(x)$ 的**间断点**（**或不连续点**）.

显然，如果 $f(x)$ 在点 x_0 处有下列三种情况之一，那么点 x_0 是 $f(x)$ 的一个间断点：

(1) 在点 x_0 处，$f(x)$ 没有定义；

(2) 在点 x_0 处虽有定义，但 $\lim\limits_{x\to x_0} f(x)$ 不存在；

(3) 在点 x_0 处虽有定义，且 $\lim\limits_{x\to x_0} f(x)$ 存在，但 $\lim\limits_{x\to x_0} f(x)\neq f(x_0)$.

提示

间断点要求函数在该点的去心邻域内有定义，也就是说，如果函数在某点左、右两边的任何一边没有定义，该点都不能称为函数的间断点。例如，对于函数 $f(x)=\ln x$ 来说，$x=0$ 就不是间断点，因为函数在 $x=0$ 的左边没有定义.

【例 3】 设函数 $f(x)=\begin{cases}\sqrt[3]{x}, & x<0,\\ x^2+1, & x\geq 0,\end{cases}$ 则 $f(x)$ 在点 $x=0$ 处间断的原因是(　　).

A. $f(x)$ 在 $x=0$ 处无定义　　B. $\lim\limits_{x\to x_0}f(x)$ 不存在

C. $\lim\limits_{x\to x_0}f(x)$ 存在,但 $\lim\limits_{x\to x_0}f(x)\neq f(0)$　　D. 以上说法都不对

【精析】 $f(x)$ 为分段函数,点 $x=0$ 为其分段点,由其表达式可知 $f(0)=0^2+1=1$, 因此排除选项 A. 由于 $\lim\limits_{x\to 0^-}f(x)=\lim\limits_{x\to 0^-}\sqrt[3]{x}=0$, $\lim\limits_{x\to 0^+}f(x)=\lim\limits_{x\to 0^+}(x^2+1)=1$, 可知 $\lim\limits_{x\to 0^-}f(x)\neq\lim\limits_{x\to 0^+}f(x)$, 因此 $\lim\limits_{x\to x_0}f(x)$ 不存在,故选 B.

【例 4】 设 $f(x)=\begin{cases}\dfrac{x^2\sin\dfrac{1}{x}}{e^x-1}, & x<0,\\ b, & x=0,\\ \dfrac{\ln(1+2x)}{x}+a, & x>0,\end{cases}$ 当 $a=$ ________, $b=$ ________ 时, $f(x)$ 在 $(-\infty,+\infty)$ 内连续.

【精析】 当 $x<0$ 时,函数 $f(x)=\dfrac{x^2\sin\dfrac{1}{x}}{e^x-1}$ 有定义且连续;当 $x>0$ 时,函数 $f(x)=\dfrac{\ln(1+2x)}{x}+a$ 有定义且连续;而在 $x=0$ 处,因为

$$\lim_{x\to 0^-}f(x)=\lim_{x\to 0^-}\frac{x^2\sin\dfrac{1}{x}}{e^x-1}=\lim_{x\to 0^-}\frac{x}{e^x-1}\cdot\lim_{x\to 0^-}x\sin\frac{1}{x}=0,$$

$$\lim_{x\to 0^+}f(x)=\lim_{x\to 0^+}\left[\frac{\ln(1+2x)}{x}+a\right]=\lim_{x\to 0^+}\frac{2x}{x}+a=2+a,$$

因此,当 $a=-2$, $b=0$ 时, $f(x)$ 在 $x=0$ 处连续. 故应填-2, 0.

2. 函数间断点的分类

设 x_0 为 $f(x)$ 的间断点,若左、右极限 $\lim\limits_{x\to x_0^-}f(x)$, $\lim\limits_{x\to x_0^+}f(x)$ 都存在,则 x_0 为**第一类间断点**.

可去间断点: 左极限等于右极限,但不等于该点函数值的间断点;

跳跃间断点: 左、右极限均存在,但左极限不等于右极限的间断点.

若左、右极限 $\lim\limits_{x\to x_0^-}f(x)$, $\lim\limits_{x\to x_0^+}f(x)$ 至少有一个不存在,则 x_0 为**第二类间断点**.

无穷间断点: $\lim\limits_{x\to x_0^-}f(x)$ 和 $\lim\limits_{x\to x_0^+}f(x)$ 至少有一个是无穷大(正无穷大或负无穷大均可);

振荡间断点: $\lim\limits_{x\to x_0^-}f(x)$ 和 $\lim\limits_{x\to x_0^+}f(x)$ 至少有一个不存在且均不是无穷大.

【例 5】 判断 $f(x)=\dfrac{x^2-x}{|x|(x^2-1)}$ 的间断点及其类型.

名师指点

求函数的间断点并判断其类型的解题步骤为:

(1) 找出间断点 x_1, x_2, $\cdots$, x_k, 没有定义的点即为间断点；

(2) 对每一个间断点 x_i 求极限 $\lim\limits_{x\to x_0^-}f(x)$ 及 $\lim\limits_{x\to x_0^+}f(x)$；

(3) 判断类型：①左、右极限都存在且相等时，$\lim\limits_{x\to x_0}f(x)\neq f(x_0)$ 属于第一类间断点，且为可去间断点；②左、右极限都存在但不相等时，属于第一类间断点，且为跳跃间断点；③左、右极限至少有一个不存在时，属于第二类间断点.

【精析】 $\because$ $f(x)$ 在 $x=0$, $x=-1$, $x=1$ 处无定义，$\therefore$ $x=0$, $x=-1$, $x=1$ 是 $f(x)$ 的间断点.

在 $x=0$ 处，$\lim\limits_{x\to 0^-}f(x)=\lim\limits_{x\to 0^-}\dfrac{x(x-1)}{-x(x^2-1)}=-1$, $\lim\limits_{x\to 0^+}f(x)=\lim\limits_{x\to 0^+}\dfrac{x(x-1)}{x(x^2-1)}=1$,

$\therefore$ $x=0$ 是第一类跳跃间断点；

在 $x=-1$ 处，$\lim\limits_{x\to -1}f(x)=\lim\limits_{x\to -1}\dfrac{x(x-1)}{-x(x-1)(x+1)}=\infty$,

$\therefore$ $x=-1$ 是第二类无穷间断点；

在 $x=1$ 处，$\lim\limits_{x\to 1}f(x)=\lim\limits_{x\to 1}\dfrac{x(x-1)}{x(x-1)(x+1)}=\dfrac{1}{2}$,

$\therefore$ $x=1$ 是第一类可去间断点.

【例 6】 设函数 $f(x)=\dfrac{x-a}{x^2+x+b}$, $x=1$ 为其可去间断点，则常数 a, b 的值分别为________.

【精析】 因为 $x=1$ 为间断点，所以 $x=1$ 必为方程 $x^2+x+b=0$ 的根，所以 $b=-2$. 又因为 $x=1$ 为可去间断点，所以极限 $\lim\limits_{x\to 1}=\dfrac{x-a}{x^2+x+b}$ 存在，故极限式中分子趋向于 0，即 $\lim\limits_{x\to 1}(x-a)=1-a=0$，所以 $a=1$.

三、连续函数的运算与初等函数的连续性

1. 连续函数的运算

定理 2 （**连续函数的四则运算**）设函数 $f(x)$ 和 $g(x)$ 在点 x_0 处连续，则它们的和差 $f\pm g$、积 $f\cdot g$ 及商 $\dfrac{f}{g}$ [当 $g(x_0)\neq 0$ 时]都在点 x_0 处连续.

定理 3 设函数 $y=f[g(x)]$ 由函数 $y=f(u)$ 与函数 $u=g(x)$ 复合而成，$\mathring{U}(x_0)\subset D_{f\circ g}$. 若 $\lim\limits_{x\to x_0}g(x)=u_0$，而函数 $y=f(u)$ 在 $u=u_0$ 处连续，则

$$\lim_{x\to x_0}f[g(x)]=\lim_{u\to u_0}f(u)=f(u_0). \tag{1-1}$$

式(1-1)又可写成

$$\lim_{x\to x_0}f[g(x)]=f\left[\lim_{x\to x_0}g(x)\right]. \tag{1-2}$$

式(1-1)表示,在定理 3 的条件下,如果做代换 $u=g(x)$,那么求 $\lim\limits_{x\to x_0}f[g(x)]$ 就化为求 $\lim\limits_{u\to u_0}f(u)$,这里 $u_0=\lim\limits_{x\to x_0}g(x)$.

式(1-2)表示,在定理 3 的条件下,求复合函数 $f[g(x)]$ 的极限时,函数符号 f 与极限符号 $\lim\limits_{x\to x_0}$ 可以交换次序.

定理 4 (**复合函数的连续性**)设函数 $y=f[g(x)]$ 由函数 $y=f(u)$ 与函数 $u=g(x)$ 复合而成,$U(x_0)\subset D_{f\circ g}$. 若函数 $u=g(x)$ 在 $x=x_0$ 处连续,且 $g(x_0)=u_0$,而函数 $y=f(u)$ 在 $u=u_0$ 处连续,则复合函数 $y=f[g(x)]$ 在 $x=x_0$ 处也连续.

定理 5 (**反函数的连续性**)如果函数 $y=f(x)$ 在区间 I_x 上单调减少(或单调增加)且连续,那么它的反函数 $x=f^{-1}(y)$ 也在对应的区间 $I_y=\{y\mid y=f(x),\ x\in I_x\}$ 上单调减少(或单调增加)且连续.

【例 7】 求 $\lim\limits_{x\to 0}\sqrt{2-\dfrac{\sin x}{x}}$.

【精析】 因为 $\lim\limits_{x\to 0}\dfrac{\sin x}{x}=1$ 及 $\sqrt{2-u}$ 在 $u=1$ 处连续,所以原式 $=\sqrt{2-\lim\limits_{x\to 0}\dfrac{\sin x}{x}}=\sqrt{2-1}=1$.

【例 8】 求 $\lim\limits_{x\to\infty}\ln\dfrac{2x^2-x}{x^2+1}$.

【精析】 $y=\ln\dfrac{2x^2-x}{x^2+1}$ 是由 $y=\ln u$ 与 $u=\dfrac{2x^2-x}{x^2+1}$ 复合而成的.

因为 $\lim\limits_{x\to\infty}\dfrac{2x^2-x}{x^2+1}=2$,$y=\ln u$ 在 $u=2$ 处连续,

所以 $\lim\limits_{x\to\infty}\ln\dfrac{2x^2-x}{x^2+1}=\ln\lim\limits_{x\to\infty}\dfrac{2x^2-x}{x^2+1}=\ln 2$.

2. 初等函数的连续性

定理 6 基本初等函数在其定义域内都是连续的.

根据极限运算法则和连续函数定义可知:有限个连续函数的和、差、积、商(分母不为0)也是连续函数;由连续函数复合而成的复合函数也是连续函数. 因此得到初等函数连续性的重要结论:

定理 7 一切初等函数在其定义区间内都是连续函数,即如果点 x_0 是初等函数 $f(x)$ 定义区间内一点,那么 $\lim\limits_{x\to x_0}f(x)=f(x_0)$.

提示

(1) 定义区间为包含在定义域内的区间;

(2) 初等函数在其定义域内不一定连续.

以前我们是用极限来证明连续,现在可利用函数的连续来求极限.

【例 9】 求 $\lim\limits_{x\to 0}\dfrac{\ln(1+x)}{x}$.

【精析】 $\lim\limits_{x\to0}\dfrac{\ln(1+x)}{x}=\lim\limits_{x\to0}\ln(1+x)^{\frac{1}{x}}=\ln\lim\limits_{x\to0}(1+x)^{\frac{1}{x}}=\ln e=1.$

【例 10】 求 $\lim\limits_{x\to1}\dfrac{\sqrt{x^2+3}-2}{x-1}$.

【精析】 当 $x\to1$ 时，分母、分子的极限都为零，此极限为“$\dfrac{0}{0}$”型，要设法消去分母为零的因式，故进行分子有理化.

$$\lim_{x\to1}\frac{\sqrt{x^2+3}-2}{x-1}=\lim_{x\to1}\frac{(\sqrt{x^2+3}-2)(\sqrt{x^2+3}+2)}{(x-1)(\sqrt{x^2+3}+2)}=\lim_{x\to1}\frac{x^2-1}{(x-1)(\sqrt{x^2+3}+2)}$$
$$=\lim_{x\to1}\frac{x+1}{\sqrt{x^2+3}+2}=\frac{1}{2}.$$

四、闭区间上连续函数的性质

闭区间上的连续函数是指在其连续区间的左端点右连续、右端点左连续的函数. 对于闭区间上的连续函数有如下重要的性质:

定理 8 （**最值定理**）若函数 $f(x)$ 在闭区间 $[a, b]$ 上连续，则函数 $f(x)$ 在闭区间 $[a, b]$ 上必有最大值和最小值.

定理 9 （**有界性定理**）若函数 $f(x)$ 在闭区间 $[a, b]$ 上连续，则函数 $f(x)$ 在闭区间 $[a, b]$ 上必有界.

定理 10 （**介值定理**）设函数 $f(x)$ 在闭区间 $[a, b]$ 上连续，且在该区间的端点取不同的函数值 $f(a)=A$ 及 $f(b)=B$，则对于 A 和 B 之间的任意一个数 C，至少存在一点 $\xi\in(a, b)$，使得 $f(\xi)=C(a<\xi<b)$.

定理 11 （**零点定理**）设函数 $f(x)$ 在闭区间 $[a, b]$ 上连续，且 $f(a)$ 与 $f(b)$ 异号，即 $f(a)\cdot f(b)<0$，那么在开区间 (a, b) 内至少有一点 ξ，使得 $f(\xi)=0$。

提示

(1) 如果函数 $f(x)$ 在开区间 (a, b) 内连续或在闭区间 $[a, b]$ 上有间断点，则函数 $f(x)$ 不一定有最值，也不一定有界，所以在连续函数的最值定理与有界性定理中，连续函数及闭区间两个条件缺一不可.

(2) 零点定理中的 $x=\xi$ 称为函数 $y=f(x)$ 的零点，也称为方程 $f(x)=0$ 的根.

【例 11】 证明方程 $x\ln(1+x^2)=2$ 有且仅有一个小于 2 的正实根.

名师指点

利用零点定理判断方程根的存在性的判定步骤:

(1) 构造一个闭区间 $[a, b]$ 且函数 $f(x)$ 在 $[a, b]$ 上连续;

(2) 计算 $f(a)$，$f(b)$，说明 $f(a)\cdot f(b)<0$;

(3) 由零点定理可得方程 $f(x)=0$ 在 (a, b) 内至少有一个实根;

(4) 零点定理只能验证方程根的存在性，不能确定方程根的唯一性，有唯一性要求时，还应借助函数的导数验证 $f(x)$ 在 $[a, b]$ 上的单调性.

【精析】（1）利用零点定理证明根的存在性.

令 $f(x)=x\ln(1+x^2)-2,\ x\in[0,2]$，

显然 $f(x)=x\ln(1+x^2)-2$ 在 $[0,2]$ 上连续，且 $f(0)=-2<0$，$f(2)=2(\ln 5-1)>0$，即 $f(0)\cdot f(2)<0$，所以由零点定理得方程 $x\ln(1+x^2)=2$ 至少有一个小于 2 的正实根.

（2）利用单调性证明根的唯一性.

$f'(x)=\ln(1+x^2)+\dfrac{2x^2}{1+x^2}$，当 $x\in[0,2]$ 时，$f'(x)\geqslant 0$（仅当 $x=0$ 时，$f'(x)=0$），所以 $f(x)$ 在 $[0,2]$ 上单调增加，因而方程 $x\ln(1+x^2)=2$ 至多有一个小于 2 的正实根.

综合(1)(2)得方程 $x\ln(1+x^2)=2$ 有且仅有一个小于 2 的正实根.

考点聚焦

考点一　极限的计算

即七种未定式（“$\frac{0}{0}$”型，“$\frac{\infty}{\infty}$”型，“$0\cdot\infty$”型，“$\infty-\infty$”型，“∞^0”型，“0^0”型，“1^∞”型）的计算.

思路点拨

1. “$\frac{0}{0}$”型或“$\frac{\infty}{\infty}$”型极限计算

解题方法：
- (1) 恒等变形（提取公因式、换元、通分、因式分解或分子有理化等）；
- (2) 及时提出极限存在且不为 0 的因式；
- (3) 等价无穷小替换；
- (4) 洛必达法则；
- (5) “抓大头”公式；
- (6) 泰勒公式.

注意解题时方法不是唯一的，通常情况下需多个方法综合使用.

例 1　(1) $\lim\limits_{x\to 1}\dfrac{x-1}{\sqrt{x+1}\,(x^2+2x-3)}$；　(2) $\lim\limits_{x\to 0}\dfrac{(e^x-e^{-x})^2}{\ln(1+x^2)}$；

(3) $\lim\limits_{x\to -2}\dfrac{\sqrt{2-x}-2}{x^2-4}$；　(4) $\lim\limits_{x\to\infty}\dfrac{(2x+1)^3(x-2)}{(3x^2+1)^2}$；

(5) $\lim\limits_{x\to\frac{\pi}{4}}\dfrac{2\sin x-\sqrt{2}}{\cos 2x}$；　(6) $\lim\limits_{x\to 0}\dfrac{\sqrt{1+\sin x}-\sqrt{1+\tan x}}{x^2-x\ln(1+x)}$.

解　(1) 原式 $=\lim\limits_{x\to1}\dfrac{x-1}{\sqrt{2}(x-1)(x+3)}=\lim\limits_{x\to1}\dfrac{1}{\sqrt{2}(x+3)}=\dfrac{1}{4\sqrt{2}}.$

(2) 原式 $=\lim\limits_{x\to0}\dfrac{(e^{x}-e^{-x})^{2}}{x^{2}}=\lim\limits_{x\to0}\dfrac{e^{2x}-2+e^{-2x}}{x^{2}}\overset{\frac{0}{0}}{=}\lim\limits_{x\to0}\dfrac{e^{2x}-e^{-2x}}{x}\overset{\frac{0}{0}}{=}\lim\limits_{x\to0}\dfrac{2e^{2x}+2e^{-2x}}{1}=4.$

(3) 原式 $=\lim\limits_{x\to-2}\dfrac{2-x-4}{(\sqrt{2-x}+2)(x^{2}-4)}=\lim\limits_{x\to-2}\dfrac{-(x+2)}{4(x+2)(x-2)}=\lim\limits_{x\to-2}\dfrac{-1}{4(x-2)}=\dfrac{1}{16}.$

(4) 原式 $=\lim\limits_{x\to\infty}\dfrac{(2x)^{3}\cdot x}{(3x^{2})^{2}}=\lim\limits_{x\to\infty}\dfrac{8x^{4}}{9x^{4}}=\dfrac{8}{9}.$

(5) 原式 $\overset{\frac{0}{0}}{=}\lim\limits_{x\to\frac{\pi}{4}}\dfrac{2\cos x}{-2\sin 2x}=-\dfrac{\sqrt{2}}{2}.$

(6) 原式 $=\lim\limits_{x\to0}\dfrac{(1+\sin x)-(1+\tan x)}{(\sqrt{1+\sin x}+\sqrt{1+\tan x})[x^{2}-x\ln(1+x)]}=\lim\limits_{x\to0}\dfrac{\sin x-\tan x}{2[x^{2}-x\ln(1+x)]}$

▶ **方法一：利用三角函数关系**

$$=\lim_{x\to0}\frac{\tan x(\cos x-1)}{2x[x-\ln(1+x)]}=\lim_{x\to0}\frac{x\cdot\left(-\frac{1}{2}x^{2}\right)}{2x[x-\ln(1+x)]}=\lim_{x\to0}\frac{-x^{2}}{4[x-\ln(1+x)]}$$

$$\overset{\frac{0}{0}}{=}\lim_{x\to0}\frac{-2x}{4\left(1-\frac{1}{1+x}\right)}=\lim_{x\to0}\frac{-x(1+x)}{2x}=-\frac{1}{2}.$$

▶ **方法二：利用 $\sin x$ 和 $\tan x$ 的泰勒展开式**

$$=\lim_{x\to0}\frac{\sin x-\tan x}{2x[x-\ln(1+x)]}=\lim_{x\to0}\frac{x-\frac{1}{6}x^{3}-\left(x+\frac{1}{3}x^{3}\right)+o(x^{3})}{2x[x-\ln(1+x)]}$$

$$=\lim_{x\to0}\frac{-\frac{1}{2}x^{3}}{2x[x-\ln(1+x)]}=\lim_{x\to0}-\frac{x^{2}}{4[x-\ln(1+x)]}$$

可再次利用 $\ln(1+x)$ 的泰勒展开式或洛必达法则

$$=\lim_{x\to0}-\frac{x^{2}}{4\left[x-\left(x-\frac{1}{2}x^{2}+o(x^{2})\right)\right]}=\lim_{x\to0}-\frac{x^{2}}{2x^{2}}=-\frac{1}{2}.$$

▶ **方法三：多次利用洛必达法则**

$$\overset{\frac{0}{0}}{=}\lim_{x\to0}\frac{\cos x-\sec^{2}x}{2\left[2x-\ln(1+x)-\frac{x}{1+x}\right]}=\lim_{x\to0}\frac{\frac{\cos^{3}x-1}{\cos^{2}x}}{2\cdot\frac{2x(1+x)-(1+x)\ln(1+x)-x}{1+x}}$$

$$=\lim_{x\to0}\frac{\cos^{3}x-1}{2[2x(1+x)-(1+x)\ln(1+x)-x]}=\lim_{x\to0}\frac{(\cos x-1)(\cos^{2}x+\cos x+1)}{2[2x^{2}+x-(1+x)\ln(1+x)]}$$

$$=\lim_{x\to 0}\frac{-\frac{1}{2}x^2\cdot 3}{2[2x^2+x-(1+x)\ln(1+x)]}\overset{\frac{0}{0}}{=}\lim_{x\to 0}\frac{-3x}{2[4x-\ln(1+x)]}$$

$$\overset{\frac{0}{0}}{=}\lim_{x\to 0}\frac{-3}{2\left(4-\frac{1}{1+x}\right)}=-\frac{1}{2}.$$

思路点拨

2. “$0\cdot\infty$”型或“$\infty-\infty$”型极限计算

解题方法

(1)“$0\cdot\infty$”型. 根据函数特点选取函数求导简单的一方作为分母化为“$\frac{0}{0}$”型或“$\frac{\infty}{\infty}$”型,再采用洛必达法则或等价无穷小替换等方法.

(2)“$\infty-\infty$”型. 若函数中有分母,则通分,将加减法变为乘除法,再使用其他计算工具;若函数中无分母,则可以通过提取公因式,或者做倒代换出现分母后再进行通分计算.

例 2 (1) $\lim\limits_{x\to 1}\ln x\ln(1-x)$; (2) $\lim\limits_{x\to+\infty}x^2[\arctan(x+1)-\arctan x]$;

(3) $\lim\limits_{x\to 0}\left[\frac{1}{x^2}-\frac{1}{\ln(1+x^2)}\right]$; (4) $\lim\limits_{x\to 0}\left(\frac{1}{\sin^2 x}-\frac{\cos^2 x}{x^2}\right)$.

解 (1) 原式 $=\lim\limits_{x\to 1}\ln[1+(x-1)]\ln(1-x)=\lim\limits_{x\to 1}(x-1)\ln(1-x)$

$$=\lim_{x\to 1}\frac{\ln(1-x)}{\frac{1}{x-1}}\overset{\frac{\infty}{\infty}}{=}\lim_{x\to 1}\frac{\frac{-1}{1-x}}{-\frac{1}{(x-1)^2}}=\lim_{x\to 1}(1-x)=0.$$

(2) 原式 $=\lim\limits_{x\to+\infty}\dfrac{\arctan(x+1)-\arctan x}{\frac{1}{x^2}}\overset{\frac{0}{0}}{=}\lim\limits_{x\to+\infty}\dfrac{\frac{1}{1+(x+1)^2}-\frac{1}{1+x^2}}{-2x^{-3}}$

$$=\lim_{x\to+\infty}\frac{-(2x+1)\cdot x^3}{-2[1+(x+1)^2](1+x^2)}=\lim_{x\to+\infty}\frac{2x\cdot x^3}{2x^2\cdot x^2}=1.$$

(3) 原式 $=\lim\limits_{x\to 0}\dfrac{\ln(1+x^2)-x^2}{x^2\ln(1+x^2)}=\lim\limits_{x\to 0}\dfrac{\ln(1+x^2)-x^2}{x^4}$

▶ **方法一:利用泰勒公式**

$$=\lim_{x\to 0}\frac{x^2-\frac{1}{2}x^4+o(x^4)-x^2}{x^4}=-\frac{1}{2}.$$

▶ **方法二：利用洛必达法则**

$$\overset{\frac{0}{0}}{=}\lim_{x\to0}\frac{\frac{2x}{1+x^2}-2x}{4x^3}=\lim_{x\to0}\frac{2x-2x(1+x^2)}{4x^3}\cdot\frac{1}{1+x^2}$$

$$=\lim_{x\to0}\frac{-2x^3}{4x^3}=-\frac{1}{2}.$$

(4) 原式 $=\lim\limits_{x\to0}\dfrac{x^2-\sin^2x\cos^2x}{\sin^2x\cdot x^2}=\lim\limits_{x\to0}\dfrac{x^2-\frac{1}{4}\sin^22x}{x^4}\overset{\frac{0}{0}}{=}\lim\limits_{x\to0}\dfrac{2x-\frac{1}{4}\cdot2\sin2x\cos2x\cdot2}{4x^3}$

$$=\lim_{x\to0}\frac{2x-\frac{1}{2}\sin4x}{4x^3}\overset{\frac{0}{0}}{=}\lim_{x\to0}\frac{2-2\cos4x}{12x^2}=\lim_{x\to0}\frac{1-\cos4x}{6x^2}=\lim_{x\to0}\frac{\frac{1}{2}(4x)^2}{6x^2}=\frac{4}{3}.$$

思路点拨

3. "∞^0""0^0""1^∞"型极限计算

解题方法："∞^0""0^0""1^∞"型未定式是幂指函数的极限，通过恒等变形 $\lim u^v=e^{\lim v\ln u}$ 将其转化为以 e 为底的"$\frac{0}{0}$"、"$\frac{\infty}{\infty}$"或"$0\cdot\infty$"这三种类型后再计算.

除此之外，"1^∞"型未定式既可利用恒等变形，也可利用重要极限 $\lim\limits_{x\to0}(1+x)^{\frac{1}{x}}=e$ 或 $\lim\limits_{x\to\infty}\left(1+\frac{1}{x}\right)^x=e$ 求解.

例 3　(1) $\lim\limits_{x\to0}\left(\dfrac{\sin x}{x}\right)^{\frac{1}{1-\cos x}}$；　　(2) $\lim\limits_{x\to+\infty}\left(x+\sqrt{1+x^2}\right)^{\frac{1}{x}}$；

(3) $\lim\limits_{x\to0^+}\sin x^x$；　　(4) $\lim\limits_{x\to0}(\cos x)^{\frac{1}{\ln(1+x^2)}}$.

解　(1) ▶ **方法一：利用公式恒等变形求解**

原式 $=e^{\lim\limits_{x\to0}\frac{1}{1-\cos x}\ln\frac{\sin x}{x}}=e^{\lim\limits_{x\to0}\frac{\ln\sin x-\ln x}{\frac{1}{2}x^2}}\overset{\frac{0}{0}}{=}e^{\lim\limits_{x\to0}\frac{\frac{\cos x}{\sin x}-\frac{1}{x}}{x}}=e^{\lim\limits_{x\to0}\frac{x\cos x-\sin x}{x^2\sin x}}$

$$=e^{\lim\limits_{x\to0}\frac{x\cos x-\sin x}{x^3}}=e^{\lim\limits_{x\to0}\frac{\cos x-x\sin x-\cos x}{3x^2}}=e^{\lim\limits_{x\to0}\frac{-x\sin x}{3x^2}}=e^{-\frac{1}{3}}.$$

▶ **方法二：利用第二重要极限求解**

原式 $=\lim\limits_{x\to0}\left[1+\left(\dfrac{\sin x}{x}-1\right)\right]^{\frac{1}{\frac{\sin x}{x}-1}\cdot\frac{\frac{\sin x}{x}-1}{1-\cos x}}=e^{\lim\limits_{x\to0}\frac{\frac{\sin x}{x}-1}{\frac{1}{2}x^2}}=e^{\lim\limits_{x\to0}\frac{\sin x-x}{\frac{1}{2}x^3}}=e^{\lim\limits_{x\to0}\frac{\cos x-1}{\frac{3}{2}x^2}}=e^{\lim\limits_{x\to0}\frac{-\frac{1}{2}x^2}{\frac{3}{2}x^2}}=e^{-\frac{1}{3}}.$

(2) 原式 $=e^{\lim\limits_{x\to+\infty}\frac{\ln(x+\sqrt{1+x^2})}{x}}=e^{\lim\limits_{x\to+\infty}\frac{1}{x+\sqrt{1+x^2}}\left(1+\frac{x}{\sqrt{1+x^2}}\right)}=e^{\lim\limits_{x\to+\infty}\frac{1}{\sqrt{1+x^2}}}=1.$

(3) 原式 $= e^{\lim\limits_{x\to 0^+} x\ln\sin x} = e^{\lim\limits_{x\to 0^+}\frac{\ln\sin x}{\frac{1}{x}}} = e^{\lim\limits_{x\to 0^+}\frac{\frac{\cos x}{\sin x}}{-\frac{1}{x^2}}} = e^{\lim\limits_{x\to 0^+}\frac{-x^2\cos x}{\sin x}} = e^{\lim\limits_{x\to 0^+}-x\cos x} = 1.$

(4) ▶ **方法一：利用公式恒等变形求解**

原式 $= e^{\lim\limits_{x\to 0}\frac{\ln\cos x}{\ln(1+x^2)}} = e^{\lim\limits_{x\to 0}\frac{\ln\cos x}{x^2}} = e^{\lim\limits_{x\to 0}\frac{\ln[1+(\cos x-1)]}{x^2}} = e^{\lim\limits_{x\to 0}\frac{\cos x-1}{x^2}} = e^{\lim\limits_{x\to 0}\frac{-\frac{1}{2}x^2}{x^2}} = e^{-\frac{1}{2}}.$

▶ **方法二：利用第二重要极限求解**

原式 $=\lim\limits_{x\to 0}[1+(\cos x-1)]^{\frac{1}{\cos x-1}\cdot\frac{\cos x-1}{\ln(1+x^2)}} = e^{\lim\limits_{x\to 0}\frac{\cos x-1}{\ln(1+x^2)}} = e^{\lim\limits_{x\to 0}\frac{-\frac{1}{2}x^2}{x^2}} = e^{-\frac{1}{2}}.$

考点二　无穷小的比较

思路点拨

解题方法：无穷小的比较考点常出现在真题的选择题、填空题中，占 4 分，考查学生对高阶、低阶、同阶及等价无穷小概念的理解.

$$设 \lim\alpha=0,\ \lim\beta=0,则 \lim\frac{\alpha}{\beta}=\begin{cases}0,\ \alpha 是比 \beta 高阶的无穷小;\\ \infty,\ \alpha 是比 \beta 低阶的无穷小;\\ c\neq 0,\ \alpha 与 \beta 是同阶无穷小;\\ 1,\ \alpha 与 \beta 是等价无穷小,记作 \alpha\sim\beta.\end{cases}$$

例 1　(1) 当 $x\to 0$ 时，下列函数(　　)不是关于 x 的等价无穷小.

A. $x^2+\tan x$　　B. $3x^2+x$　　C. $\frac{\sin x}{x}-1$　　D. $\frac{\ln(1+x^2)}{\sin x}$

(2) 设 $f(x)=2^x+3^x-2$，则当 $x\to 0$ 时，(　　).

A. $f(x)$ 与 x 是等价无穷小　　B. $f(x)$ 是比 x 高阶的无穷小

C. $f(x)$ 是比 x 低阶的无穷小　　D. $f(x)$ 与 x 是同阶但不是等价无穷小

(3) 已知当 $x\to 0$ 时，$(1+\alpha x^2)^{\frac{1}{3}}-1$ 与 $\cos x-1$ 是等价无穷小，则 $\alpha=$ ________.

解　(1) 本题选 C.

A 项，$\lim\limits_{x\to 0}\frac{x^2+\tan x}{x}=\lim\limits_{x\to 0}\frac{2x+\sec^2 x}{1}=1$，

所以当 $x\to 0$ 时，$x^2+\tan x$ 是 x 的等价无穷小；

B 项，$\lim\limits_{x\to 0}\frac{3x^2+x}{x}=\lim\limits_{x\to 0}(3x+1)=1$，

所以当 $x\to 0$ 时，$3x^2+x$ 是 x 的等价无穷小；

C 项，$\lim\limits_{x\to 0}\frac{\frac{\sin x}{x}-1}{x}=\lim\limits_{x\to 0}\frac{\sin x-x}{x^2}=\lim\limits_{x\to 0}\frac{-\frac{1}{6}x^3+o(x^3)}{x^2}=0$，

（此题既可用泰勒公式计算，也可用洛必达法则与等价无穷小替换结合计算）

所以当 $x\to 0$ 时，$\frac{\sin x}{x}-1$ 是比 x 高阶的无穷小；

D 项，$\lim\limits_{x\to 0}\frac{\frac{\ln(1+x^2)}{\sin x}}{x}=\lim\limits_{x\to 0}\frac{\ln(1+x^2)}{\sin x\cdot x}=\lim\limits_{x\to 0}\frac{x^2}{x^2}=1$，

所以当 $x\to 0$ 时，$\frac{\ln(1+x^2)}{\sin x}$ 是 x 的等价无穷小.

（2）本题选 D.

$\lim\limits_{x\to 0}\frac{f(x)}{x}=\lim\limits_{x\to 0}\frac{2^x+3^x-2}{x}=\lim\limits_{x\to 0}\frac{2^x\ln 2+3^x\ln 3}{1}=\ln 6$，

所以当 $x\to 0$ 时，$f(x)$ 与 x 是同阶无穷小.

（3）$\alpha=-\frac{3}{2}$.

由题得 $\lim\limits_{x\to 0}\frac{(1+\alpha x^2)^{\frac{1}{3}}-1}{\cos x-1}=1$，即 $\lim\limits_{x\to 0}\frac{(1+\alpha x^2)^{\frac{1}{3}}-1}{\cos x-1}=\lim\limits_{x\to 0}\frac{\frac{1}{3}\alpha x^2}{-\frac{1}{2}x^2}=\frac{-2}{3}\alpha=1$，所以 $\alpha=-\frac{3}{2}$.

考点三　判断函数的间断点与连续性

思路点拨

（1）对于函数的间断点考虑两种情况：一是分式中分母为零的点；二是分段函数的分段点. 确定为间断点后，再根据极限是否存在判断间断点的类型.

（2）专转本考试中，对于函数连续性知识点的考查，主要考分段函数分段点处的连续性. 即 $f(x)$ 在 $x=x_0$ 处连续，需满足 $\lim\limits_{x\to x_0}f(x)=f(x_0)$ 或 $\lim\limits_{x\to x_0^-}f(x)=\lim\limits_{x\to x_0^+}f(x)=f(x_0)$.

例 1　（1）若 $f(x)=\frac{1-2e^{\frac{1}{x}}}{1+e^{\frac{1}{x}}}$，则 $x=0$ 是 $f(x)$ 的（　　）.

A. 跳跃间断点　　B. 可去间断点　　C. 无穷间断点　　D. 振荡间断点

（2）设函数 $f(x)=\frac{\ln|x|}{|x-1|}\sin x$，则 $f(x)$ 有（　　）.

A. 1 个可去间断点，1 个跳跃间断点　　B. 1 个可去间断点，1 个无穷间断点

C. 2 个跳跃间断点　　D. 2 个无穷间断点

(3) 讨论$f(x)=\begin{cases}\dfrac{e^x-1}{x}, & x<0,\\ 2, & x=0,\\ \dfrac{\sqrt{1+x}-1}{\frac{1}{2}x}, & x>0\end{cases}$ 在 $x=0$ 处极限是否存在以及是否连续.

解 (1) 本题选 A.

当 $x\to0^+$ 时, $e^{\frac{1}{x}}\to+\infty$; 当 $x\to0^-$ 时, $e^{\frac{1}{x}}\to0$.

$$\lim_{x\to0^-}f(x)=\lim_{x\to0^-}\frac{1-2e^{\frac{1}{x}}}{1+e^{\frac{1}{x}}}=1,\ \lim_{x\to0^+}f(x)=\lim_{x\to0^+}\frac{1-2e^{\frac{1}{x}}}{1+e^{\frac{1}{x}}}=-2,$$

因为 $\lim\limits_{x\to0^-}f(x)\neq\lim\limits_{x\to0^+}f(x)$, 所以 $x=0$ 是 $f(x)$ 的跳跃间断点.

(2) 本题选 A.

$x=0$, $x=1$ 是间断点.

$$\lim_{x\to0}f(x)=\lim_{x\to0}\frac{\ln|x|}{|x-1|}\sin x=\lim_{x\to0}\ln|x|\cdot\sin x=\lim_{x\to0}\frac{\ln|x|}{\frac{1}{\sin x}}\overset{\frac{\infty}{\infty}}{=}\lim_{x\to0}\frac{\frac{1}{x}}{-\csc x\cot x}=\lim_{x\to0}\frac{-\sin^2x}{x\cos x}$$

$$=0,$$

所以 $x=0$ 是可去间断点.

$$\lim_{x\to1^-}f(x)=\lim_{x\to1^-}\frac{\ln|x|}{|x-1|}\sin x=\lim_{x\to1^-}\frac{\ln[1+(x-1)]}{-(x-1)}\cdot\sin1=\lim_{x\to1^-}\frac{x-1}{-(x-1)}\sin1=-\sin1,$$

$$\lim_{x\to1^+}f(x)=\lim_{x\to1^+}\frac{\ln|x|}{|x-1|}\sin x=\lim_{x\to1^+}\frac{\ln[1+(x-1)]}{x-1}\cdot\sin1=\lim_{x\to1^+}\frac{x-1}{x-1}\cdot\sin1=\sin1.$$

因为 $\lim\limits_{x\to1^-}f(x)\neq\lim\limits_{x\to1^+}f(x)$, 所以 $x=1$ 是跳跃间断点.

(3) $\lim\limits_{x\to0^-}f(x)=\lim\limits_{x\to0^-}\dfrac{e^x-1}{x}=1$, $\lim\limits_{x\to0^+}f(x)=\lim\limits_{x\to0^+}\dfrac{\sqrt{1+x}-1}{\frac{1}{2}x}=\lim\limits_{x\to0^+}\dfrac{\frac{1}{2}x}{\frac{1}{2}x}=1.$

因为 $\lim\limits_{x\to0^-}f(x)=\lim\limits_{x\to0^+}f(x)=1$, 所以 $f(x)$ 在 $x=0$ 处的极限存在且等于 1.

因为 $f(0)=2$, $\lim\limits_{x\to0}f(x)=1$, $\lim\limits_{x\to0}f(x)\neq f(0)$, 所以 $f(x)$ 在 $x=0$ 处不连续.

考点四 已知函数极限或连续性,反求参数

思路点拨

1. 已知极限反求参数

解题方法：根据极限存在的前提,若函数为分式,分子或分母有一方趋于无穷小,则另一方也必趋于无穷小才能满足极限存在. 同时结合极限的等价无穷小替换、洛必达法则等方法求解.

例 1　(1) 已知 $\lim\limits_{x\to2}\dfrac{x^2+ax+b}{x-2}=3$, 则 $a=$ ________, $b=$ ________.

(2) 已知 $\lim\limits_{x\to\infty}\left(\dfrac{x-2}{x}\right)^{kx}=e^2$, 则 $k=$ ________.

(3) 设 $\lim\limits_{x\to0}(1+ax)^{\frac{1}{x}}=\lim\limits_{x\to\infty}x\sin\dfrac{2}{x}$, 则 $a=$ ________.

解　(1) 因为 $\lim\limits_{x\to2}\dfrac{x^2+ax+b}{x-2}=3$, $\lim\limits_{x\to2}(x-2)=0$,

所以 $\lim\limits_{x\to2}(x^2+ax+b)=4+2a+b=0$.

利用洛必达法则,

$$\lim_{x\to2}\frac{x^2+ax+b}{x-2}=\lim_{x\to2}\frac{2x+a}{1}=4+a=3.$$

联立方程组 $\begin{cases}4+2a+b=0,\\4+a=3,\end{cases}$ 解得 $a=-1$, $b=-2$.

(2) $\lim\limits_{x\to\infty}\left(\dfrac{x-2}{x}\right)^{kx}=\lim\limits_{x\to\infty}\left(1-\dfrac{2}{x}\right)^{kx}=\lim\limits_{x\to\infty}\left(1-\dfrac{2}{x}\right)^{-\frac{x}{2}\cdot(-2k)}=e^{-2k}$.

因为 $\lim\limits_{x\to\infty}\left(\dfrac{x-2}{x}\right)^{kx}=e^2$, 所以 $e^{-2k}=e^2$,解得 $k=-1$.

(3) 因为 $\lim\limits_{x\to0}(1+ax)^{\frac{1}{x}}=\lim\limits_{x\to0}\left[(1+ax)^{\frac{1}{ax}}\right]^a=e^a$,

$\lim\limits_{x\to\infty}x\sin\dfrac{2}{x}=\lim\limits_{x\to\infty}x\cdot\dfrac{2}{x}=2$,

所以 $e^a=2$, 即 $a=\ln2$.

思路点拨

2. 根据无穷小的比较求待定参数

解题方法：根据题目条件,将两个无穷小构成分式求极限值,进而确定无穷小中含有的待定参数.

例 2　(1) 当 $x\to0$ 时, $x^2\ln(1+x^2)$ 是比 $\sin^n x$ 高阶的无穷小,而 $\sin^n x$ 又是比 $1-\cos x$ 高阶的无穷小,则正整数 n 等于(　　).

A. 1　　B. 2　　C. 3　　D. 4

(2) 设当 $x\to0$ 时, $e^x-(ax^2+bx+1)$ 是比 x^2 高阶的无穷小,则(　　).

A. $a=\dfrac{1}{2}$, $b=1$　　B. $a=1$, $b=1$　　C. $a=-\dfrac{1}{2}$, $b=-1$　　D. $a=-1$, $b=1$

解　(1) 本题选 C.

当 $x\to 0$ 时，$\lim\limits_{x\to 0}\dfrac{x^2\ln(1+x^2)}{\sin^n x}=0$，$\lim\limits_{x\to 0}\dfrac{\sin^n x}{1-\cos x}=0$.

$\lim\limits_{x\to 0}\dfrac{x^2\ln(1+x^2)}{\sin^n x}=\lim\limits_{x\to 0}\dfrac{x^2\cdot x^2}{x^n}=\lim\limits_{x\to 0}x^{4-n}=0$，即 $4-n>0$，

$\lim\limits_{x\to 0}\dfrac{\sin^n x}{1-\cos x}=\lim\limits_{x\to 0}\dfrac{x^n}{\dfrac{1}{2}x^2}=\lim\limits_{x\to 0}2x^{n-2}=0$，即 $n-2>0$.

综上，因为 n 为正整数，所以 $n=3$.

（2）本题选 A.

$\lim\limits_{x\to 0}\dfrac{e^x-(ax^2+bx+1)}{x^2}\overset{\frac{0}{0}}{=}\lim\limits_{x\to 0}\dfrac{e^x-2ax-b}{2x}=0$.

因为 $\lim\limits_{x\to 0}2x=0$，所以 $\lim\limits_{x\to 0}(e^x-2ax-b)=0$，即 $b=1$.

将 $b=1$ 代入上式继续计算，原式 $=\lim\limits_{x\to 0}\dfrac{e^x-2ax-1}{2x}\overset{\frac{0}{0}}{=}\lim\limits_{x\to 0}\dfrac{e^x-2a}{2}=0$，

所以 $\lim\limits_{x\to 0}(e^x-2a)=0$，所以 $a=\dfrac{1}{2}$.

思路点拨

3. 已和函数连续或间断求待定参数

解题方法：（1）已知分段函数在分段点处的连续性，利用连续定义即 $\lim\limits_{x\to x_0^-}f(x)$，$\lim\limits_{x\to x_0^+}f(x)$，$f(x_0)$ 之间的关系可求得待定参数；

（2）已知间断点及其类型，作为分式函数，间断点处分母必为 0 求得部分未知量，再根据类型判断左、右极限关系来确定参数.

例 3 （1）设 $f(x)=\begin{cases}2x+a, & x\leqslant 0,\\ e^x(\sin x+\cos x), & x>0\end{cases}$ 在 $(-\infty,+\infty)$ 内连续，则 $a=$________.

（2）设 $f(x)=\begin{cases}a+bx^2, & x\leqslant 0,\\ \dfrac{\sin bx}{x}, & x>0\end{cases}$ 在 $x=0$ 处连续，则常数 a 与 b 应满足的关系是________.

（3）设 $f(x)=\dfrac{e^x-b}{(x-a)(x-1)}$ 有无穷间断点 $x=0$ 和可去间断点 $x=1$，求 a，b 的值.

解 （1）$\lim\limits_{x\to 0^-}f(x)=\lim\limits_{x\to 0^-}(2x+a)=a$，$\lim\limits_{x\to 0^+}f(x)=\lim\limits_{x\to 0^+}e^x(\sin x+\cos x)=1$.

要使 $f(x)$ 在 $(-\infty,+\infty)$ 内连续，即在 $x=0$ 处的左、右极限相等，所以 $a=1$.

(2) $\lim\limits_{x\to 0^-}f(x)=\lim\limits_{x\to 0^-}(a+bx^2)=a$, $\lim\limits_{x\to 0^+}f(x)=\lim\limits_{x\to 0^+}\dfrac{\sin bx}{x}=b$, $f(0)=a$.

要使$f(x)$在$x=0$处连续,则有$\lim\limits_{x\to 0^-}f(x)=\lim\limits_{x\to 0^+}f(x)=f(0)$,所以$a=b$.

(3) 由题知$x=0$, $x=1$为$f(x)$的间断点,同时$f(x)$分母为零的点$x=a$, $x=1$也是间断点,所以$a=0$,即$f(x)=\dfrac{e^x-b}{x(x-1)}$.

因为$x=0$为无穷间断点,即$\lim\limits_{x\to 0}\dfrac{e^x-b}{x(x-1)}=\infty$,所以$b\neq 1$.

因为$x=1$为可去间断点,所以$\lim\limits_{x\to 1}f(x)$存在.

$\lim\limits_{x\to 1}\dfrac{e^x-b}{x(x-1)}=\lim\limits_{x\to 1}\dfrac{e^x-b}{x-1}$,因为$\lim\limits_{x\to 1}(x-1)=0$,所以$\lim\limits_{x\to 1}(e^x-b)=0$,可得$b=e$.

综上$a=0$, $b=e$.

第二章　一元函数微分学

知识框架

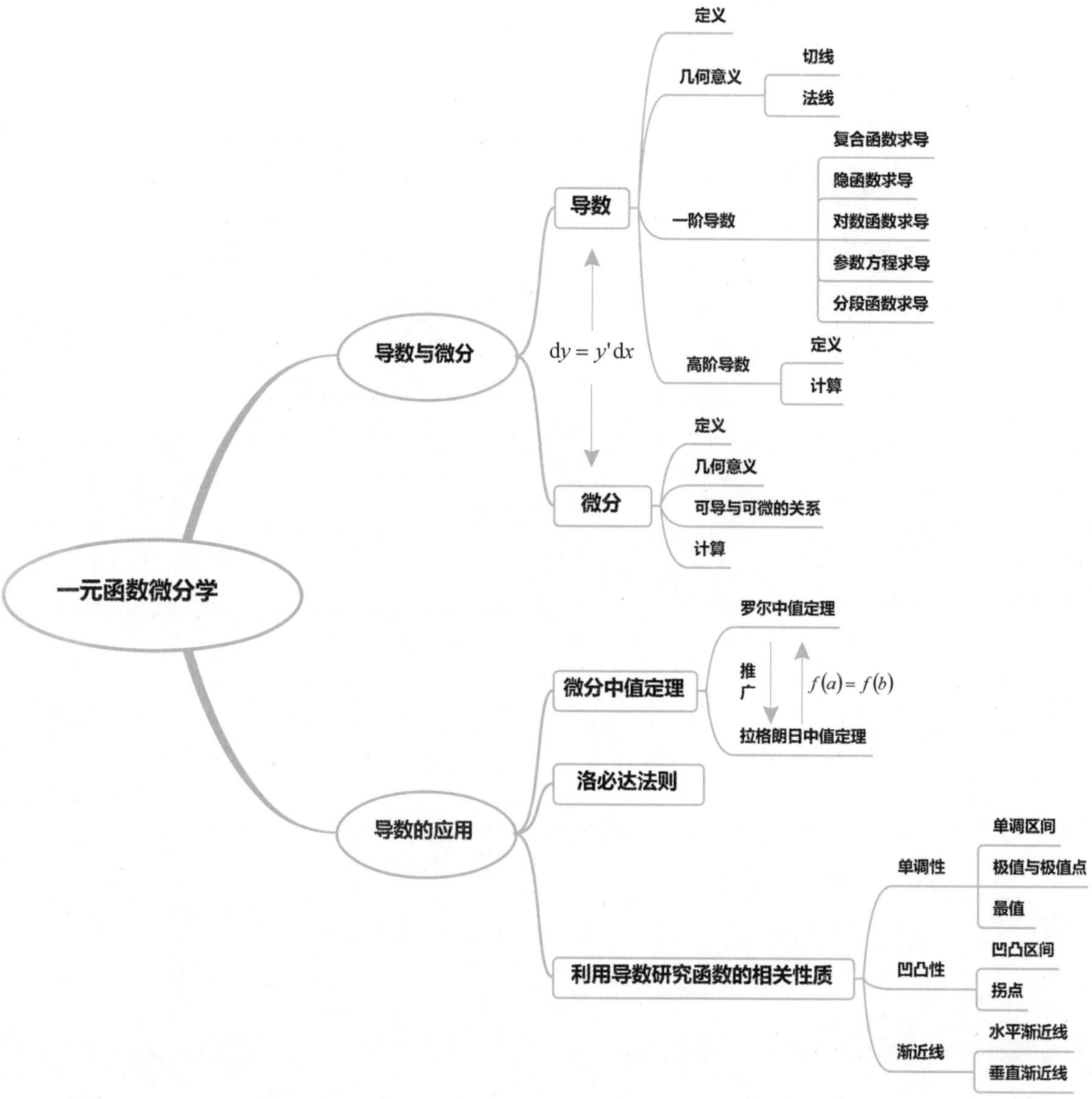

考情综述

一、考查内容及要求

考查内容		考查要求
1. 导数与微分的概念及几何意义	(1) 导数和微分的概念; (2) 导数和微分的几何意义; (3) 导数与微分的关系; (4) 函数的可导性与连续性之间的关系; (5) 平面曲线的切线和法线	(1) 理解导数和微分的概念,熟练掌握按定义求导数的方法; (2) 理解导数的几何意义,了解微分的几何意义,会求平面曲线的切线方程和法线方程; (3) 理解导数与微分的关系; (4) 理解函数的可导性与连续性之间的关系
2. 导数与微分计算	(1) 导数和微分的四则运算; (2) 基本初等函数的导数公式; (3) 复合函数、反函数、隐函数以及由参数方程所确定的函数的导数; (4) 微分形式的不变性; (5) 高阶导数; (6) 洛必达法则	(1) 熟练掌握基本初等函数的导数公式; (2) 熟练掌握导数的四则运算法则、复合函数的求导法则,了解反函数的求导法则; (3) 掌握微分的四则运算法则,了解一阶微分形式的不变性,会求函数的微分; (4) 了解高阶导数的概念,会求简单函数的高阶导数; (5) 会求分段函数的导数;会求隐函数和由参数方程所确定的函数的导数; (6) 熟练掌握用洛必达法则求未定式极限的方法
3. 中值定理	微分中值定理	理解并会应用罗尔中值定理与拉格朗日中值定理
4. 导数应用	(1) 函数单调性的判定; (2) 函数的极值; (3) 函数的最大值与最小值; (4) 函数图形的凹凸性、拐点及渐近线; (5) 函数图形的描绘	(1) 熟练掌握用导数判定函数的单调性和求函数极值的方法; (2) 熟练掌握闭区间上的连续函数的最大值和最小值的求法; (3) 掌握在某区间上有唯一极值点的连续函数的最大值和最小值的求法; (4) 熟练掌握用导数判定函数图形的凹凸性,求函数图形的拐点的方法; (5) 会求函数图形的水平渐近线与铅直渐近线; (6) 会用导数描绘简单函数的图形

二、考查重难点

内容		重要性
1. 重点	(1) 导数和微分的概念	☆☆☆☆☆
	(2) 高阶导数	☆☆☆☆☆
	(3) 复合函数、反函数、隐函数以及由参数方程所确定的函数的导数	☆☆☆☆
	(4) 洛必达法则	☆☆☆☆☆
	(5) 函数单调性的判定	☆☆☆☆☆
	(6) 函数的极值	☆☆☆☆
	(7) 函数图形的凹凸性、拐点及渐近线	☆☆☆☆
2. 难点	(1) 导数和微分的概念	☆☆☆☆☆
	(2) 复合函数、反函数、隐函数以及由参数方程所确定的函数的导数	☆☆☆☆☆

三、近五年真题分析

年份	考点内容	占比
2024 年	导数的概念、高阶导数、函数图形的凹凸性及拐点、洛必达法则、函数的极值、微分中值定理、由参数方程所确定的函数的导数	21.4%
2023 年	导数和微分的概念，高阶导数，函数单调性的判定，函数图形的凹凸性、拐点及渐近线，洛必达法则，复合函数、反函数、隐函数以及由参数方程所确定的函数的导数	21.4%
2022 年	导数的概念、高阶导数、函数单调性的判定、函数图形的凹凸性及拐点	18.6%
2021 年	导数的概念，函数的可导性与连续性之间的关系，复合函数的导数，高阶导数，平面曲线的切线，洛必达法则，函数单调性的判定，函数图形的凹凸性、拐点及渐近线	24.6%
2020 年	导数的概念、高阶导数、由参数方程所确定的函数的导数、洛必达法则、函数单调性的判定、函数的极值、函数图形的拐点	21.3%
总结：本章在历年专转本考试中，是非常重要的考查内容，基本上属于较易题和中等难度题，约占 20%. 选择题、填空题、计算题、证明题、综合题中都会出现本章的知识点，有部分知识点是近 5 年的必考知识点，如导数的概念、洛必达法则、函数单调性的判定		

基础精讲

第一节　导数的概念与函数的求导法则

一、导数的概念

1. 导数定义

定义 1　设函数 $y=f(x)$ 在点 x_0 的某个邻域内有定义，自变量 x 在 x_0 处取得增量 Δx（$x_0+\Delta x$ 仍在该邻域内）时，函数 $y=f(x)$ 取得增量 $\Delta y=f(x_0+\Delta x)-f(x_0)$，如果极限

$$\lim_{\Delta x\to 0}\frac{\Delta y}{\Delta x}=\lim_{\Delta x\to 0}\frac{f(x_0+\Delta x)-f(x_0)}{\Delta x} \tag{2-1}$$

存在，那么称函数 $y=f(x)$ 在点 x_0 处**可导**，并称此极限值为函数 $f(x)$ **在点 x_0 处的导数**，记作

$$f'(x_0),\ y'|_{x=x_0} 或 \left.\frac{\mathrm{d}y}{\mathrm{d}x}\right|_{x=x_0} 或 \left.\frac{\mathrm{d}f(x)}{\mathrm{d}x}\right|_{x=x_0}$$

若极限不存在，则称 $f(x)$ 在点 x_0 处不可导.

导数定义中的式(2-1)还有不同的表达形式，常见的有：

$$f'(x_0)=\lim_{x\to x_0}\frac{f(x)-f(x_0)}{x-x_0},\text{其中 } x=x_0+\Delta x.\qquad(2\text{-}2)$$
必考形式

$$f'(x_0)=\lim_{h\to 0}\frac{f(x_0+h)-f(x_0)}{h},\text{其中 } h=\Delta x.\qquad(2\text{-}3)$$
必考形式

如果 $x_0=0$，则函数 $f(x)$ 在点 $x=0$ 处的导数 $f'(0)=\lim\limits_{x\to 0}\dfrac{f(x)-f(0)}{x}$.

如果 $f(0)=0$，则函数 $f(x)$ 在点 $x=0$ 处的导数 $f'(0)=\lim\limits_{x\to 0}\dfrac{f(x)}{x}$.

【例 1】 已知 $f(x)$ 可导，且 $\lim\limits_{x\to 0}\dfrac{f(1+x)-f(1-x)}{x}=1$，则 $f'(1)=$ ________.

【精析】 根据导数的定义知，

$$\lim_{x\to 0}\frac{f(1+x)-f(1-x)}{x}=\lim_{x\to 0}\left[\frac{f(1+x)-f(1)}{x}+\frac{f(1-x)-f(1)}{-x}\right]=2f'(1)=1,\text{所以}$$

$f'(1)=\dfrac{1}{2}$.

【例 2】 设函数 $f(x)$ 在点 $x=0$ 处可导，且 $f'(0)=2$，则 $\lim\limits_{h\to 0}\dfrac{f(6h)-f(h)}{h}=$ ________.

【精析】 根据导数的定义知，

$$\lim_{h\to 0}\frac{f(6h)-f(h)}{h}=\lim_{h\to 0}\left[6\,\frac{f(0+6h)-f(0)}{6h}-\frac{f(0+h)-f(0)}{h}\right]=6f'(0)-f'(0)$$
$$=5f'(0)=10.$$

2. 左导数与右导数

定义 2　设函数 $y=f(x)$ 在点 x_0 的某个邻域内有定义，若极限 $\lim\limits_{\Delta x\to 0^-}\dfrac{\Delta y}{\Delta x}$、$\lim\limits_{\Delta x\to 0^+}\dfrac{\Delta y}{\Delta x}$ 都存在，那么它们分别称为函数 $y=f(x)$ 在点 x_0 处的**左导数与右导数**，分别记作 $f'_-(x_0)$、$f'_+(x_0)$，即

$$f'_-(x_0)=\lim_{\Delta x\to 0^-}\frac{\Delta y}{\Delta x}=\lim_{\Delta x\to 0^-}\frac{f(x_0+\Delta x)-f(x_0)}{\Delta x}=\lim_{x\to x_0^-}\frac{f(x)-f(x_0)}{x-x_0},$$
$$f'_+(x_0)=\lim_{\Delta x\to 0^+}\frac{\Delta y}{\Delta x}=\lim_{\Delta x\to 0^+}\frac{f(x_0+\Delta x)-f(x_0)}{\Delta x}=\lim_{x\to x_0^+}\frac{f(x)-f(x_0)}{x-x_0}.$$

根据单侧极限与极限的关系，有

★ **定理 1**　$f(x)$ 在点 x_0 处可导的充要条件是 $f(x)$ 在点 x_0 处的导数都存在且相等，即

$$f'(x_0)\text{ 存在且等于常数 }A\Leftrightarrow f'_-(x_0)=f'_+(x_0)=\text{常数 }A.$$

【例 3】 讨论函数 $f(x)=\begin{cases} e^{2x}-1, & x>0, \\ \sin 2x, & x\leqslant 0 \end{cases}$ 在 $x=0$ 处的可导性.

要点速记

左导数与右导数常用于判定分段函数在其分段点处的可导性及绝对值函数的可导性.

【精析】 $\lim\limits_{x\to 0^-}\dfrac{f(x)-f(0)}{x}=\lim\limits_{x\to 0^-}\dfrac{\sin 2x-0}{x}=2$,

即 $f'_-(0)=2$;

$\lim\limits_{x\to 0^+}\dfrac{f(x)-f(0)}{x}=\lim\limits_{x\to 0^+}\dfrac{e^{2x}-1}{x}=\lim\limits_{x\to 0^+}\dfrac{2x}{x}=2$,

即 $f'_+(0)=2$;

可知 $f'_-(0)=f'_+(0)=2$, 所以 $f(x)$ 在点 $x=0$ 处可导, 且 $f'(0)=2$.

【例 4】 讨论函数 $f(x)=|x|$ 在点 $x=0$ 处的可导性.

【精析】 $f'_-(0)=\lim\limits_{x\to 0^-}\dfrac{f(x)-f(0)}{x-0}=\lim\limits_{x\to 0^-}\dfrac{-x-0}{x}=-1$,

$f'_+(0)=\lim\limits_{x\to 0^+}\dfrac{f(x)-f(0)}{x-0}=\lim\limits_{x\to 0^+}\dfrac{x-0}{x}=1$,

因为 $f'_+(0)\neq f'_-(0)$, 所以 $f(x)$ 在点 $x=0$ 处不可导.

3. 可导与连续的关系

★ **定理 2** 如果函数 $y=f(x)$ 在点 x_0 处可导, 则它在点 x_0 处一定连续.

这个定理的逆定理不成立, 即函数 $y=f(x)$ 在点 x_0 处连续, 但在点 x_0 处不一定可导, 即

$$f(x)\text{ 在点 }x_0\text{ 处连续}\rightleftarrows f(x)\text{ 在点 }x_0\text{ 处可导}.$$

提示

(1) 从函数的图像上看, 函数在一点连续是指其对应的曲线在该点是不间断的, 而函数在一点可导是指其对应的曲线在该点不仅是连续的, 而且是光滑的.

(2) 函数在一点处的左、右导数存在但不相等时, 则函数在该点处一定连续, 如 $y=|x|$.

【例 5】 设函数 $f(x)=\begin{cases} x^2, & x\leqslant 1, \\ ax+b, & x>1 \end{cases}$ 在 $x=1$ 处可导, 求 a, b 的值.

名师指点

解此类问题的基本思路是: 由分段函数在其分段点可导得函数在该点连续, 根据连续的判别方法可建立一个方程; 而在分段点的导数则按导数定义或者左、右导数的定义来求, 根据可导性建立一个方程, 从而得到关于未知常数的方程组, 进而求得结果.

因为 $f(x)$ 在 $x=1$ 处可导, 所以 $f(x)$ 在 $x=1$ 处连续.

所以 $\lim\limits_{x\to 1^-}f(x)=\lim\limits_{x\to 1^+}f(x)=f(1)$, 解得 $a+b=1$.

$f'_-(1)=\lim\limits_{x\to 1^-}\dfrac{f(x)-f(1)}{x-1}=\lim\limits_{x\to 1^-}\dfrac{x^2-1}{x-1}=\lim\limits_{x\to 1^-}(x+1)=2$,

$f'_+(1)=\lim\limits_{x\to 1^+}\dfrac{f(x)-f(1)}{x-1}=\lim\limits_{x\to 1^+}\dfrac{ax+b-1}{x-1}=\lim\limits_{x\to 1^+}\dfrac{a}{1}=a$.

因为$f(x)$在$x=1$处可导，所以$f'_+(1)=f'_-(1)$，即$a=2$，从而解得$b=-1$.

4. 导数的几何意义

如果函数$y=f(x)$在点x_0处可导，则曲线$y=f(x)$在点$(x_0,f(x_0))$处必定存在切线，且该切线的斜率为$f'(x_0)$，即函数$y=f(x)$在点x_0处的导数$f'(x_0)$在几何上表示曲线$y=f(x)$在点$M(x_0,f(x_0))$处的切线斜率，即$f'(x_0)=\tan\alpha$，其中α是切线的倾斜角(图 2-1).

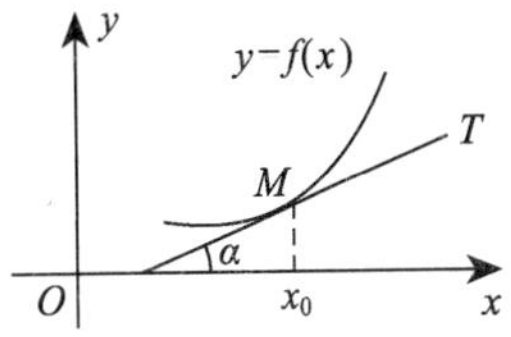

图 2-1

根据导数的几何意义并应用直线的点斜式方程，可知曲线$y=f(x)$在点$(x_0,f(x_0))$处的**切线方程**为：

$$y-f(x_0)=f'(x_0)(x-x_0).$$

重点识记

曲线$y=f(x)$在点$(x_0,f(x_0))$处的**法线方程**为：

$$y-f(x_0)=-\frac{1}{f'(x_0)}(x-x_0)\,[\text{注}: f'(x_0)\neq 0].$$

重点识记

若$f'(x_0)=0$，则曲线$y=f(x)$在点$(x_0,f(x_0))$处的切线方程为$y=f(x_0)$，法线方程为$x=x_0$.

若$f'(x_0)=\infty$，则曲线$y=f(x)$在点$(x_0,f(x_0))$处的切线方程是$x=x_0$，法线方程为$y=f(x_0)$.

知识链接

(1) 点斜式方程：已知平面直线的斜率为k，且过点(x_0, y_0)，则该平面直线方程为$y-y_0=k(x-x_0)$.

(2) 设曲线在一点处的切线斜率为k，法线斜率为k_0，则$k\cdot k_0=-1$.

(3) 若两条直线平行且斜率存在，则两条直线的斜率相等.

(4) 与曲线$y=f(x)$的切线(或法线)有关的问题，解题关键是确定切点$P(x_0, y_0)$与斜率.

① 若切点P已知，则曲线$y=f(x)$在点P处的切线斜率$k=f'(x_0)$，进而求得切线(或法线)方程.

② 若切点P未知，先设切点，再通过解方程求切点，进而求得斜率及切线(或法线)方程. 此时要注意切点既是曲线上的点，又是切线上的点，即切点的坐标同时适合曲线方程和切线方程，利用这个方法可以确定一些未知的参数.

【例 6】 曲线$y=x^2+4x+3$在$x=0$处的切线方程为________，法线方程为________.

【精析】 本题先求出已知函数的导函数，将$x=0$代入导函数解析式得到$f'(0)$，$f'(0)$即为所求切线的斜率，由$k\cdot k_0=-1$，得到法线的斜率，代入点斜式方程，即得到切线与法线方程.

因为$y'=(x^2+4x+3)'=2x+4$，即$y'(0)=4$.

又$y(0)=3$，所以曲线$y=x^2+4x+3$在$x=0$处的切线方程为$y-3=4(x-0)$，即$y=4x+3$.

法线斜率为$-\frac{1}{4}$，故法线方程为$y-3=-\frac{1}{4}(x-0)$，即$y=-\frac{1}{4}x+3$.

【例 7】 设 $a>0$,已知曲线 $y=ax^2$ 与曲线 $y=\ln x$ 在点 M 处相切,试求常数 a 与点 M 的坐标.

【精析】 设切点 M 的坐标为 (x_0, y_0).

对两曲线所对应的函数分别求导,得 $y'=(ax^2)'=2ax$, $y'=(\ln x)'=\dfrac{1}{x}$,

因为两曲线在点 M 处相切,所以两曲线在点 M 处的切线斜率相等,故 $2ax_0=\dfrac{1}{x_0}$,

又切点 M 分别在两曲线上,即 $y_0=ax_0^2$, $y_0=\ln x_0$, 所以 $ax_0^2=\ln x_0$,

从而解得 $a=\dfrac{1}{2\mathrm{e}}$, $x_0=\sqrt{\mathrm{e}}$, $y_0=\dfrac{1}{2}$.

故所求常数 $a=\dfrac{1}{2\mathrm{e}}$,点 M 的坐标为 $\left(\sqrt{\mathrm{e}}, \dfrac{1}{2}\right)$.

二、导数的性质和运算

1. 常数和基本初等函数的导数公式

(1) $(C)'=0$(C 为常数);

(2) $(x^\mu)'=\mu x^{\mu-1}$(μ 为任意实数);

(3) $(a^x)'=a^x\ln a(a>0, a\neq 1)$; $(\mathrm{e}^x)'=\mathrm{e}^x$;

(4) $(\log_a x)'=\dfrac{1}{x\ln a}(a>0, a\neq 1)$; $(\ln x)'=\dfrac{1}{x}$;

(5) $(\sin x)'=\cos x$; $(\cos x)'=-\sin x$;

$(\tan x)'=\sec^2 x$; $(\cot x)'=-\csc^2 x$;

$(\sec x)'=\sec x\tan x$; $(\csc x)'=-\csc x\cot x$;

(6) $(\arcsin x)'=\dfrac{1}{\sqrt{1-x^2}}$; $(\arccos x)'=-\dfrac{1}{\sqrt{1-x^2}}$;

$(\arctan x)'=\dfrac{1}{1+x^2}$; $(\mathrm{arccot}\, x)'=-\dfrac{1}{1+x^2}$.

2. 导数的四则运算法则

★ **定理 3** 若函数 $u(x)$、$v(x)$ 在 x 处可导,则函数 $u(x)\pm v(x)$, $u(x)\cdot v(x)$, $\dfrac{u(x)}{v(x)}[v(x)\neq 0]$ 分别在该点处也可导,并且有:

(1) $[u(x)\pm v(x)]'=u'(x)\pm v'(x)$;

(2) $[u(x)\cdot v(x)]'=u'(x)\cdot v(x)+u(x)\cdot v'(x)$;

(3) $[Cu(x)]'=Cu'(x)$(C 为常数);

(4) $\left[\dfrac{u(x)}{v(x)}\right]'=\dfrac{u'(x)\cdot v(x)-u(x)\cdot v'(x)}{v^2(x)}[v(x)\neq 0]$;

(5) $\left[\dfrac{C}{v(x)}\right]'=-\dfrac{Cv'(x)}{v^2(x)}[v(x)\neq 0$, C 是常数$]$.

定理3中的(1)可推广至有限个可导函数的代数和求导，即

$$[u_1(x)\pm u_2(x)\pm\cdots\pm u_m(x)]'=u_1'(x)\pm u_2'(x)\pm\cdots\pm u_m'(x).$$

定理3中的(2)可推广至三个可导函数相乘的求导情形，即若 $u(x)$、$v(x)$、$w(x)$ 在 x 处可导，则有

$$(uvw)'=u'vw+uv'w+uvw'.$$

【例8】　若 $y=e^x(\sin x+\cos x)$，则 $\dfrac{dy}{dx}=$ ________.

【精析】　$\dfrac{dy}{dx}=e^x(\sin x+\cos x)+e^x(\cos x-\sin x)=2e^x\cos x.$

【例9】　已知 $y=\sqrt{x\sqrt{x}}+x\tan x-e^2$，求 y'.

【精析】　本题考查基本初等函数的求导公式. 需要注意的是首先对 $\sqrt{x\sqrt{x}}$ 进行变形，化为 $x^{\frac{3}{4}}$，同时注意 e^2 为常数，其导数为0.

因为 $y=x^{\frac{3}{4}}+x\tan x-e^2$，所以 $y'=\dfrac{3}{4}x^{-\frac{1}{4}}+\tan x+x\sec^2x.$

【例10】　求下列函数的导数：

(1) 设 $f(x)=\dfrac{x\sin x}{1+\cos x}$，求 $f'(x)$；

(2) $y=(1+x^3)\left(5-\dfrac{1}{x^2}\right)$，求 $y'(1)$ 和 $y'(a)$；

(3) 设 $f(x)=x^3+4\cos x-\sin\dfrac{\pi}{2}$，求 $f'(x)$ 及 $f'\left(\dfrac{\pi}{2}\right)$.

【精析】

(1) $$f'(x)=\frac{(x\sin x)'(1+\cos x)-x\sin x(1+\cos x)'}{(1+\cos x)^2}$$
$$=\frac{(\sin x+x\cos x)(1+\cos x)-x\sin x(-\sin x)}{(1+\cos x)^2}$$
$$=\frac{\sin x+\sin x\cos x+x\cos x+x}{(1+\cos x)^2}$$
$$=\frac{\sin x+x}{1+\cos x}.$$

(2) $y'=\left(5-\dfrac{1}{x^2}+5x^3-x\right)'=2x^{-3}+15x^2-1,$

$y'(1)=2+15-1=16,$

$y'(a)=2a^{-3}+15a^2-1.$

(3) $f'(x)=(x^3)'+(4\cos x)'-\left(\sin\dfrac{\pi}{2}\right)'=3x^2-4\sin x-0=3x^2-4\sin x.$

$f'\left(\dfrac{\pi}{2}\right)=\dfrac{3}{4}\pi^2-4.$

3. 复合函数的求导法则

★**定理 4** 设 $y=f(u)$ 与 $u=\varphi(x)$ 可以复合成函数 $y=f[\varphi(x)]$，如果 $u=\varphi(x)$ 在 x 处可导，而 $y=f(u)$ 在对应的 $u=\varphi(x)$ 处可导，则函数 $y=f[\varphi(x)]$ 在 x 处可导，且有

$$\frac{dy}{dx}=f'(u)\cdot\varphi'(x) \text{ 或 } \frac{dy}{dx}=\frac{dy}{du}\cdot\frac{du}{dx}.$$

复合函数的求导法则可叙述为：**复合函数的导数，等于函数对中间变量的导数乘中间变量对自变量的导数**. 这一法则又称为**链式法则**.

提示

分清表示符号：$\{f[\varphi(x)]\}'\neq f'[\varphi(x)]$，$\{f[\varphi(x)]\}'\xlongequal{u=\varphi(x)}f'(u)\cdot\varphi'(x)$，$f'[\varphi(x)]=f'(u)\big|_{u=\varphi(x)}$.

【例 11】 求函数 $y=\ln\sin x$ 的导数.

【精析】 函数 $y=\ln\sin x$ 是由 $y=\ln u$，$u=\sin x$ 复合而成的，

而 $y'_u=(\ln u)'=\dfrac{1}{u}$，$u'_x=(\sin x)'=\cos x$，

所以 $y'_x=y'_u\cdot u'_x=\dfrac{1}{u}\cdot\cos x=\dfrac{\cos x}{\sin x}=\cot x$.

> **要点速记**
> 复合函数求导的基本步骤是：
> 分解⟶求导⟶相乘⟶回代.

【例 12】 求函数 $y=2^{\frac{1}{x}}$ 的导数.

【精析】 函数 $y=2^{\frac{1}{x}}$ 是由 $y=2^u$，$u=\dfrac{1}{x}$ 复合而成的，则 $y'=(2^u)'_u\cdot\left(\dfrac{1}{x}\right)'_x=2^u\ln 2\cdot\left(-\dfrac{1}{x^2}\right)=-\dfrac{2^{\frac{1}{x}}\ln 2}{x^2}$.

【例 13】 求下列函数的导数：

(1) 设 $y=\ln[\cos(e^x)]$，求 $\dfrac{dy}{dx}$；

(2) 设 $y=e^{\tan\frac{1}{x}}\cdot\sin\dfrac{1}{x}$，求 y'；

(3) 求 $y=\ln(x+\sqrt{x^2+1})$ 的导数；

(4) 求 $y=\dfrac{x}{\sqrt{1+x^2}}$ 的导数.

【精析】 利用复合函数求导法则及求导的四则运算法则，有

(1) $$\frac{dy}{dx}=[\ln\cos(e^x)]'=\frac{1}{\cos(e^x)}\cdot[\cos(e^x)]'$$
$$=\frac{1}{\cos(e^x)}\cdot[-\sin(e^x)]\cdot(e^x)'=-e^x\tan(e^x).$$

(2) $$y'=e^{\tan\frac{1}{x}}\sec^2\frac{1}{x}\cdot\left(-\frac{1}{x^2}\right)\cdot\sin\frac{1}{x}+e^{\tan\frac{1}{x}}\cdot\cos\frac{1}{x}\cdot\left(-\frac{1}{x^2}\right)$$
$$=-\frac{1}{x^2}\left(\sec^2\frac{1}{x}\cdot\sin\frac{1}{x}+\cos\frac{1}{x}\right)e^{\tan\frac{1}{x}}=-\frac{1}{x^2}e^{\tan\frac{1}{x}}\left(\cos\frac{1}{x}+\tan\frac{1}{x}\cdot\sec\frac{1}{x}\right).$$

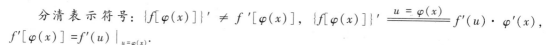

(3) $y'=\frac{1}{x+\sqrt{x^2+1}}(x+\sqrt{x^2+1})'=\frac{1}{x+\sqrt{x^2+1}}\left[1+\frac{1}{2\sqrt{x^2+1}}(x^2+1)'\right]$

$=\frac{1}{x+\sqrt{x^2+1}}\left(1+\frac{x}{\sqrt{x^2+1}}\right)=\frac{1}{\sqrt{x^2+1}}.$

(4) $y'=\frac{(x)'\sqrt{1+x^2}-x(\sqrt{1+x^2})'}{(\sqrt{1+x^2})^2}=\frac{\sqrt{1+x^2}-x\cdot\frac{1}{2}\frac{2x}{\sqrt{1+x^2}}}{1+x^2}=\frac{(1+x^2)-x^2}{\sqrt{1+x^2}(1+x^2)}$

$=\frac{1}{(1+x^2)^{\frac{3}{2}}}.$

名师指点

复合函数求导既是重点又是难点. 在求复合函数的导数时, 首先要分清函数的**复合层次**, 然后**从外向里, 逐层推进求导**, 不要遗漏, 也不要重复. 在求导的过程中, 始终要明确所求的导数是哪个函数对哪个变量(不管是自变量还是中间变量)的导数, 刚开始可以先设中间变量, 一步一步去做, 熟练之后, 中间变量可以省略不写, 只把中间变量看在眼里, 记在心上, 直接把表示中间变量的部分写出来, 整个过程一气呵成.

第二节　高阶导数与各类特殊函数的导数

一、高阶导数

1. 高阶导数的定义

定义 1　如果函数 $y=f(x)$ 的导数 $f'(x)$ 在点 x 处的导数 $[f'(x)]'$ 存在, 则称 $[f'(x)]'$ 为函数 $y=f(x)$ 的**二阶导数**, 记作

$$f''(x),\ y'',\ \frac{d^2y}{dx^2} \text{ 或 } \frac{d^2f(x)}{dx^2}.$$

类似地, 二阶导数的导数称为**三阶导数**, 三阶导数的导数称为**四阶导数**……一般地, 函数 $y=f(x)$ 的 $(n-1)$ 阶导数的导数称为 $y=f(x)$ 的 n **阶导数**, 记作

$$f^{(n)}(x),\ y^{(n)},\ \frac{d^ny}{dx^n} \text{ 或 } \frac{d^nf(x)}{dx^n}.$$

二阶和二阶以上的导数统称为**高阶导数**. 相应地, $f(x)$ 称为**零阶导数**, $f'(x)$ 称为**一阶导数**. **值得特别指出的是**, n 阶导数 $f^{(n)}(x)$ 的表达式中, n 必须用小括号括起来.

求函数的高阶导数时, 除直接按定义逐阶求出指定的高阶导数外(**直接法**), 还常常利用已

知的高阶导数公式,通过导数的四则运算、变量代换等方法,间接求出指定的高阶导数(**间接法**).

2. 高阶导数的常用公式

(1) $C^{(n)}=0\ (n\geqslant 1)$;

(2) $f(x)=a_0x^n+a_1x^{n-1}+\cdots+a_n$, 则 $f^{(n)}(x)=a_0n!$;

(3) $(a^x)^{(n)}=a^x\cdot\ln^n a\ (a>0,\ a\neq 1)$;

(4) $(e^x)^{(n)}=e^x$; $(e^{ax+b})^{(n)}=a^n\cdot e^{ax+b}$;

(5) $(x^a)^{(n)}=a(a-1)\cdots(a-n+1)x^{a-n}(n\leqslant a)$; $(x^n)^{(n)}=n!$;

$(x^a)^{(n)}=0$(正整数 $a<n$);

(6) $\left(\dfrac{1}{ax\pm b}\right)^{(n)}=\dfrac{(-1)^n n!\ a^n}{(ax\pm b)^{n+1}}$; $\left(\dfrac{1}{x\pm a}\right)^{(n)}=\dfrac{(-1)^n n!}{(x\pm a)^{n+1}}$;

(7) $(\sin ax)^{(n)}=a^n\sin\left(ax+\dfrac{n\pi}{2}\right)$; $(\sin x)^{(n)}=\sin\left(x+\dfrac{n\pi}{2}\right)$;

(8) $(\cos ax)^{(n)}=a^n\cos\left(ax+\dfrac{n\pi}{2}\right)$; $(\cos x)^{(n)}=\cos\left(x+\dfrac{n\pi}{2}\right)$;

(9) $[\ln(x+a)]^{(n)}=(-1)^{n-1}\dfrac{(n-1)!}{(x+a)^n}$; $[\ln(1+x)]^{(n)}=(-1)^{n-1}\dfrac{(n-1)!}{(1+x)^n}$;

$(\ln x)^{(n)}=(-1)^{n-1}\dfrac{(n-1)!}{x^n}$.

【例 1】 求 $y=xe^x$ 的 n 阶导数.

【精析】 $y=xe^x$,

$y'=e^x+xe^x=(1+x)e^x$,

$y''=e^x+(1+x)e^x=(2+x)e^x$,

$y'''=e^x+(2+x)e^x=(3+x)e^x$,

…

$y^{(n)}=(n+x)e^x$.

【例 2】 若 $f(x)=x^2\ln x$, 则 $f'''(2)=$ ________.

【精析】 根据题意,易求 $f'(x)=2x\ln x+x$, 从而有 $f''(x)=2\ln x+3$, 进而有 $f'''(x)=\dfrac{2}{x}$, 所以 $f'''(2)=1$.

二、各类特殊函数的导数

1. 隐函数的导数

显函数:函数的因变量 y 可用自变量 x 的一个表达式 $f(x)$ 直接表示的函数,如 $y=\sin 2x$, $y=2x+e^x$.

隐函数:因变量 y 与自变量 x 的对应关系是用方程 $F(x,y)=0$ 来表示的,这种形式表示的函数称为隐函数.

有些隐函数可以化为显函数,如方程 $x+y^3-1=0$ 确定的显函数为 $y=\sqrt[3]{1-x}$.

但有些隐函数却很难化为显函数,如 $e^{x+y}=xy$.

利用复合函数求导法则,在上式两边同时对自变量 x 求导,再解出所求导数 $\dfrac{dy}{dx}$, 这就是**隐函数的求导方法**.

名师指点

隐函数的求导步骤为:

第一步:方程两边同时对 x 求导,遇到 y 的表达式,把 y 看作 x 的函数,先对 y 求导,再乘 y 对 x 的导数 y', 得到一个含有 x, y, y' 的方程,方程中所含 y' 的数量应与原方程中所含 y 的数量相等;

第二步:求解上述方程,得到导数 y'.

【例 3】 设 $y=y(x)$ 由方程 $y+e^{x+y}=2x$ 所确定,求 y', y''.

【精析】 方程两边对 x 求导得: $y'+e^{x+y}(1+y')=2,$ (1)

由(1)解得 $y'=\dfrac{2-e^{x+y}}{1+e^{x+y}}$.

在(1)式两边对 x 求导得: $y''+e^{x+y}(1+y')^2+e^{x+y}y''=0,$ (2)

由(2)解得 $y''=\dfrac{-e^{x+y}(1+y')^2}{1+e^{x+y}}=\dfrac{-9e^{x+y}}{(1+e^{x+y})^3}$.

【例 4】 设 $y=y(x)$ 由方程 $\arctan(x^2+y^2)=ye^{\sqrt{x}}$ 所确定,求 y'.

【精析】 ▶ **方法一　方程两边对 x 求导**

$$\frac{1}{1+(x^2+y^2)^2}\cdot(2x+2yy')=y'e^{\sqrt{x}}+\frac{y}{2\sqrt{x}}e^{\sqrt{x}}, \text{解得 } y'=\frac{ye^{\sqrt{x}}[1+(x^2+y^2)^2]-4x\sqrt{x}}{4y\sqrt{x}-2\sqrt{x}e^{\sqrt{x}}[1+(x^2+y^2)^2]}.$$

▶ **方法二**　$d\arctan(x^2+y^2)=d(ye^{\sqrt{x}})$,

$$\frac{1}{1+(x^2+y^2)^2}(2xdx+2ydy)=e^{\sqrt{x}}dy+\frac{y}{2\sqrt{x}}e^{\sqrt{x}}dx, \text{解得 } \frac{dy}{dx}=\frac{ye^{\sqrt{x}}[1+(x^2+y^2)^2]-4x\sqrt{x}}{4y\sqrt{x}-2\sqrt{x}e^{\sqrt{x}}[1+(x^2+y^2)^2]}.$$

【例 5】 设 $y=f(x)$ 是由函数方程 $e^y+xy-e=0$ 在点 $(0, 1)$ 处所确定的隐函数,求 $\dfrac{dy}{dx}$ 及 $y=f(x)$ 在 $(0, 1)$ 处的切线方程.

【精析】 在方程 $e^y+xy-e=0$ 中把 y 看作 x 的函数,方程两边对 x 求导,得

$e^y y'+y+xy'=0$, 所以 $\dfrac{dy}{dx}=y'=-\dfrac{y}{x+e^y}$.

由此得出 $y'|_{(0,1)}=-\dfrac{1}{e}$, 从而 $y=f(x)$ 在 $(0, 1)$ 处的切线方程为 $y-1=-\dfrac{1}{e}x$, 即 $y=-\dfrac{1}{e}x+1$.

2. 对数求导法

根据隐函数求导法,我们还可以得到一个简化求导运算的方法,它适用于由几个因子通过乘、除、乘方、开方构成的比较复杂的函数[包括形如 $y=u(x)^{v(x)}(u(x)>0)$ 的**幂指函数**]的求导,利用对数函数的运算性质,可将原本的函数两边取对数后化简,然后利用隐函数求导法或复合函数求导法求导,因此称为**对数求导法**,它可用来解决以下两种类型函数的求导问题.

(1) 由多个因式的积、商、幂或根式组成的函数,常用对数求导法求其导数(若直接应用导数的运算法则求解,则将非常麻烦);

(2) 幂指函数 $y=u(x)^{v(x)}$ 用对数求导法求其导数.

① 对函数两边同时取对数:$\ln y=v(x)\cdot\ln u(x)$;

② 按隐函数的求导方法,在方程两边同时对 x 求导:

由 $(\ln y)'=\dfrac{1}{y}\cdot y'$, 得 $y'=y(\ln y)'=u(x)^{v(x)}\left[v'(x)\cdot\ln u(x)+\dfrac{v(x)u'(x)}{u(x)}\right]$.

【例 6】 求下列函数的导数:

(1) 求函数 $y=\dfrac{e^{2x}\sqrt{x(1-\sin x)\sqrt{\ln x}}}{(x+3)^2\sqrt[3]{2x+1}}$ 的导数 y';

(2) 求函数 $y=(1+2x)^{\sin x}\left(x>-\dfrac{1}{2}\right)$ 的导数 y'.

【精析】

(1) 函数两边取对数得

$$\ln y=2x+\frac{1}{2}\ln x+\frac{1}{2}\ln(1-\sin x)+\frac{1}{4}\ln(\ln x)-2\ln(x+3)-\frac{1}{3}\ln(2x+1),$$

上式两边对 x 求导得 $\dfrac{1}{y}y'=2+\dfrac{1}{2x}+\dfrac{-\cos x}{2(1-\sin x)}+\dfrac{1}{4\ln x}\cdot\dfrac{1}{x}-\dfrac{2}{x+3}-\dfrac{2}{3(2x+1)}$,

化简整理得

$$y'=\frac{e^{2x}\sqrt{x(1-\sin x)\sqrt{\ln x}}}{(x+3)^2\sqrt[3]{2x+1}}\left[2+\frac{1}{2x}-\frac{\cos x}{2(1-\sin x)}+\frac{1}{4x\ln x}-\frac{2}{x+3}-\frac{2}{3(2x+1)}\right].$$

(2) 函数两边取对数,得 $\ln y=\sin x\cdot\ln(1+2x)$,

上式两边对 x 求导,得

$$\frac{1}{y}\cdot y'=\cos x\cdot\ln(1+2x)+\sin x\cdot\frac{2}{1+2x},$$

所以 $y'=y\left[\cos x\cdot\ln(1+2x)+\dfrac{2\sin x}{1+2x}\right]$

$$=(1+2x)^{\sin x}\left[\cos x\cdot\ln(1+2x)+\frac{2\sin x}{1+2x}\right].$$

敲黑板

对幂指函数 $y=u^v$ 用对数求导法求导的结果实际上是按指数函数求导与按幂函数求导两部分的和,即 $y'=u^v\ln u\cdot v'+vu^{v-1}\cdot u'$.

★ 幂指函数的导数也可用复合函数的求导法则来求解,即先恒等变形再求导.

对幂指函数 $y=u(x)^{v(x)}$ 作变换 $y=e^{v(x)\ln u(x)}$,然后在其两边同时对 x 求导:

$$y'=[e^{v(x)\ln u(x)}]'=e^{v(x)\ln u(x)}\cdot[v(x)\ln u(x)]'$$
$$=u(x)^{v(x)}\left[v'(x)\cdot\ln u(x)+\frac{v(x)u'(x)}{u(x)}\right].$$

【例 7】 设 $y=x^{\sin x}$，求 $\frac{dy}{dx}$.

【精析】 幂指函数改写为：$y=x^{\sin x}=e^{\sin x\ln x}$. 恒等变形后，根据复合函数的求导法则，得 $y'=e^{\sin x\cdot\ln x}(\sin x\cdot\ln x)'=x^{\sin x}\left(\cos x\cdot\ln x+\frac{\sin x}{x}\right)$.

3. 由参数方程所确定的函数的导数

设 $y=y(x)$ 是由参数方程 $\begin{cases}x=\varphi(t),\\ y=\psi(t)\end{cases}$ $(\alpha<t<\beta)$ 所确定的函数，则

(1) 若 $\varphi(t)$ 和 $\psi(t)$ 都可导，且 $\varphi'(t)\neq 0$，则 $\frac{dy}{dx}=\frac{\frac{dy}{dt}}{\frac{dx}{dt}}=\frac{\psi'(t)}{\varphi'(t)}$.

(2) 若 $\varphi(t)$ 和 $\psi(t)$ 二阶可导，且 $\varphi'(t)\neq 0$，则

$$\frac{d^2y}{dx^2}=\frac{d}{dt}\left[\frac{\psi'(t)}{\varphi'(t)}\right]\cdot\frac{1}{\varphi'(t)}=\frac{\psi''(t)\varphi'(t)-\psi'(t)\varphi''(t)}{[\varphi'(t)]^3}.$$

【例 8】 设由参数方程 $\begin{cases}x=a\cos^3t,\\ y=a\sin^3t\end{cases}$ 确定 $y=y(x)$，求 $\frac{dy}{dx}$，$\frac{d^2y}{dx^2}$.

【精析】 $\frac{dy}{dx}=\frac{\frac{dy}{dt}}{\frac{dx}{dt}}=\frac{3a\sin^2t\cos t}{-3a\cos^2t\sin t}=-\tan t$，$\frac{d^2y}{dx^2}=\frac{\frac{dy'}{dt}}{\frac{dx}{dt}}=\frac{-\sec^2t}{-3a\cos^2t\sin t}$

$$=\frac{1}{3a}\sec^4t\csc t.$$

【例 9】 已知参数方程 $\begin{cases}x=1-\ln(1+t^2),\\ y=5+t^5,\end{cases}$ 求 $\left.\frac{dy}{dx}\right|_{t=1}$，$\frac{d^2y}{dx^2}$.

【精析】 $\frac{dy}{dx}=\frac{\frac{dy}{dt}}{\frac{dx}{dt}}=\frac{5t^4}{\frac{-2t}{1+t^2}}=-\frac{5}{2}(t^3+t^5)$，则 $\left.\frac{dy}{dx}\right|_{t=1}=-5$，

所以 $\frac{d^2y}{dx^2}=\frac{d}{dx}\left(\frac{dy}{dx}\right)=\frac{\frac{d}{dt}\left[-\frac{5}{2}(t^3+t^5)\right]}{\frac{dx}{dt}}=\frac{-\frac{5}{2}(3t^2+5t^4)}{\frac{-2t}{1+t^2}}=\frac{5}{4}(1+t^2)(3t+5t^3)$.

4. 分段函数的导数

对分段函数的求导，一般情况下，在分段点处利用导数定义求导，其他定义区间内一般为初等函数，可以用导数基本公式以及导数运算法则求导，最后合并结果.

【例 10】 设 $f(x)=\begin{cases}x^2\sin\dfrac{1}{x}, & x\neq 0,\\ 0, & x=0,\end{cases}$ 求 $f'(x)$.

【精析】

当 $x\neq 0$ 时，$f'(x)=\left(x^2\sin\dfrac{1}{x}\right)'=2x\sin\dfrac{1}{x}+x^2\cdot\cos\dfrac{1}{x}\cdot\left(-\dfrac{1}{x^2}\right)=2x\sin\dfrac{1}{x}-\cos\dfrac{1}{x}$.

当 $x=0$ 时，$f'(0)=\lim\limits_{x\to 0}\dfrac{f(x)-f(0)}{x}=\lim\limits_{x\to 0}\dfrac{x^2\sin\dfrac{1}{x}}{x}=\lim\limits_{x\to 0}x\sin\dfrac{1}{x}=0$.

所以 $f'(x)=\begin{cases}2x\sin\dfrac{1}{x}-\cos\dfrac{1}{x}, & x\neq 0,\\ 0, & x=0.\end{cases}$

第三节 函数的微分

一、微分的概念

1. 微分的定义

定义 1 设函数 $y=f(x)$ 在点 x_0 的某邻域 $U(x_0,\delta)$ 内有定义，任给 x_0 的一个增量 $\Delta x(x_0+\Delta x\in U(x_0,\delta))$，得到相应函数值的增量 $\Delta y=f(x_0+\Delta x)-f(x_0)$，如果存在与 Δx 无关的常数 A，使得 $\Delta y=A\cdot\Delta x+o(\Delta x)$，而 $o(\Delta x)$ 是比 Δx 高阶的无穷小量，那么称函数 $y=f(x)$ 在点 x_0 处是可微的，称 $A\cdot\Delta x$ 为 $y=f(x)$ 在点 x_0 处的微分. 记作：

$$\mathrm{d}y\big|_{x=x_0}=A\Delta x \text{ 或 } \mathrm{d}f(x)\big|_{x=x_0}=A\Delta x.$$

若函数 $y=f(x)$ 在区间 I 内每一点都可微，则称 $f(x)$ 在 I 内可微，或称 $f(x)$ 是 I 内的可微函数. 函数 $f(x)$ 在 I 内的微分记作：

$$\mathrm{d}y=f'(x)\Delta x,$$

它不仅依赖于 Δx，而且依赖于 x.

习惯上，我们用 $\mathrm{d}x$ 来表示自变量的增量 Δx，这样，函数 $y=f(x)$ 的微分可以写成 $\mathrm{d}y=f'(x)\mathrm{d}x$.（注意：$\mathrm{d}y\approx\Delta y$，$\mathrm{d}x=\Delta x$）

【例 1】 求函数 $y=3x^2$ 在 $x=1$ 处 Δx 分别为 0.1 和 0.01 时的增量与微分.

【精析】 $\Delta x=0.1$ 时，$\Delta y=3(1+0.1)^2-3\times1^2=0.63$，$dy=y'|_{x=1}\Delta x=6\times0.1=0.6$；$\Delta x=0.01$ 时，$\Delta y=3(1+0.01)^2-3\times1^2=0.0603$，$dy=y'|_{x=1}\Delta x=6\times0.01=0.06$.

2. 函数连续、可导与可微的关系

函数 $f(x)$ 在点 x_0 处可微 $\Leftrightarrow f(x)$ 在点 x_0 处可导 $\Rightarrow f(x)$ 在点 x_0 处连续.

三者之间的关系如图 2-2 所示：

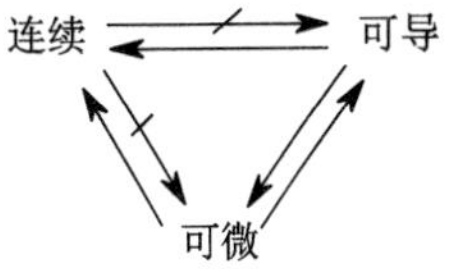

图 2-2

提示

可微⇔可导⇒连续⇒极限存在.

3. 微分的几何意义

如图 2-3 所示，设曲线 $y=f(x)$ 上有点 $M_0(x_0,y_0)$，$N(x_0+\Delta x,y_0+\Delta y)$，则有向线段 $M_0Q=\Delta x$，$QN=\Delta y$. 过点 M_0 作曲线的切线 M_0T 交 QN 于点 P，则有向线段

$$QP=M_0Q\cdot\tan\alpha=\Delta x f'(x_0)=dy.$$

由此可见，函数 $y=f(x)$ 在 x_0 处的微分 $dy|_{x=x_0}=f'(x_0)\Delta x$，在几何上表示曲线 $y=f(x)$ 的切线 M_0T 上点 $(x_0,f(x_0))$ 的纵坐标的增量——**微分的几何意义**.

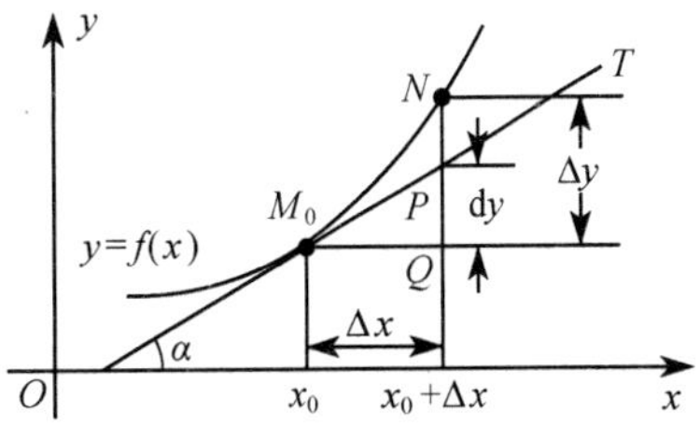

图 2-3

二、微分的运算法则和性质

1. 微分的基本公式

(1) $d(c)=0$（c 为常数）；

(2) $d(x^\mu)=\mu x^{\mu-1}dx$（μ 为任意实数）；

(3) $d(a^x)=a^x\ln a\,dx$（$a>0$ 且 $a\neq1$）；　　$d(e^x)=e^x dx$；

(4) $d(\log_a x)=\dfrac{1}{x\ln a}dx$（$a>0$ 且 $a\neq1$）；　　$d(\ln x)=\dfrac{1}{x}dx$；

(5) $d(\sin x)=\cos x\,dx$；　　$d(\cos x)=-\sin x\,dx$；

$d(\tan x)=\sec^2x\,dx$；　　$d(\cot x)=-\csc^2x\,dx$；

$d(\sec x)=\sec x\tan x\,dx$；　　$d(\csc x)=-\csc x\cot x\,dx$；

(6) $d(\arcsin x)=\dfrac{1}{\sqrt{1-x^2}}dx$；　　$d(\arccos x)=-\dfrac{1}{\sqrt{1-x^2}}dx$；

$d(\arctan x)=\dfrac{1}{1+x^2}dx$；　　$d(\operatorname{arccot} x)=-\dfrac{1}{1+x^2}dx$.

2. 微分的四则运算法则

设函数 $u=u(x)$，$v=v(x)$ 均可微，则

(1) $d[cu(x)]=c\,du(x)$（c 为常数）；

(2) $d[u(x)\pm v(x)]=du(x)\pm dv(x)$;

(3) $d[u(x)v(x)]=v(x)du(x)+u(x)dv(x)$;

(4) $d\left[\dfrac{u(x)}{v(x)}\right]=\dfrac{v(x)du(x)-u(x)dv(x)}{v^2(x)}$.

提示

上述公式必须记牢,对以后进一步学习积分学很有好处,考生可根据导数与微分的关系,对比记忆,掌握导数和微分的基本公式与四则运算法则.

3. 复合函数的微分法则

★ **定理 1** 设 $y=f(u)$ 及 $u=\varphi(x)$ 都可导,则复合函数 $y=f[\varphi(x)]$ 的微分为

$$dy=y'_x dx=f'(u)\varphi'(x)dx.$$

由于 $\varphi'(x)dx=du$, 所以,复合函数 $y=f[\varphi(x)]$ 的微分公式也可以写成

$$dy=f'(u)du \text{ 或 } dy=y'_u du.$$

由此可见,无论 u 是自变量还是中间变量,微分形式 $dy=f'(u)du$ 都保持不变. 这一性质称为**一阶微分形式不变性**.

【例 2】 (1) 设 $y=\dfrac{1-x^2}{1+x^2}$, 求 dy; (2) 设 $y=e^{1-3x}\cos 2x$, 求 dy.

【精析】 应用积的微分法则,得

(1) $dy=d\left(\dfrac{1-x^2}{1+x^2}\right)=\dfrac{(1+x^2)d(1-x^2)-(1-x^2)d(1+x^2)}{(1+x^2)^2}$

$=\dfrac{-2x(1+x^2)dx-2x(1-x^2)dx}{(1+x^2)^2}=\dfrac{-4x}{(1+x^2)^2}dx.$

(2) $dy=d(e^{1-3x}\cos 2x)=\cos 2x d(e^{1-3x})+e^{1-3x}d(\cos 2x)$

$=\cos 2x\cdot e^{1-3x}(-3dx)+e^{1-3x}(-2\sin 2x dx)$

$=-e^{1-3x}(3\cos 2x+2\sin 2x)dx.$

【例 3】 求 $y=\sin^2 3x$ 的微分.

【精析】 ▶ **方法一** 把 $\sin 3x$ 看成中间变量,由一阶微分形式不变性,得

$$dy=d(\sin^2 3x)=2\sin 3x d(\sin 3x),$$

再把 $3x$ 看成中间变量,由一阶微分形式不变性,得

$$dy=2\sin 3x\cos 3x d(3x)=3\sin 6x dx.$$

▶ **方法二** 由于 $\sin^2 3x=\dfrac{1}{2}(1-\cos 6x)$, 所以

$$dy=d\left[\frac{1}{2}(1-\cos 6x)\right]=\frac{1}{2}d(1-\cos 6x)=\frac{1}{2}d(-\cos 6x)$$

$$=\frac{1}{2}\sin 6x d(6x)=3\sin 6x dx.$$

第四节　微分中值定理及洛必达法则

一、微分中值定理

1. 罗尔定理

★ **定理 1**　如果函数 $y=f(x)$ 满足：

(1) 在闭区间 $[a, b]$ 上连续；

(2) 在开区间 (a, b) 内可导；

(3) 在区间端点处的函数值相等，即 $f(a)=f(b)$，

则在开区间 (a, b) 内至少存在一点 ξ，使得

$$f'(\xi)=0.$$

罗尔定理的几何意义：

条件(1)说明曲线 $y=f(x)$ 在 $A(a, f(a))$，$B(b, f(b))$ 之间是连续曲线[包括点 A 和点 B]；

条件(2)说明曲线 $y=f(x)$ 在 $A(a, f(a))$，$B(b, f(b))$ 之间是光滑曲线，也即每一点都有不垂直于 x 轴的切线[不包括点 A 和点 B]；

条件(3)说明曲线两端点 AB 的连线平行于 x 轴；

结论说明曲线 $y=f(x)$ 在 $A(a, f(a))$，$B(b, f(b))$ 之间[不包括点 A 和点 B]至少有一点，它的切线平行于 x 轴(图 2-4).

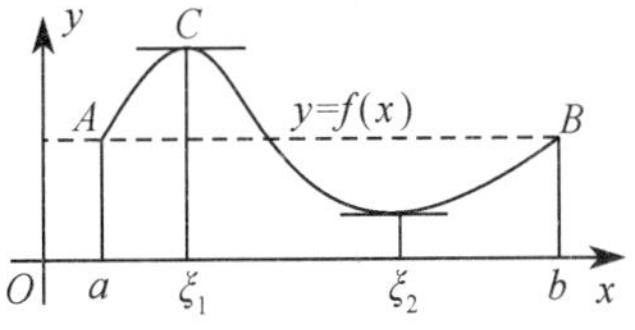

图 2-4

罗尔定理的应用：

罗尔定理是微分中值定理中的一个重要定理，可用来求解方程根的个数、证明根的存在性以及证明等式成立.

提示

定理中的三个条件缺一不可，否则定理不一定成立，即定理中的条件是充分的，但非必要.

2. 拉格朗日中值定理

定理 2　如果函数 $y=f(x)$ 满足：

(1) 在闭区间 $[a, b]$ 上连续；

(2) 在开区间 (a, b) 内可导，

则在开区间 (a, b) 内至少存在一点 ξ，使

$$f(b)-f(a)=f'(\xi)(b-a),$$

这个公式称为**拉格朗日中值公式**.

上述结论也可以写成 $f'(\xi)=\dfrac{f(b)-f(a)}{b-a}$.

拉格朗日中值定理的几何意义：

条件(1)说明曲线 $y=f(x)$ 在 $A(a, f(a))$, $B(b, f(b))$ 之间是连续曲线[包括点 A 和点 B];

条件(2)说明曲线 $y=f(x)$ 在 $A(a, f(a))$, $B(b, f(b))$ 之间是光滑曲线,也即每一点都有不垂直于 x 轴的切线[不包括点 A 和点 B];

结论说明曲线 $y=f(x)$ 在 $A(a, f(a))$, $B(b, f(b))$ 之间[不包括点 A 和点 B]至少有一点,它的切线与割线 AB 是平行的(图 2-5).

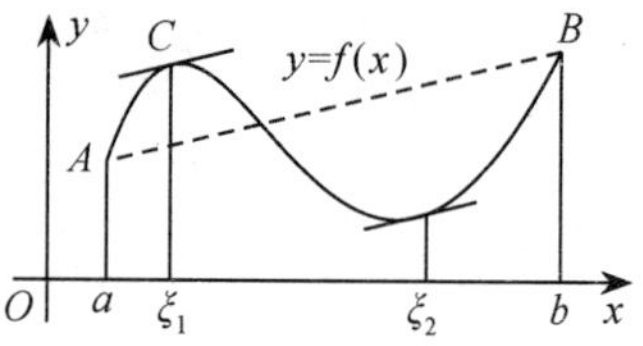

图 2-5

拉格朗日中值定理有如下两个重要推论:

推论 1 若 $f(x)$ 在 (a, b) 内可导,且 $f'(x)=0$, 则 $f(x)$ 在 (a, b) 内为常数.

推论 2 若 $f(x)$, $g(x)$ 在 (a, b) 内皆可导,且 $f'(x)=g'(x)$, 则在 (a, b) 内 $f(x)=g(x)+c$, 其中 c 为一个常数.

拉格朗日中值定理的应用:

拉格朗日中值定理是微分学中的一个重要定理,可用来证明不等式或等式成立.

提示

(1) 罗尔定理是拉格朗日中值定理的特殊形式,在拉格朗日中值定理结论的基础上再加上条件 $f(a)=f(b)$, 就可以得到 $f'(\xi)=0$.

(2) 对于微分中值定理,专转本重点要掌握其条件与结论,至于利用中值定理证明相关等式或不等式,有个简单了解即可,切忌在这一块花费太多时间.

【例 1】 求函数 $f(x)=(x-1)(x-2)(x-3)$ 的导数,说明方程 $f'(x)=0$ 有几个实根.

【精析】 $\because$ 函数 $f(x)$ 在 $\mathbf{R}$ 上可导, $f(1)=f(2)=f(3)=0$,

$\therefore$ 函数 $f(x)$ 在区间 $[1, 2]$, $[2, 3]$ 上满足罗尔定理的条件,

$\therefore$ 方程 $f'(x)=0$ 在区间 $(1, 2)$, $(2, 3)$ 内分别至少有一实根.

又 $f'(x)=0$ 是二次多项式方程,

$\therefore$ 至多有两个实根.

综上所述,方程 $f'(x)=0$ 有且仅有两个实根,它们分别落在区间 $(1, 2)$, $(2, 3)$ 内.

【例 2】 对函数 $f(x)=\dfrac{1}{x}$ 在区间 $[1, 2]$ 上应用拉格朗日中值定理得 $f(2)-f(1)=f'(\xi)$, 则 $\xi=$ ________. (其中 $1<\xi<2$)

【精析】 因为 $f(x)$ 在 $[1, 2]$ 上连续且可导,所以由拉格朗日中值定理得

$\exists\xi\in(1, 2)$, 使得 $f(2)-f(1)=f'(\xi)(2-1)$, 即 $-\dfrac{1}{2}=f'(\xi)\times 1$, 所以 $-\dfrac{1}{2}=-\dfrac{1}{\xi^2}$, 解得 $\xi=\sqrt{2}$.

二、洛必达法则

如果当 $x\to x_0$(或 $x\to\infty$)时,两个函数 $f(x)$ 与 $g(x)$ 都趋于零或者都趋于无穷大,那么极限 $\lim\limits_{\substack{x\to x_0\\(x\to\infty)}}\dfrac{f(x)}{g(x)}$ 可能存在,也可能不存在. 通常把这种极限叫作**未定式**,并分别简记为"$\dfrac{0}{0}$"或"$\dfrac{\infty}{\infty}$".

★ **定理 3** （**洛必达法则**）设函数 $f(x)$ 与 $g(x)$ 满足下列条件：

(1) 在点 x_0 的某去心邻域内，$f'(x)$ 与 $g'(x)$ 都存在且 $g'(x) \neq 0$；

(2) 极限 $\lim\limits_{x \to x_0} \dfrac{f(x)}{g(x)}$ 是“$\dfrac{0}{0}$”型或“$\dfrac{\infty}{\infty}$”型；

(3) $\lim\limits_{x \to x_0} \dfrac{f'(x)}{g'(x)} = A$（$A$ 可为常数或$-\infty$ 或$+\infty$ 或∞）.

则

$$\lim_{x \to x_0} \frac{f(x)}{g(x)} = \lim_{x \to x_0} \frac{f'(x)}{g'(x)} = A.$$

重点识记

上述定理给出的这种在一定条件下**通过对分子和分母先分别求导、再求极限**来确定未定式的值的方法称为**洛必达法则**. 事实上，在该法则中极限过程 $x \to x_0$ 同样可以换成 $x \to x_0^+$，$x \to x_0^-$ 以及 $x \to \infty$，$x \to +\infty$，$x \to -\infty$，结论依然成立.

1. “$\dfrac{0}{0}$”型或“$\dfrac{\infty}{\infty}$”型未定式

【例 3】 求 $\lim\limits_{x \to 0} \dfrac{e^x - 1 - x}{x}$.

【精析】 当 $x \to 0$ 时，$e^x - 1 - x \to 0$，该极限为“$\dfrac{0}{0}$”型未定式，由洛必达法则，得

$$\lim_{x \to 0} \frac{e^x - 1 - x}{x} = \lim_{x \to 0} \frac{e^x - 1}{1} = 0.$$

【例 4】 求 $\lim\limits_{x \to +\infty} \dfrac{\ln x}{x^a}(a > 0)$.

【精析】 当 $x \to +\infty$ 时，$\ln x \to \infty$，这是“$\dfrac{\infty}{\infty}$”型未定式，由洛必达法则，得

$$\lim_{x \to +\infty} \frac{\ln x}{x^a} \overset{\frac{\infty}{\infty}}{=} \lim_{x \to +\infty} \frac{\frac{1}{x}}{ax^{a-1}} = \lim_{x \to +\infty} \frac{1}{ax^a} = 0.$$

【例 5】 求 $\lim\limits_{x \to +\infty} \dfrac{\frac{\pi}{2} - \arctan x}{\frac{1}{x}}$.

【精析】 这是一个“$\dfrac{0}{0}$”型的极限问题，由洛必达法则，得

$$\lim_{x \to +\infty} \frac{\frac{\pi}{2} - \arctan x}{\frac{1}{x}} \overset{\frac{0}{0}}{=} \lim_{x \to +\infty} \frac{-\frac{1}{1+x^2}}{-\frac{1}{x^2}} \overset{\frac{0}{0} \to \frac{\infty}{\infty}}{=} \lim_{x \to +\infty} \frac{x^2}{1+x^2} \overset{\frac{\infty}{\infty}}{=} \lim_{x \to +\infty} \frac{2x}{2x} = 1.$$

名师指点

“$\frac{0}{0}$”型与“$\frac{\infty}{\infty}$”型互换，有时是必要的，我们在解决实际问题的时候，应灵活掌握这一点.

作为一般符号演算，我们可以表述为：$\frac{0}{0}\to\frac{\frac{1}{0}}{\frac{1}{0}}=\frac{\infty}{\infty}$，$\frac{\infty}{\infty}\to\frac{\frac{1}{\infty}}{\frac{1}{\infty}}=\frac{0}{0}$.

【例 6】 $\lim\limits_{x\to 0}\frac{x-\sin x}{x^3}$.

【精析】 这是“$\frac{0}{0}$”型未定式，由洛必达法则，可得 $\lim\limits_{x\to 0}\frac{x-\sin x}{x^3}=\lim\limits_{x\to 0}\frac{1-\cos x}{3x^2}$，到这一步仍是“$\frac{0}{0}$”型未定式，继续应用洛必达法则得 $\lim\limits_{x\to 0}\frac{x-\sin x}{x^3}=\lim\limits_{x\to 0}\frac{1-\cos x}{3x^2}=\lim\limits_{x\to 0}\frac{\sin x}{6x}=\frac{1}{6}$.

名师指点

在使用洛必达法则时，若 $\lim\limits_{x\to x_0}\frac{f'(x)}{g'(x)}$ 还是“$\frac{0}{0}$”型或“$\frac{\infty}{\infty}$”型未定式，且函数 $f'(x)$ 与 $g'(x)$ 仍满足洛必达法则的条件，则可继续使用洛必达法则：$\lim\limits_{x\to x_0}\frac{f(x)}{g(x)}=\lim\limits_{x\to x_0}\frac{f'(x)}{g'(x)}=\lim\limits_{x\to x_0}\frac{f''(x)}{g''(x)}$.

【例 7】 求 $\lim\limits_{x\to 0}\frac{x-\sin x}{\sin x^3}$.

【精析】 $\lim\limits_{x\to 0}\frac{x-\sin x}{\sin x^3}\overset{\frac{0}{0}}{=}\lim\limits_{x\to 0}\frac{1-\cos x}{3x^2\cos x^3}=\lim\limits_{x\to 0}\frac{1}{3\cos x^3}\cdot\lim\limits_{x\to 0}\frac{1-\cos x}{x^2}=\frac{1}{3}\lim\limits_{x\to 0}\frac{\sin x}{2x}$

$$=\frac{1}{6}\lim_{x\to 0}\frac{\sin x}{x}=\frac{1}{6}.$$

名师指点

在使用洛必达法则求极限的过程中，极限不为零的因式可提出来另外求极限(比如上式中的 $\frac{1}{3\cos x^3}$)，这样做，可使下一步的式子得到简化.

【例 8】 求 $\lim\limits_{x\to\infty}\frac{x+\sin x}{x}$.

【精析】 若使用洛必达法则求解该极限，则有

$$\lim_{x\to\infty}\frac{(x+\sin x)'}{(x)'}=\lim_{x\to\infty}\frac{1+\cos x}{1}=\lim_{x\to\infty}(1+\cos x),$$

而 $\lim\limits_{x\to\infty}(1+\cos x)$ 不存在，故不能用洛必达法则求解. 但原极限是存在的，求解如下：

$$\lim_{x\to\infty}\frac{x+\sin x}{x}=\lim_{x\to\infty}\left(1+\frac{\sin x}{x}\right)=1+0=1.$$

名师指点

在使用洛必达法则求未定式时，应注意：当极限 $\lim\limits_{\substack{x\to x_0\\(x\to\infty)}}\frac{f'(x)}{g'(x)}$ 不存在且不为 ∞ 时，不能断定 $\lim\limits_{\substack{x\to x_0\\(x\to\infty)}}\frac{f(x)}{g(x)}$ 不存在，应使用其他方法求极限.

【例 9】　求 $\lim\limits_{x\to0}\frac{3x-\sin 3x}{(1-\cos x)\ln(1+2x)}$.

【精析】　因为当 $x\to0$ 时，$1-\cos x\sim\frac{1}{2}x^2$，$\ln(1+2x)\sim 2x$，

所以 $\lim\limits_{x\to0}\frac{3x-\sin 3x}{(1-\cos x)\ln(1+2x)}=\lim\limits_{x\to0}\frac{3x-\sin 3x}{\frac{1}{2}x^2\cdot 2x}=\lim\limits_{x\to0}\frac{3x-\sin 3x}{x^3}\overset{\frac{0}{0}}{=}\lim\limits_{x\to0}\frac{3(1-\cos 3x)}{3x^2}$

$$=\frac{9}{2}.$$

名师指点

洛必达法则虽然是求未定式的一种有效方法，但若能与其他求极限的方法结合使用，效果将更好. 如能化简时应尽可能先化简，可以应用等价无穷小替换或重要极限，以使运算尽可能简捷；再如，极限中含根式时，可先将根式有理化，然后求极限；具有正常极限的因子可求出极限将其消去，等等.

洛必达法则不是万能的，有时会失效，此时就需要通过其他方法来求解. **例如：**

$$\lim_{x\to+\infty}\frac{\sqrt{1+x^2}}{x}=\lim_{x\to+\infty}\frac{(\sqrt{1+x^2})'}{(x)'}=\lim_{x\to+\infty}\frac{x}{\sqrt{1+x^2}}=\lim_{x\to+\infty}\frac{(x)'}{(\sqrt{1+x^2})'}=\lim_{x\to+\infty}\frac{\sqrt{1+x^2}}{x}=\cdots$$

连续用洛必达法则就回到了原式，洛必达法则固然是求解未定式极限较好的一种方法，但不是所有未定式都可以通过洛必达法则得到解决.

所以，本题正确解法：$\lim\limits_{x\to+\infty}\frac{\sqrt{1+x^2}}{x}=\lim\limits_{x\to+\infty}\sqrt{\frac{1}{x^2}+1}=1.$

在应用洛必达法则的过程中，还有一个很重要的问题是必须注意的！**先看下例：**

$$\lim_{x\to0}\frac{1-\cos x}{x^3}=\lim_{x\to0}\frac{\sin x}{3x^2}=\lim_{x\to0}\frac{\cos x}{6x}=\lim_{x\to0}-\frac{\sin x}{6}=0$$

上述结果是错误的，问题出在哪呢？

第三个式子 $\lim\limits_{x\to0}\frac{\cos x}{6x}$ 既不是“$\frac{0}{0}$”型，又不是“$\frac{\infty}{\infty}$”型，就不能再用洛必达法则.

因此,在使用洛必达法则之前,必须严格检查极限的类型,只有“$\frac{0}{0}$”型或者“$\frac{\infty}{\infty}$”型的极限,才可以使用洛必达法则.

2. 其他类型未定式

除了“$\frac{0}{0}$”型和“$\frac{\infty}{\infty}$”型未定式外,还有“$0\cdot\infty$”,“$\infty-\infty$”,“0^0”,“1^∞”,“∞^0”等类型的未定式. 一般地,这些类型的未定式可以先通过适当的恒等变形转化为“$\frac{0}{0}$”型或“$\frac{\infty}{\infty}$”型未定式,再利用洛必达法则求极限.

★(1) 对于“$0\cdot\infty$”型,可将乘积化为除的形式$\left(0\cdot\infty=\dfrac{0}{\frac{1}{\infty}}=\dfrac{0}{0}\right.$,或者$\left.0\cdot\infty=\dfrac{\infty}{\frac{1}{0}}=\dfrac{\infty}{\infty}\right)$,转化为“$\frac{0}{0}$”型或“$\frac{\infty}{\infty}$”型的未定式来计算.

【例 10】 求$\lim\limits_{x\to\infty}x\left(\cos\frac{1}{x}-1\right)$.

【精析】 这是“$0\cdot\infty$”型未定式,可转化为“$\frac{0}{0}$”型,再利用洛必达法则计算.

$$\lim_{x\to\infty}x\left(\cos\frac{1}{x}-1\right)=\lim_{x\to\infty}\frac{\cos\frac{1}{x}-1}{\frac{1}{x}},\text{极限}\lim_{x\to\infty}\frac{\cos\frac{1}{x}-1}{\frac{1}{x}}\text{为“}\frac{0}{0}\text{”型,}$$

令$t=\frac{1}{x}$,原式$=\lim\limits_{t\to0}\dfrac{\cos t-1}{t}=\lim\limits_{t\to0}\dfrac{-\sin t}{1}=0$.

【例 11】 求$\lim\limits_{x\to0^+}x\ln x$.

【精析】 这是“$0\cdot\infty$”型未定式,可转化为“$\frac{\infty}{\infty}$”型,再利用洛必达法则计算.

$$\lim_{x\to0^+}x\ln x=\lim_{x\to0^+}\frac{\ln x}{\frac{1}{x}}\overset{\frac{\infty}{\infty}}{=}\lim_{x\to0^+}\frac{\frac{1}{x}}{-\frac{1}{x^2}}=\lim_{x\to0^+}(-x)=0.$$

名师指点

形如$\lim\limits_{x\to x_0}f(x)\cdot\ln g(x)$的“$0\cdot\infty$”型问题,都是转换成$\lim\limits_{x\to x_0}\dfrac{\ln g(x)}{\frac{1}{f(x)}}$的形式后,再利用洛必达法则计算的.

★(2) 对于“∞-∞”型,可利用通分或者分子分母有理化,转化为“$\frac{0}{0}$”型或“$\frac{\infty}{\infty}$”型的未定式来计算.

【例 12】 求 $\lim\limits_{x\to1}\left(\frac{1}{\ln x}-\frac{1}{x-1}\right)$.

【精析】 这是“∞-∞”型未定式,直接通分后变成“$\frac{0}{0}$”型.

$$\text{原式}=\lim_{x\to1}\frac{x-1-\ln x}{(x-1)\ln x}=\lim_{x\to1}\frac{1-\frac{1}{x}}{\ln x+\frac{x-1}{x}}=\lim_{x\to1}\frac{x-1}{x\ln x+x-1}=\lim_{x\to1}\frac{1}{\ln x+1+1}=\frac{1}{2}.$$

【例 13】 求 $\lim\limits_{x\to0}\left(\frac{1}{x}-\frac{1}{e^x-1}\right)$.

【精析】 这是“∞-∞”型未定式,直接通分后变成“$\frac{0}{0}$”型.

$$\lim_{x\to0}\left(\frac{1}{x}-\frac{1}{e^x-1}\right)=\lim_{x\to0}\frac{e^x-1-x}{x(e^x-1)}\overset{\frac{0}{0}}{=}\lim_{x\to0}\frac{e^x-1}{e^x-1+xe^x}\overset{\frac{0}{0}}{=}\lim_{x\to0}\frac{e^x}{2e^x+xe^x}=\frac{1}{2}.$$

【例 14】 求 $\lim\limits_{x\to+\infty}(\sqrt{x^2+x}-x)$.

【精析】 这是“∞-∞”型未定式,下面给出三种解法.

▶ **方法一(根式有理化)** $\lim\limits_{x\to+\infty}(\sqrt{x^2+x}-x)=\lim\limits_{x\to+\infty}\frac{(\sqrt{x^2+x}+x)(\sqrt{x^2+x}-x)}{\sqrt{x^2+x}+x}$

$$=\lim_{x\to+\infty}\frac{(\sqrt{x^2+x})^2-x^2}{\sqrt{x^2+x}+x}=\lim_{x\to+\infty}\frac{x^2+x-x^2}{\sqrt{x^2+x}+x}$$

$$=\lim_{x\to+\infty}\frac{x}{\sqrt{x^2+x}+x}=\lim_{x\to+\infty}\frac{1}{\sqrt{1+\frac{1}{x}}+1}$$

$$=\frac{1}{2}.$$

▶ **方法二(提出因子 x)** $\lim\limits_{x\to+\infty}(\sqrt{x^2+x}-x)$

$$=\lim_{x\to+\infty}x\left(\sqrt{1+\frac{1}{x}}-1\right)$$

$$=\lim_{x\to+\infty}x\cdot\frac{1}{2}\left(\frac{1}{x}\right)\quad\left[\text{等价无穷小}\sqrt{1+\frac{1}{x}}-1\sim\frac{1}{2}\left(\frac{1}{x}\right)\right]$$

$$=\frac{1}{2}.$$

▶ **方法三(倒代换)** 令 $x=\frac{1}{t}$, 则 $x\to+\infty$ 时, $t\to0^+$, 则

$$\lim_{x\to+\infty}(\sqrt{x^2+x}-x)=\lim_{t\to0^+}\frac{\sqrt{1+t}-1}{t}=\frac{1}{2}.$$

（3）对于“1^∞”“0^0”“∞^0”型，可以先转化为以 e 为底的指数函数的极限，直接求指数的极限即可. 如求 $\lim\limits_{x\to a}f(x)$，可采用下面的方法：

$$\lim_{x\to a}f(x)=\lim_{x\to a}e^{\ln f(x)}=e^{\lim\limits_{x\to a}\ln f(x)}=e^A.$$

重点识记

【例 15】 求 $\lim\limits_{x\to e}(\ln x)^{\frac{1}{x-e}}$.

【精析】 这是“1^∞”型未定式，通过恒等变形可变为“$e^{\frac{0}{0}}$”型.

$$\lim_{x\to e}(\ln x)^{\frac{1}{x-e}}=e^{\lim\limits_{x\to e}\frac{\ln(\ln x)}{x-e}}=e^{\lim\limits_{x\to e}\frac{1}{x\ln x}}=e^{\frac{1}{e}}.$$

【例 16】 求 $\lim\limits_{x\to0^+}(x^2+x)^x$.

【精析】 这是“0^0”型未定式，且 $\lim\limits_{x\to0^+}(x^2+x)^x=\lim\limits_{x\to0^+}e^{x\ln(x^2+x)}$，

当 $x\to0^+$ 时，等式右端指数函数的指数为未定式“$0\cdot\infty$”型，

而 $$\lim_{x\to0^+}x\ln(x^2+x)=\lim_{x\to0^+}\frac{\ln(x^2+x)}{\frac{1}{x}}=\lim_{x\to0^+}\frac{\frac{2x+1}{x^2+x}}{-\frac{1}{x^2}}=-\lim_{x\to0^+}\frac{2x^2+x}{x+1}=0,$$

所以 $\lim\limits_{x\to0^+}(x^2+x)^x=e^0=1$.

【例 17】 求 $\lim\limits_{x\to+\infty}x^{\frac{1}{x}}$.

【精析】 这是“∞^0”型未定式，可得 $\lim\limits_{x\to+\infty}x^{\frac{1}{x}}=\lim\limits_{x\to+\infty}e^{\frac{1}{x}\ln x}=e^{\lim\limits_{x\to+\infty}\frac{\ln x}{x}}=e^{\lim\limits_{x\to+\infty}\frac{1}{x}}=e^0=1$.

第五节　导数的应用

一、函数的单调性与极值

1. 判断函数的单调性

★ **定理 1**　设函数 $f(x)$ 在 $[a,b]$ 上连续，在 (a,b) 内可导，则有

（1）如果在 (a,b) 内 $f'(x)>0$，则函数 $f(x)$ 在 $[a,b]$ 内单调增加；

（2）如果在 (a,b) 内 $f'(x)<0$，则函数 $f(x)$ 在 $[a,b]$ 内单调减少.

提示

（1）上述结论把对函数单调性的判断转化成了对导函数符号的判断，降低了问题的复杂度.

（2）如果把上述定义中的闭区间换成其他任何区间（包括无穷区间），那么结论仍然成立.

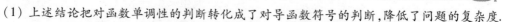

2. 讨论函数单调性的一般步骤

(1) 确定函数 $f(x)$ 的定义域;

(2) 求出 $f'(x)=0$ 的点和 $f'(x)$ 不存在的点,并以这些点为分界点将定义域分成若干个子区间;

(3) 分别讨论 $f'(x)$ 在各个区间内的符号,从而确定函数的单调性.

【例 1】 求函数 $f(x)=(x-1)x^{\frac{2}{3}}$ 的单调区间.

【精析】 函数的定义域为 $(-\infty,+\infty)$,因为

$$f'(x)=\frac{2}{3}(x-1)x^{-\frac{1}{3}}+x^{\frac{2}{3}}=\frac{5x-2}{3x^{\frac{1}{3}}},$$

令 $f'(x)=0$, 得 $x=\frac{2}{5}$, 此外 $x=0$ 是此函数在其定义域内的不可导点,从而它们将定义域分为三个区间 $(-\infty,0)$, $\left(0,\frac{2}{5}\right)$, $\left(\frac{2}{5},+\infty\right)$, 列表如下定出 $f'(x)$ 在三个区间上的符号,以确定 $f(x)$ 的单调性:

x	$(-\infty,0)$	0	$\left(0,\frac{2}{5}\right)$	$\frac{2}{5}$	$\left(\frac{2}{5},+\infty\right)$
$f'(x)$	+	0	−	0	+
$f(x)$	↗		↘		↗

由上表可见, $f(x)$ 在 $(-\infty,0)$, $\left(\frac{2}{5},+\infty\right)$ 内单调增加;在 $\left(0,\frac{2}{5}\right)$ 内单调减少.

【例 2】 利用函数的单调性,证明不等式:

$$x>\ln(1+x)(x>0).$$

【证明】 设 $f(x)=x-\ln(1+x)$, 则有

$$f'(x)=1-\frac{1}{1+x}=\frac{1+x-1}{1+x}=\frac{x}{1+x}.$$

因为函数 $f(x)$ 在 $[0,+\infty)$ 内连续,且在开区间 $(0,+\infty)$ 内, $f'(x)>0$, 所以在 $[0,+\infty)$ 上函数 $f(x)$ 单调增加,从而当 $x>0$ 时, $f(x)>f(0)$, 而 $f(0)=0-\ln(1+0)=0$. 所以有 $f(x)>0$, 即 $x>\ln(1+x)$.

3. 函数极值的判断

定义 1 设函数 $y=f(x)$ 在点 x_0 的某邻域内有定义,如果对于该邻域内的任意点 $x(x\neq x_0)$, 满足

(1) $f(x)<f(x_0)$, 则称 $f(x_0)$ 为 $f(x)$ 的极大值,其中 $x=x_0$ 为 $f(x)$ 的**极大值点**;

(2) $f(x)>f(x_0)$, 则称 $f(x_0)$ 为 $f(x)$ 的极小值,其中 $x=x_0$ 为 $f(x)$ 的**极小值点**.

函数的极大值与极小值统称为函数的**极值**,极大值点与极小值点统称为**极值点**.

提示

极值点一定在函数定义域的内部取到,在定义域的端点上是不可能取极值的.

★ **定理 2(必要条件)** 设函数 $f(x)$ 在点 x_0 处可导,且在点 x_0 处取得极值,那么函数 $f(x)$ 在点 x_0 处的导数为零,即 $f'(x_0)=0$.

定义 2 使函数 $f(x)$ 导数为零的点称为函数的**驻点**.

提示

(1) 可导函数的极值点必定是它的驻点,但函数的驻点却不一定是极值点;

例如,$y=x^3$, $x=0$ 是驻点,但不是极值点.

(2) 函数在其不可导点处也可能取得极值;

例如,$y=|x|$, $x=0$ 为不可导点,但是极值点.

(3) 函数的极值点只能在驻点和不可导点中取得.

定理 3(第一充分条件) 设函数 $f(x)$ 在点 x_0 的某个邻域内可导 [$f'(x_0)$ 可以不存在],x 为该邻域内任意一点,

(1) 当 $x<x_0$ 时,$f'(x)>0$, 当 $x>x_0$ 时,$f'(x)<0$, 则 $f(x_0)$ 为函数 $f(x)$ 的极大值;

(2) 当 $x<x_0$ 时,$f'(x)<0$, 当 $x>x_0$ 时,$f'(x)>0$, 则 $f(x_0)$ 为函数 $f(x)$ 的极小值;

(3) 当 $x<x_0$ 与 $x>x_0$ 时,$f'(x)$ 的符号相同,则 $f(x_0)$ 不是函数 $f(x)$ 的极值.

提示

第一充分条件实际上就是运用函数的单调性来判断极值点.

定理 4(第二充分条件) 设函数 $y=f(x)$ 在点 x_0 处二阶可导,且 $f'(x_0)=0$, $f''(x_0)\neq 0$, 则

(1) 当 $f''(x_0)<0$ 时,函数 $f(x)$ 在点 x_0 处取得极大值;

(2) 当 $f''(x_0)>0$ 时,函数 $f(x)$ 在点 x_0 处取得极小值.

提示

(1) 定理 3 适用于驻点和不可导点,而定理 4 只对驻点判定有效;

(2) 当 $f''(x_0)=0$ 时,无法判定 $f(x)$ 在点 x_0 处是否有极值.

4. 求函数极值和极值点的一般步骤

(1) 确定函数 $f(x)$ 的定义域(或题目所给区间);

(2) 求导数 $f'(x)$;

(3) 求出 $f'(x)=0$ 的点和 $f'(x)$ 不存在的点;

(4) 以上述点为分界点将定义域分成若干个子区间,并讨论 $f'(x)$ 在各个区间内的符号,从而确定函数的极值和极值点.

【例 3】 求函数 $y=3x^4-8x^3+6x^2+7$ 的单调区间、极值点、极值.

【精析】 函数的定义域为 $(-\infty,+\infty)$, $y'=12x^3-24x^2+12x=12x(x-1)^2$.

令 $y'=0$ 得驻点 $x=0$, $x=1$.

把 $x=0$, $x=1$ 按从小到大的顺序插入定义域 $(-\infty, +\infty)$ 中,列表判断一阶导数 $y'=f'(x)$ 的符号,利用函数极值的充分条件做出判断.

x	$(-\infty, 0)$	0	$(0, 1)$	1	$(1, +\infty)$
y'	$-$	0	$+$	0	$+$
y	↘	极小值 7	↗	无极值	↗

可见函数 $y=3x^4-8x^3+6x^2+7$ 的单调增区间为 $[0, +\infty)$, 单调减区间为 $(-\infty, 0]$; 极小值点 $x=0$, 极小值为 $f(0)=7$.

【例 4】 求函数 $f(x)=\frac{1}{2}\cos 2x+\sin x(0\leqslant x\leqslant\pi)$ 的极值.

【精析】 $f'(x)=-\sin 2x+\cos x=\cos x(1-2\sin x)$.

令 $f'(x)=0$, 在区间 $[0, \pi]$ 上函数 $f(x)$ 有三个驻点 $x_1=\frac{\pi}{6}$, $x_2=\frac{\pi}{2}$, $x_3=\frac{5\pi}{6}$,

$f''(x)=-2\cos 2x-\sin x$, 且 $f''\left(\frac{\pi}{6}\right)=f''\left(\frac{5\pi}{6}\right)=-\frac{3}{2}<0$, $f''\left(\frac{\pi}{2}\right)=1>0$.

由定理 4 得 $f\left(\frac{\pi}{6}\right)=\frac{3}{4}$ 和 $f\left(\frac{5}{6}\right)=\frac{3}{4}$ 是函数的极大值,而 $f\left(\frac{\pi}{2}\right)=\frac{1}{2}$ 是函数的极小值.

二、函数的最值

1. 函数 $y=f(x)$ 在开区间内的最值

★ **定理 5** 设函数 $y=f(x)$ 在开区间 (a, b) 内可导且只有一个极值点 x_0, 那么:

(1) 如果点 $x=x_0$ 为极大值点,则 $x=x_0$ 也是函数 $f(x)$ 在该区间内的最大值点.

(2) 如果点 $x=x_0$ 为极小值点,则 $x=x_0$ 也是函数 $f(x)$ 在该区间内的最小值点.

函数的最大值与最小值统称为函数的**最值**,使函数取得最值的点称为**最值点**.

开区间内的可导函数不一定有最值. 例如当 $f(x)$ 在开区间 (a, b) 内单调递增或单调递减时, $f(x)$ 无最值. 但当 $f(x)$ 满足定理 5 的条件,那么可导函数 $f(x)$ 在 (a, b) 内存在最值,则求函数 $f(x)$ 在开区间内的最值的步骤如下:

① 求 $f'(x)$, 并令 $f'(x)=0$, 得到唯一的驻点;
② 利用极值判定定理确定极值点,由定理 5 得到最值点,进而得到最值.

【例 5】 求函数 $f(x)=\frac{1}{5}x^5-\frac{1}{3}x^3$ 在 $(0, 2)$ 内的最值.

【精析】 $f'(x)=x^4-x^2=x^2(x-1)(x+1)$.

令 $f'(x)=0$, 得到 $f(x)$ 在区间 $(0, 2)$ 内的唯一驻点 $x=1$.

当 $0<x<1$ 时, $f'(x)<0$; 当 $1<x<2$ 时, $f'(x)>0$. 所以 $x=1$ 是 $f(x)$ 在区间 $(0, 2)$ 内的唯一极小值点,也是最小值点,最小值 $f(1)=-\frac{2}{15}$, 没有最大值.

2. 函数 $y=f(x)$ 在闭区间上的最值

由第一章可知如果函数 $f(x)$ 在闭区间 $[a, b]$ 上连续,则函数 $f(x)$ 在 $[a, b]$ 上必能取得

最值. 此时求函数 $y=f(x)$ 在闭区间 $[a, b]$ 上最值的一般步骤是:

① 求出函数 $f(x)$ 在 (a, b) 内的所有驻点和 $f'(x)$ 不存在的点;

② 求出①中所有点的函数值和端点的函数值;

③ 比较这些函数值的大小,其中函数值最大的就是函数 $f(x)$ 在 $[a, b]$ 上的最大值,函数值最小的就是函数 $f(x)$ 在 $[a, b]$ 上的最小值.

提示

关于函数的最值与极值应注意如下几点:

(1) 由极值的定义知,函数的极值点是定义区间内的点,不包括端点;而最值可以在端点处取得(如果在端点处有定义).

(2) 最值与极值不同,极值是一个局部概念,一般指函数在定义域的一个或若干个子区间上的性质;而最值是整体概念,一般指函数在整个定义域或定义区间上的性质.

(3) 一个函数的极值可以有若干个,但一个函数的最大值、最小值如果存在的话,只能是唯一的. 函数的极大值不一定大于极小值,但最大值绝对不会小于最小值.

【例 6】 求函数 $f(x)=2-(x-1)^{\frac{2}{3}}$ 在 $[0, 2]$ 上的最值.

【精析】 $f'(x)=-\dfrac{2}{3}(x-1)^{-\frac{1}{3}}$.

在区间 $[0, 2]$ 上 $f(x)$ 没有驻点,有一阶导数不存在的点 $x=1$.

又 $f(1)=2$, $f(0)=1$, $f(2)=1$,

可知 $f(x)$ 在 $[0, 2]$ 上的最大值点为 $x=1$, 最大值为 $f(1)=2$, 最小值点为 $x=0$, $x=2$, 最小值为 $f(0)=f(2)=1$.

在实际问题中,往往根据问题的性质,就可断定可导函数在区间 I 内必取得最大值(或最小值),若 $f(x)$ 在该区间内只有一个驻点,则可断定此点即为函数的最大值点(或最小值点).

【例 7】 某单位要建造一个容积为 300 m^3 的带盖圆桶,问半径 r 与桶高 h 如何确定,可使所用材料最省(图 2-6)?

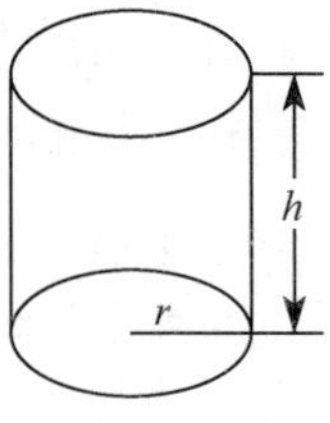

图 2-6

【精析】 要使用料最省,即要圆桶的全面积最小. 圆桶的全面积为: $S=2\pi r^2+2\pi rh$.

由于体积为 300 m^3, 故 $h=\dfrac{300}{\pi r^2}$, 因此 $S=2\pi r^2+\dfrac{600}{r}$ $(0<r<+\infty)$.

将 S 对 r 求导,有 $S'(r)=4\pi r-\dfrac{600}{r^2}$.

令 $S'(r)=0$, 得唯一的驻点 $r_0=\sqrt[3]{\dfrac{150}{\pi}}$.

由于 $S''(r)=4\pi+\dfrac{1\,200}{r^3}$, 故 $S''(r_0)>0$, 因此 $S(r_0)$ 为函数的极小值.

由于该函数在 $(0, +\infty)$ 内没有极大值,故此极小值即为函数的最小值,此时 $h=\dfrac{300}{\pi r_0^2}=2r_0$.

因此,当半径为 $\sqrt[3]{\dfrac{150}{\pi}}$ m,高为半径的 2 倍时,用料最省.

三、曲线的凹凸性与拐点

函数的单调性反映在图形上,就是曲线在上升或下降,但如何上升,如何下降?如图 2-7 中的两条曲线弧,虽然都是单调上升的,图形却有明显的不同. $y=\sqrt{x}$ 的图形是向上凸的,$y=x^3$ 的图形则是向上凹的,即它们的凹凸性是不同的,下面我们就来研究曲线的凹凸性及其判别方法.

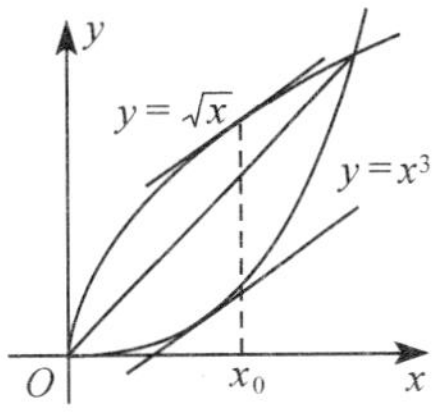

图 2-7

定义 3　设 $f(x)$ 在区间 $[a, b]$ 上连续,$\forall x_1, x_2 \in (a, b)$,如果恒有

$$f\left(\frac{x_1+x_2}{2}\right) < \frac{f(x_1)+f(x_2)}{2},$$

那么称 $f(x)$ 在 $[a, b]$ 上的图形是凹的(记为"∪");如果恒有

$$f\left(\frac{x_1+x_2}{2}\right) > \frac{f(x_1)+f(x_2)}{2},$$

那么称 $f(x)$ 在 $[a, b]$ 上的图形是凸的(记为"∩").

提示

结合图,由定义知,如果曲线在 $[a, b]$ 上是凹的,则曲线位于其任一点切线的上方;如果曲线在 $[a, b]$ 上是凸的,则曲线位于其任一点切线的下方.

定义 4　连续曲线上凹与凸的分界点称为曲线的拐点.

提示

和极值点一样,拐点也一定在函数定义域的内部取到.

如果函数 $y=f(x)$ 在 (a, b) 内二阶可导,则可利用二阶导数的符号来判定曲线的凹凸性.

★ **定理 6**　设函数 $y=f(x)$ 在 $[a, b]$ 上连续,在 (a, b) 内存在二阶导数.

(1) 如果在 (a, b) 内 $f''(x)>0$,则曲线 $y=f(x)$ 在 (a, b) 内是凹的;

(2) 如果在 (a, b) 内 $f''(x)<0$,则曲线 $y=f(x)$ 在 (a, b) 内是凸的.

提示

在拐点左右两侧邻域内 $f''(x)$ 的符号必然异号,且有:点 x_0 是曲线 $f(x)$ 的拐点 $\overset{\Rightarrow}{\not\Leftarrow}$ $f''(x_0)=0$ 或 $f''(x_0)$ 不存在.

名师指点

求曲线凹凸区间、拐点的一般步骤：

① 确定函数的定义域；

② 求出 $f''(x)=0$ 的点和 $f''(x)$ 不存在的点；

③ 以上述点为分界点将定义域分成若干个子区间，并讨论 $f''(x)$ 在各个区间内的符号，从而确定曲线的凹凸区间和拐点.

【例 8】 求 $y=\dfrac{4(x+1)}{x^2}-2$ 的单调区间、极值、凹凸区间和拐点.

【精析】 该函数的定义域为 $(-\infty,0)\cup(0,+\infty)$.

$y'=\dfrac{-4x-8}{x^3}$，令 $y'=0$，解得 $x=-2$；$y''=\dfrac{8x+24}{x^4}$，令 $y''=0$，解得 $x=-3$.

x	$(-\infty,-3)$	-3	$(-3,-2)$	-2	$(-2,0)$	$(0,+\infty)$
y'	$-$		$-$	0	$+$	$-$
y''	$-$		$+$		$+$	$+$
$f(x)$	单减，凸	拐点 $\left(-3,-\dfrac{26}{9}\right)$	单减，凹	极小值 -3	单增，凹	单减，凹

综上，该函数的单调递增区间为 $(-2,0)$，单调递减区间为 $(-\infty,-2)\cup(0,+\infty)$，有极小值 $f(-2)=-3$；凹区间为 $(-3,0)\cup(0,+\infty)$，凸区间为 $(-\infty,-3)$，拐点为 $\left(-3,-\dfrac{26}{9}\right)$.

【例 9】 当 a 和 b 为何值时，点 $(1,3)$ 才是曲线 $y=ax^3+bx^2$ 的拐点？

【精析】 $y'=3ax^2+2bx$，$y''=6ax+2b$，因为点 $(1,3)$ 是曲线 $y=ax^3+bx^2$ 的拐点，所以当 $x=1$ 时，$y''=6a+2b=0$，即 $6a+2b=0$. ①

又点 $(1,3)$ 在曲线 $y=ax^3+bx^2$ 上，所以 $a+b=3$. ②

由①和②得 $a=-\dfrac{3}{2}$，$b=\dfrac{9}{2}$，从而当 $a=-\dfrac{3}{2}$，$b=\dfrac{9}{2}$ 时，点 $(1,3)$ 可能是曲线 $y=ax^3+bx^2$ 的拐点，将 $a=-\dfrac{3}{2}$，$b=\dfrac{9}{2}$ 代入得 $y''=-9(x-1)$.

可见：当 $x<1$ 时，$y''>0$，曲线是凹的；当 $x>1$ 时，$y''<0$，曲线是凸的，从而点 $(1,3)$ 确实是曲线 $y=ax^3+bx^2$ 的拐点. 故当 $a=-\dfrac{3}{2}$，$b=\dfrac{9}{2}$ 时，点 $(1,3)$ 才是曲线 $y=ax^3+bx^2$ 的拐点.

四、曲线渐近线

1. 曲线渐近线的定义

曲线上一点 M 沿曲线无限远离原点或无限接近间断点时，如果 M 到一条直线的距离无限趋近于零，那么这条直线称为这条**曲线的渐近线**. 可分为垂直渐近线、水平渐近线和斜渐近线.

2. 求曲线 $y=f(x)$ 的水平渐近线与垂直渐近线

因为水平渐进线一定是一条水平穿过 y 轴，即平行于 x 轴的线，所以一定是 $y=a$（常数）. 垂直渐近线一定是一条垂直穿过 x 轴,即平行于 y 轴的线,所以一定是 $x=a$(常数). 专转本考试中,只需求水平与垂直两种特殊渐近线,水平与垂直渐近线按以下方法来求:

(1) 若 $\lim\limits_{x\to\infty}f(x)=a$ 或 $\lim\limits_{x\to-\infty}f(x)=a$ 或 $\lim\limits_{x\to+\infty}f(x)=a$, 则 $y=a$ 为曲线 $y=f(x)$ 的水平渐近线;

(2) 若 $\lim\limits_{x\to x_0}f(x)=\infty$ 或 $\lim\limits_{x\to x_0^-}f(x)=\infty$ 或 $\lim\limits_{x\to x_0^+}f(x)=\infty$, 则 $x=x_0$ 为曲线 $y=f(x)$ 的垂直渐近线.

名师指点

(1) 求水平渐近线主要是考查三个极限: $\lim\limits_{x\to+\infty}f(x)$, $\lim\limits_{x\to-\infty}f(x)$, $\lim\limits_{x\to\infty}f(x)$.

(2) 求垂直渐近线主要是考查函数 $y=f(x)$ 的间断点,即分母为零的点及对数真数为零的点.

(3) 曲线的每类渐近线可能不止一条.

【例 10】 求曲线 $y=\dfrac{3x^2+2}{1-x^2}$ 的水平渐近线和垂直渐近线.

【精析】 因为 $\lim\limits_{x\to\infty}\dfrac{3x^2+2}{1-x^2}=-3$, 所以 $y=-3$ 是曲线的水平渐近线.

又因为 1 和 -1 是 $y=\dfrac{3x^2+2}{1-x^2}$ 的间断点,且 $\lim\limits_{x\to1}\dfrac{3x^2+2}{1-x^2}=\infty$, $\lim\limits_{x\to-1}\dfrac{3x^2+2}{1-x^2}=\infty$, 所以 $x=1$ 和 $x=-1$ 是曲线的垂直渐近线.

【例 11】 曲线 $y=e^{\frac{1}{x}}\arctan\dfrac{x^2+x+1}{(x-1)(x+2)}$ 的渐近线的条数为________.

【精析】 $\lim\limits_{x\to\infty}e^{\frac{1}{x}}\arctan\dfrac{x^2+x+1}{(x-1)(x+2)}=\dfrac{\pi}{4}$,故 $y=\dfrac{\pi}{4}$ 是曲线的水平渐近线;

$\lim\limits_{x\to0^+}e^{\frac{1}{x}}\arctan\dfrac{x^2+x+1}{(x-1)(x+2)}=\infty$, 故 $x=0$ 是曲线的垂直渐近线;

$\lim\limits_{x\to1^+}e^{\frac{1}{x}}\arctan\dfrac{x^2+x+1}{(x-1)(x+2)}=\dfrac{\pi}{2}e$, $\lim\limits_{x\to1^-}e^{\frac{1}{x}}\arctan\dfrac{x^2+x+1}{(x-1)(x+2)}=-\dfrac{\pi}{2}e$, 故 $x=1$ 不是曲线的垂直渐近线;

$\lim\limits_{x\to-2^+}e^{\frac{1}{x}}\arctan\dfrac{x^2+x+1}{(x-1)(x+2)}=-\dfrac{\pi}{2}e^{-\frac{1}{2}}$, $\lim\limits_{x\to-2^-}e^{\frac{1}{x}}\arctan\dfrac{x^2+x+1}{(x-1)(x+2)}=\dfrac{\pi}{2}e^{-\frac{1}{2}}$, 故 $x=-2$ 不是曲线的垂直渐近线,故曲线只有两条渐近线.

五、函数图形的描绘

利用导数描绘函数图形的一般步骤如下:

(1) 确定函数的定义域及函数所具有的某些特性(奇偶性、周期性等),并求出函数的一阶导数和二阶导数;

(2) 求出一阶导数和二阶导数在函数定义域内的全部零点,并求出函数的间断点及一阶导

数和二阶导数不存在的点,并用这些点把函数的定义域划分为几个区间;

(3) 确定在这些区间内一阶导数和二阶导数的符号,并由此确定函数的增减性、凹凸性、极值点和拐点;

(4) 确定函数图形的水平渐近线、垂直渐近线和其他变化趋势;

(5) 求出一阶导数和二阶导数的零点以及导数不存在的点所对应的函数值,确定图形上的相应点.

为了把图形描绘得更准确些,有时还需要补充一些点,然后结合上述步骤得出的结果,连接这些点画出函数的图形.

【例 12】 作函数 $y=\dfrac{x}{x^2+1}$ 的图像.

【精析】 (1) 定义域为 $(-\infty,+\infty)$,是奇函数;

只需先作出 $[0,+\infty)$ 上的图像,再利用对称性补齐 $(-\infty,0]$ 上的图像.

(2) 令 $y'=\dfrac{1-x^2}{(x^2+1)^2}=0$,可得 $x=1$;

令 $y''=\dfrac{2x(x^2-3)}{(x^2+1)^3}=0$,可得 $x=0,\sqrt{3}$.

(3) 列表分析

x	0	$(0,1)$	1	$(1,\sqrt{3})$	$\sqrt{3}$	$(\sqrt{3},+\infty)$
y'	+	+	0	−	−	−
y''	0	−	−	−	0	+
$y=f(x)$	拐点 $(0,0)$	↗	极大值 $\dfrac{1}{2}$	↘	拐点 $\left(\sqrt{3},\dfrac{\sqrt{3}}{4}\right)$	↘

(4) $\lim\limits_{x\to+\infty}\dfrac{x}{1+x^2}=0$,所以图像向右无限延伸时,以 $y=0$ 为水平渐近线.

(5) 描点作图

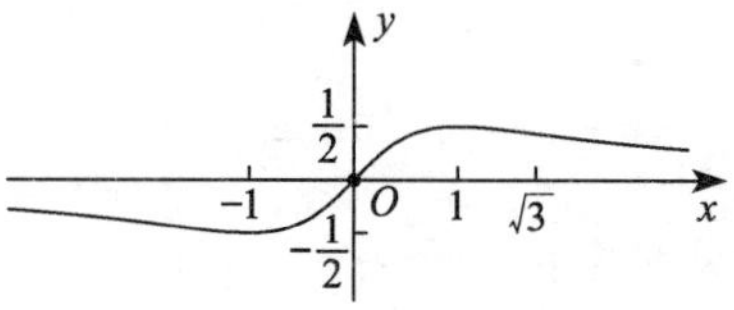

考点聚焦

考点一 导数定义

导数定义历年来在专转本考试选择题或填空题中会出现,同时也有 60% 左右的概率出现在综合题中,主要考查类型为分段函数在分段点处的导数和利用导数定义求极限.

思路点拨

1. 利用导数定义求极限或参数

一般有两种情形，已知极限求 $f'(x_0)$ 或已知 $f'(x_0)$ 求极限. 需要牢记定义并且能够对导数定义广义化.

$$f'(x_0)=\lim_{x\to x_0}\frac{f(x)-f(x_0)}{x-x_0}=\lim_{\Delta x\to 0}\frac{f(x_0+\Delta x)-f(x_0)}{\Delta x}$$

例 1　(1) 设函数 $f(x)$ 在 $x=0$ 处可导，则有(　　).

A. $\lim\limits_{x\to 0}\frac{f(x)-f(-x)}{x}=f'(0)$　　B. $\lim\limits_{x\to 0}\frac{f(2x)-f(3x)}{x}=f'(0)$

C. $\lim\limits_{x\to 0}\frac{f(-x)-f(0)}{x}=f'(0)$　　D. $\lim\limits_{x\to 0}\frac{f(2x)-f(x)}{x}=f'(0)$

(2) 设函数 $f(x)$ 在 $x=x_0$ 处可导，且 $\lim\limits_{h\to 0}\frac{f(x_0-h)-f(x_0+h)}{h}=4$，则 $f'(x_0)=$ ________.

(3) 若 $f'(0)=2$，则 $\lim\limits_{x\to 0}\frac{f(x)-f(-x)}{x}=$ ________.

(4) 设 $\lim\limits_{\Delta x\to 0}\frac{f(x_0+k\Delta x)-f(x_0)}{\Delta x}=\frac{1}{3}f'(x_0)$，则 $k=$ ________.

解　(1) 本题选 D.

A 项　$\lim\limits_{x\to 0}\frac{f(x)-f(-x)}{x}=\lim\limits_{x\to 0}\frac{[f(x)-f(0)]-[f(-x)-f(0)]}{x}$

$=\lim\limits_{x\to 0}\frac{f(x)-f(0)}{x}+\lim\limits_{x\to 0}\frac{f(-x)-f(0)}{-x}=2f'(0).$

B 项　$\lim\limits_{x\to 0}\frac{f(2x)-f(3x)}{x}=\lim\limits_{x\to 0}\frac{[f(2x)-f(0)]-[f(3x)-f(0)]}{x}$

$=\lim\limits_{x\to 0}\frac{f(2x)-f(0)}{2x}\cdot 2-\lim\limits_{x\to 0}\frac{f(3x)-f(0)}{3x}\cdot 3=2f'(0)-3f'(0)=-f'(0).$

C 项　$\lim\limits_{x\to 0}\frac{f(-x)-f(0)}{x}=\lim\limits_{x\to 0}\frac{f(-x)-f(0)}{-x}\cdot(-1)=-f'(0).$

D 项　$\lim\limits_{x\to 0}\frac{f(2x)-f(x)}{x}=\lim\limits_{x\to 0}\frac{[f(2x)-f(0)]-[f(x)-f(0)]}{x}$

$=\lim\limits_{x\to 0}\frac{f(2x)-f(0)}{2x}\cdot 2-\lim\limits_{x\to 0}\frac{f(x)-f(0)}{x}=2f'(0)-f'(0)=f'(0).$

(2) $\lim\limits_{h\to 0}\frac{f(x_0-h)-f(x_0+h)}{h}=\lim\limits_{h\to 0}\frac{[f(x_0-h)-f(x_0)]-[f(x_0+h)-f(x_0)]}{h}$

$=\lim\limits_{h\to 0}\frac{f(x_0-h)-f(x_0)}{-h}\cdot(-1)-\lim\limits_{h\to 0}\frac{f(x_0+h)-f(x_0)}{h}=-2f'(x_0)=4,$

所以 $f'(x_0)=-2$.

(3) $\lim\limits_{x\to 0}\dfrac{f(x)-f(-x)}{x}=\lim\limits_{x\to 0}\dfrac{[f(x)-f(0)]-[f(-x)-f(0)]}{x}$

$=\lim\limits_{x\to 0}\dfrac{f(x)-f(0)}{x}+\lim\limits_{x\to 0}\dfrac{f(-x)-f(0)}{-x}=2f'(0)=4.$

(4) $\lim\limits_{\Delta x\to 0}\dfrac{f(x_0+k\Delta x)-f(x_0)}{\Delta x}=\lim\limits_{\Delta x\to 0}\dfrac{f(x_0+k\Delta x)-f(x_0)}{k\Delta x}\cdot k=kf'(x_0)$,

又 $\lim\limits_{\Delta x\to 0}\dfrac{f(x_0+k\Delta x)-f(x_0)}{\Delta x}=\dfrac{1}{3}f'(x_0)$，所以 $k=\dfrac{1}{3}$.

思路点拨

2. 分段函数在分段点处的导数

在分段点处需要讨论该点的左右导数，利用 $f'_+(x_0)=f'_-(x_0)$ 时导数存在这个充要条件判定可导性.

例 2 (1) $f(x)=\begin{cases}x^2\sin\dfrac{1}{x}, & x\neq 0,\\ 0, & x=0\end{cases}$ 在 $x=0$ 处(　　).

A. 连续但不可导　B. 连续且可导　C. 不连续也不可导　D. 可导但不连续

(2) 设 $f(x)=\begin{cases}0, & x\leqslant 0,\\ x^\alpha\sin\dfrac{1}{x}, & x>0\end{cases}$ 在 $x=0$ 处可导，则常数 α 的取值范围为(　　).

A. $0<\alpha<1$　B. $0<\alpha\leqslant 1$　C. $\alpha>1$　D. $\alpha\geqslant 1$

解 (1) 本题选 B.

$\lim\limits_{x\to 0}f(x)=\lim\limits_{x\to 0}x^2\sin\dfrac{1}{x}=0$，$\lim\limits_{x\to 0}f(x)=f(0)=0$，所以在 $x=0$ 处连续.

$f'(0)=\lim\limits_{x\to 0}\dfrac{f(x)-f(0)}{x-0}=\lim\limits_{x\to 0}\dfrac{x^2\sin\dfrac{1}{x}-0}{x}=\lim\limits_{x\to 0}x\sin\dfrac{1}{x}=0$，所以在 $x=0$ 处可导.

(2) 本题选 C.

$f'_-(0)=\lim\limits_{x\to 0^-}\dfrac{f(x)-f(0)}{x-0}=\lim\limits_{x\to 0^-}\dfrac{0-0}{x}=0$,

$f'_+(0)=\lim\limits_{x\to 0^+}\dfrac{f(x)-f(0)}{x-0}=\lim\limits_{x\to 0^+}\dfrac{x^\alpha\sin\dfrac{1}{x}-0}{x}=\lim\limits_{x\to 0^+}x^{\alpha-1}\sin\dfrac{1}{x}$.

已知 $f(x)$ 在 $x=0$ 处可导，则 $f'_+(0)=f'_-(0)=0$，即 $\lim\limits_{x\to 0^+}x^{\alpha-1}\sin\dfrac{1}{x}=0$，所以 $\alpha>1$.

考点二　一元函数导数、微分计算

思路点拨

（1）专转本考试中，求导方法主要考查复合求导、隐函数求导、对数求导、参数方程求导、分段函数求导以及高阶求导. 近年来，参数方程和隐函数结合求一阶导数的考查概率较高.

（2）求高阶导数技巧：除公式法外，若采用逐阶递推方式尽量将函数化成 $(kx+b)^{\alpha}$ 的形式.

（3）微分：$\mathrm{d}y=\mathrm{d}f(x)=f'(x)\mathrm{d}x$.

例1　（1）设 $y=f\left(\frac{1}{x}\right)$，其中 f 具有二阶导数，则 $\frac{\mathrm{d}^2y}{\mathrm{d}x^2}=$ ________.

（2）函数 $y=y(x)$ 由方程 $\ln(x+y)=\mathrm{e}^{xy}$ 确定，则 $y'\big|_{x=0}=$ ________.

（3）设 $y=x^x(x>0)$，则 $\mathrm{d}y=$ ________.

（4）设 $\begin{cases}x=t-\dfrac{1}{t},\\ y=\dfrac{1}{2}t^2+\ln t,\end{cases}$ 求 $\frac{\mathrm{d}y}{\mathrm{d}x},\frac{\mathrm{d}^2y}{\mathrm{d}x^2}$.

（5）设 $y=y(x)$ 由参数方程 $\begin{cases}x=t^2+t,\\ \mathrm{e}^y+y=t^2\end{cases}$ 所确定，求 $\frac{\mathrm{d}y}{\mathrm{d}x}$.

（6）设 $f(x)=\frac{1}{2x+1}$，则 $f^{(n)}(x)=$ ________.

（7）设 $y=x^5+\mathrm{e}^{3x}+3\sin x$，则 $y^{(2021)}(0)=$ ________.

（8）（2019年）设 $y=\ln(x+1)$，若 $y^{(n)}(0)=2\,018!$，则 $n=$ ________.

（9）设 $\mathrm{e}^{x+y}-xy=1$ 确定函数 $y=y(x)$，求 $\left.\frac{\mathrm{d}^2y}{\mathrm{d}x^2}\right|_{x=0}$.

解　（1）$y'=f'\left(\frac{1}{x}\right)\cdot\left(-\frac{1}{x^2}\right)$，

$$\frac{\mathrm{d}^2y}{\mathrm{d}x^2}=y''=f''\left(\frac{1}{x}\right)\cdot\left(-\frac{1}{x^2}\right)\cdot\left(-\frac{1}{x^2}\right)+f'\left(\frac{1}{x}\right)\cdot\frac{2}{x^3}=\frac{1}{x^4}f''\left(\frac{1}{x}\right)+\frac{2}{x^3}f'\left(\frac{1}{x}\right).$$

（2）$\ln(x+y)=\mathrm{e}^{xy}$ 等式两边同时对 x 求导，得 $\frac{1}{x+y}\cdot(1+y')=\mathrm{e}^{xy}(y+xy')$.　　（＊）

将 $x=0$ 代入 $\ln(x+y)=\mathrm{e}^{xy}$ 得 $y=\mathrm{e}$，

将 $x=0$，$y=\mathrm{e}$ 代入（＊）式得 $y'\big|_{x=0}=\mathrm{e}^2-1$.

（3）$y=x^x$ 等式两边同时取对数得 $\ln y=x\ln x$，

再将式子两边同时对 x 求导得 $\frac{1}{y}\cdot y'=\ln x+1$，

$y' = y(\ln x + 1) = x^x(\ln x + 1)$,

所以 $dy = y'dx = x^x(\ln x + 1)dx$.

(4) $\dfrac{dy}{dx} = \dfrac{dy/dt}{dx/dt} = \dfrac{t + \dfrac{1}{t}}{1 + \dfrac{1}{t^2}} = \dfrac{\dfrac{t^2+1}{t}}{\dfrac{t^2+1}{t^2}} = t$,

$$\frac{d^2y}{dx^2} = \frac{dy'/dt}{dx/dt} = \frac{1}{1 + \dfrac{1}{t^2}} = \frac{t^2}{t^2+1}.$$

(5) $e^y + y = t^2$ 等式两边对 t 求导得 $e^y \cdot y'_t + y'_t = 2t$, 整理得 $y'_t = \dfrac{2t}{1+e^y}$,

即 $\dfrac{dy}{dt} = \dfrac{2t}{1+e^y}$.

$$\frac{dy}{dx} = \frac{\dfrac{dy}{dt}}{\dfrac{dx}{dt}} = \frac{\dfrac{2t}{1+e^y}}{2t+1} = \frac{2t}{(2t+1)(1+e^y)}.$$

(6) 用逐阶递推法. $f(x) = \dfrac{1}{2}\left(x + \dfrac{1}{2}\right)^{-1}$,

$$f'(x) = \frac{1}{2} \cdot (-1)\left(x + \frac{1}{2}\right)^{-2},$$

$$f''(x) = \frac{1}{2} \cdot (-1) \cdot (-2)\left(x + \frac{1}{2}\right)^{-3},$$

$$f'''(x) = \frac{1}{2} \cdot (-1) \cdot (-2) \cdot (-3)\left(x + \frac{1}{2}\right)^{-4},$$

$$\vdots$$

$$f^{(n)}(x) = \frac{1}{2} \cdot (-1) \cdot (-2) \cdot (-3) \cdots (-n)\left(x + \frac{1}{2}\right)^{-(n+1)}$$

$$= \frac{1}{2}(-1)^n n!\left(x + \frac{1}{2}\right)^{-(n+1)}.$$

(7) 因为 $(x^5)^{(2\,021)} = 0$, $(e^{3x})^{(2\,021)} = 3^{2\,021}e^{3x}$, $\sin x^{(n)} = \sin\left(x + n \cdot \dfrac{\pi}{2}\right)$,

$(3\sin x)^{(2\,021)} = 3\sin\left(x + 2\,021 \cdot \dfrac{\pi}{2}\right) = 3\cos x$,

所以 $y^{(2\,021)} = 3^{2\,021}e^{3x} + 3\cos x$, $y^{(2\,021)}(0) = 3^{2\,021} + 3$.

(8) $y=\ln(x+1)$, $y'=\dfrac{1}{x+1}=(x+1)^{-1}$,

$y''=-1(x+1)^{-2}$,

$y'''=-1\cdot(-2)(x+1)^{-3}$,

$y^{(4)}=-1\cdot(-2)\cdot(-3)(x+1)^{-4}$,

$\vdots$

$y^{(n)}=-1\cdot(-2)\cdot(-3)\cdots(-n+1)(x+1)^{-n}$

$=(-1)^{n-1}(n-1)!\ (x+1)^{-n}$,

$y^{(n)}(0)=(-1)^{n-1}(n-1)!\ =2018!$，所以 $n=2019$.

(9) $e^{x+y}-xy=1$ 等式两边同时对 x 求导得 $e^{x+y}(1+y')-y-xy'=0$, ①

再将①式两边同时对 x 求导得 $e^{x+y}(1+y')^2+e^{x+y}\cdot y''-y'-y'-xy''=0$. ②

将 $x=0$ 代入原式 $e^{x+y}-xy=1$ 得 $y=0$.

将 $x=0$, $y=0$ 代入①式得 $y'(0)=-1$.

将 $x=0$, $y=0$, $y'(0)=-1$ 代入②式得 $y''(0)=-2$，即 $\left.\dfrac{d^2y}{dx^2}\right|_{x=0}=-2$.

考点三　导数的应用

导数的几何应用主要为：三点两性一线.“三点”指：极值点、最值点、拐点；“两性”指：单调性、凹凸性；“一线”指渐近线. 这部分内容知识点多，且联系紧密，常综合在一起出题.

除以上考点外，还有求曲线的切线、法线方程，常出现在填空题中.

思路点拨

1. 函数的切线、法线方程

(1) 若 $(x_0, f(x_0))$ 为切点且已知，则有

切线方程：$y-f(x_0)=f'(x_0)(x-x_0)$；法线方程：$y-f(x_0)=-\dfrac{1}{f'(x_0)}(x-x_0)$.

(2) 若切点未知，过已知点 (a, b) 作曲线 $y=f(x)$ 的切线，则可设切点为 $(x_0, f(x_0))$，切线方程为：$y-f(x_0)=f'(x_0)(x-x_0)$，将已知点 (a, b) 代入切线方程，求出 x_0，再得切线方程.

例 1　(1) 设 $y=6x+k$ 是曲线 $y=3x^2-6x+13$ 的一条切线，则 $k=$ ________.

(2) 若 $y=ax^2$ 与曲线 $y=\ln x$ 相切，则常数 $a=$ ________.

(3) 设函数 $y=f(x)$ 由方程 $e^{2x+y}-\cos xy=e-1$ 所确定，则曲线 $y=f(x)$ 在点 $(0, 1)$ 处的法线方程为________.

解　(1) 设切点为 (x_0, y_0)，则 $\begin{cases} y_0=6x_0+k, \\ y_0=3x_0^2-6x_0+13, \\ 6=6x_0-6, \end{cases}$ 解得 $\begin{cases} x_0=2, \\ y_0=13, \\ k=1, \end{cases}$ 即 $k=1$.

（2）设切点为 (x_0, y_0)，则 $\begin{cases} y_0 = ax_0^2, \\ y_0 = \ln x_0, \\ 2ax_0 = \dfrac{1}{x_0}, \end{cases}$ 解得 $\begin{cases} x_0 = \sqrt{e}, \\ y_0 = \dfrac{1}{2}, \\ a = \dfrac{1}{2e}, \end{cases}$ 即 $a = \dfrac{1}{2e}$.

（3）方程 $e^{2x+y} - \cos xy = e - 1$ 两边同时对 x 求导，得

$$e^{2x+y}(2 + y') + \sin xy \cdot (y + xy') = 0,$$

将 $x = 0$，$y = 1$ 代入上式得 $y' = -2$.

法线方程为 $y - 1 = \dfrac{1}{2}x$，即 $x - 2y + 2 = 0$.

思路点拨

2. 渐近线

（1）若 $\lim\limits_{x\to\infty} f(x) = a$ 或 $\lim\limits_{x\to-\infty} f(x) = a$ 或 $\lim\limits_{x\to+\infty} f(x) = a$，则 $y = a$ 为曲线 $y = f(x)$ 的水平渐近线；

（2）若 $\lim\limits_{x\to x_0} f(x) = \infty$ 或 $\lim\limits_{x\to x_0^-} f(x) = \infty$ 或 $\lim\limits_{x\to x_0^+} f(x) = \infty$，则 $x = x_0$ 为曲线 $y = f(x)$ 的垂直渐近线.

例 2　（1）函数 $y = \dfrac{e^x}{e^x - 1}$ 的渐近线共有（　　）.

A. 1 条　　B. 2 条　　C. 3 条　　D. 4 条

（2）函数 $y = x\left(\dfrac{\pi}{2} - \arctan x\right)$ 的水平渐近线为________.

（3）求曲线 $y = \dfrac{1}{x} + \ln(1 + e^x)$ 的渐近线.

解　（1）本题选 C.

函数间断点为 $x = 0$，$\lim\limits_{x\to0} \dfrac{e^x}{e^x - 1} = \infty$，垂直渐近线为 $x = 0$.

$\lim\limits_{x\to-\infty} \dfrac{e^x}{e^x - 1} = 0$，$\lim\limits_{x\to+\infty} \dfrac{e^x}{e^x - 1} = \lim\limits_{x\to+\infty} \dfrac{e^x}{e^x} = 1$，水平渐近线有 2 条，即 $y = 0$ 和 $y = 1$.

综上，渐近线共 3 条.

（2）$\lim\limits_{x\to-\infty} x\left(\dfrac{\pi}{2} - \arctan x\right) = -\infty$，

$$\lim_{x\to+\infty} x\left(\frac{\pi}{2} - \arctan x\right) = \lim_{x\to+\infty} \frac{\frac{\pi}{2} - \arctan x}{\frac{1}{x}} \overset{\frac{0}{0}}{=} \lim_{x\to+\infty} \frac{-\frac{1}{1+x^2}}{-\frac{1}{x^2}} = 1,$$

所以水平渐近线为 $y = 1$.

(3) $\lim\limits_{x\to 0}\left[\dfrac{1}{x} + \ln(1 + e^x)\right] = \lim\limits_{x\to 0}\dfrac{1}{x} + \ln 2 = \infty$，$x = 0$ 为垂直渐近线，

$\lim\limits_{x\to -\infty}\left[\dfrac{1}{x} + \ln(1 + e^x)\right] = 0$，$y = 0$ 为水平渐近线，

$\lim\limits_{x\to +\infty}\left[\dfrac{1}{x} + \ln(1 + e^x)\right] = \infty$.

思路点拨

3. 单调性与极值、凹凸性与拐点

(1) 函数单调性主要和一阶导数的正负相关，如果在某区间内 $f'(x) > 0$，那么函数 $y = f(x)$ 在该区间上单调增加；如果在某区间内 $f'(x) < 0$，那么函数 $y = f(x)$ 在该区间上单调减少. 函数的极值点可能为驻点和不可导点，这两类点统称为可疑点. 判断可疑点是否为极值点的关键在于一阶导数在可疑点左、右邻域内是否变号，变号则为极值点，否则不是极值点.

(2) 函数的凹凸性和二阶导数的符号有关，若函数在某区间内 $f''(x) > 0$，则 $f(x)$ 在该区间上的图形是凹的；若在某区间内 $f''(x) < 0$，则 $f(x)$ 在该区间上的图形是凸的. 判断拐点的主要依据是看可疑点左、右两侧二阶导数是否变号，变号则为拐点，否则不是拐点.

例 3　(1) $f(x) = 2x^{\frac{5}{3}} - 5x^{\frac{2}{3}}$，则函数 $f(x)$ (　　).

A. 只有一个极大值　　　　B. 只有一个极小值

C. 既有极大值又有极小值　　D. 没有极值

(2) 设 $x = 2$ 是函数 $y = \ln(3 + ax) + x$ 的可导极值点，则 $a =$ ________.

(3) 若点 $(1, -2)$ 是曲线 $y = ax^3 - bx^2$ 的拐点，则 $a =$ ________，$b =$ ________.

(4) 试问 a 为何值时，函数 $f(x) = a\sin x + \dfrac{1}{3}\sin 3x$ 在 $x = \dfrac{\pi}{3}$ 处取得极值？并求此极值.

(5) 已知 $y = \dfrac{x^3}{(x - 1)^2}$，求函数的凹凸区间及拐点.

(6) 求 $y = x + \sqrt{1 - x}$ 在区间 $[-5, 1]$ 上的最值.

解　(1) 本题选 C.

$f(x)$ 的定义域为 $(-\infty, +\infty)$，

$$f'(x) = \frac{10}{3}x^{\frac{2}{3}} - \frac{10}{3}x^{-\frac{1}{3}} = \frac{10}{3}x^{-\frac{1}{3}}(x - 1) = \frac{10(x - 1)}{3\sqrt[3]{x}}.$$

令 $f'(x) = 0$，得 $x = 1$，$f'(x)$ 不存在的点为 $x = 0$. 列表如下：

x	$(-\infty, 0)$	0	$(0, 1)$	1	$(1, +\infty)$
$f'(x)$	+	不存在	−	0	+
$f(x)$	↗	极大值	↘	极小值	↗

由此可知 $f(x)$ 既有极大值又有极小值.

(2) $y=\ln(3+ax)+x$, $y'=\dfrac{a}{3+ax}+1$.

由题得 $y'(2)=0$, 即 $\dfrac{a}{3+2a}+1=0$, 所以 $a=-1$.

(3) 由题得 $y(1)=-2$, $y''(1)=0$, 即 $\begin{cases}a-b=-2,\\6a-2b=0,\end{cases}$ 解得 $a=1$, $b=3$.

(4) $f(x)=a\sin x+\dfrac{1}{3}\sin 3x$, $f'(x)=a\cos x+\cos 3x$.

令 $f'\left(\dfrac{\pi}{3}\right)=0$, 即 $\dfrac{a}{2}-1=0$, 得 $a=2$.

当 $a=2$ 时, $f''(x)=-2\sin x-3\sin 3x$,

$f''\left(\dfrac{\pi}{3}\right)=-\sqrt{3}<0$, 所以 $f(x)$ 在 $x=\dfrac{\pi}{3}$ 处取得极大值 $f\left(\dfrac{\pi}{3}\right)=\sqrt{3}$.

(5) $y=\dfrac{x^3}{(x-1)^2}$, $x\in(-\infty,1)\cup(1,+\infty)$,

$$y'=\frac{3x^2(x-1)^2-x^3\cdot 2(x-1)}{(x-1)^4}=\frac{3x^2(x-1)-2x^3}{(x-1)^3}=\frac{x^3-3x^2}{(x-1)^3},$$

$$y''=\frac{(3x^2-6x)(x-1)^3-(x^3-3x^2)\cdot 3(x-1)^2}{(x-1)^6}=\frac{(3x^2-6x)(x-1)-3(x^3-3x^2)}{(x-1)^4}$$

$$=\frac{6x}{(x-1)^4}.$$

令 $y''=0$, 得 $x=0$. 列表如下:

x	$(-\infty, 0)$	0	$(0, 1)$	$(1, +\infty)$
$f''(x)$	−	0	+	+
$f(x)$	凸	拐点	凹	凹

所以拐点为 $(0, 0)$, 凹区间为 $(0, 1)$, $(1, +\infty)$, 凸区间为 $(-\infty, 0)$.

(6) $y=x+\sqrt{1-x}$, $x\in[-5, 1]$,

$$y'=1+\frac{-1}{2\sqrt{1-x}}=\frac{2\sqrt{1-x}-1}{2\sqrt{1-x}}.$$

令 $y'=0$, 得 $x=\dfrac{3}{4}$. y' 不存在的点为 $x=1$, 列表如下:

x	-5	$\left(-5,\frac{3}{4}\right)$	$\frac{3}{4}$	$\left(\frac{3}{4},1\right)$	1
$f'(x)$		$+$	0	$-$	
$f(x)$	$-5+\sqrt{6}$	↗	$\frac{5}{4}$	↘	1

综上，$y=x+\sqrt{1-x}$ 在区间 $[-5,1]$ 上的最大值为 $f\left(\frac{3}{4}\right)=\frac{5}{4}$，最小值为 $f(-5)=-5+\sqrt{6}$.

考点四　不等式证明

思路点拨

证明不等式的步骤：

① 构造辅助函数 $f(x)$. 若左、右两边表达式含大于0的分母，则可乘到另一边，这样可简化步骤②的求导过程.

② 求 $f'(x)$，判断定义域内 $f'(x)$ 的正负 $\begin{cases}\text{若可以确定，利用 } f(x) \text{ 的单调性完成证明，}\\ \text{若不能判断，求 } f''(x).\end{cases}$

由 $f''(x)$ 的正负判断 $f'(x)$ 的单调性，从而由 $f'(x)>0$ 或 $f'(x)<0$ 得到 $f(x)$ 的单调性，完成证明.

例1　(1) 当 $1<x<2$ 时，证明：$4x\ln x>x^2+2x-3$.

(2)（2019年）证明：当 $0<x<2$ 时，$e^x<\frac{2+x}{2-x}$.

(3) 证明：当 $0<x<\frac{\pi}{2}$ 时，有 $\sin x+\tan x>2x$.

(4) 证明：当 $|x|\leqslant 2$ 时，$|3x-x^3|\leqslant 2$.

(5) 证明：$1+x\ln\left(x+\sqrt{1+x^2}\right)\geqslant\sqrt{1+x^2}$，$x\in\mathbf{R}$.

解　(1) 令 $f(x)=4x\ln x-x^2-2x+3$，$x\in(1,2)$，

$f'(x)=4\ln x+4-2x-2=4\ln x-2x+2$，

$f''(x)=\frac{4}{x}-2$.

当 $x\in(1,2)$ 时，$f''(x)>0$，即 $f'(x)$ 单调递增，

从而有 $f'(x)>f'(1)=0$.

所以 $f(x)$ 单调递增，即 $f(x)>f(1)=0$，

所以 $4x\ln x>x^2+2x-3$，$x\in(1,2)$.

(2) 当 $0<x<2$ 时，$e^x<\frac{2+x}{2-x}$，即 $e^x(2-x)<2+x$.

令 $f(x)=e^x(2-x)-2-x$，$x\in(0,2)$，

$f'(x)=\mathrm{e}^x(2-x)-\mathrm{e}^x-1$,

$f''(x)=\mathrm{e}^x(2-x)-\mathrm{e}^x-\mathrm{e}^x=-x\mathrm{e}^x$.

当 $x\in(0,2)$ 时, $f''(x)<0$, 即 $f'(x)$ 单调递减,

从而有 $f'(x)<f'(0)=0$.

所以 $f(x)$ 单调递减,即 $f(x)<f(0)=0$,

因此 $\mathrm{e}^x(2-x)<2+x$, 即 $\mathrm{e}^x<\dfrac{2+x}{2-x}$, $x\in(0,2)$.

(3) 令 $f(x)=\sin x+\tan x-2x$, $x\in\left(0,\dfrac{\pi}{2}\right)$,

$f'(x)=\cos x+\sec^2x-2$,

$f''(x)=-\sin x+2\sec^2x\tan x=\sin x(-1+2\sec^3x)$.

当 $x\in\left(0,\dfrac{\pi}{2}\right)$ 时, $2\sec^3x-1>0$, 即 $f''(x)>0$, 即 $f'(x)$ 单调递增,

从而有 $f'(x)>f'(0)=0$, 所以 $f(x)$ 单调递增,

所以 $f(x)>f(0)=0$, 即 $\sin x+\tan x>2x$, $x\in\left(0,\dfrac{\pi}{2}\right)$.

(4) 当 $|x|\leqslant 2$ 时, $|3x-x^3|\leqslant 2$, 即当 $-2\leqslant x\leqslant 2$ 时, $-2\leqslant 3x-x^3\leqslant 2$.

令 $f(x)=3x-x^3$, $x\in[-2,2]$, $f'(x)=3-3x^2$.

令 $f'(x)=0$,得 $x=\pm 1$.

列表如下:

x	-2	$(-2,-1)$	-1	$(-1,1)$	1	$(1,2)$	2
$f'(x)$		$-$	0	$+$	0	$-$	
$f(x)$	2	↘	极小值	↗	极大值	↘	-2

$f(-2)=2$, $f(-1)=-2$, $f(1)=2$, $f(2)=-2$.

综上, $f(x)$ 的最大值为 2,最小值为 -2, 所以当 $|x|\leqslant 2$ 时, $|3x-x^3|\leqslant 2$.

(5) 令 $f(x)=1+x\ln\left(x+\sqrt{1+x^2}\right)-\sqrt{1+x^2}$, $x\in(-\infty,+\infty)$,

$$f'(x)=\ln\left(x+\sqrt{1+x^2}\right)+x\cdot\frac{1+\dfrac{x}{\sqrt{1+x^2}}}{x+\sqrt{1+x^2}}-\frac{x}{\sqrt{1+x^2}}=\ln\left(x+\sqrt{1+x^2}\right),$$

$f'(0)=0$,

$f''(x)=\dfrac{1}{\sqrt{1+x^2}}>0$, 即 $f'(x)$ 单调递增.

又因为 $f'(0)=0$, $f''(0)=1>0$, 所以 $x=0$ 为极小值点,极小值为 $f(0)=0$.

由单峰原理得 $f(0)$ 为最小值,

所以 $f(x)\geqslant f(0)$, 即 $1+x\ln\left(x+\sqrt{1+x^2}\right)\geqslant\sqrt{1+x^2}$.

第三章　一元函数积分学

知识框架

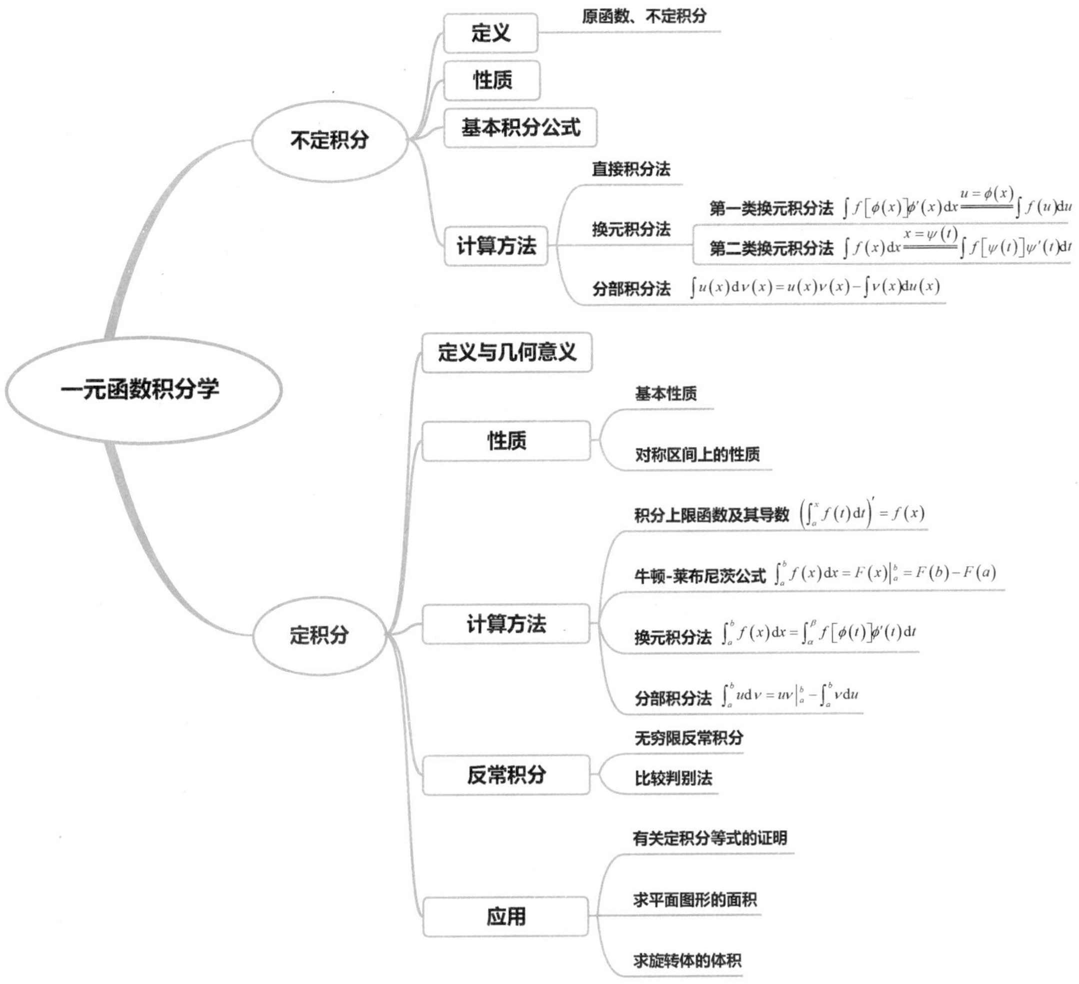

考情综述

一、考查内容及要求

考查内容		考查要求
1. 不定积分	(1) 原函数和不定积分的概念; (2) 不定积分的基本性质; (3) 基本积分公式; (4) 不定积分的换元积分法与分部积分法	(1) 理解原函数的概念;理解不定积分的概念; (2) 熟练掌握不定积分的基本公式;掌握不定积分的性质; (3) 熟练掌握不定积分的换元积分法与分部积分法,会用三角代换、根式代换求不定积分;会求简单有理函数与简单无理函数的积分
2. 定积分	(1) 定积分的概念和性质; (2) 定积分的几何意义; (3) 变上限定积分所确定的函数及其导数; (4) 牛顿-莱布尼茨公式; (5) 定积分的换元积分法与分部积分法; (6) 简单有理函数与简单无理函数的积分; (7) 无穷限反常积分	(1) 理解定积分的概念; (2) 理解定积分的几何意义; (3) 掌握定积分的性质; (4) 熟练掌握定积分的换元积分法与分部积分法,会用三角代换、根式代换求定积分; (5) 理解变上限定积分所确定的函数,熟练掌握它的求导方法;熟练掌握牛顿-莱布尼茨公式; (6) 了解反常积分及其敛散性的概念,会计算无穷限反常积分
3. 定积分的应用	(1) 定积分的微元法; (2) 定积分的几何应用	理解定积分的微元法,熟练掌握用定积分表达、计算平面图形的面积与旋转体的体积的方法

二、考查重难点

内容		重要性
1. 重点	(1) 原函数和不定积分的概念	☆☆☆
	(2) 不定积分与定积分的换元积分法和分部积分法	☆☆☆☆☆
	(3) 无穷限反常积分	☆☆☆☆
	(4) 变上限定积分所确定的函数及其导数	☆☆☆☆
	(5) 定积分的应用	☆☆☆☆☆
2. 难点	(1) 原函数和不定积分的概念	☆☆☆☆
	(2) 不定积分与定积分的换元积分法和分部积分法	☆☆☆☆☆
	(3) 定积分的应用	☆☆☆☆☆

三、近五年真题分析

年份	考点内容	占比
2024 年	原函数和不定积分的概念、不定积分与定积分的换元积分法和分部积分法、无穷限反常积分、定积分的应用	21.3%
2023 年	原函数和不定积分的概念、变上限定积分所确定的函数及其导数、不定积分与定积分的换元积分法和分部积分法、简单有理函数与简单无理函数的积分、无穷限反常积分、定积分的几何应用	19.3%
2022 年	原函数和不定积分的概念、不定积分与定积分的换元积分法与分部积分法、无穷限反常积分、定积分的应用	22.6%

（续表）

年份	考点内容	占比
2021 年	不定积分与定积分的换元积分法和分部积分法、变上限定积分所确定的函数及其导数、无穷限反常积分、定积分的应用	22.6%
2020 年	原函数和不定积分的概念、不定积分与定积分的换元积分法和分部积分法、无穷限反常积分、变上限定积分所确定的函数及其导数、定积分的应用	25.3%
总结：本章在历年专转本考试中，是比较重要的考查内容，基本上属于较易题和中等难度题，约占 25%．一般以选择题、填空题和计算题的形式出现，当然，证明题、综合题中也常常用到本章的相关知识点与方法，其中定积分的应用基本每年必考		

基础精讲

第一节　不定积分

一、不定积分的概念与性质

1. 原函数的概念

定义 1　设 $f(x)$ 是定义在区间 I 上的函数，如果存在可导函数 $F(x)$，使得

$$F'(x)=f(x) \text{ 或 } \mathrm{d}F(x)=f(x)\mathrm{d}x,\ x\in I,$$

则称函数 $F(x)$ 为 $f(x)$ 在区间 I 上的一个**原函数**.

例如，在 $(-\infty,+\infty)$ 内，由于 $(x^2)'=2x$ 或 $\mathrm{d}(x^2)=2x\mathrm{d}x$，所以，函数 x^2 是函数 $2x$ 的一个原函数. 同理，x^2+1，$x^2-\frac{1}{2}$，x^2+C（C 为任意常数）都是 $2x$ 的原函数.

2. 原函数的性质

(1)（**原函数存在定理**）如果函数 $f(x)$ 在某区间内连续，那么函数 $f(x)$ 在该区间内的原函数一定存在，即连续函数一定有原函数. 所以初等函数在定义区间上有原函数.

(2) 若 $F(x)$ 与 $G(x)$ 都是 $f(x)$ 的原函数，则 $F(x)-G(x)=C$，即 $f(x)$ 的任意两个原函数一定相差一个常数.

(3) 设函数 $F(x)$ 是 $f(x)$ 在区间 I 上的一个原函数，那么 $F(x)+C$（其中 C 是任意常数）也是 $f(x)$ 在该区间上的原函数，而且包含了 $f(x)$ 的所有原函数（称为**原函数族**）.

【例 1】　$\frac{1}{2}\sin^2 x$，$-\frac{1}{2}\cos^2 x$ 是同一函数的原函数吗？

名师指点

判断在同一个区间上的两个函数 $F(x)$ 和 $G(x)$ 是同一个函数的原函数的方法有：①作差 $F(x)-G(x)$，结果为一常数；②各自求导，结果满足 $F'(x)=G'(x)$.

【精析】 ▶ **方法一** 因为在某个区间内同一个函数的原函数之间相差一个常数，且有 $\frac{1}{2}\sin^2 x = \frac{1}{2}(1-\cos^2 x) = -\frac{1}{2}\cos^2 x + \frac{1}{2}$，所以 $\frac{1}{2}\sin^2 x$，$-\frac{1}{2}\cos^2 x$ 是同一个函数 $\sin x\cos x$ 的原函数.

▶ **方法二** 我们也可以通过求导来判断，$\left(\frac{1}{2}\sin^2 x\right)' = \frac{1}{2}\cdot 2\sin x\cdot\cos x = \sin x\cos x$，$\left(-\frac{1}{2}\cos^2 x\right)' = -\frac{1}{2}\cdot 2\cos x\cdot(-\sin x) = \sin x\cos x$，所以它们是同一个函数 $\sin x\cos x$ 的原函数.

3. 不定积分的定义

定义 2 设 $F(x)$ 是函数 $f(x)$ 的一个原函数，则 $f(x)$ 的全体原函数称为 $f(x)$ 的不定积分，记作

$$\int f(x)\,dx,\text{ 即 }\int f(x)\,dx = F(x) + C.$$

上式中的 $\int$ 称为**积分号**，$f(x)$ 称为**被积函数**，$f(x)\,dx$ 称为**被积表达式**，x 称为**积分变量**，C 称为**积分常数**.

提示

由定义知，函数 $f(x)$ 的不定积分就是函数 $f(x)$ 的全体原函数. 求不定积分 $\int f(x)\,dx$ 时，结果切记要"$+C$"；否则，求出的只是 $f(x)$ 的一个原函数，而不是其不定积分.

【例 2】 求函数 $f(x)=\cos x$ 的不定积分.

【精析】 求不定积分的关键是找到被积函数的原函数，即哪个函数的导数是被积函数.

$\because$ $(\sin x)' = \cos x$（或 $d\sin x = \cos x\,dx$），$\therefore$ $\sin x$ 是 $\cos x$ 的一个原函数，

$\therefore$ $\int f(x)\,dx = \int\cos x\,dx = \sin x + C$.

4. 不定积分的几何意义

由于函数 $f(x)$ 的不定积分中含有任意常数 C，因此，对于每一个给定的 C，都有一个确定的原函数，在几何上，相应的就有一条确定的曲线，这条曲线称为 $f(x)$ 的**积分曲线**. 因为 C 可以取任意值，所以，不定积分表示 $f(x)$ 的**一积分曲线族**，而 $f(x)$ 正是积分曲线在 x 点的**斜率**. 积分曲线族中的每一条曲线在同一横坐标 $x=x_0$ 点处的切线有相同的**斜率** $f(x_0)$.

给定一个初始条件，就可以确定一个 C 的值，因而就确定了一个原函数. 例如，如果给定的初始条件为 $x=x_0$，$y=y_0$，则由 $y_0=F(x_0)+C$，得到常数 $C=y_0-F(x_0)$，于是就确定了一条积分曲线.

【例 3】 设曲线 $y=f(x)$ 过点 $(-1,2)$，并且曲线上任意一点 (x,y) 处切线的斜率等于该点横坐标的两倍，求此曲线的方程.

【精析】 由题设条件知，曲线在任意一点 (x,y) 处的切线斜率为 $\frac{dy}{dx}=2x$，所以 $f(x)$ 是 $2x$ 的一个原函数.

——→根据题设列方程

因为 $(x^2)'=2x$，所以 $\int 2x\mathrm{d}x=x^2+C$，故 $f(x)=x^2+C$.　　——→求出 $2x$ 的不定积分

又曲线 $y=f(x)$ 过点 $(-1,2)$，所以 $2=(-1)^2+C$，即 $C=1$，于是所求曲线方程为 $y=x^2+1$.

——→由曲线过一定点求出 C 的值，确定所求曲线方程

5. 不定积分的性质

根据不定积分的定义，可直接得到不定积分的下列性质：

性质 1　不定积分与求导数（或微分）互为逆运算，即

（1）$\left[\int f(x)\mathrm{d}x\right]'=f(x)$ 或 $\mathrm{d}\left[\int f(x)\mathrm{d}x\right]=f(x)\mathrm{d}x$；

（2）$\int f'(x)\mathrm{d}x=f(x)+C$ 或 $\int \mathrm{d}f(x)=f(x)+C$.

性质 2　被积表达式中的非零常数因子，可以移到积分号前，即

$$\int kf(x)\mathrm{d}x=k\int f(x)\mathrm{d}x\ (k\neq 0，\text{且为常数}).$$

性质 3　两个函数代数和的不定积分，等于两个函数积分的代数和，即

$$\int [f(x)\pm g(x)]\mathrm{d}x=\int f(x)\mathrm{d}x\pm\int g(x)\mathrm{d}x.$$

提示

（1）由性质 1 知微分运算（记号为 d）与积分运算（记号为 $\int$）是互逆的. 注意：先积分后求导，相互抵消（不积不导），先求导后积分，加上常数 C.

（2）性质 2 中，当 $k=0$ 时，$\int kf(x)\mathrm{d}x=\int 0\cdot f(x)\mathrm{d}x=C$，$k\int f(x)\mathrm{d}x=0$，此时

$$\int kf(x)\mathrm{d}x\neq k\int f(x)\mathrm{d}x.$$

（3）性质 3 对有限多个函数也是成立的，即

$$\int [f_1(x)\pm f_2(x)\pm f_3(x)\pm\cdots\pm f_n(x)]\mathrm{d}x=\int f_1(x)\mathrm{d}x\pm\int f_2(x)\mathrm{d}x\pm\int f_3(x)\mathrm{d}x\pm\cdots\pm\int f_n(x)\mathrm{d}x.$$

【例 4】　写出下列各式的结果：

（1）$\left[\int \mathrm{e}^x\cos(\ln x)\mathrm{d}x\right]'$；　　（2）$\int\left(\sqrt{x^2+a^2}\right)'\mathrm{d}x$.

【精析】　（1）$\left[\int \mathrm{e}^x\cos(\ln x)\mathrm{d}x\right]'=\mathrm{e}^x\cos(\ln x)$；　　（2）$\int\left(\sqrt{x^2+a^2}\right)'\mathrm{d}x=\sqrt{x^2+a^2}+C$.

【例 5】　设 $f(x)$ 的导函数为 $\cos x$，且 $f(0)=0$，则 $\int f(x)\mathrm{d}x=$__________.

【精析】　由题意得 $f'(x)=\cos x\Rightarrow f(x)=\int f'(x)\mathrm{d}x=\int\cos x\mathrm{d}x=\sin x+C$，将 $f(0)=0$ 代入得 $C=0$，所以 $f(x)=\sin x\Rightarrow\int f(x)\mathrm{d}x=\int\sin x\mathrm{d}x=-\cos x+C$.

【例 6】 若 $\int f(x)\mathrm{d}x = x\mathrm{e}^{-2x} + C$，则 $f(x)$ 等于__________，其中 C 为常数.

【精析】 $f(x) = \left(\int f(x)\mathrm{d}x\right)' = \mathrm{e}^{-2x} + x\mathrm{e}^{-2x}(-2) = \mathrm{e}^{-2x}(1-2x)$.

【例 7】 设 $F(x) = \ln(3x+1)$ 是 $f(x)$ 的一个原函数，则 $\int f'(2x+1)\mathrm{d}x =$ __________.

【精析】 $f(x) = F'(x) = [\ln(3x+1)]' = \dfrac{3}{3x+1}$，

$$\int f'(2x+1)\mathrm{d}x = \frac{1}{2}\int f'(2x+1)\mathrm{d}(2x+1) = \frac{1}{2}f(2x+1) + C = \frac{1}{2}\cdot\frac{3}{3(2x+1)+1} + C$$

$$= \frac{3}{12x+8} + C.$$

二、基本积分表

由积分与微分的定义可知，积分运算是微分运算的逆运算，那么自然地可以从导数公式得到相应的积分公式，我们把一些基本的积分公式列成一个表，这个表通常叫作**基本积分表**.

(1) $\int k\mathrm{d}x = kx + C$，$k$ 是常数；

(2) $\int x^{\mu}\mathrm{d}x = \dfrac{x^{\mu+1}}{\mu+1} + C$，$\mu \neq -1$；

(3) $\int \dfrac{\mathrm{d}x}{x} = \ln|x| + C$；

(4) $\int a^{x}\mathrm{d}x = \dfrac{a^{x}}{\ln a} + C$，$a > 0$ 且 $a \neq 1$；

(5) $\int \mathrm{e}^{x}\mathrm{d}x = \mathrm{e}^{x} + C$；

(6) $\int \sin x\mathrm{d}x = -\cos x + C$；

(7) $\int \cos x\mathrm{d}x = \sin x + C$；

(8) $\int \tan x\mathrm{d}x = -\ln|\cos x| + C$；

(9) $\int \cot x\mathrm{d}x = \ln|\sin x| + C$；

(10) $\int \dfrac{\mathrm{d}x}{\cos^{2}x} = \int \sec^{2}x\mathrm{d}x = \tan x + C$；

(11) $\int \dfrac{\mathrm{d}x}{\sin^{2}x} = \int \csc^{2}x\mathrm{d}x = -\cot x + C$；

(12) $\int \sec x\mathrm{d}x = \ln|\sec x + \tan x| + C$；

(13) $\int \csc x\mathrm{d}x = \ln|\csc x - \cot x| + C$；

(14) $\int \dfrac{\mathrm{d}x}{\sqrt{a^{2}-x^{2}}} = \arcsin\dfrac{x}{a} + C$；

(15) $\int \dfrac{\mathrm{d}x}{\sqrt{1-x^{2}}} = \arcsin x + C$；

(16) $\int \dfrac{\mathrm{d}x}{a^{2}+x^{2}} = \dfrac{1}{a}\arctan\dfrac{x}{a} + C$；

(17) $\int \dfrac{\mathrm{d}x}{1+x^{2}} = \arctan x + C$；

(18) $\int \dfrac{\mathrm{d}x}{x^{2}-a^{2}} = \dfrac{1}{2a}\ln\left|\dfrac{x-a}{x+a}\right| + C$；

(19) $\int \dfrac{\mathrm{d}x}{\sqrt{x^{2}+a^{2}}} = \ln\left(x + \sqrt{x^{2}+a^{2}}\right) + C$；

(20) $\int \dfrac{\mathrm{d}x}{\sqrt{x^{2}-a^{2}}} = \ln\left|x + \sqrt{x^{2}-a^{2}}\right| + C$；

(21) $\int \sec x\tan x\mathrm{d}x = \sec x + C$；

(22) $\int \csc x\cot x\mathrm{d}x = -\csc x + C$.

三、直接积分法

利用不定积分的运算性质和基本积分公式,直接求出不定积分的方法叫作**直接积分法**.

名师指点

用直接积分法求不定积分,关键是将被积函数借助代数或三角公式做恒等变形,使之变成能套用基本积分公式的形式.

【例 8】 求下列不定积分:

(1) $\int\left(x^2+\frac{2}{x}-\frac{3}{x^2}\right)\mathrm{d}x$; (2) $\int x(1+2x)^2\mathrm{d}x$.

【精析】 利用积分公式,直接积分.

(1) $\int\left(x^2+\frac{2}{x}-\frac{3}{x^2}\right)\mathrm{d}x=\int x^2\mathrm{d}x+2\int\frac{1}{x}\mathrm{d}x-3\int x^{-2}\mathrm{d}x=\frac{1}{3}x^3+2\ln|x|-3\times\frac{1}{-2+1}x^{-2+1}+C$

$$=\frac{1}{3}x^3+2\ln|x|+\frac{3}{x}+C.$$

(2) $\int x(1+2x)^2\mathrm{d}x=\int(4x^3+4x^2+x)\mathrm{d}x=x^4+\frac{4}{3}x^3+\frac{x^2}{2}+C.$

【例 9】 求下列不定积分:

(1) $\int(\sqrt[3]{x}-1)^2\mathrm{d}x$; (2) $\int\left(x\sqrt{x\sqrt{x}}-\sqrt[3]{x^2}+4\frac{x}{\sqrt{x}}\right)\mathrm{d}x$.

【精析】 先将被积函数中根式指数化,然后利用幂函数积分公式进行积分.

(1) $\int(\sqrt[3]{x}-1)^2\mathrm{d}x=\int(\sqrt[3]{x^2}-2\sqrt[3]{x}+1)\mathrm{d}x=\int x^{\frac{2}{3}}\mathrm{d}x-2\int x^{\frac{1}{3}}\mathrm{d}x+\int\mathrm{d}x=\frac{3}{5}x^{\frac{5}{3}}-\frac{3}{2}x^{\frac{4}{3}}+x+C.$

(2) $\int\left(x\sqrt{x\sqrt{x}}-\sqrt[3]{x^2}+4\frac{x}{\sqrt{x}}\right)\mathrm{d}x=\int(x^{\frac{7}{4}}-x^{\frac{2}{3}}+4x^{\frac{1}{2}})\mathrm{d}x=\int x^{\frac{7}{4}}\mathrm{d}x-\int x^{\frac{2}{3}}\mathrm{d}x+\int 4x^{\frac{1}{2}}\mathrm{d}x$

$$=\frac{4}{11}x^{\frac{11}{4}}-\frac{3}{5}x^{\frac{5}{3}}+4\times\frac{2}{3}x^{\frac{3}{2}}+C=\frac{4}{11}x^{\frac{11}{4}}-\frac{3}{5}x^{\frac{5}{3}}+\frac{8}{3}x^{\frac{3}{2}}+C.$$

【例 10】 求下列不定积分:

(1) $\int\frac{1-x^2}{1+x^2}\mathrm{d}x$; (2) $\int\frac{x^4}{x^2+1}\mathrm{d}x$.

【精析】 根据分式的分母特点,对分子配项后再对分式拆分,然后进行分项积分.

(1) $\int\frac{1-x^2}{1+x^2}\mathrm{d}x=\int\frac{2-(1+x^2)}{1+x^2}\mathrm{d}x=2\int\frac{\mathrm{d}x}{1+x^2}-\int\mathrm{d}x=2\arctan x-x+C.$

(2) $\int\frac{x^4}{x^2+1}\mathrm{d}x=\int\frac{x^4-1+1}{x^2+1}\mathrm{d}x=\int\frac{(x^2+1)(x^2-1)+1}{x^2+1}\mathrm{d}x$

$$=\int(x^2-1)\mathrm{d}x+\int\frac{1}{1+x^2}\mathrm{d}x=\frac{1}{3}x^3-x+\arctan x+C.$$

【例 11】 求下列不定积分:

(1) $\int\cos^2\frac{x}{2}\mathrm{d}x$; (2) $\int\frac{1}{\sin^2x\cos^2x}\mathrm{d}x$.

【精析】 利用三角恒等式进行变形,然后积分.

(1) $\int\cos^2\frac{x}{2}\mathrm{d}x=\int\frac{1+\cos x}{2}\mathrm{d}x=\frac{1}{2}\left(\int\mathrm{d}x+\int\cos x\mathrm{d}x\right)=\frac{1}{2}(x+\sin x)+C.$

(2) $\int\frac{1}{\sin^2x\cos^2x}\mathrm{d}x=\int\frac{\sin^2x+\cos^2x}{\sin^2x\cos^2x}\mathrm{d}x=\int\frac{1}{\cos^2x}\mathrm{d}x+\int\frac{1}{\sin^2x}\mathrm{d}x=\tan x-\cot x+C.$

提示

(1) 在对各项积分进行积分运算后,每一项的不定积分都含有一个积分常数,但几个积分常数的代数和仍是常数,所以最后只要写一个积分常数即可.

(2) 检验积分计算是否正确,只需对积分结果求导,看它是否等于被积函数,若相等,积分结果正确,否则结果错误.

四、不定积分的换元积分法

1. 第一类换元积分法(凑微分法)

设$f(u)$具有原函数$F(u)$,即$F'(u)=f(u)$,$\int f(u)\mathrm{d}u=F(u)+C$. 如果$u=\varphi(x)$,且$\varphi(x)$可微,那么,根据复合函数微分法,有$\mathrm{d}F[\varphi(x)]=f[\varphi(x)]\varphi'(x)\mathrm{d}x$,从而根据不定积分的定义可得

$$\int f[\varphi(x)]\varphi'(x)\mathrm{d}x=F[\varphi(x)]+C=\left[\int f(u)\mathrm{d}u\right]_{u=\varphi(x)}.$$

于是有下述定理:

★**定理 1** 设$f(u)$具有原函数$F(u)$,$u=\varphi(x)$可导,则对于任意积分$\int g(x)\mathrm{d}x$,如果$g(x)\mathrm{d}x=f[\varphi(x)]\varphi'(x)\mathrm{d}x$,则有

$$\int g(x)\mathrm{d}x\xlongequal{\text{变形}}\int f[\varphi(x)]\varphi'(x)\mathrm{d}x\xlongequal{\text{凑微分}}\int f[\varphi(x)]\mathrm{d}\varphi(x)\xlongequal[\text{令 }\varphi(x)=u]{\text{换元}}\int f(u)\mathrm{d}u\xlongequal{\text{积分}}F(u)+C\xlongequal[u=\varphi(x)]{\text{回代}}F[\varphi(x)]+C$$

用**定理 1**求不定积分的方法称为**第一类换元法**. 应用第一类换元法的关键是将被积表达式$g(x)\mathrm{d}x$“凑成”$f[\varphi(x)]\mathrm{d}\varphi(x)$的形式,因而这种积分法也称为“**凑微分法**”.

提示

(1) 第一类换元积分法是与微分学中的复合函数的求导法则(或微分形式不变性)相对应的积分方法.

(2) 当被积函数是两函数乘积,且其中一个能写成另一个的导数或另一个的一部分的导数时,可考虑凑微分法.

凑微分法运用时的难点在于哪一部分凑成$\mathrm{d}\varphi(x)$,如果记熟下列一些常见凑法,在利用凑微分法计算一些不定积分时,会大有帮助(以下a,b为常数,且$a\neq0$).

(1) $dx=\frac{1}{a}d(ax+b)$；　(2) $xdx=\frac{1}{2}d(x^2)$；

(3) $\frac{dx}{\sqrt{x}}=2d(\sqrt{x})$；　(4) $\frac{1}{x}dx=\frac{1}{a}d(a\ln|x|+b)$；

(5) $\frac{1}{x^2}dx=-d\left(\frac{1}{x}\right)$；　(6) $e^{ax}dx=\frac{1}{a}d(e^{ax})$；

(7) $e^xdx=d(e^x)$；　(8) $\cos xdx=d(\sin x)$；

(9) $\sin xdx=-d(\cos x)$；　(10) $\sec^2xdx=d(\tan x)$；

(11) $\csc^2xdx=-d(\cot x)$；　(12) $\sec x\tan xdx=d(\sec x)$；

(13) $\csc x\cot xdx=-d(\csc x)$；　(14) $\frac{dx}{\sqrt{1-x^2}}=d(\arcsin x)$；

(15) $\frac{dx}{1+x^2}=d(\arctan x)$；　(16) $f'(x)dx=df(x)$；

(17) $f''(x)dx=df'(x)$.

【例 12】 求下列不定积分：

(1) $\int 2x\sin x^2dx$；　(2) $\int x^2(x^3+1)^{10}dx$.

【精析】

(1) $\int 2x\sin x^2dx=\int\sin x^2d(x^2)\xlongequal{令u=x^2}\int\sin udu=-\cos u+C\xlongequal{回代}-\cos x^2+C$.

(2) $\int x^2(x^3+1)^{10}dx=\frac{1}{3}\int(x^3+1)^{10}d(x^3+1)$

$\xlongequal{令u=x^3+1}\frac{1}{3}\int u^{10}du=\frac{1}{3}\cdot\frac{1}{11}u^{11}+C\xlongequal{u回代}\frac{1}{33}(x^3+1)^{11}+C$.

提示

在熟练掌握第一类换元法后，我们可以省去中间的换元过程，在凑微分结束后直接利用基本积分公式计算.

【例 13】 求下列不定积分：

(1) $\int\sin x\cos^6xdx$；　(2) $\int\frac{(2-\arctan x)^2}{1+x^2}dx$.

【精析】

(1) $\int\sin x\cos^6xdx=-\int\cos^6xd(\cos x)=-\int u^6du=-\frac{1}{7}u^7+C=-\frac{1}{7}\cos^7x+C$.

(2) $\int\frac{(2-\arctan x)^2}{1+x^2}dx=\int(2-\arctan x)^2\cdot\frac{1}{1+x^2}dx=\int(2-\arctan x)^2d(\arctan x)$

$=-\int(2-\arctan x)^2d(2-\arctan x)=-\frac{1}{3}(2-\arctan x)^3+C$.

【例 14】 求下列不定积分：

(1) $\int \tan x\mathrm{d}x$；　　(2) $\int \cot x\mathrm{d}x$；

(3) $\int \frac{\mathrm{d}x}{\sqrt{a^2-x^2}}(a>0)$；　　(4) $\int \frac{\mathrm{d}x}{a^2+x^2}(a\neq 0)$；

(5) $\int \frac{1}{a^2-x^2}\mathrm{d}x(a\neq 0)$；　　(6) $\int \sec x\mathrm{d}x$；

(7) $\int \csc x\mathrm{d}x$.

【精析】 (1) $\int \tan x\mathrm{d}x=\int \frac{\sin x}{\cos x}\mathrm{d}x=-\int \frac{\mathrm{d}(\cos x)}{\cos x}=-\ln|\cos x|+C.$

(2) $\int \cot x\mathrm{d}x=\int \frac{\cos x}{\sin x}\mathrm{d}x=\int \frac{\mathrm{d}(\sin x)}{\sin x}=\ln|\sin x|+C.$

(3) $\int \frac{\mathrm{d}x}{\sqrt{a^2-x^2}}=\int \frac{\mathrm{d}x}{a\sqrt{1-\left(\frac{x}{a}\right)^2}}=\int \frac{1}{\sqrt{1-\left(\frac{x}{a}\right)^2}}\mathrm{d}\left(\frac{x}{a}\right)=\arcsin \frac{x}{a}+C.$

(4) $\int \frac{\mathrm{d}x}{a^2+x^2}=\int \frac{\mathrm{d}x}{a^2\left(1+\frac{x^2}{a^2}\right)}=\frac{1}{a}\int \frac{1}{1+\left(\frac{x}{a}\right)^2}\mathrm{d}\left(\frac{x}{a}\right)=\frac{1}{a}\arctan \frac{x}{a}+C.$

(5) 因为 $\frac{1}{a^2-x^2}=\frac{1}{2a}\cdot \frac{(a-x)+(a+x)}{(a-x)(a+x)}=\frac{1}{2a}\left(\frac{1}{a+x}+\frac{1}{a-x}\right)$，所以

$$\int \frac{1}{a^2-x^2}\mathrm{d}x=\int \frac{1}{2a}\left(\frac{1}{a+x}+\frac{1}{a-x}\right)\mathrm{d}x=\frac{1}{2a}\left[\int \frac{1}{a+x}\mathrm{d}(a+x)-\int \frac{1}{a-x}\mathrm{d}(a-x)\right]$$

$$=\frac{1}{2a}(\ln|a+x|-\ln|a-x|)+C=\frac{1}{2a}\ln\left|\frac{a+x}{a-x}\right|+C.$$

(6) $\int \sec x\mathrm{d}x=\int \frac{\sec x(\sec x+\tan x)}{\sec x+\tan x}\mathrm{d}x=\int \frac{\sec^2 x+\sec x\tan x}{\sec x+\tan x}\mathrm{d}x$

$$=\int \frac{1}{\sec x+\tan x}\mathrm{d}(\sec x+\tan x)=\ln|\sec x+\tan x|+C.$$

(7) $\int \csc x\mathrm{d}x=\int \frac{\csc x(\cot x-\csc x)}{\cot x-\csc x}\mathrm{d}x=\int \frac{\csc x\cot x-\csc^2 x}{\cot x-\csc x}\mathrm{d}x$

$$=\int \frac{1}{\cot x-\csc x}\mathrm{d}(\cot x-\csc x)=\ln|\cot x-\csc x|+C.$$

提示

本题中的所有积分结果可以作为结论直接使用.

【例 15】 求下列不定积分：

(1) $\int \frac{1}{x^2-2x+3}\mathrm{d}x$；　　(2) $\int \frac{13+x}{\sqrt{4-x^2}}\mathrm{d}x.$

【精析】 (1) $\int \frac{1}{x^2-2x+3}\mathrm{d}x=\int \frac{1}{(x-1)^2+2}\mathrm{d}x=\frac{1}{\sqrt{2}}\arctan \frac{x-1}{\sqrt{2}}+C.$

(2) $\int \frac{13+x}{\sqrt{4-x^2}}dx = 13\int \frac{dx}{\sqrt{4-x^2}} + \int \frac{x}{\sqrt{4-x^2}}dx = 13\arcsin\frac{x}{2} - \frac{1}{2}\int \frac{d(4-x^2)}{\sqrt{4-x^2}}$

$$= 13\arcsin\frac{x}{2} - \sqrt{4-x^2} + C.$$

【例 16】　求下列不定积分：

(1) $\int \frac{\tan(\sqrt{x}+1)}{\sqrt{x}}dx$；　　(2) $\int \frac{\sec^2\left(3-\frac{1}{x}\right)}{x^2}dx$.

【精析】

(1) $\int \frac{\tan(\sqrt{x}+1)}{\sqrt{x}}dx = 2\int \tan(\sqrt{x}+1)d(\sqrt{x}+1) = -2\ln|\cos(\sqrt{x}+1)| + C$.

(2) $\int \frac{\sec^2\left(3-\frac{1}{x}\right)}{x^2}dx = \int \sec^2\left(3-\frac{1}{x}\right)d\left(3-\frac{1}{x}\right) = \tan\left(3-\frac{1}{x}\right) + C$.

名师指点

被积函数中含有 $\frac{1}{\sqrt{x}}$ 或 $\frac{1}{x}$，可考虑 $\frac{1}{\sqrt{x}}dx = 2d\sqrt{x}$，$\frac{1}{x^2}dx = d\left(-\frac{1}{x}\right)$.

【例 17】　求下列不定积分：

(1) $\int \sin^2 x dx$；　　(2) $\int \cos^3 x dx$；　　(3) $\int \sin^3 x\cos^2 x dx$.

【精析】　(1) $\int \sin^2 x dx = \frac{1}{2}\int (1-\cos 2x)dx = \frac{1}{2}\left[\int dx - \frac{1}{2}\int \cos 2x d(2x)\right]$

$$= \frac{1}{2}\left(x - \frac{1}{2}\sin 2x\right) + C = \frac{1}{2}x - \frac{1}{4}\sin 2x + C.$$

(2) $\int \cos^3 x dx = \int \cos^2 x \cdot \cos x dx = \int \cos^2 x d(\sin x)$

$$= \int (1-\sin^2 x)d(\sin x) = \sin x - \frac{1}{3}\sin^3 x + C.$$

(3) $\int \sin^3 x\cos^2 x dx = -\int \sin^2 x \cdot \cos^2 x d(\cos x) = -\int (1-\cos^2 x)\cos^2 x d(\cos x)$

$$= \int (\cos^4 x - \cos^2 x)d(\cos x) = \frac{\cos^5 x}{5} - \frac{\cos^3 x}{3} + C.$$

名师指点

形如 $\int \sin^m x\cos^n x dx$ (m, n 为非负整数)的不定积分：

(1) 当 m, n 中至少有一个是奇数时，将奇数次幂拆出一次方凑微分，从而化为三角函数的多项式的积分.

(2) 当 m, n 均为偶数时，常用三角变换公式进行“降次倍角”处理，然后再积分.

【例 18】 求下列不定积分:

(1) $\int \frac{x\arcsin x^2}{\sqrt{1-x^4}}dx$; (2) $\int \tan^4 x dx$;

(3) $\int \frac{dx}{x\ln x(\ln\ln x+3)}$; (4) $\int \frac{x^2}{\sqrt[3]{(x^3-5)^2}}dx$;

(5) $\int \frac{e^{\frac{3}{x}+2}}{x^2}dx$; (6) $\int \tan^3 x\sec x dx$.

【精析】

(1) 原式 $=\frac{1}{2}\int \frac{\arcsin x^2}{\sqrt{1-x^4}}d(x^2)=\frac{1}{2}\int \arcsin x^2 d(\arcsin x^2)=\frac{1}{4}(\arcsin x^2)^2+C$.

(2) 原式 $=\int \tan^2 x(\sec^2 x-1)dx=\int \tan^2 x d(\tan x)-\int \tan^2 x dx$

$=\frac{1}{3}\tan^3 x-\int(\sec^2 x-1)dx=\frac{1}{3}\tan^3 x-\tan x+x+C$.

(3) 原式 $=\int \frac{d(\ln x)}{\ln x(\ln\ln x+3)}=\int \frac{d(\ln\ln x+3)}{\ln\ln x+3}=\ln|\ln\ln x+3|+C$.

(4) 原式 $=\frac{1}{3}\int (x^3-5)^{-\frac{2}{3}}d(x^3-5)=(x^3-5)^{\frac{1}{3}}+C$.

(5) 原式 $=-\frac{1}{3}\int e^{\frac{3}{x}+2}d\left(\frac{3}{x}+2\right)=-\frac{1}{3}e^{\frac{3}{x}+2}+C$.

(6) 原式 $=\int \tan^2 x\tan x\sec x dx=\int(\sec^2 x-1)d(\sec x)=\frac{1}{3}\sec^3 x-\sec x+C$.

2. 第二类换元积分法

第一类换元法是通过变量代换 $u=\varphi(x)$ 将积分 $\int f[\varphi(x)]\varphi'(x)dx$ 化为易求的积分 $\int f(u)du$. 但对有些被积函数需要做相反方式的换元,即令 $x=\psi(u)$, u 作为新的积分变量,将不定积分 $\int f(x)dx$ 化为易求的不定积分 $\int f[\psi(u)]\psi'(u)du$, 这种方法称为**第二类换元法**.

定理 2 函数 $x=\psi(u)$ 有连续的导数且 $\psi'(u)\neq 0$, 又 $f[\psi(u)]\psi'(u)$ 有原函数,则

$$\int f(x)dx \xlongequal{换元 x=\psi(u)} \int f[\psi(u)]\psi'(u)du \xlongequal{积分} F(u)+C \xlongequal{回代 u=\psi^{-1}(x)} F[\psi^{-1}(x)]+C$$

其中 $\psi^{-1}(x)$ 是 $x=\psi(u)$ 的反函数.

提示

(1) 第二类换元积分法常用于消去根号,使被积函数化为有理式或直接化到积分公式.

(2) 使用第二类换元积分法的关键是恰当地选择变换函数 $x=\psi(u)$.

常见的代换有两种:根式代换和三角代换.

名师指点

(1) 根式代换.

当被积函数含有根式 $\sqrt[n]{ax+b}$（n 为正整数，a，b 为常数，且 $a\neq 0$）时，可令 $\sqrt[n]{ax+b}=u$，即做变量代换 $x=\dfrac{1}{a}(u^n-b)$.

【例 19】 求 $\displaystyle\int\frac{1}{1+\sqrt{x}}\mathrm{d}x$.

【精析】 令 $\sqrt{x}=u$，即做变量代换 $x=u^2(u\geqslant 0)$，可将被积函数中的根式化去，且 $\mathrm{d}x=2u\mathrm{d}u$，于是所求积分为

$$\int\frac{1}{1+\sqrt{x}}\mathrm{d}x=\int\frac{2u}{1+u}\mathrm{d}u=2\int\frac{(u+1)-1}{1+u}\mathrm{d}u=2\left(\int\mathrm{d}u-\int\frac{1}{1+u}\mathrm{d}u\right)=2[u-\ln(1+u)]+C$$

$$\xlongequal{\text{回代}}2\sqrt{x}-2\ln(1+\sqrt{x})+C.$$

【例 20】 求 $\displaystyle\int\frac{\mathrm{d}x}{\sqrt{x}(1+\sqrt[3]{x})}$.

【精析】 令 $x=t^6$，则 $\mathrm{d}x=6t^5\mathrm{d}t$. 所以

$$\text{原式}=\int\frac{6t^5\mathrm{d}t}{t^3(1+t^2)}=6\int\left(1-\frac{1}{1+t^2}\right)\mathrm{d}t$$

$$=6t-6\arctan t+C$$

$$=6\sqrt[6]{x}-6\arctan\sqrt[6]{x}+C.$$

敲黑板

当被积函数含有两种或两种以上根式 $\sqrt[k]{x}$，…，$\sqrt[l]{x}$ 时，可令 $x=u^n$，其中 n 为各根式指数 k，…，l 的最小公倍数.

【例 21】 求下列不定积分：

(1) $\displaystyle\int\frac{\sqrt{x}}{1+\sqrt{x}}\mathrm{d}x$；

(2) $\displaystyle\int\frac{\sqrt{x-1}}{x}\mathrm{d}x$；

(3) $\displaystyle\int\frac{x+1}{x\sqrt{x-4}}\mathrm{d}x$；

(4) $\displaystyle\int\frac{1}{\sqrt{\mathrm{e}^x+1}}\mathrm{d}x$.

【精析】

(1) 令 $\sqrt{x}=t$，则 $x=t^2$，$\mathrm{d}x=2t\mathrm{d}t$，于是

$$\int\frac{\sqrt{x}}{1+\sqrt{x}}\mathrm{d}x=\int\frac{t}{1+t}2t\mathrm{d}t=2\int\frac{t^2}{1+t}\mathrm{d}t=2\int\frac{(t^2-1)+1}{1+t}\mathrm{d}t=2\int\left(t-1+\frac{1}{1+t}\right)\mathrm{d}t$$

$$=t^2-2t+2\ln|1+t|+C=x-2\sqrt{x}+2\ln(1+\sqrt{x})+C.$$

(2) 令 $\sqrt{x-1}=t$，则 $x=t^2+1$，$\mathrm{d}x=2t\mathrm{d}t$，于是

$$\int\frac{\sqrt{x-1}}{x}\mathrm{d}x=\int\frac{2t^2}{t^2+1}\mathrm{d}t=2\int\frac{t^2+1-1}{t^2+1}\mathrm{d}t=2\int\left(1-\frac{1}{t^2+1}\right)\mathrm{d}t$$

$$=2(t-\arctan t)+C=2(\sqrt{x-1}-\arctan\sqrt{x-1})+C.$$

(3) 令 $\sqrt{x-4}=u$，则 $x=u^2+4(u>0)$，$\mathrm{d}x=2u\mathrm{d}u$，于是

$$\int\frac{x+1}{x\sqrt{x-4}}\mathrm{d}x=\int\frac{u^2+4+1}{(u^2+4)u}\cdot 2u\mathrm{d}u=2\int\left(1+\frac{1}{u^2+4}\right)\mathrm{d}u=2\int\mathrm{d}u+\int\frac{1}{1+\left(\frac{u}{2}\right)^2}\mathrm{d}\left(\frac{u}{2}\right)$$

$$=2u+\arctan\frac{u}{2}+C=2\sqrt{x-4}+\arctan\frac{\sqrt{x-4}}{2}+C.$$

(4) 令 $\sqrt{\mathrm{e}^x+1}=t$，则 $x=\ln(t^2-1)$，$\mathrm{d}x=\frac{2t\mathrm{d}t}{t^2-1}$，于是

$$\text{原式}=\int\frac{1}{t}\cdot\frac{2t}{t^2-1}\mathrm{d}t=\int\left(\frac{1}{t-1}-\frac{1}{t+1}\right)\mathrm{d}t=\ln\left|\frac{t-1}{t+1}\right|+C=\ln\left|\frac{\sqrt{\mathrm{e}^x+1}-1}{\sqrt{\mathrm{e}^x+1}+1}\right|+C.$$

名师指点

(2) 三角代换.

一般地，如果被积函数含有 $\sqrt{a^2-x^2}$ 或 $\sqrt{x^2\pm a^2}(a>0)$ 时，可做如下代换：

① 含有 $\sqrt{a^2-x^2}$ 时，令 $x=a\sin t$ 或 $x=a\cos t$；

② 含有 $\sqrt{x^2+a^2}$ 时，令 $x=a\tan t$；

③ 含有 $\sqrt{x^2-a^2}$ 时，令 $x=a\sec t$.

三角代换中 t 理解为锐角.

代换原理：$\sqrt{a^2-a^2\sin^2t}=\sqrt{a^2\cos^2t}=a\cos t$；

$\sqrt{a^2+a^2\tan^2t}=\sqrt{a^2\sec^2t}=a\sec t$；

$\sqrt{a^2\sec^2t-a^2}=\sqrt{a^2\tan^2t}=a\tan t$.

提示

三角代换法是利用 $\sin^2t+\cos^2t=1$，$1+\tan^2t=\sec^2t$，$1+\cot^2t=\csc^2t$ 等三角平方关系，变根式积分为三角有理式积分.

【例 22】 求下列不定积分：

(1) $\int\frac{1}{(1+x^2)^{\frac{3}{2}}}\mathrm{d}x$；　　(2) $\int\frac{x^3}{\sqrt{x^2-4}}\mathrm{d}x$；

(3) $\int\frac{1}{x^4\sqrt{1+x^2}}\mathrm{d}x$；　　(4) $\int\frac{\sqrt{9-x^2}}{x}\mathrm{d}x$.

【精析】

(1) 如右图，令 $x=\tan t$，

$$\text{原式}=\int\frac{1}{\sec^3t}\sec^2t\mathrm{d}t=\int\cos t\mathrm{d}t=\sin t+C$$

$$=\frac{x}{\sqrt{1+x^2}}+C.$$

(2) 如右图,令 $x = 2\sec t$,

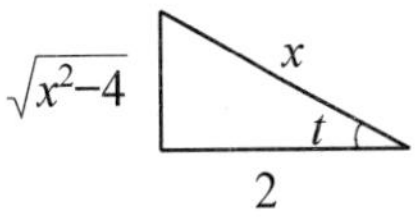

$$原式 = \int \frac{8\sec^3 t}{2\tan t} 2\tan t\sec t\mathrm{d}t = 8\int \sec^4 t\mathrm{d}t$$

$$= 8\int (1 + \tan^2 t)\mathrm{d}\tan t = 8\tan t + \frac{8}{3}\tan^3 t + C$$

$$= 4\sqrt{x^2 - 4} + \frac{1}{3}(x^2 - 4)\sqrt{x^2 - 4} + C.$$

(3) 如右图,令 $x = \tan t$,

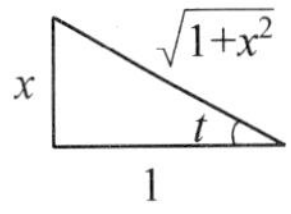

$$原式 = \int \frac{\sec^2 t}{\tan^4 t \cdot \sec t}\mathrm{d}t = \int \frac{\cos^3 t}{\sin^4 t}\mathrm{d}t = \int \frac{1 - \sin^2 t}{\sin^4 t}\mathrm{d}(\sin t)$$

$$= -\frac{1}{3}\csc^3 t + \csc t + C$$

$$= -\frac{1}{3x^3}(1 + x^2)\sqrt{1 + x^2} + \frac{\sqrt{1 + x^2}}{x} + C.$$

(4) 如右图,令 $x = 3\sin t$,

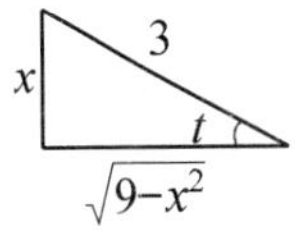

$$原式 = \int \frac{3\cos t}{3\sin t} 3\cos t\mathrm{d}t = 3\int \frac{1 - \sin^2 t}{\sin t}\mathrm{d}t = 3\int \frac{1}{\sin t}\mathrm{d}t - 3\int \sin t\mathrm{d}t$$

$$= 3\ln|\csc t - \cot t| + 3\cos t + C$$

$$= 3\ln\left|\frac{1 - \cos t}{\sin t}\right| + 3\cos t + C = 3\ln\left|\frac{3 - \sqrt{9 - x^2}}{x}\right| + \sqrt{9 - x^2} + C.$$

【三角代换法总结】

★ 表 3-1　三角代换法

二次根式	代换变量	变量间的关系
$\sqrt{a^2 - x^2}$	$x = a\sin t$	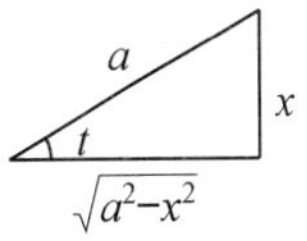
	$x = a\cos t$	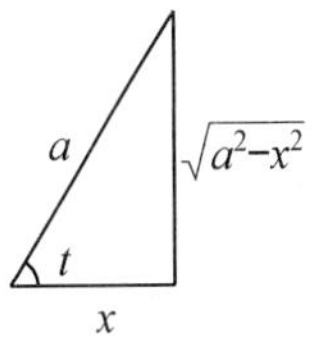
$\sqrt{a^2 + x^2}$	$x = a\tan t$	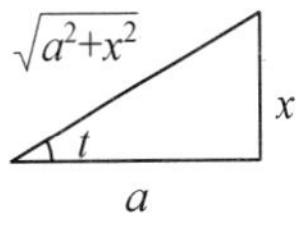
	$x = a\cot t$	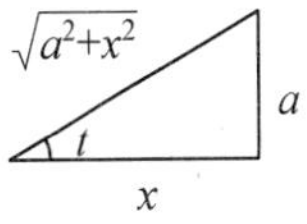

（续表）

二次根式	代换变量	变量间的关系
$\sqrt{x^2-a^2}$	$x=a\sec t$	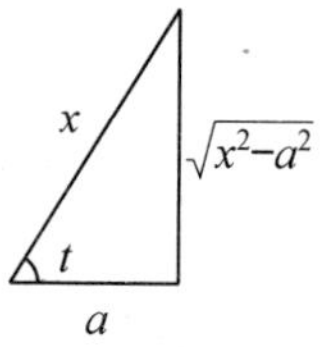
	$x=a\csc t$	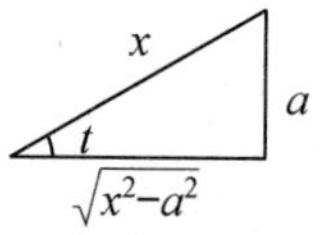

五、不定积分的分部积分法

设函数 $u=u(x)$ 及 $v=v(x)$ 具有连续导数,那么这两个函数乘积的导数公式为 $(uv)'=u'v+uv'$,移项得 $uv'=(uv)'-u'v$. 对这个等式两边求不定积分,得 $\int uv'\mathrm{d}x=uv-\int u'v\mathrm{d}x$,也可以写作

$$\int u\mathrm{d}v=uv-\int v\mathrm{d}u.$$

上述公式称为**分部积分公式**,它可以将求 $\int uv'\mathrm{d}x$ 的问题转化为求 $\int u'v\mathrm{d}x$. 当后面这个积分较容易求时,分部积分公式就起到了化难为易的作用.

提示

(1) 分部积分法实质上就是求两函数乘积的导数(或微分)的逆运算.

(2) 当被积函数为两类不同函数的积时,一般用分部积分法. 其关键是 u 与 $\mathrm{d}v$ 的合理选取. 选取的原则是:① $\int v\mathrm{d}u$ 比 $\int u\mathrm{d}v$ 容易计算;②由 $\mathrm{d}v$ 容易求出 v.

★ 常见函数的分部积分类型

被积函数的构成	u 和 v' 的选择	选择的目的	备注
幂函数与对数函数之积 $x^{\mu}\ln x$	对数函数为 u 幂函数为 v'	求导改变存在状态 易于求原函数	
幂函数与反三角函数之积 $x^n\arcsin x$、$x^n\arccos x$ $x^n\arctan x$、$x^n\operatorname{arccot} x$	反三角函数为 u 幂函数为 v'	求导改变存在状态 易于求原函数	幂函数的指数为正整数
幂函数与弦函数之积	幂函数为 u 弦函数为 v'	多次求导成为常数 易于求原函数	幂函数的指数为正整数
幂函数与指数函数之积 $x^n\mathrm{e}^{mx}$ 等	幂函数为 u 指数函数为 v'	多次求导成为常数 易于求原函数	幂函数的指数为正整数
指数函数与弦函数之积 $\mathrm{e}^{nx}\sin mx$、$\mathrm{e}^{nx}\cos mx$	弦函数为 u 指数函数为 v'	偶次求导出现相反数 易于求原函数	连续同类

【例 23】　求下列不定积分：

(1) $\int x^5 e^{x^3} dx$；　　　　(2) $\int x\sin(2x-1)dx$；

(3) $\int x^3 \ln x dx$；　　　　(4) $\int \frac{\ln^2 \sqrt{x}}{\sqrt{x}} dx$.

【精析】

(1) $\int x^5 e^{x^3} dx = \int x^3 e^{x^3} x^2 dx = \frac{1}{3}\int x^3 e^{x^3} dx^3 \xlongequal{令 x^3 = t} \frac{1}{3}\int te^t dt$.

“反对幂指三” t 为“幂”，e^t 为“指”，t 的顺序在 e^t 之前，所以选择：$u=t$，$dv = e^t dt = d(e^t)$，$v = e^t$.

原式 $= \frac{1}{3}\int x^3 de^{x^3} = \frac{1}{3}x^3 e^{x^3} - \frac{1}{3}\int e^{x^3} dx^3 = \frac{1}{3}x^3 e^{x^3} - \frac{1}{3}e^{x^3} + C$.

(2) “反对幂指三” x 为“幂”，$\sin(2x-1)$ 为“三”，x 的顺序在 $\sin(2x-1)$ 之前，所以选择：$u=x$，$dv = \sin(2x-1)dx = -\frac{1}{2}d[\cos(2x-1)]$.

原式 $= -\frac{1}{2}\int x d[\cos(2x-1)] = -\frac{1}{2}x\cos(2x-1) + \frac{1}{2}\int \cos(2x-1)dx$

$= -\frac{1}{2}x\cos(2x-1) + \frac{1}{4}\sin(2x-1) + C$.

(3) “反对幂指三” x^3 为“幂”，$\ln x$ 为“对”，$\ln x$ 的顺序在 x^3 之前，所以选择：$u=\ln x$，$dv = x^3 dx = \frac{1}{4}d(x^4)$，$v = \frac{1}{4}x^4$.

原式 $= \frac{1}{4}\int \ln x d(x^4) = \frac{1}{4}x^4 \ln x - \frac{1}{4}\int x^4 \cdot \frac{1}{x}dx = \frac{1}{4}x^4\ln x - \frac{1}{16}x^4 + C$.

(4) “反对幂指三” $\frac{1}{\sqrt{x}}$ 为“幂”，$\ln^2\sqrt{x}$ 为“对”，$\ln^2\sqrt{x}$ 的顺序在 $\frac{1}{\sqrt{x}}$ 之前，所以选择：$u = \ln^2\sqrt{x}$，$dv = \frac{1}{\sqrt{x}}dx = d(2\sqrt{x})$，$v = 2\sqrt{x}$，本题需使用两次分部积分公式.

原式 $= 2\int \ln^2\sqrt{x} d\sqrt{x} \xlongequal{\sqrt{x}=t} 2\int \ln^2 t dt = 2t\ln^2 t - 4\int \ln t dt$

$= 2t\ln^2 t - 4t\ln t + 4t + C = 2\sqrt{x}\ln^2\sqrt{x} - 4\sqrt{x}\ln\sqrt{x} + 4\sqrt{x} + C$.

【例 24】　求下列不定积分：

(1) $\int x\ln x dx$；　　　　(2) $\int e^x \sin x dx$；

(3) $\int x\arctan x dx$；　　　　(4) $\int x\sin^2 x dx$.

【精析】　(1) 被积函数是幂函数与对数函数的乘积，可用分部积分法.

$$\int x\ln x dx = \int \ln x d\left(\frac{1}{2}x^2\right) = \frac{1}{2}x^2\ln x - \int \frac{1}{2}x^2 d(\ln x)$$

$$= \frac{1}{2}x^2\ln x - \int \frac{1}{2}x^2 \cdot \frac{1}{x}dx = \frac{1}{2}x^2\ln x - \int \frac{1}{2}x dx = \frac{1}{2}x^2\ln x - \frac{1}{4}x^2 + C.$$

（2）被积函数是指数函数与三角函数的乘积，u，v 可任意选取，然后利用分部积分公式.

$$\int e^x\sin x\mathrm{d}x=\int\sin x\mathrm{d}(e^x)=e^x\sin x-\int e^x\mathrm{d}(\sin x)=e^x\sin x-\int e^x\cos x\mathrm{d}x=e^x\sin x-\int\cos x\mathrm{d}(e^x)$$

$$=e^x\sin x-\left[e^x\cos x-\int e^x\mathrm{d}(\cos x)\right]=e^x\sin x-e^x\cos x-\int e^x\sin x\mathrm{d}x,$$

移项整理，得 $\int e^x\sin x\mathrm{d}x=\frac{1}{2}e^x(\sin x-\cos x)+C.$

（3）设 $u=\arctan x$，$\mathrm{d}v=x\mathrm{d}x$，则 $\mathrm{d}u=\frac{\mathrm{d}x}{1+x^2}$，$v=\frac{x^2}{2}$.

$$\int x\arctan x\mathrm{d}x=\frac{x^2}{2}\arctan x-\frac{1}{2}\int\frac{x^2}{1+x^2}\mathrm{d}x=\frac{x^2}{2}\arctan x-\frac{1}{2}\int\frac{1+x^2-1}{1+x^2}\mathrm{d}x$$

$$=\frac{x^2}{2}\arctan x-\frac{1}{2}\int\left(1-\frac{1}{1+x^2}\right)\mathrm{d}x=\frac{x^2}{2}\arctan x-\frac{1}{2}x+\frac{1}{2}\arctan x+C.$$

（4）$\int x\sin^2x\mathrm{d}x=\int x\frac{1-\cos 2x}{2}\mathrm{d}x=\frac{1}{2}\int x\mathrm{d}x-\frac{1}{4}\int x\mathrm{d}\sin 2x$

$$=\frac{1}{4}x^2-\frac{1}{4}x\sin 2x+\frac{1}{4}\int\sin 2x\mathrm{d}x=\frac{1}{4}x^2-\frac{1}{4}x\sin 2x-\frac{1}{8}\cos 2x+C.$$

名师指点

“反、对、幂、指、三”，谁在前谁作 u，其余部分选作 $\mathrm{d}v$. “反”指反三角函数，如 $\arctan x/\arcsin x/\arccos x$；“对”指对数函数，如 $\log_a x/\ln x$；“幂”指幂函数或多项式函数，如 $x^\alpha/x^\alpha+x^\beta$；“指”指指数函数，如 a^x；“三”指三角函数，如 $\sin x/\cos x/\tan x$.

【例 25】 求不定积分 $\int\frac{x}{\sqrt{x-1}}\mathrm{d}x$.

【精析】 ▶ **方法一（凑微分法）**

$$\int\frac{x}{\sqrt{x-1}}\mathrm{d}x=\int\frac{x-1+1}{\sqrt{x-1}}\mathrm{d}x=\int\sqrt{x-1}\mathrm{d}x+\int\frac{1}{\sqrt{x-1}}\mathrm{d}x=\frac{2}{3}(x-1)^{\frac{3}{2}}+2\sqrt{x-1}+C.$$

▶ **方法二（第二类换元法）**

令 $t=\sqrt{x-1}$，即 $x=1+t^2$，则 $\mathrm{d}x=2t\mathrm{d}t$，于是

$$\int\frac{x}{\sqrt{x-1}}\mathrm{d}x=\int\frac{1+t^2}{t}\cdot 2t\mathrm{d}t=2\int(1+t^2)\mathrm{d}t=2t+\frac{2}{3}t^3+C\xlongequal{\text{回代}}\frac{2}{3}(x-1)^{\frac{3}{2}}+2\sqrt{x-1}+C.$$

▶ **方法三（分部积分法）**

$$\int\frac{x}{\sqrt{x-1}}\mathrm{d}x=\int x\mathrm{d}(2\sqrt{x-1})=2x\sqrt{x-1}-2\int\sqrt{x-1}\mathrm{d}x=2x\sqrt{x-1}-\frac{4}{3}(x-1)^{\frac{3}{2}}+C$$

$$=2(x-1)\sqrt{x-1}+2\sqrt{x-1}-\frac{4}{3}(x-1)^{\frac{3}{2}}+C$$

$$=\frac{2}{3}(x-1)^{\frac{3}{2}}+2\sqrt{x-1}+C.$$

提示

从这个例子可以看到,求不定积分有时可用多种积分方法,用不同的积分方法得到的结果可能有不同的形式.在学习中要不断积累经验,灵活选择积分方法.

第二节　定　积　分

一、定积分的概念与性质

1. 定积分的定义

定义 1　设函数 $y=f(x)$ 在区间 $[a, b]$ 上有界,在区间 $[a, b]$ 中任取分点 $a=x_0<x_1<x_2<\cdots<x_{n-1}<x_n=b$ 将区间 $[a, b]$ 分成 n 个小区间 $[x_{i-1},x_i]$,$i=1, 2, \cdots, n$, 小区间的长度为 $\Delta x_i=x_i-x_{i-1}$,在每个小区间 $[x_{i-1},x_i]$ 上任取一点 ξ_i,做乘积 $f(\xi_i)\Delta x_i$,并求和: $\sum\limits_{i=1}^{n}f(\xi_i)\Delta x_i$.

记 $\lambda=\max\limits_{1\leqslant i\leqslant n}\{\Delta x_i\}$, 如果当 $\lambda\to 0$ 时,和式 $\sum\limits_{i=1}^{n}f(\xi_i)\Delta x_i$ 的极限总存在且唯一,且与区间 $[a, b]$ 采取何种分法及 ξ_i 在小区间 $[x_{i-1}, x_i]$ 上如何选取无关,则此极限称为函数 $f(x)$ 在区间 $[a, b]$ 上的**定积分**,记作 $\int_a^b f(x)\mathrm{d}x$, 即

$$\int_a^b f(x)\mathrm{d}x=\lim_{\lambda\to 0}\sum_{i=1}^{n}f(\xi_i)\Delta x_i,$$

其中, a 叫作积分的**下限**, b 叫作积分的**上限**, $[a, b]$ 叫作**积分区间**.

如果定积分 $\int_a^b f(x)\mathrm{d}x$ 存在,则称函数 $f(x)$ 在 $[a, b]$ 上**可积**.

提示

(1) 定积分 $\int_a^b f(x)\mathrm{d}x$ 是一个和式的极限,是一个确定的数值.定积分值只与被积函数 $f(x)$ 和积分区间 $[a, b]$ 有关,而与积分变量的记号无关,即有

$$\int_a^b f(x)\mathrm{d}x=\int_a^b f(t)\mathrm{d}t=\int_a^b f(u)\mathrm{d}u.$$

(2) 在定积分的定义中,总假定 $a<b$, 为了以后计算方便,对于 $a>b$ 及 $a=b$ 的情况,给出以下补充定义:

$$\int_a^a f(x)\mathrm{d}x=0,\ \int_b^a f(x)\mathrm{d}x=-\int_a^b f(x)\mathrm{d}x(a<b).$$

2. 函数可积的条件

(1) 可积的必要条件

$f(x)$ 在 $[a, b]$ 上有界是定积分 $\int_a^b f(x)\mathrm{d}x$ 存在的必要条件,即可积函数必有界.

(2) 可积的充分条件

A. 若$f(x)$在$[a, b]$上连续,则$f(x)$在$[a, b]$上可积.

B. 若$f(x)$在$[a, b]$上有界,且只有有限个间断点,则$f(x)$在$[a, b]$上可积.

函数$f(x)$在$[a, b]$上可积的条件与$f(x)$在$[a, b]$上连续或可导的条件相比是最弱的条件,即$f(x)$在$[a, b]$上有以下关系:

$$\text{可导} \Rightarrow \text{连续} \Rightarrow \text{可积}.$$

重点识记

反之都不一定成立.

3. 定积分的几何意义

设$f(x)$是$[a, b]$上的连续函数,由曲线$y = f(x)$及直线$x = a$, $x = b$, $y = 0$所围成的曲边梯形的面积记为A,则定积分的定义有如下几何意义:

(1) 当$f(x) \geqslant 0$时,$\int_a^b f(x)\mathrm{d}x = A$;

(2) 当$f(x) \leqslant 0$时,$\int_a^b f(x)\mathrm{d}x = -A$;

(3) 如果$f(x)$在$[a, b]$上有时取正值,有时取负值,那么以$[a, b]$为底边,以曲线$y = f(x)$为曲边的曲边梯形可分成几个部分,使得每一部分都位于x轴的上方或下方.这时定积分在几何上表示上述这些部分曲边梯形面积的代数和,如图3-1所示,有

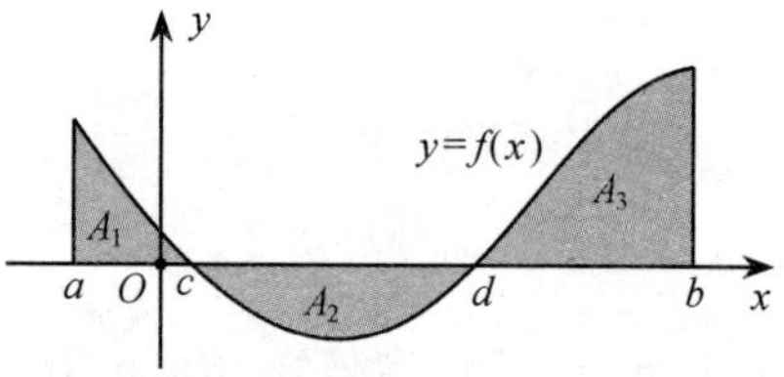

图 3-1

$$\int_a^b f(x)\mathrm{d}x = A_1 - A_2 + A_3.$$

其中A_1, A_2, A_3分别是图中三部分曲边梯形的面积,它们都是正数.

提示

由定积分的几何意义得,$\int_0^a \sqrt{a^2 - x^2}\mathrm{d}x (a > 0)$表示以原点为圆心,以$a$为半径的圆面积的四分之一,即$\int_0^a \sqrt{a^2 - x^2}\mathrm{d}x = \frac{1}{4}\pi a^2$.

【例1】 利用定积分的几何意义求$\int_0^1 (1 - x)\mathrm{d}x$.

【精析】 函数$y = 1 - x$在区间$[0, 1]$上的定积分是以$y = 1 - x$为曲边,以区间$[0,1]$为底的曲边梯形的面积.

因为以$y = 1 - x$为曲边,以区间$[0, 1]$为底的曲边梯形是一直角三角形,其底边长及高均为1,所以

$$\int_0^1 (1 - x)\mathrm{d}x = \frac{1}{2} \times 1 \times 1 = \frac{1}{2}.$$

4. 定积分的性质

假定函数$f(x)$, $g(x)$在所讨论的区间上都是可积的,则有:

性质1(数乘的运算性质) 被积函数中的常数因子可以提到积分号外面,即

$$\int_a^b kf(x)\mathrm{d}x = k\int_a^b f(x)\mathrm{d}x \ (k\text{ 为常数}).$$

性质 2(和、差运算性质)　两个函数的和(差)的定积分等于它们定积分的和(差),即

$$\int_a^b [f(x) \pm g(x)]\mathrm{d}x = \int_a^b f(x)\mathrm{d}x \pm \int_a^b g(x)\mathrm{d}x.$$

注:该性质可推广到有限个函数的代数和的情形.

性质 3(区间的可加性)　若将积分区间分成两部分,则在整个区间上的定积分等于这两部分区间上定积分之和,即

$$\int_a^b f(x)\mathrm{d}x = \int_a^c f(x)\mathrm{d}x + \int_c^b f(x)\mathrm{d}x (a < b, c \in \mathbf{R}).$$

注:c 的任意性意味着不论 c 是在 $[a, b]$ 之内,还是在 $[a, b]$ 之外,这一性质均成立. 即 c 既可以是 $[a, b]$ 的内分点,也可以是 $[a, b]$ 的外分点,结论总是正确的.

性质 4　如果被积函数 $f(x) = k$ (k 为常数),则

$$\int_a^b k\mathrm{d}x = k(b - a).$$

特别地,当 $k = 1$ 时,有 $\int_a^b \mathrm{d}x = b - a$.

性质 5(定积分的保号性)　如果函数 $f(x)$ 在区间 $[a, b]$ 上可积,且 $f(x) \geqslant 0$, 那么

$$\int_a^b f(x)\mathrm{d}x \geqslant 0.$$

推论(定积分的保序性)　如果函数 $f(x)$, $g(x)$ 在区间 $[a, b]$ 上可积,且 $f(x) \geqslant g(x)$, 那么

$$\int_a^b f(x)\mathrm{d}x \geqslant \int_a^b g(x)\mathrm{d}x.$$

注:该定理常用于比较定积分的大小. 由该定理可知,在积分区间相同的情况下,要比较积分值的大小,直接比较被积函数的大小即可.

性质 6(定积分估值定理)　如果函数 $f(x)$ 在区间 $[a, b]$ 上有最大值 M 和最小值 m, 则

$$m(b - a) \leqslant \int_a^b f(x)\mathrm{d}x \leqslant M(b - a).$$

性质 7(定积分中值定理)　设 $f(x)$ 在 $[a, b]$ 上连续,则至少存在一点 $\xi \in [a, b]$, 使得

$$\int_a^b f(x)\mathrm{d}x = f(\xi)(b - a),$$

称 $\frac{1}{b-a}\int_a^b f(x)\mathrm{d}x$ 为 $f(x)$ 在 $[a, b]$ 上的积分平均值.

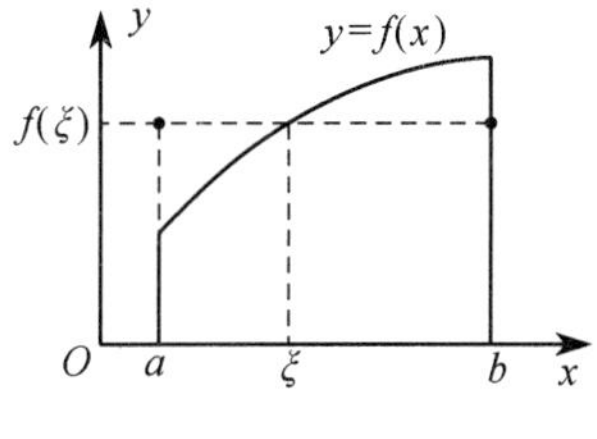

图 3-2

注解:性质 7 的几何意义是由曲线 $y = f(x)$, 直线 $x = a$, $x = b$ 和 x 轴所围成的曲边梯形的面积等于区间 $[a, b]$ 上某个矩形的面积,这个矩形的底是区间 $[a, b]$, 矩形的高为区间 $[a, b]$ 上某一点 ξ 处的函数值 $f(\xi)$, 如图 3-2 所示.

【例 2】　已知 $f(x)$ 在区间 $[0,8]$ 上可积, $\int_0^8 f(x)\mathrm{d}x = 8$, $\int_3^8 f(x)\mathrm{d}x = 6$, 则 $\int_3^0 f(x)\mathrm{d}x$ = __________.

【精析】 先将积分区间 $[0, 8]$ 拆分成两个区间 $[0, 3]$ 和 $[3, 8]$，然后利用定积分的可加性进行求解.

$$\int_3^0 f(x)\,dx = -\int_0^3 f(x)\,dx = -\left[\int_0^8 f(x)\,dx - \int_3^8 f(x)\,dx\right] = -(8-6) = -2.$$

【例 3】 比较定积分 $\int_0^1 x^2 dx$ 与 $\int_0^1 x^3 dx$ 的大小.

【精析】 因为在区间 $[0, 1]$ 上，有 $x^2 \geqslant x^3$，由定积分的保序性得 $\int_0^1 x^2 dx \geqslant \int_0^1 x^3 dx$.

【例 4】 估计 $\int_0^2 e^{x^2-x} dx$ 的积分值.

【精析】 令 $f(x) = e^{x^2-x}$，$x \in [0, 2]$，则 $f'(x) = e^{x^2-x}(2x-1)$，令 $f'(x) = 0 \Rightarrow x = \dfrac{1}{2}$.

因为 $f\left(\dfrac{1}{2}\right) = e^{-\frac{1}{4}}$，$f(0) = 1$，$f(2) = e^2$，所以 $m = e^{-\frac{1}{4}}$，$M = e^2$，

由定积分估值定理得 $2e^{-\frac{1}{4}} \leqslant \int_0^2 e^{x^2-x} dx \leqslant 2e^2$.

【例 5】 求 $\int_0^1 \sqrt{1-x^2}\,dx$ 满足定积分中值定理的 ξ.

【精析】 由定积分中值定理知 $\int_0^1 \sqrt{1-x^2}\,dx = \sqrt{1-\xi^2} \cdot 1 (0 \leqslant \xi \leqslant 1)$，由定积分的几何意义知 $\int_0^1 \sqrt{1-x^2}\,dx = \dfrac{1}{4}\pi$，所以 $\sqrt{1-\xi^2} = \dfrac{\pi}{4} \Rightarrow \xi = \dfrac{\sqrt{16-\pi^2}}{4} \in [0, 1]$.

二、定积分的计算

1. 变上限积分函数的概念与求导

设函数 $f(x)$ 在区间 $[a, b]$ 上连续，则定积分 $\int_a^b f(x)\,dx$ 存在，它是一个确定的数值，该数值仅依赖于积分上、下限及被积函数 $f(x)$. 当 $f(x)$ 及下限 a 已确定时，它就仅由上限决定. 对每一个上限 $x(x \in [a, b])$，必有唯一确定的值 $y = \int_a^x f(t)\,dt$ 与之对应，这样通过变上限的定积分定义了一个函数：

$$\Phi(x) = \int_a^x f(t)\,dt (x \in [a, b]).$$

重点识记

这个函数称为**积分上限函数**，又称为**可变上限函数**.

提示

$\int_a^b f(x)\,dx = \int_a^b f(t)\,dt$ 是一个常数，$\Phi(x) = \int_a^x f(t)\,dt$ 是关于积分上限 x 的函数.

函数 $\Phi(x)$ 的几何意义是如图 3-3 所示曲边梯形 $AaxC$ 的面积，它随 x 的变化而变化，且当 x 取定值时，面积也随之而定.

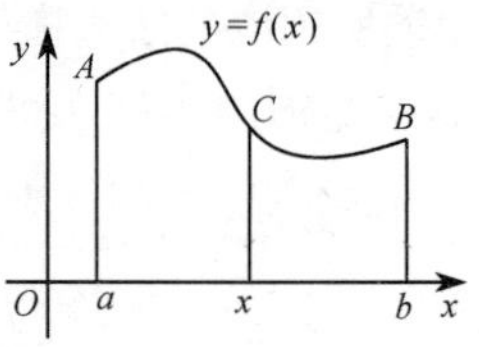

图 3-3

定理 1（**原函数存在定理**） 如果函数 $f(x)$ 在闭区间 $[a, b]$ 上连续，则积分上限函数 $\Phi(x) = \int_a^x f(t)\,dt$ 在 $[a, b]$ 上可导，且它的导数是

$$\Phi'(x)=\frac{\mathrm{d}}{\mathrm{d}x}\int_a^x f(t)\,\mathrm{d}t=f(x)\ (x\in[a,b]).$$

重点识记

定理表明：$\Phi(x)=\int_a^x f(t)\,\mathrm{d}t$ 是 $f(x)$ 的一个原函数，即连续函数一定有原函数.

此定理的意义是：建立了导数和定积分这两个从表面上看似乎不相干概念之间的内在联系. 同时揭示了"连续函数必有原函数"这一基本结论(即连续一定可积).

对于积分上限函数的求导，我们通常运用类似复合函数的求导方法. 一般地，如果 $\varphi(x)$，$\psi(x)$ 可导，则

(1) $\left[\int_a^{\varphi(x)} f(t)\,\mathrm{d}t\right]'=f[\varphi(x)]\cdot\varphi'(x)$；

(2) $\left[\int_{\psi(x)}^{b} f(t)\,\mathrm{d}t\right]'=-f[\psi(x)]\cdot\psi'(x)$；

(3) $\left[\int_{\psi(x)}^{\varphi(x)} f(t)\,\mathrm{d}t\right]'=f[\varphi(x)]\cdot\varphi'(x)-f[\psi(x)]\cdot\psi'(x)$.

【例 6】　计算 $\frac{\mathrm{d}}{\mathrm{d}x}\int_0^{x^2}\cos t\mathrm{d}t$.

【精析】　由公式(1)可得 $\frac{\mathrm{d}}{\mathrm{d}x}\int_0^{x^2}\cos t\mathrm{d}t=\cos x^2\cdot(x^2)'=2x\cos x^2$.

【例 7】　设 $F(x)=\int_0^x t\cos^2 t\mathrm{d}t$，求 $F'\left(\frac{\pi}{4}\right)$.

【精析】　$F'(x)=x\cos^2 x\Rightarrow F'\left(\frac{\pi}{4}\right)=\frac{\pi}{4}\left(\cos\frac{\pi}{4}\right)^2=\frac{\pi}{4}\left(\frac{\sqrt{2}}{2}\right)^2=\frac{\pi}{8}$.

【例 8】　已知 $x\geqslant 0$ 时 $f(x)$ 连续，且 $\int_0^{x^2} f(t)\,\mathrm{d}t=x^2(1+x)$，求 $f(2)$.

【精析】　方程两边同时对 x 求导得 $\left(\int_0^{x^2} f(t)\,\mathrm{d}t\right)'=(x^2+x^3)'$，即 $f(x^2)\cdot 2x=2x+3x^2$.

所以 $f(x^2)=1+\frac{3x}{2}$. 因此 $f(2)=f[(\sqrt{2})^2]=1+\frac{3\sqrt{2}}{2}$.

【例 9】　求未定式 $\lim\limits_{x\to 0}\frac{\int_0^{x^2}\cos t^2\mathrm{d}t}{x\sin x}$.

【精析】　这是"$\frac{0}{0}$"型未定式，使用等价无穷小替换并由洛必达法则有

$$\lim_{x\to 0}\frac{\int_0^{x^2}\cos t^2\mathrm{d}t}{x\sin x}=\lim_{x\to 0}\frac{\int_0^{x^2}\cos t^2\mathrm{d}t}{x^2}\overset{\frac{0}{0}}{=}\lim_{x\to 0}\frac{\cos x^4\cdot 2x}{2x}=\lim_{x\to 0}\cos x^4=1.$$

【例 10】　设函数 $y=y(x)$ 由方程 $\int_0^{y^2}\mathrm{e}^{t^2}\mathrm{d}t+\int_x^0\sin t\mathrm{d}t=0$ 所确定，求 $\frac{\mathrm{d}y}{\mathrm{d}x}$.

【精析】　方程两边同时对 x 求导得 $\frac{\mathrm{d}}{\mathrm{d}x}\left(\int_0^{y^2}\mathrm{e}^{t^2}\mathrm{d}t\right)+\frac{\mathrm{d}}{\mathrm{d}x}\left(\int_x^0\sin t\mathrm{d}t\right)=0$，

即 $e^{y^4}\cdot(2y)\cdot\dfrac{dy}{dx}+(-\sin x)=0$，故 $\dfrac{dy}{dx}=\dfrac{\sin x}{2ye^{y^4}}$.

【例 11】 设 $f(x)$ 在 $[a, b]$ 上连续且单调减少，试证 $F(x)=\dfrac{1}{x-a}\int_a^x f(t)\,dt$ 在 (a, b) 内也是单调减少的函数.

【证明】 因为 $F'(x)=\dfrac{f(x)(x-a)-\int_a^x f(t)\,dt}{(x-a)^2}$，$x\in(a, b)$，由定积分中值定理得

$$\int_a^x f(t)\,dt=f(\xi)(x-a),\ a\leqslant\xi\leqslant x,$$

所以 $f(x)(x-a)-\int_a^x f(t)\,dt=(x-a)[f(x)-f(\xi)]$. 又因为 $f(x)$ 在 (a, b) 内单调减少，所以当 $a\leqslant\xi\leqslant x$ 时，有 $f(x)-f(\xi)\leqslant 0$，从而有 $f(x)(x-a)-\int_a^x f(t)\,dt\leqslant 0$，即有 $F'(x)\leqslant 0$，$x\in(a, b)$. 故 $F(x)$ 在 (a, b) 内也是单调减少的函数.

【例 12】 试确定常数 a, b, c 的值，使 $\lim\limits_{x\to 0}\dfrac{ax-\sin x}{\int_b^x \ln(1+t^2)\,dt}=c(c\neq 0)$.

【精析】 当 $x\to 0$ 时，$ax-\sin x\to 0$，因为 $c\neq 0$，所以 $b=0$.

$$\lim_{x\to 0}\frac{ax-\sin x}{\int_b^x \ln(1+t^2)\,dt}=\lim_{x\to 0}\frac{a-\cos x}{\ln(1+x^2)}=\lim_{x\to 0}\frac{a-\cos x}{x^2}=c.$$

由于 $c\neq 0$，因此 $a=1$. 又由 $1-\cos x\sim\dfrac{1}{2}x^2$，得 $c=\dfrac{1}{2}$，即 $a=1$，$b=0$，$c=\dfrac{1}{2}$.

2. 牛顿-莱布尼茨公式

★**定理 2** 设 $f(x)$ 在区间 $[a, b]$ 上连续，$F(x)$ 是 $f(x)$ 的一个原函数，则 $f(x)$ 在 $[a, b]$ 上可积，且

$$\int_a^b f(x)\,dx=F(x)\Big|_a^b=F(b)-F(a).$$

重点识记

上式称为**牛顿-莱布尼茨公式**，也叫作**微积分基本公式**.

提示

这个公式的重要性在于建立了定积分和被积函数的原函数之间的关系. 要计算定积分 $\int_a^b f(x)\,dx$，关键是计算被积函数 $f(x)$ 在区间 $[a, b]$ 上的原函数，而求原函数就相当于计算不定积分，所以它把计算定积分的问题转化为求不定积分的问题，为计算定积分提供了一种简便的方法.

【例 13】 计算定积分 $\int_{-1}^{\sqrt{3}}\dfrac{1}{1+x^2}dx$.

【精析】 因为 $\arctan x$ 是 $\dfrac{1}{1+x^2}$ 的一个原函数，所以

$$\int_{-1}^{\sqrt{3}} \frac{1}{1+x^2}\mathrm{d}x = \arctan x \Big|_{-1}^{\sqrt{3}} = \arctan\sqrt{3} - \arctan(-1) = \frac{\pi}{3} + \frac{\pi}{4} = \frac{7\pi}{12}.$$

【例 14】 计算 $\int_0^{\frac{\pi}{2}} \left|\frac{1}{2} - \sin x\right| \mathrm{d}x$.

【精析】 被积函数 $f(x) = \left|\frac{1}{2} - \sin x\right|$.

当 $x \in \left[0, \frac{\pi}{6}\right]$ 时，$f(x) = \frac{1}{2} - \sin x$；当 $x \in \left[\frac{\pi}{6}, \frac{\pi}{2}\right]$ 时，$f(x) = \sin x - \frac{1}{2}$，所以

$$\begin{aligned}\int_0^{\frac{\pi}{2}} \left|\frac{1}{2} - \sin x\right| \mathrm{d}x &= \int_0^{\frac{\pi}{6}} \left(\frac{1}{2} - \sin x\right)\mathrm{d}x + \int_{\frac{\pi}{6}}^{\frac{\pi}{2}} \left(\sin x - \frac{1}{2}\right)\mathrm{d}x \\ &= \left(\frac{1}{2}x + \cos x\right)\Big|_0^{\frac{\pi}{6}} + \left(-\cos x - \frac{1}{2}x\right)\Big|_{\frac{\pi}{6}}^{\frac{\pi}{2}} \\ &= \left(\frac{\pi}{12} + \frac{\sqrt{3}}{2} - 1\right) + \left(-\frac{\pi}{4} + \frac{\sqrt{3}}{2} + \frac{\pi}{12}\right) \\ &= \sqrt{3} - 1 - \frac{\pi}{12}.\end{aligned}$$

名师指点

对于被积函数含有绝对值的定积分，应设法去掉绝对值，即将被积函数表示成分段函数（要注意去绝对值后被积函数的正负性）.

【例 15】 设 $f(x) = \begin{cases} 2x, & 0 \leqslant x < 1, \\ 1, & 1 \leqslant x \leqslant 4, \end{cases}$ 则 $\int_0^4 f(x)\mathrm{d}x =$ ________.

【精析】 本题主要考查分段函数定积分的计算，根据积分区间的可加性和牛顿-莱布尼茨公式可得

$$\int_0^4 f(x)\mathrm{d}x = \int_0^1 2x\mathrm{d}x + \int_1^4 \mathrm{d}x = x^2\Big|_0^1 + x\Big|_1^4 = 1^2 - 0^2 + 4 - 1 = 4.$$

名师指点

对于分段函数积分，要把积分区间分成几个小区间，利用定积分区间的可加性来计算.

【例 16】 计算 $\int_0^{\frac{\pi}{2}} \sqrt{1 - \sin 2x}\,\mathrm{d}x$.

【精析】 原式 $= \int_0^{\frac{\pi}{2}} \sqrt{(\sin x - \cos x)^2}\,\mathrm{d}x = \int_0^{\frac{\pi}{2}} \left|\sin x - \cos x\right| \mathrm{d}x$

$$= \int_0^{\frac{\pi}{4}} (\cos x - \sin x)\mathrm{d}x + \int_{\frac{\pi}{4}}^{\frac{\pi}{2}} (\sin x - \cos x)\mathrm{d}x = 2\sqrt{2} - 2.$$

名师指点

对于被积函数含有开偶次方根的定积分，设法开方，即将被积函数表示成含有绝对值的定积分，再去掉绝对值，化为分段函数.

3. 定积分的换元积分法

★ **定理 3** 设函数 $f(x)$ 在 $[a, b]$ 上连续，而 $x=\varphi(t)$ 满足：

（1）函数 $x=\varphi(t)$ 在区间 $[\alpha,\beta]$ 上单调且有连续导数；

（2）当 t 在区间 $[\alpha,\beta]$ 上变化时，对应的函数 $x=\varphi(t)$ 在 $[a, b]$ 上变化，且 $\varphi(\alpha)=a$，$\varphi(\beta)=b$，则

$$\int_a^b f(x)\mathrm{d}x \xlongequal[\mathrm{d}x=\varphi'(t)\mathrm{d}t]{x=\varphi(t)} \int_\alpha^\beta f[\varphi(t)]\varphi'(t)\mathrm{d}t.$$

重点识记

上式称为**定积分的换元公式**.

提示

（1）换元必须换限，且 $\dfrac{x=\varphi(t) \mid a\to b}{t \mid \alpha\to\beta}$；

（2）求出 $f[\varphi(t)]\varphi'(t)$ 的一个原函数后，不用变量回代，只需将新变量的上下限代入牛顿-莱布尼茨公式即可.

（3）定积分的换元积分法有“从左到右”及“从右到左”两种途径，关键是看在换元公式中利用哪一端计算比较容易.

【例 17】 求下列定积分：

（1）$\displaystyle\int_{\frac{3}{4}}^1 \frac{\mathrm{d}x}{\sqrt{1-x}-1}$；

（2）$\displaystyle\int_{\sqrt{2}}^2 \frac{\mathrm{d}x}{x\sqrt{x^2-1}}$；

（3）$\displaystyle\int_0^7 \frac{1}{1+\sqrt[3]{x+1}}\mathrm{d}x$；

（4）$\displaystyle\int_0^2 \frac{\mathrm{d}x}{2+\sqrt{4-x^2}}$.

【精析】

（1）令 $\sqrt{1-x}=t$，则 $x=1-t^2$，$\mathrm{d}x=-2t\mathrm{d}t$.

x	$\frac{3}{4}\to 1$
t	$\frac{1}{2}\to 0$

$$原式=\int_{\frac{1}{2}}^0 \frac{-2t}{t-1}\mathrm{d}t = 2\int_0^{\frac{1}{2}}\left(1+\frac{1}{t-1}\right)\mathrm{d}t = 1-2\ln 2.$$

（2）令 $x=\sec t$，则 $\mathrm{d}x=\sec t\tan t\mathrm{d}t$.

x	$\sqrt{2}\to 2$
t	$\frac{\pi}{4}\to\frac{\pi}{3}$

$$原式=\int_{\frac{\pi}{4}}^{\frac{\pi}{3}} \frac{\sec t\tan t}{\sec t\tan t}\mathrm{d}t = \frac{\pi}{12}.$$

（3）令 $\sqrt[3]{x+1}=t$，则 $x=t^3-1$，$\mathrm{d}x=3t^2\mathrm{d}t$.

x	$0\to 7$
t	$1\to 2$

原式$=\int_1^2 \frac{3t^2}{1+t}dt=3\int_1^2 \frac{(t^2-1)+1}{1+t}dt=3\left[\int_1^2 (t-1)dt+\int_1^2 \frac{d(t+1)}{1+t}\right]$

$=3\left[\left(\frac{1}{2}t^2-t\right)\Big|_1^2+\ln(1+t)\Big|_1^2\right]=\frac{3}{2}+3\ln\frac{3}{2}$.

(4) 令 $x=2\sin t$，则 $dx=2\cos t dt$.

x	$0\to 2$
t	$0\to \frac{\pi}{2}$

原式$=\int_0^{\frac{\pi}{2}} \frac{2\cos t dt}{2+2\cos t}=\int_0^{\frac{\pi}{2}} \frac{(\cos t+1)-1}{1+\cos t}dt$

$=\int_0^{\frac{\pi}{2}} 1dt-\int_0^{\frac{\pi}{2}} \frac{1}{1+\cos t}dt=\frac{\pi}{2}-\int_0^{\frac{\pi}{2}} \frac{1}{2\cos^2\frac{t}{2}}dt$

$=\frac{\pi}{2}-\frac{1}{2}\int_0^{\frac{\pi}{2}} \sec^2\frac{t}{2}dt=\frac{\pi}{2}-\tan\frac{t}{2}\Big|_0^{\frac{\pi}{2}}=\frac{\pi}{2}-1$.

利用换元法可以得到对称区间上定积分的性质如下：

性质 8(对称区间上奇偶函数的积分性质) 设 $f(x)$ 在对称区间 $[-a,a]$ 上连续,

(1) 若 $f(x)$ 为奇函数,则 $\int_{-a}^{a} f(x)dx=0$;

(2) 若 $f(x)$ 为偶函数,则 $\int_{-a}^{a} f(x)dx=2\int_0^a f(x)dx$.

提示

这一性质在专转本考试中出现频率很高.对于有限对称区间上的定积分的计算题,注意判断被积函数的奇偶性,以简化计算.

【例 18】 求定积分 $\int_{-1}^{1}[f(x)-f(-x)]x^4dx$.

【精析】 $F(x)=[f(x)-f(-x)]x^4$ 为奇函数,从而有 $\int_{-1}^{1}[f(x)-f(-x)]x^4dx=0$.

【例 19】 定积分 $\int_{-1}^{1}(x^3+1)\sqrt{1-x^2}dx$ 的值为________.

【精析】 $\int_{-1}^{1}(x^3+1)\sqrt{1-x^2}dx=\int_{-1}^{1}x^3\sqrt{1-x^2}dx+\int_{-1}^{1}\sqrt{1-x^2}dx$.

因为 $x^3\sqrt{1-x^2}$ 为奇函数，所以 $\int_{-1}^{1}x^3\sqrt{1-x^2}dx=0$，故 $\int_{-1}^{1}(x^3+1)\sqrt{1-x^2}dx=\int_{-1}^{1}\sqrt{1-x^2}dx=\frac{\pi}{2}$.

【例 20】 计算定积分 $\int_{-\frac{\pi}{2}}^{\frac{\pi}{2}}(x^2+x)\sin x\mathrm{d}x$.

【精析】 $\int_{-\frac{\pi}{2}}^{\frac{\pi}{2}}(x^2+x)\sin x\mathrm{d}x=\int_{-\frac{\pi}{2}}^{\frac{\pi}{2}}x^2\cdot\sin x\mathrm{d}x+\int_{-\frac{\pi}{2}}^{\frac{\pi}{2}}x\cdot\sin x\mathrm{d}x$.

因为 $x^2\cdot\sin x$ 为奇函数,所以 $\int_{-\frac{\pi}{2}}^{\frac{\pi}{2}}x^2\cdot\sin x\mathrm{d}x=0$, 故

$$\int_{-\frac{\pi}{2}}^{\frac{\pi}{2}}(x^2+x)\sin x\mathrm{d}x=\int_{-\frac{\pi}{2}}^{\frac{\pi}{2}}x\cdot\sin x\mathrm{d}x=2\int_0^{\frac{\pi}{2}}x\cdot\sin x\mathrm{d}x=-2\int_0^{\frac{\pi}{2}}x\mathrm{d}(\cos x)=-2(x\cos x-\sin x)\Big|_0^{\frac{\pi}{2}}=2.$$

4. 定积分的分部积分法

★ **定理 4** 设函数 $u=u(x)$、$v=v(x)$ 在区间 $[a,b]$ 上有连续导数,则 $(uv)'=u'v+uv'$, 即 $uv'=(uv)'-u'v$, 等式两端取 x 由 a 到 b 的积分,得 $\int_a^b uv'\mathrm{d}x=uv\Big|_a^b-\int_a^b u'v\mathrm{d}x$, 即

$$\int_a^b u\mathrm{d}v=uv\Big|_a^b-\int_a^b v\mathrm{d}u.$$ 重点识记

此式就是**定积分的分部积分公式**. 公式表明原函数已经积出的部分可以先用上、下限代入.

提示

u 的选择方法与不定积分相同. 其实可理解为:(1)按不定积分的分部积分法进行运算;(2)运用牛顿-莱布尼茨公式进行求解.

【例 21】 设 $f(x)$ 在 $[0,1]$ 上有连续的导数且 $f(1)=2$, $\int_0^1 f(x)\mathrm{d}x=3$, 则 $\int_0^1 xf'(x)\mathrm{d}x$ = ________.

【精析】 $\int_0^1 xf'(x)\mathrm{d}x=\int_0^1 x\mathrm{d}f(x)=xf(x)\Big|_0^1-\int_0^1 f(x)\mathrm{d}x=2-3=-1$.

【例 22】 计算定积分 $\int_0^1 \mathrm{e}^{\sqrt{x}}\mathrm{d}x$.

【精析】 令 $\sqrt{x}=t$, 则 $x=t^2$, $\mathrm{d}x=2t\mathrm{d}t$, 故 $\int_0^1 \mathrm{e}^{\sqrt{x}}\mathrm{d}x=2\int_0^1 t\mathrm{e}^t\mathrm{d}t=2(t\mathrm{e}^t)\Big|_0^1-2\int_0^1\mathrm{e}^t\mathrm{d}t=2$.

【例 23】 求定积分 $\int_1^2 x\ln x\mathrm{d}x$.

【精析】 $$\int_1^2 x\ln x\mathrm{d}x=\frac{1}{2}\int_1^2\ln x\mathrm{d}(x^2)=\frac{1}{2}x^2\ln x\Big|_1^2-\frac{1}{2}\int_1^2 x^2\mathrm{d}(\ln x)$$
$$=2\ln 2-\frac{1}{2}\int_1^2 x\mathrm{d}x=2\ln 2-\left(\frac{1}{4}x^2\right)\Big|_1^2=2\ln 2-\frac{3}{4}.$$

【例 24】 设 $f(x)$ 在 $(-\infty,+\infty)$ 内具有连续的二阶导数,且 $f(0)=2$, $f(2)=4$, $f'(2)=6$, 求 $\int_0^1 xf''(2x)\mathrm{d}x$.

名师指点

被积函数是某个函数的导函数与其他函数乘积时,经常采用分部积分公式进行计算,并且选择某个函数的导函数转化为分部积分公式 $\int_a^b u\mathrm{d}v=uv\Big|_a^b-\int_a^b v\mathrm{d}u$ 中的 v.

令 $2x = u$，则 $\int_0^1 xf''(2x)\,\mathrm{d}x = \int_0^2 \frac{u}{2}f''(u)\,\frac{1}{2}\mathrm{d}u = \frac{1}{4}\int_0^2 uf''(u)\,\mathrm{d}u = \frac{1}{4}\int_0^2 u\mathrm{d}[f'(u)]$

$$= \frac{1}{4}\left[uf'(u)\Big|_0^2 - \int_0^2 f'(u)\,\mathrm{d}u\right] = \frac{1}{4}\left[2f'(2) - f(u)\Big|_0^2\right]$$

$$= \frac{1}{4}[2f'(2) - f(2) + f(0)] = \frac{5}{2}.$$

5. 反常积分

前面我们讨论定积分时，要求积分区间是有限的，且被积函数在积分区间上是连续的，但在实际问题中，还会遇到无穷区间或无界函数的定积分的情况，这就是通常说的**反常积分**（又称广义积分）.

定义 2　设函数 $f(x)$ 在区间 $[a, +\infty)$ 上连续，任取 $b > a$，如果极限 $\lim\limits_{b\to+\infty}\int_a^b f(x)\,\mathrm{d}x$ 存在，那么称此极限为**函数 $f(x)$ 在区间 $[a, +\infty)$ 上的反常积分**，记作 $\int_a^{+\infty} f(x)\,\mathrm{d}x$，即

$$\int_a^{+\infty} f(x)\,\mathrm{d}x = \lim_{b\to+\infty}\int_a^b f(x)\,\mathrm{d}x,$$

这时称**反常积分** $\int_a^{+\infty} f(x)\,\mathrm{d}x$ **收敛**；如果上述极限不存在，那么称**反常积分** $\int_a^{+\infty} f(x)\,\mathrm{d}x$ **发散**.

类似地，可定义

$$\int_{-\infty}^b f(x)\,\mathrm{d}x = \lim_{a\to-\infty}\int_a^b f(x)\,\mathrm{d}x.$$

设函数 $f(x)$ 在区间 $(-\infty, +\infty)$ 上连续，如果反常积分 $\int_{-\infty}^c f(x)\mathrm{d}x$，$\int_c^{+\infty} f(x)\mathrm{d}x$（其中 c 为任意实数）都**收敛**，那么它们之和为函数 $f(x)$ 在 $(-\infty, +\infty)$ 上的**反常积分**，记作 $\int_{-\infty}^{+\infty} f(x)\mathrm{d}x$，即

$$\int_{-\infty}^{+\infty} f(x)\,\mathrm{d}x = \int_{-\infty}^c f(x)\,\mathrm{d}x + \int_c^{+\infty} f(x)\,\mathrm{d}x,$$

这时也称**反常积分** $\int_{-\infty}^{+\infty} f(x)\,\mathrm{d}x$ **收敛**；如果 $\int_{-\infty}^c f(x)\,\mathrm{d}x$ 或 $\int_c^{+\infty} f(x)\,\mathrm{d}x$ 至少有一个发散，那么称**反常积分** $\int_{-\infty}^{+\infty} f(x)\,\mathrm{d}x$ **发散**.

以上三类反常积分统称为**无穷区间上的反常积分**，计算它们的值，只要先求出有限区间上的定积分，再讨论其极限即可.

名师指点

常用公式：

(1) $\int_1^{+\infty}\frac{\mathrm{d}x}{x^p}\begin{cases} = \frac{1}{p-1}, & p > 1 \text{ 收敛}, \\ \text{发散}, & p \leqslant 1 \text{ 发散}; \end{cases}$　(2) $\int_{\mathrm{e}}^{+\infty}\frac{\mathrm{d}x}{x(\ln x)^p} = \int_1^{+\infty}\frac{\mathrm{d}u}{u^p}\begin{cases} = \frac{1}{p-1}, & p > 1 \text{ 收敛}, \\ \text{发散}, & p \leqslant 1 \text{ 发散}. \end{cases}$

【例 25】 计算下列反常积分：

(1) $\int_{-\infty}^{+\infty}\frac{dx}{1+x^2}$； (2) $\int_{e}^{+\infty}\frac{dx}{x\ln x}$.

【精析】 (1) $\int_{-\infty}^{+\infty}\frac{dx}{1+x^2}=(\arctan x)\Big|_{-\infty}^{+\infty}=\frac{\pi}{2}-\left(-\frac{\pi}{2}\right)=\pi$.

(2) $\int_{e}^{+\infty}\frac{dx}{x\ln x}=\int_{e}^{+\infty}\frac{d(\ln x)}{\ln x}=\Big[\ln(\ln x)\Big]_{e}^{+\infty}=+\infty$，所以，广义积分 $\int_{e}^{+\infty}\frac{dx}{x\ln x}$ 发散.

【例 26】 下列反常积分发散的是(　　).

A. $\int_{-\infty}^{0}e^x dx$ B. $\int_{1}^{+\infty}\frac{1}{x^3}dx$ C. $\int_{-\infty}^{+\infty}\frac{1}{1+x^3}dx$ D. $\int_{0}^{+\infty}\frac{1}{1+x}dx$

【精析】 A 项，$\int_{-\infty}^{0}e^x dx=e^x\Big|_{-\infty}^{0}=1$，收敛.

B 项，$\int_{1}^{+\infty}\frac{1}{x^3}dx=-\frac{1}{2x^2}\Bigg|_{1}^{+\infty}=\frac{1}{2}$，收敛.

C 项，$\int_{-\infty}^{+\infty}\frac{1}{1+x^3}dx=\int_{-\infty}^{+\infty}\frac{1}{(x+1)(x^2-x+1)}dx=\frac{1}{3}\int_{-\infty}^{+\infty}\left(\frac{1}{x+1}-\frac{x-2}{x^2-x+1}\right)dx$

$=\left[\frac{1}{3}\ln|x+1|-\frac{1}{6}\ln(x^2-x+1)+\frac{1}{\sqrt{3}}\arctan\left(\frac{2}{\sqrt{3}}x-\frac{1}{\sqrt{3}}\right)\right]\Bigg|_{-\infty}^{+\infty}$

$=\frac{\sqrt{3}}{3}\pi$，收敛.

D 项，$\int_{0}^{+\infty}\frac{1}{1+x}dx=\int_{0}^{+\infty}\frac{1}{1+x}d(x+1)=(\ln|x+1|)\Big|_{0}^{+\infty}=+\infty$，发散，故选 D.

第三节　定积分的应用

一、直角坐标系下平面图形的计算

1. 区域 D 由连续曲线 $y=f(x)$ 和直线 $y=0$，$x=a$，$x=b(a<b)$ 围成.

由定积分的定义，若 $f(x)\geqslant 0(a\leqslant x\leqslant b)$，则 D 的面积

$$A=\int_a^b f(x)dx;$$ 重点识记

若 $f(x)\leqslant 0(a\leqslant x\leqslant b)$，则

$$A=-\int_a^b f(x)dx.$$ 重点识记

若曲线 $y=f(x)$ 如图 3-4 所示，即当 $x\in[a,c]\cup[d,b]$ 时，$f(x)\geqslant 0$；当 $x\in[c,d]$ 时，$f(x)\leqslant 0$，则图 3-4 中三部分的面积分别为

$$A_1=\int_a^c f(x)dx,\quad A_2=-\int_c^d f(x)dx,\quad A_3=\int_d^b f(x)dx,$$

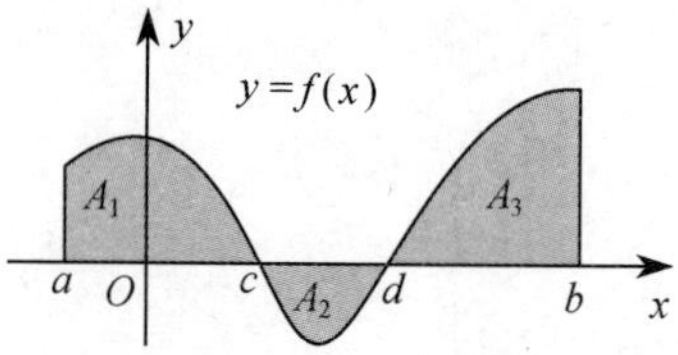

图 3-4

所以 D 的面积为

$$A = A_1 + A_2 + A_3 = \int_a^c f(x)\,dx - \int_c^d f(x)\,dx + \int_d^b f(x)\,dx$$ 重点识记

或

$$A = \int_a^b |f(x)|\,dx.$$ 重点识记

由此可见，这时

$$\int_a^b f(x)\,dx = A_1 - A_2 + A_3.$$

这就是定积分几何意义中所说定积分 $\int_a^b f(x)\,dx$ 是面积 A_1、A_2、A_3 的代数和而不是面积 A.

2. **区域 D 由连续曲线 $y=f(x)$，$y=g(x)$ 和直线 $x=a$，$x=b$ 围成，其中 $f(x)\leqslant g(x)$ $(a\leqslant x\leqslant b)$（图 3-5）.**

不论 $f(x)$ 和 $g(x)$ 在 $[a, b]$ 上的符号如何变化，在给定的条件下，由图 3-5 易见 D 的面积元素为

$$dA = [g(x) - f(x)]\,dx,$$

所以 D 的面积为

$$A = \int_a^b [g(x) - f(x)]\,dx.$$ 重点识记

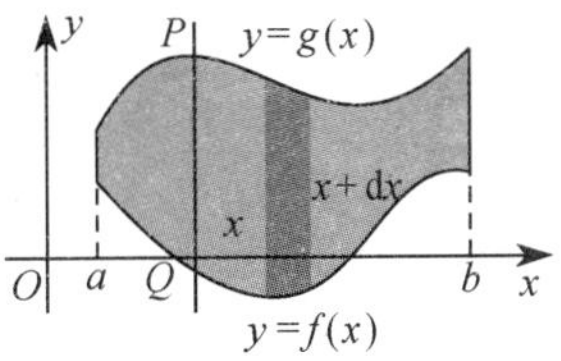

图 3-5

3. **区域 D 由连续曲线 $x=\psi_1(y)$，$x=\psi_2(y)$ 和直线 $y=c$，$y=d$ 围成，其中 $\psi_1(y) < \psi_2(y)$ $(c\leqslant y\leqslant d)$（图 3-6）.**

这时，D 的面积元素为

$$dA = [\psi_2(y) - \psi_1(y)]\,dy,$$

所以，D 的面积为

$$A = \int_c^d [\psi_2(y) - \psi_1(y)]\,dy.$$ 重点识记

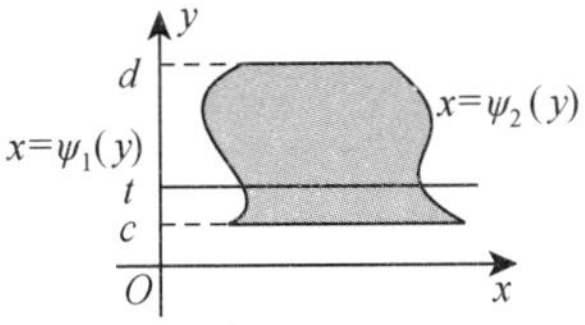

图 3-6

【例 1】 求由曲线 $y = x + 1$，$x=\sqrt{y}$，$y = 1$ 与 x 轴所围成的平面图形的面积 S.

【精析】 先画草图，如图 3-7 所示.

易知直线 $y = x + 1$ 与 x 轴、y 轴的交点坐标分别为 $A(-1, 0)$、$B(0, 1)$，

解方程组 $\begin{cases} y = 1, \\ x = \sqrt{y} \end{cases}$ 得交点坐标为 $C(1, 1)$.

从图形中可以看出，求面积时将 y 看作积分变量比较方便，此时平面图形可看作由曲线 $x=\sqrt{y}$ 以及直线 $x = y - 1$，$y = 0$，$y = 1$ 围成，故所求面积

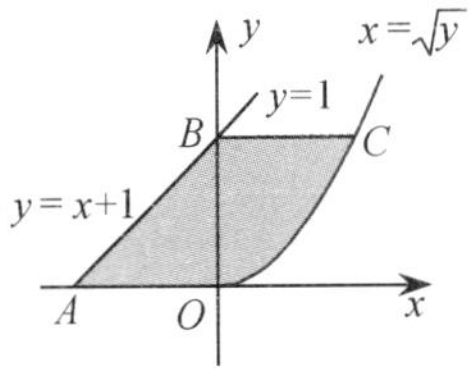

图 3-7

$$S = \int_0^1 [\sqrt{y} - (y-1)]\,dy = \left(\frac{2}{3}y^{\frac{3}{2}} - \frac{1}{2}y^2 + y\right)\Bigg|_0^1 = \frac{7}{6}.$$

名师指点

解题时应注意以下几点：

① 尽量准确地画出所求图形的草图，特别是交点位置. 借助图形直观了解几何量的特点，选择合适的坐标与积分变量.

② 求出相关曲线（直线）的交点，并确定积分区间.

③ 注意几何量的非负性，计算定积分时应正确确定符号.

④ 当图形具有对称性或被积函数具有奇偶性时，应根据相关特征，简化积分计算.

【例 2】 求由 $y^2 = x$，$y = x^2$ 所围成的图形的面积 A.

【精析】 所给两条抛物线围成的图形如图 3-8 所示，为了具体定出图形所在范围，先求出这两条曲线的交点.

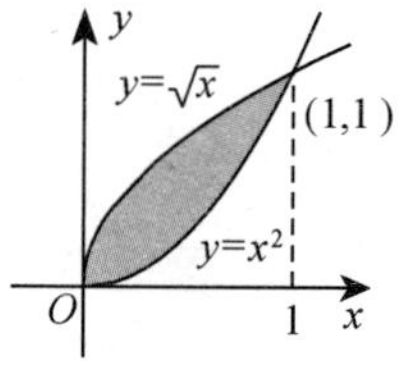

图 3-8

由 $\begin{cases} y^2 = x, \\ y = x^2, \end{cases}$ 得 $\begin{cases} x = 0, \\ y = 0, \end{cases}$ 或 $\begin{cases} x = 1, \\ y = 1, \end{cases}$ 所以所求面积为

$$A = \int_0^1 (\sqrt{x} - x^2)\,\mathrm{d}x = \left(\frac{2}{3}x^{\frac{3}{2}} - \frac{x^3}{3}\right)\Bigg|_0^1 = \frac{2}{3} - \frac{1}{3} = \frac{1}{3}.$$

【例 3】 求由 $y^2 = 2x$，$y = x - 4$ 所围成的图形的面积 A.

【精析】 围成的图形如图 3-9 所示，先求出这两条曲线的交点以确定出图形所在范围. 由 $\begin{cases} y^2 = 2x, \\ y = x - 4, \end{cases}$ 得 $\begin{cases} x = 2, \\ y = -2, \end{cases}$ 或 $\begin{cases} x = 8, \\ y = 4. \end{cases}$ 选取 y 为积分变量，应用公式得

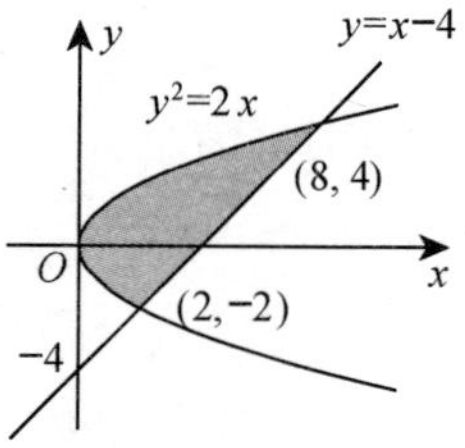

图 3-9

$$A = \int_{-2}^4 \left[(y + 4) - \frac{1}{2}y^2\right]\mathrm{d}y = \left(\frac{1}{2}y^2 + 4y - \frac{y^3}{6}\right)\Bigg|_{-2}^4 = 18.$$

【例 4】 求曲线 $y = \cos x$ 与 $y = \sin x$ 在区间 $[0, \pi]$ 上所围平面图形的面积.

【精析】 如图 3-10 所示，曲线 $y = \cos x$ 与 $y = \sin x$ 的交点坐标为 $\left(\frac{\pi}{4}, \frac{\sqrt{2}}{2}\right)$. 选取 x 作为积分变量，$x \in [0, \pi]$，于是，所求面积为

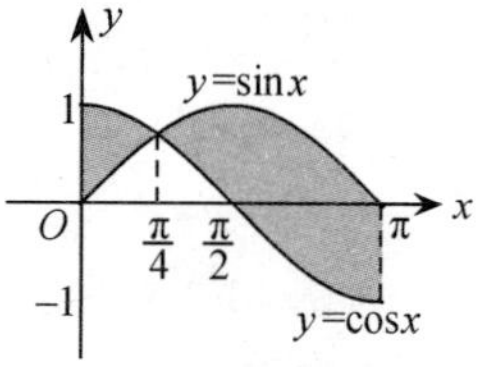

图 3-10

$$A = \int_0^{\frac{\pi}{4}} (\cos x - \sin x)\,\mathrm{d}x + \int_{\frac{\pi}{4}}^{\pi} (\sin x - \cos x)\,\mathrm{d}x$$

$$= (\sin x + \cos x)\Big|_0^{\frac{\pi}{4}} + (-\cos x - \sin x)\Big|_{\frac{\pi}{4}}^{\pi} = 2\sqrt{2}.$$

【例 5】 求 $y = \sin x$，$y = \cos x$，$x = 0$，$x = \frac{\pi}{2}$ 所围成的平面图形（图 3-11 中阴影部分）的面积.

【精析】

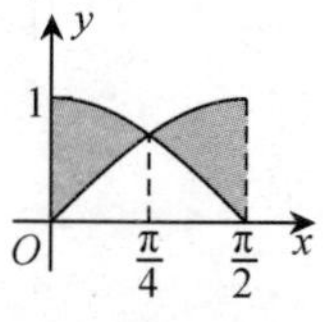

图 3-11

▶ **方法一** 如图 3-11 所示，所求面积为

$$S=\int_0^{\frac{\pi}{2}}|\sin x-\cos x|\,dx=\int_0^{\frac{\pi}{4}}(\cos x-\sin x)dx+\int_{\frac{\pi}{4}}^{\frac{\pi}{2}}(\sin x-\cos x)dx$$
$$=(\sin x+\cos x)\Big|_0^{\frac{\pi}{4}}+(-\cos x-\sin x)\Big|_{\frac{\pi}{4}}^{\frac{\pi}{2}}=2(\sqrt{2}-1).$$

▶ **方法二**　本题中阴影部分是对称的，在计算定积分的过程中也可采用其他方法，如下述方法

$$S=\int_0^{\frac{\pi}{2}}|\sin x-\cos x|\,dx=\sqrt{2}\int_0^{\frac{\pi}{2}}\left|\sin\left(x-\frac{\pi}{4}\right)\right|dx\xlongequal{令t=x-\frac{\pi}{4}}\sqrt{2}\int_{-\frac{\pi}{4}}^{\frac{\pi}{4}}|\sin t|\,dt$$
$$=2\sqrt{2}\int_0^{\frac{\pi}{4}}\sin t dt=2(\sqrt{2}-1).$$

【例 6】　由抛物线 $y=x^2$ 与直线 $y=x$ 和 $y=ax$ 所围成的平面图形面积 $S=\frac{7}{6}$，求 a 的值 $(a>1)$.

【精析】

▶ **方法一**　如图 3-12 所示，所求面积为

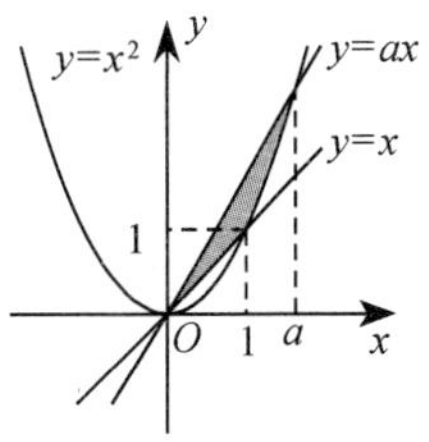

图 3-12

$$S=\int_0^1(ax-x)dx+\int_1^a(ax-x^2)dx=\frac{a-1}{2}x^2\Big|_0^1+\left(\frac{a}{2}x^2-\frac{1}{3}x^3\right)\Big|_1^a$$
$$=\frac{a-1}{2}+\frac{1}{6}a^3-\frac{a}{2}+\frac{1}{3}=\frac{1}{6}a^3-\frac{1}{6}=\frac{7}{6}，解得\ a=2.$$

▶ **方法二**　求面积时，也可把 y 当成积分变量，首先求抛物线 $y=x^2$ 与直线 $y=x$ 的交点 $(0,0)$、$(1,1)$，抛物线 $y=x^2$ 与直线 $y=ax$ 的交点 $(0,0)$、(a,a^2)，于是抛物线 $y=x^2$ 与直线 $y=x$ 和 $y=ax$ 所围成的平面图形面积

$$S=\int_0^1\left(y-\frac{y}{a}\right)dy+\int_1^{a^2}\left(\sqrt{y}-\frac{y}{a}\right)dy=\left(\frac{y^2}{2}-\frac{y^2}{2a}\right)\Big|_0^1+\left(\frac{2}{3}y^{\frac{3}{2}}-\frac{y^2}{2a}\right)\Big|_1^{a^2}$$
$$=\frac{1}{2}-\frac{1}{2a}+\frac{2}{3}a^3-\frac{a^3}{2}-\frac{2}{3}+\frac{1}{2a}=\frac{1}{6}a^3-\frac{1}{6},$$

又因为 $S=\frac{7}{6}$，所以 $a=2$.

【例 7】　已知 $y=\ln x$ 与直线 $y=ax+b$ 相切于点 $(c,\ln c)$，其中 $2<c<4$. $y=\ln x$ 与直线 $y=ax+b$，$x=2$，$x=4$ 围成一个封闭图形.

(1) 当 c 为何值时，该封闭图形的面积最小？

(2) 根据(1)所求，求 a，b 的值.

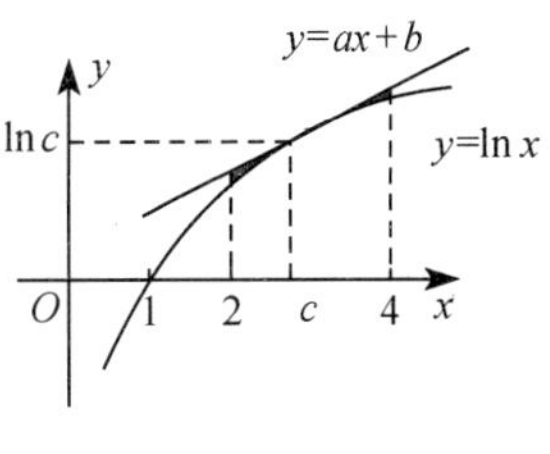

图 3-13

【精析】　由题意画出图(图 3-13)，$y=\ln x$ 的切线为直线 $y=ax+b$，因此 $y'\Big|_{x=c}=\frac{1}{x}\Big|_{x=c}=\frac{1}{c}=a$，所以 $a=\frac{1}{c}$.

又因为切点 $(c,\ln c)$ 在直线 $y=ax+b$ 上，因此 $\ln c=ac+b=1+b$，所以 $b=\ln c-1$.

$$S=\int_2^4(ax+b-\ln x)\mathrm{d}x=\left(\frac{a}{2}x^2+bx\right)\Big|_2^4-\int_2^4\ln x\mathrm{d}x=(6a+2b)-(6\ln2-2)$$

$$=\frac{6}{c}+2\ln c-6\ln2.$$

令 $S'=-\frac{6}{c^2}+\frac{2}{c}=0$，解得 $c=3$，所以 $a=\frac{1}{3}$，$b=\ln3-1$.

由实际问题得封闭图形面积一定有最小值，所以唯一的驻点 $c=3$ 即为最小值点.

即 $c=3$ 时，该封闭图形面积最小，且此时 $a=\frac{1}{3}$，$b=\ln3-1$.

二、旋转体的体积

除了求平面图形的面积外，我们还可以应用定积分求由曲线 $y=f(x)$，直线 $x=a$，$x=b(a<b)$ 及 x 轴所围成的曲边梯形绕 x 轴旋转一周所形成的立体（叫作**旋转体**）的体积（图 3-14）.

取 x 为积分变量，在区间 $[a,b]$ 上任取一子区间 $[x,x+\mathrm{d}x]$，则其上的小旋转体可近似看成底面半径为 y，高为 $\mathrm{d}x$ 的小圆柱，即有体积微元

$$\mathrm{d}V=\pi y^2\mathrm{d}x=\pi f^2(x)\mathrm{d}x,$$

则旋转体的体积为

$$V=\int_a^b\pi y^2\mathrm{d}x=\pi\int_a^b f^2(x)\mathrm{d}x.$$ 重点识记

同理可以得到：由连续曲线 $x=\psi(y)$，直线 $y=c$，$y=d(c<d)$ 与 y 轴所围成的曲边梯形绕 y 轴旋转一周所形成的旋转体（图 3-15）的体积为

$$V=\int_c^d\pi x^2\mathrm{d}y=\pi\int_c^d\psi^2(y)\mathrm{d}y.$$ 重点识记

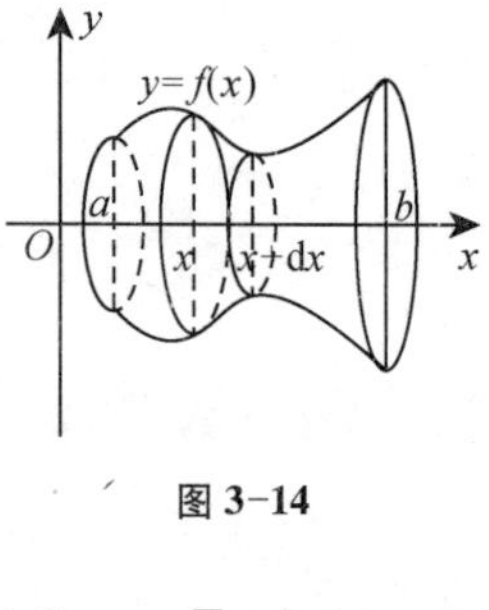

图 3-14

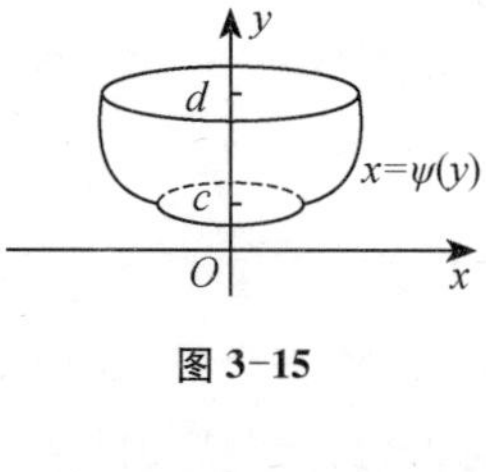

图 3-15

【例 8】 求由抛物线 $y=\sqrt{x}$，直线 $x=0$，$x=1$ 和 x 轴所围成的曲边梯形绕 x 轴旋转而成的旋转体的体积.

【精析】 本题考查了求平面图形绕 x 轴旋转一周生成的旋转体体积的基本题型，根据旋转体体积公式得

$$V=\int_0^1\pi(\sqrt{x})^2\mathrm{d}x=\pi\int_0^1x\mathrm{d}x=\frac{\pi}{2}.$$

【例 9】 求由曲线 $y=x^2$ 与 $y^2=x$ 围成的平面图形绕 y 轴旋转一周而成的旋转体的体积.

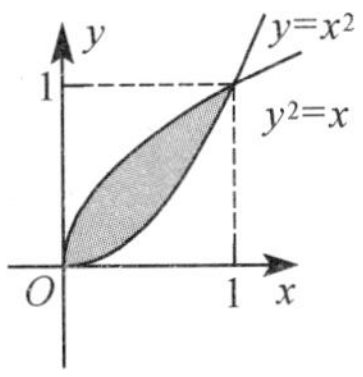

图 3-16

【精析】 本题考查了求平面图形绕 y 轴旋转一周生成的旋转体体积的基本题型,由题意画出图(图 3-16),根据旋转体体积公式得

$$V=\pi\int_0^1(y-y^4)\,dy=\pi\left(\frac{y^2}{2}-\frac{y^5}{5}\right)\Bigg|_0^1=\frac{3\pi}{10}.$$

【例 10】 设平面图形是由 $y=x^2$, $y=x$, $y=2x$ 所围成的区域,求:

(1) 平面图形的面积;

(2) 将此平面绕 x 轴旋转后形成的旋转体的体积.

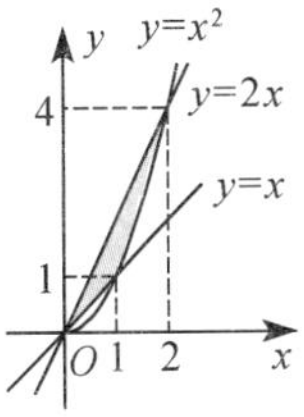

图 3-17

【精析】 (1) ▶ **方法一** 由题意画出图(图 3-17),所围成图形的面积为

$$S=\int_0^1(2x-x)\,dx+\int_1^2(2x-x^2)\,dx=\frac{1}{2}x^2\Bigg|_0^1+\left(x^2-\frac{x^3}{3}\right)\Bigg|_1^2=\frac{7}{6}.$$

▶ **方法二** 求平面图形的面积时,可以选取纵坐标 y 为积分变量,即所求面积为

$$S=\int_0^1\left(y-\frac{y}{2}\right)dy+\int_1^4\left(\sqrt{y}-\frac{y}{2}\right)dy=\frac{y^2}{4}\Bigg|_0^1+\left(\frac{2}{3}y^{\frac{3}{2}}-\frac{y^2}{4}\right)\Bigg|_1^4$$

$$=\frac{1}{4}+\left(\frac{16}{3}-4\right)-\left(\frac{2}{3}-\frac{1}{4}\right)=\frac{7}{6}.$$

(2) 旋转体的体积为

$$V=V_1-V_2-V_3=\pi\int_0^2(2x)^2dx-\pi\int_0^1x^2dx-\pi\int_1^2(x^2)^2dx=\frac{62}{15}\pi.$$

【例 11】 设抛物线 $y=ax^2+bx+c$ 过原点,当 $0\leqslant x\leqslant 1$ 时, $y\geqslant 0$, 又已知该抛物线与 x 轴及直线 $x=1$ 所围成图形的面积为 $\frac{1}{3}$, 试确定 a, b, c 的值,使此图形绕 x 轴旋转一周所成的旋转体的体积最小.

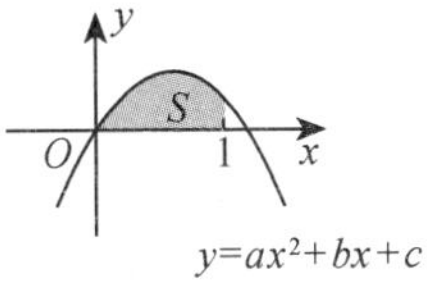

图 3-18

【精析】 由题意画出图(图 3-18),抛物线过原点,故 $c=0$.

又当 $0\leqslant x\leqslant 1$ 时, $y\geqslant 0$, 且抛物线与 x 轴及直线 $x=1$ 所围成图形的面积 S 为 $\frac{1}{3}$, 故 $S=\int_0^1(ax^2+bx)\,dx=\left(\frac{a}{3}x^3+\frac{b}{2}x^2\right)\Big|_0^1=\frac{a}{3}+\frac{b}{2}=\frac{1}{3}$, 即 $a=1-\frac{3}{2}b$, 而此图形绕 x 轴旋转一周所成的旋转体体积为

$$V=\int_0^1\pi(ax^2+bx)^2dx=\pi\int_0^1(a^2x^4+2abx^3+b^2x^2)\,dx=\pi\left(\frac{a^2}{5}x^5+\frac{ab}{2}x^4+\frac{b^2}{3}x^3\right)\Bigg|_0^1$$

$$=\pi\left(\frac{a^2}{5}+\frac{ab}{2}+\frac{b^2}{3}\right).$$

将 $a=1-\frac{3}{2}b$ 代入得 $V=\pi\left(\frac{1}{30}b^2-\frac{1}{10}b+\frac{1}{5}\right)$. 对 b 求导可得, $V'=\pi\left(\frac{1}{15}b-\frac{1}{10}\right)$.

令 $V'=0$ 得 $b=\frac{3}{2}$，唯一的驻点即为最值点，此时 $a=-\frac{5}{4}$.

故当 $a=-\frac{5}{4}$，$b=\frac{3}{2}$，$c=0$ 时旋转体的体积最小.

【例 12】 设 D_1 是由抛物线 $y=2x^2$ 和直线 $x=a$，$x=2$ 及 $y=0$ 所围成的平面区域；D_2 是由抛物线 $y=2x^2$ 和直线 $x=a$，$y=0$ 所围成的平面区域，其中 $0<a<2$. 如图 3-19 所示.

(1) 试求 D_1 绕 x 轴旋转而成的旋转体体积 V_1；D_2 绕 y 轴旋转而成的旋转体体积 V_2；

(2) 问当 a 为何值时，V_1+V_2 取得最大值？试求此最大值.

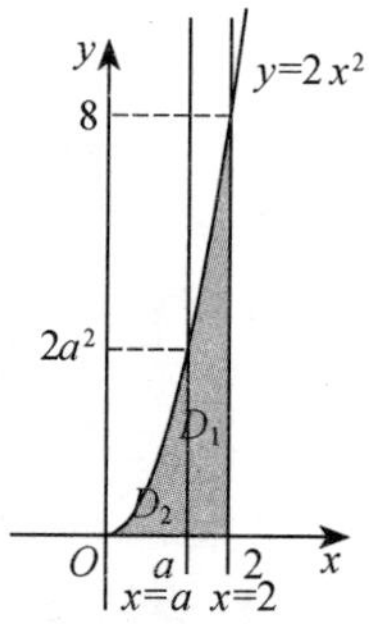

图 3-19

【精析】 (1) $V_1=\pi\int_a^2(2x^2)^2\mathrm{d}x=\frac{4\pi}{5}(32-a^5)$,

$$V_2=\pi a^2\cdot 2a^2-\pi\int_0^{2a^2}\frac{y}{2}\mathrm{d}y=\pi a^4.$$

(2) $V=V_1+V_2=\frac{4}{5}\pi(32-a^5)+\pi a^4$,

由 $V'=4\pi a^3(1-a)=0$，得区间 $(0,2)$ 内的唯一驻点 $a=1$.

又 $V''\big|_{a=1}=-4\pi<0$，所以 $a=1$ 是极大值点，也是最大值点. 此时 V_1+V_2 的最大值为 $\frac{129}{5}\pi$.

考点聚焦

考点一 一元函数积分学的概念与性质

主要涉及 $\int_a^x f(t)\mathrm{d}t$、$f(x)$、$f'(x)$ 之间的关系，定积分与变限积分的概念和性质，反常积分的概念及敛散性的判别三块知识点，在专转本考试中以选择题与填空题形式出现，难度不大，要求概念清晰.

思路点拨

1. 原函数与不定积分的概念、性质

解决这类问题，关键要掌握 $\int f(x)\mathrm{d}x$、$f(x)$、$f'(x)$ 之间的关系.

(1) $\int f(x)\mathrm{d}x=F(x)+C$；

(2) $\left(\int f(x)\mathrm{d}x\right)'=[F(x)+C]'=F'(x)=f(x)$；

(3) $\mathrm{d}\int f(x)\mathrm{d}x=f(x)\mathrm{d}x$；

(4) $\int f'(x)\mathrm{d}x=f(x)+C$；

(5) $\int \mathrm{d}f(x)=f(x)+C$.

例 1　(1) 若 $F'(x)=f(x)$，$f(x)$ 连续，则下列说法正确的是(　　).

A. $\int F(x)\mathrm{d}x=f(x)+C$　　B. $\frac{\mathrm{d}}{\mathrm{d}x}\int F(x)\mathrm{d}x=f(x)\mathrm{d}x$

C. $\int f(x)\mathrm{d}x=F(x)+C$　　D. $\frac{\mathrm{d}}{\mathrm{d}x}\int F(x)\mathrm{d}x=f(x)$

(2) $\cos\frac{\pi}{2}x$ 的一个原函数是(　　).

A. $\frac{\pi}{2}\sin\frac{\pi}{2}x$　　B. $\frac{2}{\pi}\sin\frac{\pi}{2}x$　　C. $\frac{\pi}{2}\sin\frac{2}{\pi}x$　　D. $\frac{\pi}{2}\sin\frac{x}{2}$

(3) 若 $f(x)$ 的一个原函数是 $x\ln x$，则 $\int x^2f''(x)\mathrm{d}x=$ ________.

(4) 设 $f(x)=\mathrm{e}^{-x}$，则 $\int\frac{f'(\ln x)}{x}\mathrm{d}x=$ ________.

解 (1) 本题选 C.

A 项，$\int F(x)\mathrm{d}x$ 的积分结果应为 $F(x)$ 的原函数，$\int f'(x)\mathrm{d}x=f(x)+C$，所以 A 项错误.

B 项，$\frac{\mathrm{d}\int F(x)\mathrm{d}x}{\mathrm{d}x}$ 为先积分后微分，相互抵消，应为 $F(x)$.

D 项，同 B 项过程.

(2) 本题选 B.

$$\int\cos\frac{\pi}{2}x\mathrm{d}x=\frac{2}{\pi}\int\cos\frac{\pi}{2}x\mathrm{d}\left(\frac{\pi}{2}x\right)=\frac{2}{\pi}\sin\frac{\pi}{2}x+C.$$

(3) $f(x)=(x\ln x)'=1+\ln x$，则 $f'(x)=\frac{1}{x}$，$f''(x)=-\frac{1}{x^2}$.

$$\int x^2f''(x)\mathrm{d}x=\int x^2\cdot\left(-\frac{1}{x^2}\right)\mathrm{d}x=-\int 1\mathrm{d}x=-x+C.$$

(4) $\int\frac{f'(\ln x)}{x}\mathrm{d}x=\int f'(\ln x)\mathrm{d}(\ln x)=f(\ln x)+C.$

已知 $f(x)=\mathrm{e}^{-x}$，则 $f(\ln x)=\mathrm{e}^{-\ln x}=\frac{1}{x}$，即 $\int\frac{f'(\ln x)}{x}\mathrm{d}x=\frac{1}{x}+C.$

思路点拨

2. 定积分与变限积分的概念、性质

(1) 定积分是一个"数"，是有界函数在有限区间上的积分，主要考点是其区间可加性和对称区间被积函数的奇偶性.

① $\int_a^b f(x)\mathrm{d}x=\int_a^c f(x)\mathrm{d}x+\int_c^b f(x)\mathrm{d}x$；

② $\int_{-a}^{a} f(x)\,dx = \begin{cases} 0, & f(x) \text{ 为奇函数}, \\ 2\int_{0}^{a} f(x)\,dx, & f(x) \text{ 为偶函数}; \end{cases}$

③ 在 $[a, b]$ 上，$f(x) \leqslant g(x)$，则 $\int_{a}^{b} f(x)\,dx \leqslant \int_{a}^{b} g(x)\,dx$；

④ 在 $[a, b]$ 上，$f(x)$ 的最大值为 M，最小值为 m，则 $m(b-a) \leqslant \int_{a}^{b} f(x)\,dx \leqslant M(b-a)$；

⑤ 由定积分的几何意义得 $\int_{-a}^{a} \sqrt{a^2 - x^2}\,dx = \frac{\pi}{2}a^2$，$\int_{0}^{a} \sqrt{a^2 - x^2}\,dx = \frac{\pi}{4}a^2$.

（2）变上限的定积分导数 $\left[\int_{a}^{x} f(t)\,dt\right]' = f(x)$.

① 变上、下限积分的导数 $\left[\int_{g(x)}^{h(x)} f(t)\,dt\right]' = f[h(x)] \cdot h'(x) - f[g(x)] \cdot g'(x)$；

② 变上限积分也会出现在极限计算中，与洛必达法则相结合.

例 2 （1）$\int_{-\frac{\pi}{2}}^{\frac{\pi}{2}} (x^3 + 1)\sin^2 x\,dx =$ __________.

（2）$\int_{0}^{2} |x - 1|\,dx =$ __________.

（3）设 $f(x) = \int_{x^2}^{2} e^t \sin t\,dt$，则 $f'(x) =$ __________.

（4）设 $f(x)$ 连续，且 $f(x) = x + 2\int_{0}^{1} f(x)\,dx$，求 $f(x)$.

（5）求 $\lim\limits_{x \to 0} \dfrac{x - \int_{0}^{x} e^{t^2}\,dt}{x^2 \sin x}$.

解 （1）原式 $= \int_{-\frac{\pi}{2}}^{\frac{\pi}{2}} x^3 \sin^2 x\,dx + \int_{-\frac{\pi}{2}}^{\frac{\pi}{2}} \sin^2 x\,dx = 0 + 2\int_{0}^{\frac{\pi}{2}} \sin^2 x\,dx = \int_{0}^{\frac{\pi}{2}} (1 - \cos 2x)\,dx$

$$= \left(x - \frac{1}{2}\sin 2x\right)\Big|_{0}^{\frac{\pi}{2}} = \frac{\pi}{2}.$$

（2）原式 $= \int_{0}^{1} -(x-1)\,dx + \int_{1}^{2} (x-1)\,dx = -\left(\frac{1}{2}x^2 - x\right)\Big|_{0}^{1} + \left(\frac{1}{2}x^2 - x\right)\Big|_{1}^{2} = 1.$

（3）$f'(x) = \left(\int_{x^2}^{2} e^t \sin t\,dt\right)' = -e^{x^2} \sin x^2 \cdot 2x = -2xe^{x^2} \sin x^2.$

（4）设 $\int_{0}^{1} f(x)\,dx = A$，则 $f(x) = x + 2A$，对该等式左右两边同时积分得

$\int_{0}^{1} f(x)\,dx = \int_{0}^{1} x\,dx + \int_{0}^{1} 2A\,dx$，即 $A = \frac{1}{2}x^2\Big|_{0}^{1} + 2Ax\Big|_{0}^{1} = \frac{1}{2} + 2A$，

解得 $A = -\frac{1}{2}$，所以 $f(x) = x + 2 \cdot \left(-\frac{1}{2}\right) = x - 1.$

（5）原式 $=\lim\limits_{x\to0}\dfrac{x-\int_0^x e^{t^2}dt}{x^3}\overset{\frac{0}{0}}{=}\lim\limits_{x\to0}\dfrac{1-e^{x^2}}{3x^2}=\lim\limits_{x\to0}\dfrac{-x^2}{3x^2}=-\dfrac{1}{3}$.

思路点拨

3. 反常积分敛散性判别

首先要了解反常积分的定义，判断该积分为反常积分. 计算时写成极限形式，若极限存在，则反常积分收敛；否则发散.

（1）$\int_a^{+\infty}f(x)dx=F(x)\Big|_a^{+\infty}=\lim\limits_{x\to+\infty}F(x)-F(a)$；

（2）$\int_{-\infty}^{b}f(x)dx=F(x)\Big|_{-\infty}^{b}=F(b)-\lim\limits_{x\to-\infty}F(x)$.

例 3 （1）若广义积分 $\int_2^{+\infty}\dfrac{dx}{x(\ln x)^k}$ 收敛，则满足（　　）.

A. $k>1$　　B. $k<1$　　C. $k=0$　　D. $k=e$

（2）下列反常积分，发散的是（　　）.

A. $\int_{-\infty}^{0}e^x dx$　　B. $\int_1^{+\infty}\dfrac{1}{x^3}dx$　　C. $\int_{-\infty}^{+\infty}\dfrac{1}{1+x^2}dx$　　D. $\int_0^{+\infty}\dfrac{1}{1+x}dx$

（3）$\int_a^{+\infty}e^{-x}dx=\dfrac{1}{2}$，则 $a=$______.

解（1）本题选 A.

$$\int_2^{+\infty}\frac{dx}{x(\ln x)^k}=\int_2^{+\infty}\frac{d(\ln x)}{(\ln x)^k}=\begin{cases}-\dfrac{1}{1-k}(\ln 2)^{1-k}, & k>1\text{ 时收敛},\\ +\infty, & k\leqslant 1\text{ 时发散}.\end{cases}$$

根据题目收敛，所以选 A.

（2）本题选 D.

A 项，$\int_{-\infty}^{0}e^x dx=e^x\Big|_{-\infty}^{0}=e^0-\lim\limits_{x\to-\infty}e^x=1$，收敛.

B 项，$\int_1^{+\infty}\dfrac{1}{x^3}dx=-\dfrac{1}{2x^2}\Big|_1^{+\infty}=\lim\limits_{x\to+\infty}\left(-\dfrac{1}{2x^2}\right)+\dfrac{1}{2}=\dfrac{1}{2}$，收敛.

C 项，$\int_{-\infty}^{+\infty}\dfrac{1}{1+x^2}dx=\arctan x\Big|_{-\infty}^{+\infty}=\lim\limits_{x\to+\infty}\arctan x-\lim\limits_{x\to-\infty}\arctan x$

$$=\frac{\pi}{2}-\left(-\frac{\pi}{2}\right)=\pi\text{，收敛.}$$

D 项，$\int_0^{+\infty}\dfrac{1}{1+x}dx=\ln|1+x|\Big|_0^{+\infty}=\lim\limits_{x\to+\infty}\ln(1+x)-0=+\infty$，发散.

（3）$\int_a^{+\infty}e^{-x}dx=-e^{-x}\Big|_a^{+\infty}=\lim\limits_{x\to+\infty}(-e^{-x})+e^{-a}=e^{-a}=\dfrac{1}{2}$，则 $a=\ln 2$.

考点二 不定积分计算

思路点拨

主要方法有直接积分法、凑微分法、第二类换元法和分部积分法，部分题目需要多种方法综合使用，同学们应仔细观察被积函数 $f(x)$ 的特点，选择合适的方法.

例 1 (1) $\int \frac{1}{\sqrt{x(1-x)}}\mathrm{d}x$； (2) $\int \frac{1}{x(1+\ln x)}\mathrm{d}x$； (3) $\int \frac{\mathrm{d}x}{\sin 2x+2\sin x}$；

(4) $\int \frac{x\mathrm{e}^x}{\sqrt{\mathrm{e}^x-1}}\mathrm{d}x$； (5) $\int \frac{\mathrm{d}x}{x^2\sqrt{2x-4}}$； (6) $\int \frac{\mathrm{d}x}{\mathrm{e}^x+\mathrm{e}^{-x}}$；

(7) $\int \frac{x^3}{\sqrt{1+x^2}}\mathrm{d}x$； (8) $\int \ln x\mathrm{d}x$； (9) $\int \sin(\ln x)\mathrm{d}x$；

(10) 已知 $\ln(1+x^2)$ 是 $f(x)$ 的一个原函数，求 $\int xf'(x)\mathrm{d}x$.

解 (1) 原式 $=\int \frac{1}{\sqrt{x}\cdot\sqrt{1-x}}\mathrm{d}x=2\int \frac{1}{\sqrt{1-(\sqrt{x})^2}}\mathrm{d}(\sqrt{x})=2\arcsin\sqrt{x}+C.$

(2) 原式 $=\int \frac{\mathrm{d}(\ln x)}{1+\ln x}=\int \frac{\mathrm{d}(\ln x+1)}{1+\ln x}=\ln|1+\ln x|+C.$

(3) 原式 $=\int \frac{\mathrm{d}x}{2\sin x\cos x+2\sin x}=\int \frac{\mathrm{d}x}{2\sin x(\cos x+1)}=\int \frac{\mathrm{d}x}{4\cdot\sin\frac{x}{2}\cos\frac{x}{2}\cdot 2\cos^2\frac{x}{2}}$

$$=\int \frac{2\mathrm{d}\left(\frac{x}{2}\right)}{8\sin\frac{x}{2}\cos^3\frac{x}{2}}=\frac{1}{4}\int \frac{\mathrm{d}\left(\tan\frac{x}{2}\right)}{\tan\frac{x}{2}\cos^2\frac{x}{2}}=\frac{1}{4}\int \frac{\sec^2\frac{x}{2}}{\tan\frac{x}{2}}\mathrm{d}\left(\tan\frac{x}{2}\right)$$

$$=\frac{1}{4}\int \frac{1+\tan^2\frac{x}{2}}{\tan\frac{x}{2}}\mathrm{d}\left(\tan\frac{x}{2}\right)=\frac{1}{4}\int\left(\frac{1}{\tan\frac{x}{2}}+\tan\frac{x}{2}\right)\mathrm{d}\left(\tan\frac{x}{2}\right)$$

$$=\frac{1}{8}\tan^2\frac{x}{2}+\frac{1}{4}\ln\left|\tan\frac{x}{2}\right|+C.$$

(4) 令 $\sqrt{\mathrm{e}^x-1}=t$，则 $x=\ln(1+t^2)$，$\mathrm{d}x=\frac{2t}{1+t^2}\mathrm{d}t.$

原式 $=\int \frac{\ln(1+t^2)\cdot(1+t^2)}{t}\cdot\frac{2t}{1+t^2}\mathrm{d}t=2\int \ln(1+t^2)\mathrm{d}t$

$$=2t\ln(1+t^2)-2\int t\cdot\frac{2t}{1+t^2}\mathrm{d}t=2t\ln(1+t^2)-4\int \frac{t^2+1-1}{1+t^2}\mathrm{d}t$$

$$=2t\ln(1+t^2)-4\int\left(1-\frac{1}{1+t^2}\right)\mathrm{d}t=2t\ln(1+t^2)-4t+4\arctan t+C$$

$$=2x\sqrt{\mathrm{e}^x-1}-4\sqrt{\mathrm{e}^x-1}+4\arctan\sqrt{\mathrm{e}^x-1}+C.$$

(5) ▶ **方法一**

$$\text{原式}=\int\frac{-\mathrm{d}\left(\frac{1}{x}\right)}{\sqrt{2x-4}}=-\frac{1}{x\sqrt{2x-4}}+\int\frac{1}{x}\mathrm{d}\left(\frac{1}{\sqrt{2x-4}}\right)=-\frac{1}{x\sqrt{2x-4}}-\int\frac{1}{x\sqrt{(2x-4)^3}}\mathrm{d}x.$$

令 $\sqrt{2x-4}=t$,则 $x=\frac{t^2+4}{2}$, $\mathrm{d}x=t\mathrm{d}t$.

$$\text{原式}=-\frac{1}{\frac{t^2+4}{2}\cdot t}-\int\frac{t}{\frac{t^2+4}{2}\cdot t^3}\mathrm{d}t=-\frac{1}{t\cdot\frac{t^2+4}{2}}-\int\frac{2}{t^2(t^2+4)}\mathrm{d}t$$

$$=-\frac{1}{t\cdot\frac{t^2+4}{2}}-\frac{1}{2}\int\left(\frac{1}{t^2}-\frac{1}{t^2+4}\right)\mathrm{d}t=-\frac{1}{t\cdot\frac{t^2+4}{2}}+\frac{1}{2t}+\frac{1}{8}\int\frac{1}{\left(\frac{t}{2}\right)^2+1}\mathrm{d}t$$

$$=-\frac{1}{t\cdot\frac{t^2+4}{2}}+\frac{1}{2t}+\frac{1}{4}\arctan\frac{t}{2}+C=-\frac{1}{x\sqrt{2x-4}}+\frac{1}{2\sqrt{2x-4}}+\frac{1}{4}\arctan\frac{\sqrt{2x-4}}{2}+C$$

$$=-\frac{2}{2x\sqrt{2x-4}}+\frac{x}{2x\sqrt{2x-4}}+\frac{1}{4}\arctan\frac{\sqrt{2x-4}}{2}+C$$

$$=\frac{x-2}{2x\sqrt{2x-4}}+\frac{1}{4}\arctan\frac{\sqrt{2x-4}}{2}+C=\frac{(x-2)\sqrt{2x-4}}{2x(2x-4)}+\frac{1}{4}\arctan\frac{\sqrt{2x-4}}{2}+C$$

$$=\frac{\sqrt{2x-4}}{4x}+\frac{1}{4}\arctan\frac{\sqrt{2x-4}}{2}+C$$

▶ **方法二**

令 $\sqrt{2x-4}=t$, 则 $x=\frac{t^2+4}{2}$, $\mathrm{d}x=t\mathrm{d}t$.

$$\text{原式}=\int\frac{1}{\left(\frac{t^2+4}{2}\right)^2\cdot t}\cdot t\mathrm{d}t=\int\frac{4}{(t^2+4)^2}\mathrm{d}t.$$

令 $t=2\tan u$,则 $\mathrm{d}t=2\sec^2u\mathrm{d}u$.

$$\text{原式}=\int\frac{4}{(4\tan^2u+4)^2}\cdot2\sec^2u\mathrm{d}u=\int\frac{4}{(4\sec^2u)^2}\cdot2\sec^2u\mathrm{d}u$$

$$=\int\frac{1}{2\sec^2u}\mathrm{d}u=\frac{1}{2}\int\cos^2u\mathrm{d}u=\frac{1}{2}\int\frac{1+\cos2u}{2}\mathrm{d}u$$

$$=\frac{1}{4}u+\frac{1}{8}\sin2u+C=\frac{1}{4}\arctan\frac{t}{2}+\frac{1}{8}\cdot2\frac{t}{\sqrt{4+t^2}}\cdot\frac{2}{\sqrt{4+t^2}}+C$$

$$=\frac{1}{4}\arctan\frac{t}{2}+\frac{t}{2(4+t^2)}+C=\frac{1}{4}\arctan\frac{\sqrt{2x-4}}{2}+\frac{\sqrt{2x-4}}{2(4+2x-4)}+C$$

$$=\frac{1}{4}\arctan\frac{\sqrt{2x-4}}{2}+\frac{\sqrt{2x-4}}{4x}+C.$$

(6) $\text{原式}=\int\frac{\mathrm{d}x}{\mathrm{e}^x+\frac{1}{\mathrm{e}^x}}=\int\frac{\mathrm{e}^x}{(\mathrm{e}^x)^2+1}\mathrm{d}x=\int\frac{\mathrm{d}(\mathrm{e}^x)}{(\mathrm{e}^x)^2+1}=\arctan\mathrm{e}^x+C.$

(7) 令 $x=\tan t$,则 $dx=\sec^2 t dt$.

原式 $=\int \frac{\tan^3 t}{\sec t}\cdot \sec^2 t dt=\int \sec t\tan^3 t dt=\int \tan^2 t d(\sec t)=\int (\sec^2 t-1)d(\sec t)$

$=\frac{1}{3}\sec^3 t-\sec t+C=\frac{1}{3}(1+x^2)^{\frac{3}{2}}-(1+x^2)^{\frac{1}{2}}+C.$

(8) 原式 $=x\ln x-\int x d(\ln x)=x\ln x-\int x\cdot \frac{1}{x}dx=x\ln x-x+C.$

(9) 原式 $=x\sin(\ln x)-\int x d[\sin(\ln x)]=x\sin(\ln x)-\int x\cdot \cos(\ln x)\cdot \frac{1}{x}dx$

$=x\sin(\ln x)-\int \cos(\ln x)dx=x\sin(\ln x)-x\cos(\ln x)+\int x d[\cos(\ln x)]$

$=x\sin(\ln x)-x\cos(\ln x)-\int \sin(\ln x)dx,$

整理得 $2\int \sin(\ln x)dx=x\sin(\ln x)-x\cos(\ln x)+C,$

$\int \sin(\ln x)dx=\frac{1}{2}x\sin(\ln x)-\frac{1}{2}x\cos(\ln x)+C.$

(10) $f(x)=[\ln(1+x^2)]'=\frac{2x}{1+x^2}$, $\int f(x)dx=\ln(1+x^2)+C$,

$\int x f'(x)dx=\int x d[f(x)]=xf(x)-\int f(x)dx=\frac{2x^2}{1+x^2}-\ln(1+x^2)+C.$

考点三　定积分计算

思路点拨

定积分计算的前期与不定积分计算本质上是相同的,但定积分的结果是一个数,最后要用牛顿-莱布尼茨公式确定积分值,且不用回代变量. 但需要注意变量代换时,积分上、下限也要做相应变换.

牛顿-莱布尼茨公式:$\int_a^b f(x)dx=F(x)\Big|_a^b=F(b)-F(a)$.

注意以下几点:

(1) 被积函数 $f(x)$ 在对称区间的奇偶性,简化计算.

另:①奇×奇=偶;　②奇×偶=奇;　③奇+奇=奇;　④偶+偶=偶.

(2) 被积函数 $|f(x)|$ 的绝对值的拆分方法.

$\int_a^b \sqrt[2n]{f(x)^{2n}}dx=\int_a^b |f(x)|dx$,再拆绝对值.

(3) 分段函数 $f(x)=\begin{cases} f_1(x), & x\leq c, \\ f_2(x), & x>c, \end{cases}$ $\int_a^b f(x)dx=\int_a^c f_1(x)dx+\int_c^b f_2(x)dx.$

(4) 变限积分在极限计算中出现,考虑是否满足洛必达法则使用条件.

例 1　(1) $\int_{-1}^{1}x^2\sqrt{1-x^2}\mathrm{d}x$；　(2) $\int_{-1}^{1}\frac{x+1}{1+\sqrt[3]{x^2}}\mathrm{d}x$；　(3) $\int_{0}^{\pi}\sqrt{\sin^2x-\sin^4x}\mathrm{d}x$；

(4) $\int_{1}^{e^2}\frac{1}{\sqrt{x}}(\ln x)^2\mathrm{d}x$；　(5) $\int_{\frac{\pi}{4}}^{\frac{\pi}{2}}\frac{x}{\sin^2x}\mathrm{d}x$；　(6) $\int_{0}^{+\infty}\mathrm{e}^{1-2x}\mathrm{d}x$；

(7) 设 $f(x)=\begin{cases}\frac{1}{1-x}, & x\leqslant 0,\\ \cos x, & x>0,\end{cases}$ 求 $\int_{0}^{2}f(x-1)\mathrm{d}x$；

(8) 设 $f(2x+1)=x^2\mathrm{e}^x$，求 $\int_{1}^{3}f(x)\mathrm{d}x$；

(9) $\lim\limits_{x\to 2}\frac{\int_{2}^{x}\mathrm{e}^{(2-t)^2}\mathrm{d}t}{2-x}$；

(10) 已知 $f\left(\frac{\pi}{2}\right)=1$，且 $\int_{0}^{\frac{\pi}{2}}[f(x)+f''(x)]\cos x\mathrm{d}x=2$，求曲线 $y=f(x)$ 在点 $(0,f(0))$ 处的切线斜率.

解　(1) 令 $x=\sin t$，则 $\mathrm{d}x=\cos t\mathrm{d}t$，$x\in[0,1]$，$t\in\left[0,\frac{\pi}{2}\right]$.

$$\text{原式}=2\int_{0}^{1}x^2\sqrt{1-x^2}\mathrm{d}x=2\int_{0}^{\frac{\pi}{2}}\sin^2t\cdot\cos t\cdot\cos t\mathrm{d}t=2\int_{0}^{\frac{\pi}{2}}\sin^2t(1-\sin^2t)\mathrm{d}t$$

$$=2\int_{0}^{\frac{\pi}{2}}\sin^2t\mathrm{d}t-2\int_{0}^{\frac{\pi}{2}}\sin^4t\mathrm{d}t=\int_{0}^{\frac{\pi}{2}}(1-\cos 2t)\mathrm{d}t-\frac{1}{2}\int_{0}^{\frac{\pi}{2}}(1-\cos 2t)^2\mathrm{d}t$$

$$=\left(t-\frac{1}{2}\sin 2t\right)\Big|_{0}^{\frac{\pi}{2}}-\frac{1}{2}\int_{0}^{\frac{\pi}{2}}(1-2\cos 2t+\cos^2 2t)\mathrm{d}t$$

$$=\frac{\pi}{2}-\left(\frac{t}{2}-\frac{1}{2}\sin 2t\right)\Big|_{0}^{\frac{\pi}{2}}-\frac{1}{2}\int_{0}^{\frac{\pi}{2}}\frac{1+\cos 2t}{2}\mathrm{d}t$$

$$=\frac{\pi}{2}-\frac{\pi}{4}-\frac{1}{4}\left(t+\frac{1}{2}\sin 2t\right)\Big|_{0}^{\frac{\pi}{2}}=\frac{\pi}{4}-\frac{\pi}{8}=\frac{\pi}{8}.$$

注解：此处也可用华里士公式快速得出定积分结果.

$$\int_{0}^{\frac{\pi}{2}}\sin^n x\mathrm{d}x=\begin{cases}\frac{n-1}{n}\times\frac{n-3}{n-2}\times\cdots\times\frac{2}{3}\times 1, & n\text{ 为大于 1 的奇数},\\ \frac{n-1}{n}\times\frac{n-3}{n-2}\times\cdots\times\frac{1}{2}\cdot\frac{\pi}{2}, & n\text{ 为正偶数}.\end{cases}$$

$\int_{0}^{\frac{\pi}{2}}\sin^2x\mathrm{d}x=\frac{1}{2}\cdot\frac{\pi}{2}=\frac{\pi}{4}$，　　$\int_{0}^{\frac{\pi}{2}}\sin^4x\mathrm{d}x=\frac{3}{4}\cdot\frac{1}{2}\cdot\frac{\pi}{2}=\frac{3}{16}\pi$.

(2) 原式 $=\int_{-1}^{1}\frac{x}{1+\sqrt[3]{x^2}}\mathrm{d}x+\int_{-1}^{1}\frac{1}{1+\sqrt[3]{x^2}}\mathrm{d}x=0+2\int_{0}^{1}\frac{1}{1+\sqrt[3]{x^2}}\mathrm{d}x$

令 $x=t^3$（也可令 $\sqrt[3]{x^2}=t$），则 $\mathrm{d}x=3t^2\mathrm{d}t$，$x\in[0,1]$，$t\in[0,1]$.

$$原式=2\int_0^1\frac{1}{1+t^2}\cdot 3t^2\mathrm{d}t=6\int_0^1\frac{t^2+1-1}{1+t^2}\mathrm{d}t=6\int_0^1\left(1-\frac{1}{1+t^2}\right)\mathrm{d}t=6(t-\arctan t)\Big|_0^1$$

$$=6-\frac{3}{2}\pi.$$

(3) $$原式=\int_0^{\pi}\sqrt{\sin^2x(1-\sin^2x)}\,\mathrm{d}x=\int_0^{\pi}\sqrt{\sin^2x\cos^2x}\,\mathrm{d}x$$

$$=\int_0^{\pi}|\sin x|\cdot|\cos x|\,\mathrm{d}x=\int_0^{\frac{\pi}{2}}\sin x\cos x\mathrm{d}x+\int_{\frac{\pi}{2}}^{\pi}\sin x\cdot(-\cos x)\mathrm{d}x$$

$$=\frac{1}{2}\int_0^{\frac{\pi}{2}}\sin 2x\mathrm{d}x-\frac{1}{2}\int_{\frac{\pi}{2}}^{\pi}\sin 2x\mathrm{d}x=-\frac{1}{4}\cos 2x\Big|_0^{\frac{\pi}{2}}+\frac{1}{4}\cos 2x\Big|_{\frac{\pi}{2}}^{\pi}=1.$$

(4) $$原式=2\int_1^{e^2}\ln^2x\mathrm{d}(\sqrt{x})=2\left(\sqrt{x}\ln^2x\Big|_1^{e^2}-\int_1^{e^2}\sqrt{x}\cdot 2\ln x\cdot\frac{1}{x}\mathrm{d}x\right)$$

$$=8e-4\int_1^{e^2}\frac{1}{\sqrt{x}}\cdot\ln x\mathrm{d}x=8e-8\int_1^{e^2}\ln x\mathrm{d}(\sqrt{x})=8e-8\left(\sqrt{x}\ln x\Big|_1^{e^2}-\int_1^{e^2}\sqrt{x}\cdot\frac{1}{x}\mathrm{d}x\right)$$

$$=8e-16e+8\int_1^{e^2}\frac{1}{\sqrt{x}}\mathrm{d}x=-8e+16\sqrt{x}\Big|_1^{e^2}=8e-16.$$

(5) $$原式=\int_{\frac{\pi}{4}}^{\frac{\pi}{2}}x\csc^2x\mathrm{d}x=-\int_{\frac{\pi}{4}}^{\frac{\pi}{2}}x\mathrm{d}(\cot x)$$

$$=-x\cot x\Big|_{\frac{\pi}{4}}^{\frac{\pi}{2}}+\int_{\frac{\pi}{4}}^{\frac{\pi}{2}}\cot x\mathrm{d}x=\frac{\pi}{4}+\ln(\sin x)\Big|_{\frac{\pi}{4}}^{\frac{\pi}{2}}=\frac{\pi}{4}-\ln\frac{\sqrt{2}}{2}=\frac{\pi}{4}+\ln\sqrt{2}.$$

(6) $$原式=-\frac{1}{2}\int_0^{+\infty}e^{1-2x}\mathrm{d}(1-2x)=-\frac{1}{2}e^{1-2x}\Big|_0^{+\infty}=\lim_{x\to+\infty}\left(-\frac{1}{2}e^{1-2x}\right)+\frac{1}{2}e=\frac{1}{2}e.$$

(7) 令 $x-1=t$, $x\in[0,2]$, 则 $t\in[-1,1]$.

$$\int_0^2 f(x-1)\mathrm{d}x=\int_{-1}^1 f(t)\mathrm{d}t=\int_{-1}^0\frac{1}{1-t}\mathrm{d}t+\int_0^1\cos t\mathrm{d}t=-\ln(1-t)\Big|_{-1}^0+\sin t\Big|_0^1$$

$$=\ln 2+\sin 1.$$

(8) 已知 $f(2x+1)=x^2e^x$, 令 $2x+1=t$, 则 $x=\frac{t-1}{2}$, 于是 $f(t)=\left(\frac{t-1}{2}\right)^2e^{\frac{t-1}{2}}$,

所以 $f(x)=\frac{1}{4}(x-1)^2e^{\frac{x-1}{2}}$, $\int_1^3 f(x)\mathrm{d}x=\int_1^3\frac{1}{4}(x-1)^2e^{\frac{x-1}{2}}\mathrm{d}x.$

令 $\frac{x-1}{2}=u$, 则 $x=2u+1$, $\mathrm{d}x=2\mathrm{d}u$, $x\in[1,3]$, $u\in[0,1]$.

$$\int_1^3 f(x)\mathrm{d}x=2\int_0^1u^2e^u\mathrm{d}u=2\int_0^1u^2\mathrm{d}e^u=2u^2e^u\Big|_0^1-2\int_0^1e^u\cdot 2u\mathrm{d}u$$

$$=2e-4ue^u\Big|_0^1+4\int_0^1e^u\mathrm{d}u=2e-4e+4e^u\Big|_0^1=2e-4.$$

(9) $$原式\overset{\frac{0}{0}}{=}\lim_{x\to2}\frac{e^{(2-x)^2}}{-1}=-1.$$

$$(10)\int_0^{\frac{\pi}{2}}[f(x)+f''(x)]\cos x\mathrm{d}x=\int_0^{\frac{\pi}{2}}f(x)\cos x\mathrm{d}x+\int_0^{\frac{\pi}{2}}\cos x\mathrm{d}[f'(x)]$$

$$=\int_0^{\frac{\pi}{2}}f(x)\cos x\mathrm{d}x+f'(x)\cos x\Big|_0^{\frac{\pi}{2}}+\int_0^{\frac{\pi}{2}}f'(x)\sin x\mathrm{d}x$$

$$=\int_0^{\frac{\pi}{2}}f(x)\cos x\mathrm{d}x-f'(0)+\int_0^{\frac{\pi}{2}}\sin x\mathrm{d}[f(x)]$$

$$=\int_0^{\frac{\pi}{2}}f(x)\cos x\mathrm{d}x-f'(0)+\sin xf(x)\Big|_0^{\frac{\pi}{2}}-\int_0^{\frac{\pi}{2}}f(x)\cos x\mathrm{d}x$$

$$=-f'(0)+f\left(\frac{\pi}{2}\right),$$

由题得 $-f'(0)+f\left(\frac{\pi}{2}\right)=-f'(0)+1=2$,

所以 $f'(0)=-1$，即 $y=f(x)$ 在点 $(0,f(0))$ 处的切线斜率为 -1.

考点四　定积分的应用

思路点拨

在专转本数学考试中，至少有一道综合题会考定积分求平面图形的面积和旋转体的体积.

解题步骤：

(1) 画草图，求交点；

(2) 分析图形特点(如左右型、上下型、图形是否需要切割等)，选择积分变量，列表达式；

① 面积 $\begin{cases}\text{上下型 } A=\int_a^b[f_{上}(x)-g_{下}(x)]\mathrm{d}x;\\ \text{左右型 } A=\int_c^d[\varphi_{右}(y)-\omega_{左}(y)]\mathrm{d}y.\end{cases}$

② 体积 $\begin{cases}\text{绕 } x \text{ 轴旋转 } V_x=\pi\int_a^b[f_{上}^2(x)-g_{下}^2(x)]\mathrm{d}x;\\ \text{绕 } y \text{ 轴旋转 } V_y=\pi\int_c^d[\varphi_{右}^2(y)-\omega_{左}^2(y)]\mathrm{d}y.\end{cases}$

(3) 计算.

例 1　(1) 求曲线 $y=\sin x$, $y=\cos x$ 及直线 $x=0$, $x=\frac{\pi}{2}$ 所围成的平面图形面积.

(2) (2020 年)设平面图形 D 由曲线 $y=\mathrm{e}^x$ 与其在点 $(0,1)$ 处的法线及直线 $x=1$ 所围成.
试求：① 平面图形的面积；

② 该平面图形绕 x 轴旋转一周所形成的旋转体的体积.

(3) (2019 年)设 $f(x)$ 为定义在 $[0,+\infty)$ 上的单调可导函数，曲线 C: $y=f(x)$ 通过点 $(0,0)$ 及 $(1,1)$，过曲线 C 上任一点 $M(x,y)$ 分别作垂直于 x 轴的直线 l_x 和垂直于 y 轴的直线

l_y，曲线 C 与直线 l_x 及 x 轴围成的平面图形的面积记为 S_1，曲线 C 与直线 l_y 及 y 轴围成的平面图形的面积记为 S_2，已知 $S_1=2S_2$.

试求：① 曲线 C 的方程；

② 曲线 C 与直线 $y=x$ 所围成的平面图形绕 x 轴旋转一周所形成的旋转体的体积.

(4) 设平面图形 D 由 $x^2+y^2\leqslant 2x$ 与 $y\geqslant x$ 所围成.

试求：① 平面图形 D 的面积；

② 该平面图形 D 分别绕 x 轴和 y 轴旋转一周所形成的旋转体的体积.

(5) 设曲线 $y=x^2(x\geqslant 0)$，直线 $y=a^2(0<a<1)$ 与 y 轴所围成的平面图形绕 x 轴旋转一周所形成的旋转体的体积记为 $V_1(a)$，由抛物线 $y=x^2(x\geqslant 0)$，直线 $y=a^2(0<a<1)$ 与直线 $x=1$ 所围成的平面图形绕 x 轴旋转一周所形成的旋转体的体积记为 $V_2(a)$，另 $V(a)=V_1(a)+V_2(a)$，试求常数 a 的值，使 $V(a)$ 取最小值.

解 (1) 由 $\begin{cases}y=\sin x,\\ y=\cos x\end{cases}$ 得两曲线在 $x\in\left[0,\frac{\pi}{2}\right]$ 内的交点为 $\left(\frac{\pi}{4},\frac{\sqrt{2}}{2}\right)$（图 3-20），

$$S=\int_0^{\frac{\pi}{4}}(\cos x-\sin x)\mathrm{d}x+\int_{\frac{\pi}{4}}^{\frac{\pi}{2}}(\sin x-\cos x)\mathrm{d}x=(\sin x+\cos x)\Big|_0^{\frac{\pi}{4}}+(-\cos x-\sin x)\Big|_{\frac{\pi}{4}}^{\frac{\pi}{2}}$$
$$=2\sqrt{2}-2.$$

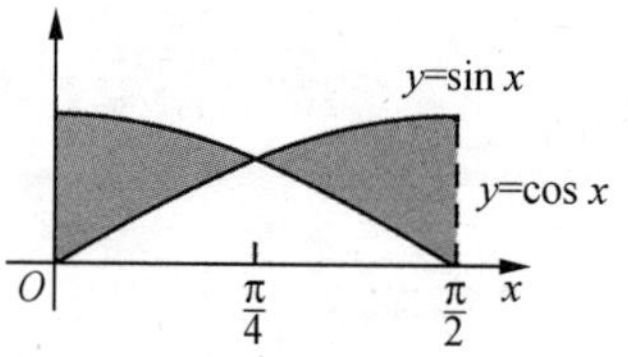

图 3-20

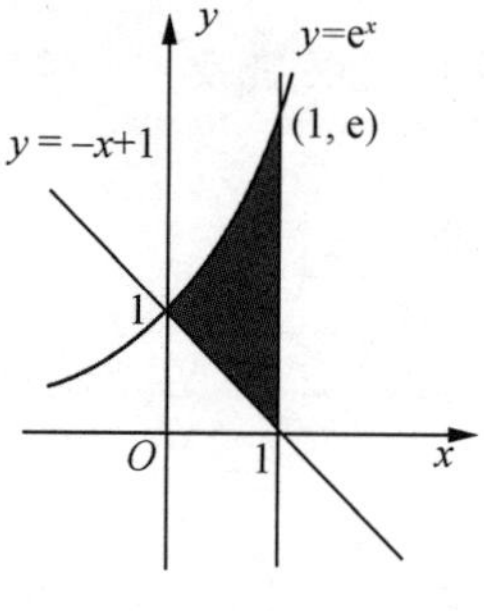

图 3-21

(2) ① $y'=\mathrm{e}^x$，$y'(0)=1$，则法线斜率为 $-\frac{1}{y'(0)}=-1$，法线方程：$y-1=-x$ 即 $y=-x+1$（图 3-21）.

$$S_D=\int_0^1(\mathrm{e}^x+x-1)\mathrm{d}x=\left(\mathrm{e}^x+\frac{1}{2}x^2-x\right)\Big|_0^1=\mathrm{e}-\frac{3}{2}.$$

② $V_x=\int_0^1\pi(\mathrm{e}^x)^2\mathrm{d}x-\frac{1}{3}\pi\cdot 1\cdot 1^2=\frac{\pi}{2}\mathrm{e}^{2x}\Big|_0^1-\frac{\pi}{3}=\frac{\pi}{2}(\mathrm{e}^2-1)-\frac{\pi}{3}=\frac{\pi}{2}\mathrm{e}^2-\frac{5}{6}\pi.$

(3) ① $S_1=\int_0^x f(t)\mathrm{d}t$，$S_2=xf(x)-S_1$.

由 $S_1=2S_2$，$S_1=2xf(x)-2S_1$，即 $3S_1=2xf(x)$，

得 $3\int_0^x f(t)\mathrm{d}t=2xf(x)$，等式两边同时对 x 求导得 $3f(x)=2f(x)+2xf'(x)$，所以 $f(x)=2xf'(x)$，

即 $y=2xy'$，所以 $2x\dfrac{\mathrm{d}y}{\mathrm{d}x}=y$，即 $\dfrac{1}{y}\mathrm{d}y=\dfrac{1}{2x}\mathrm{d}x$，等式两边同时积分得

$$\int\frac{1}{y}\mathrm{d}y=\int\frac{1}{2x}\mathrm{d}x,$$

从而有
$$\ln|y|=\frac{1}{2}\ln|x|+C,$$

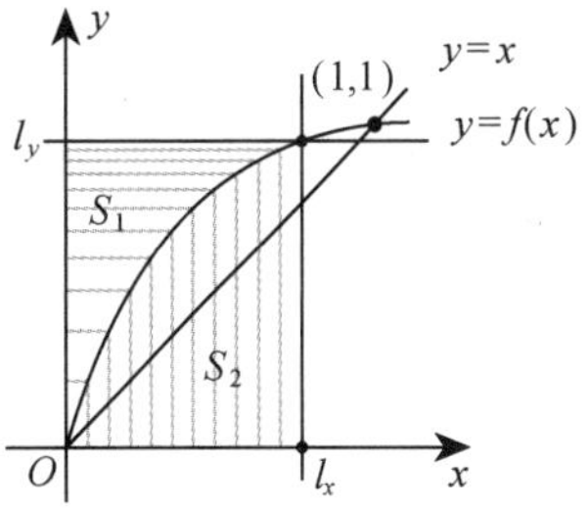

图 3-22

将（1，1）代入上式得 $C=0$，所以 $\ln|y|=\dfrac{1}{2}\ln|x|$，即曲线 C 的方程为 $y=\sqrt{x}$.

② $V_x=\pi\int_0^1(\sqrt{x})^2\mathrm{d}x-\pi\int_0^1x^2\mathrm{d}x=\dfrac{\pi}{2}x^2\Big|_0^1-\dfrac{\pi}{3}x^3\Big|_0^1=\dfrac{\pi}{6}$.

（4）①由 $\begin{cases}x^2+y^2=2x,\\ y=x\end{cases}$ 解得两曲线交点为（0，0），（1,1）（图 3-23），

$$S_D=\int_0^1(\sqrt{2x-x^2}-x)\mathrm{d}x,$$

或
$$S_D=\int_0^1[y-(1-\sqrt{1-y^2})]\mathrm{d}y.$$

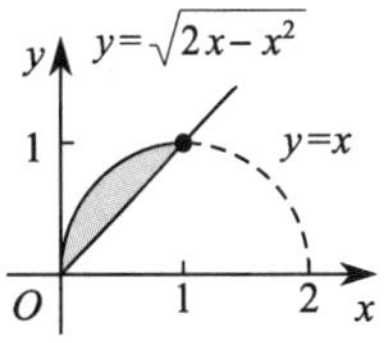

图 3-23

为计算简便采用第二种左右型式子：

$$S_D=\int_0^1[y-(1-\sqrt{1-y^2})]\mathrm{d}y=\int_0^1(y-1)\mathrm{d}y+\int_0^1\sqrt{1-y^2}\mathrm{d}y=\left(\frac{1}{2}y^2-y\right)\Bigg|_0^1+\frac{\pi}{4}=\frac{\pi}{4}-\frac{1}{2}.$$

② $V_x=\pi\int_0^1(2x-x^2)\mathrm{d}x-\dfrac{1}{3}\pi\cdot1^2\cdot1=\pi\left(x^2-\dfrac{1}{3}x^3\right)\Bigg|_0^1-\dfrac{\pi}{3}=\dfrac{2\pi}{3}-\dfrac{\pi}{3}=\dfrac{\pi}{3}$,

$$V_y=\frac{1}{3}\pi\cdot1^2\cdot1-\pi\int_0^1(1-\sqrt{1-y^2})^2\mathrm{d}y=\frac{1}{3}\pi-\pi\int_0^1(1-2\sqrt{1-y^2}+1-y^2)\mathrm{d}y$$

$$=\frac{\pi}{3}-\pi\int_0^1(2-y^2)\mathrm{d}y+\pi\int_0^12\sqrt{1-y^2}\mathrm{d}y=\frac{\pi}{3}-\pi\left(2y-\frac{1}{3}y^3\right)\Bigg|_0^1+2\pi\cdot\frac{\pi}{4}=\frac{\pi^2}{2}-\frac{4\pi}{3}.$$

（5）$V_1(a)=\pi\int_0^a(a^2)^2\mathrm{d}x-\pi\int_0^a(x^2)^2\mathrm{d}x=\dfrac{4}{5}\pi a^5$,

$V_2(a)=\pi\int_a^1(x^2)^2\mathrm{d}x-\pi\int_a^1(a^2)^2\mathrm{d}x=\dfrac{\pi}{5}(1-5a^4+4a^5)$,

$V(a)=V_1(a)+V_2(a)=\dfrac{\pi}{5}(1-5a^4+8a^5)(0<a<1)$,

$V'(a)=4a^3(2a-1)\pi$.

令 $V'(a)=0$，得 $a=\dfrac{1}{2}$ 或 0（舍去）.

当 $0<a<\dfrac{1}{2}$ 时，$V'(a)<0$；当 $\dfrac{1}{2}<a<1$ 时，$V'(a)>0$.

所以 $V\left(\frac{1}{2}\right)$ 为极小值也是最小值，当 $a=\frac{1}{2}$ 时，$V(a)=\frac{3}{16}\pi$.

考点五　积分的证明

思路点拨

目前专转本考试中与积分证明有关的知识点有不定积分的分部积分法与微分方程结合，定积分的换元、区间可加性，上下限位置变换，以及变限积分的求导.

例 1　(1) 证明 $\int_0^{\pi} xf(\sin x)\mathrm{d}x=\frac{\pi}{2}\int_0^{\pi} f(\sin x)\mathrm{d}x$，并利用此等式求 $\int_0^{\pi}\frac{x\sin x}{1+\cos^2 x}\mathrm{d}x$.

(2) 设 $f(x)=\begin{cases}\dfrac{\int_0^x g(t)\mathrm{d}t}{x^2}, & x\neq 0,\\ g(0), & x=0,\end{cases}$ 其中函数 g 在 $(-\infty,+\infty)$ 上连续，且 $\lim\limits_{x\to 0}\frac{g(x)}{1-\cos x}=3$，

证明函数 f 在 $x=0$ 处可导且 $f'(0)=\frac{1}{2}$.

(3) 证明：$\frac{\pi}{9}\leqslant\int_{\frac{1}{\sqrt{3}}}^{\sqrt{3}} x\arctan x\mathrm{d}x\leqslant\frac{2}{3}\pi$.

(4)（2017 年）设函数 $f(x)$ 在闭区间 $[-a,a]$ 上连续，且 $f(x)$ 为奇函数.

证明：① $\int_{-a}^{0} f(x)\mathrm{d}x=-\int_0^a f(x)\mathrm{d}x$；

② $\int_{-a}^{a} f(x)\mathrm{d}x=0$.

证明 (1) 令 $t=\pi-x$，则 $\mathrm{d}x=-\mathrm{d}t$. 当 $x=0$ 时，$t=\pi$；当 $x=\pi$ 时，$t=0$.

$$\begin{aligned}\int_0^{\pi} xf(\sin x)\mathrm{d}x&=-\int_{\pi}^{0}(\pi-t)f[\sin(\pi-t)]\mathrm{d}t=\int_0^{\pi}(\pi-t)f(\sin t)\mathrm{d}t\\&=\pi\int_0^{\pi} f(\sin t)\mathrm{d}t-\int_0^{\pi} tf(\sin t)\mathrm{d}t=\pi\int_0^{\pi} f(\sin x)\mathrm{d}x-\int_0^{\pi} xf(\sin x)\mathrm{d}x,\end{aligned}$$

即
$$2\int_0^{\pi} xf(\sin x)\mathrm{d}x=\pi\int_0^{\pi} f(\sin x)\mathrm{d}x,$$

所以
$$\int_0^{\pi} xf(\sin x)\mathrm{d}x=\frac{\pi}{2}\int_0^{\pi} f(\sin x)\mathrm{d}x.$$

利用此结论得

$$\int_0^{\pi}\frac{x\sin x}{1+\cos^2 x}\mathrm{d}x=\frac{\pi}{2}\int_0^{\pi}\frac{\sin x}{1+\cos^2 x}\mathrm{d}x=-\frac{\pi}{2}\int_0^{\pi}\frac{\mathrm{d}(\cos x)}{1+\cos^2 x}=-\frac{\pi}{2}\arctan(\cos x)\Big|_0^{\pi}=\frac{\pi^2}{4}.$$

(2) 因为 $\lim\limits_{x\to 0}\frac{g(x)}{1-\cos x}=3$，$\lim\limits_{x\to 0}(1-\cos x)=0$，所以 $\lim\limits_{x\to 0} g(x)=0$.

又因为 $g(x)$ 在 $(-\infty,+\infty)$ 上连续，所以 $g(0)=\lim\limits_{x\to 0} g(x)=0$.

$$f'(0)=\lim_{x\to 0}\frac{f(x)-f(0)}{x-0}=\lim_{x\to 0}\frac{\dfrac{\int_0^x g(t)\mathrm{d}t}{x^2}-0}{x}=\lim_{x\to 0}\frac{\int_0^x g(t)\mathrm{d}t}{x^3}\overset{\frac{0}{0}}{=}\lim_{x\to 0}\frac{g(x)}{3x^2}.$$

因为 $\lim\limits_{x\to 0}\dfrac{g(x)}{1-\cos x}=3$，所以当 $x\to 0$ 时，$g(x)\sim 3(1-\cos x)$.

$$f'(0)=\lim_{x\to 0}\frac{g(x)}{3x^2}=\lim_{x\to 0}\frac{3(1-\cos x)}{3x^2}=\lim_{x\to 0}\frac{\frac{1}{2}x^2}{x^2}=\frac{1}{2}.$$

综上，函数 f 在 $x=0$ 处可导且 $f'(0)=\dfrac{1}{2}$.

(3) 令 $f(x)=x\arctan x$，$x\in\left[\dfrac{1}{\sqrt{3}},\sqrt{3}\right]$，则

$$f'(x)=\arctan x+\frac{x}{1+x^2}.$$

当 $x\in\left[\dfrac{1}{\sqrt{3}},\sqrt{3}\right]$ 时，$f'(x)>0$，即 $f(x)$ 是单调递增函数.

因为 $f\left(\dfrac{1}{\sqrt{3}}\right)\leqslant f(x)\leqslant f(\sqrt{3})$，即 $\dfrac{\pi}{6\sqrt{3}}\leqslant f(x)\leqslant\dfrac{\sqrt{3}}{3}\pi$，

由定积分估值定理得 $\dfrac{\pi}{6\sqrt{3}}\cdot\left(\sqrt{3}-\dfrac{1}{\sqrt{3}}\right)\leqslant\int_{\frac{1}{\sqrt{3}}}^{\sqrt{3}}x\arctan x\mathrm{d}x\leqslant\dfrac{\sqrt{3}}{3}\pi\left(\sqrt{3}-\dfrac{1}{\sqrt{3}}\right)$，

即 $\dfrac{\pi}{9}\leqslant\int_{\frac{1}{\sqrt{3}}}^{\sqrt{3}}x\arctan x\mathrm{d}x\leqslant\dfrac{2}{3}\pi$.

(4) ① 因为 $f(x)$ 为奇函数，且在 $[-a,a]$ 上连续，所以 $f(x)=-f(-x)$.
令 $x=-t$，$\mathrm{d}x=-\mathrm{d}t$，当 $x=-a$ 时，$t=a$；当 $x=0$ 时，$t=0$.

$$\int_{-a}^0 f(x)\mathrm{d}x=-\int_a^0 f(-t)\mathrm{d}t=\int_0^a f(-t)\mathrm{d}t=-\int_0^a f(t)\mathrm{d}t=-\int_0^a f(x)\mathrm{d}x.$$

② $\int_{-a}^a f(x)\mathrm{d}x=\int_{-a}^0 f(x)\mathrm{d}x+\int_0^a f(x)\mathrm{d}x=-\int_0^a f(x)\mathrm{d}x+\int_0^a f(x)\mathrm{d}x=0.$

第四章　多元函数微积分学

知识框架

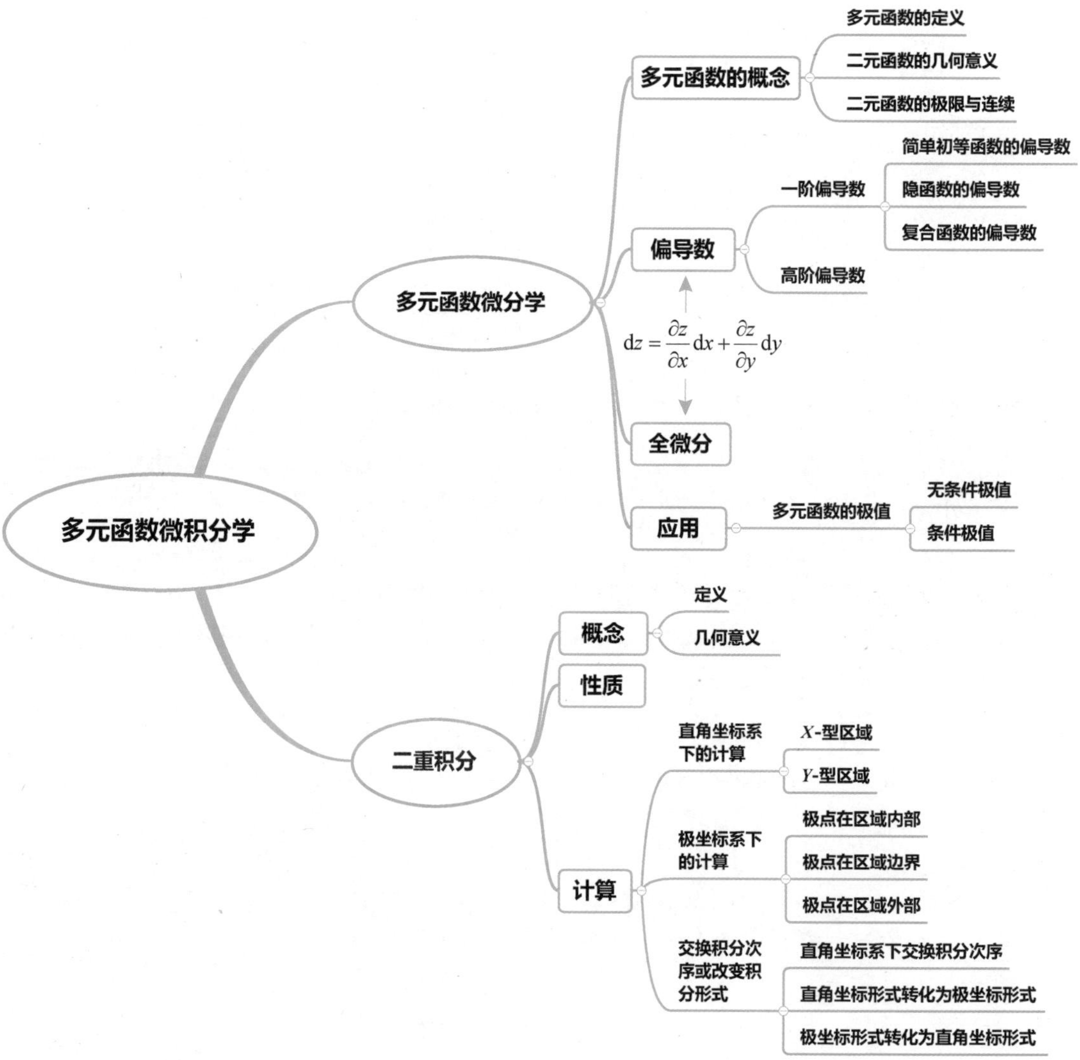

考情综述

一、考查内容及要求

考查内容		考查要求
1. 多元函数的概念与极限	(1) 多元函数的概念； (2) 二元函数的极限与连续的概念	(1) 了解多元函数的概念； (2) 了解二元函数的极限与连续的概念
2. 偏导数与全微分	(1) 多元函数的偏导数和全微分； (2) 多元复合函数的求导法则； (3) 隐函数的求导公式； (4) 全微分形式的不变性； (5) 二阶偏导数； (6) 多元函数的极值和条件极值	(1) 理解多元函数偏导数和全微分的概念； (2) 了解全微分形式的不变性； (3) 会求二元、三元函数的偏导数与全微分；会求二元函数的二阶偏导数； (4) 熟练掌握多元复合函数的求导法则，会求多元复合函数的一阶、二阶偏导数；熟练掌握由一个方程确定的隐函数的求导公式，会求一元、二元隐函数的一阶、二阶偏导数； (5) 理解多元函数极值和条件极值的概念，掌握二元函数极值存在的必要条件，了解二元函数极值存在的充分条件，会求二元函数的极值；会用拉格朗日乘数法求条件极值，会求简单多元函数的最大值和最小值，并会求解一些简单的应用问题
3. 二重积分	(1) 二重积分的概念与性质； (2) 二重积分的计算	(1) 了解二重积分的概念与性质； (2) 熟练掌握利用直角坐标与极坐标计算二重积分的方法，会交换二重积分的积分次序，会利用对称性简化二重积分的计算

二、考查重难点

内容		重要性
1. 重点	(1) 二阶偏导数	☆☆☆☆☆
	(2) 二重积分的计算	☆☆☆☆☆
2. 难点	(1) 二阶偏导数	☆☆☆☆☆
	(2) 二重积分的计算	☆☆☆☆☆

三、近五年真题分析

年份	考点内容	占比
2024 年	多元函数的偏导数和全微分、二重积分的计算、多元函数的极值和条件极值	13.3%
2023 年	多元函数的偏导数和全微分、隐函数的求导公式、二阶偏导数、二重积分的计算	13.3%
2022 年	多元函数的偏导数和全微分、二重积分的计算	13.3%
2021 年	二阶偏导数、多元函数的全微分、二重积分的计算	18.6%
2020 年	多元函数的偏导数、二阶偏导数、二重积分的计算	18.6%
总结：本章在历年专转本考试中，是比较重要的考查内容，基本上属于较易题和中等难度题，约占 15%．一般以选择题、填空题和计算题的形式出现，其中二重积分的计算是必考知识点		

基础精讲

第一节　多元函数的概念

一、多元函数的基本概念

1. 二元函数

定义 1　设 x, y, z 是三个变量，D 是一个给定的非空数对集，如果对于每一数对 $(x, y)\in D$，按照某一确定的对应法则 f，变量 z 总有唯一确定的数值与之对应，那么称 z **是** x, y **的二元函数**，记作：

$$z=f(x, y),\ (x, y)\in D,$$

其中 x, y 称为**自变量**，z 称为**因变量**. 自变量 x, y 所允许的取值范围即数对集 D 称为函数的**定义域**.

当 (x, y) 取遍数对集 D 中的所有数对时，对应的函数值全体构成的数集

$$Z=\{z \mid z=f(x, y),(x, y)\in D\}$$

称为函数的**值域**.

与一元函数一样，定义域 D、对应法则 f、值域 Z 是确定二元函数的三个因素，而前两者是两个要素，当且仅当定义域与对应法则分别相同的两个二元函数才称为相等的(或同一个)函数.

2. 多元函数

定义 2　设在一变化过程中，有 $x_1, x_2, \cdots, x_n, z$ 共 $(n+1)$ 个变量，若对于变量 $x_1, x_2, \cdots, x_n$ 在其可能取值的某一范围内的每一组值，变量 z 依照某一法则有唯一确定的值与之对应，则称变量 z 为变量 $x_1, x_2, \cdots, x_n$ 的 n **元函数**，常记作

$$z=f(x_1, x_2, \cdots, x_n),$$

其中 $x_1, x_2, \cdots, x_n$ 称为**自变量**，z 称为**因变量**，自变量 $x_1, x_2, \cdots, x_n$ 在变化过程中的取值范围叫作函数 z 的**定义域**.

当 $n=1$ 时，n 元函数就是一元函数；当 $n\geqslant 2$ 时，n 元函数统称为**多元函数**.

3. 二元函数的几何意义

对于二元函数 $z=f(x, y)$ 来说，自变量 x, y 的每一对值，都在平面直角坐标系 xOy 中确定一个点 $A(x, y)$，此时因变量 z 可以看成是点 $A(x, y)$ 的函数. 对于给定的每一个点 $A(x, y)$，都可以在空间直角坐标系中得到一个点 $N(x, y, z)$，当点 A 在函数的整个定义域内变动时，对应的点 N 就会在空间形成一个曲面，即二元函数 $z=f(x, y)$ 在空间直角坐标系中一般表示一个曲面，其定义域是该曲面在平面坐标系 xOy 中的投影.

二、二元函数的极限与连续性

1. 二元函数的极限

定义 3 设函数 $z=f(x, y)$ 在点 $P_0(x_0, y_0)$ 的某一邻域内有定义(在点 P_0 可以没有定义),点 $P(x, y)$ 是该邻域内异于点 $P_0(x_0, y_0)$ 的任意一点. 如果当 $P(x, y)$ 以**任意方式**无限趋近于点 $P_0(x_0, y_0)$ 时,函数 $f(x, y)$ 总是趋近于一个定常数 A, 那么称 A 为函数 $z=f(x, y)$ 当 $P(x, y)$ 趋近于 $P_0(x_0, y_0)$ 时的**极限**,记作

$$\lim_{\substack{x\to x_0\\ y\to y_0}} f(x, y)=A \text{ 或 } \lim_{P\to P_0} f(P)=A.$$

二元函数的极限叫作**二重极限**.

2. 二元函数的连续性

定义 4 设函数 $z=f(x, y)$ 在点 $P_0(x_0, y_0)$ 的某一邻域内有定义,如果

$$\lim_{\substack{x\to x_0\\ y\to y_0}} f(x, y)=f(x_0, y_0),$$

则称**二元函数** $z=f(x, y)$ **在点** $P_0(x_0, y_0)$ **处连续**.

根据二元函数连续的定义,我们可知,若 $z=f(x, y)$ 在点 $P_0(x_0, y_0)$ 处连续,就必须同时满足下面三个条件:

(1) $z=f(x, y)$ 在点 (x_0, y_0) 处有定义;(2) $\lim\limits_{\substack{x\to x_0\\ y\to y_0}} f(x, y)$ 存在;(3) $\lim\limits_{\substack{x\to x_0\\ y\to y_0}} f(x, y)=f(x_0, y_0)$.

如果以上三条任意一条不成立,则 $z=f(x, y)$ 在点 $P_0(x_0, y_0)$ 处不连续.

如果 $f(x, y)$ 在区域 D 内的每一点都连续,则称 $f(x, y)$ 在区域 D 上连续或称 $f(x, y)$ 为区域 D 上的连续函数.

3. 有界闭区域上连续函数的性质

★ **定理 1(有界性定理)** 设 $f(x, y)$ 在闭区域 D 上连续,则 $f(x, y)$ 在 D 上一定有界.

★ **定理 2(最大值最小值定理)** 设 $f(x, y)$ 在闭区域 D 上连续,则 $f(x, y)$ 在 D 上一定有最大值和最小值.

★ **定理 3(介值定理)** 设 $f(x, y)$ 在闭区域 D 上连续, $\max\limits_{(x, y)\in D} f(x, y)=M$ (最大值), $\min\limits_{(x, y)\in D} f(x, y)=m$ (最小值), $m\leqslant C\leqslant M$, 则存在 $(x_0, y_0)\in D$, 使得 $f(x_0, y_0)=C$.

【例 1】 函数 $z=\ln(x^2+y^2-4)+\sqrt{9-x^2-y^2}$ 的定义域为__________.

名师指点

求二元函数定义域的方法与求一元函数定义域的方法类似，自变量的取值要使解析式有意义. 对于本题，其限制条件是：对数函数的真数大于零且偶次方根被开方式非负.

【精析】

根据题意知 $\begin{cases} x^2+y^2-4>0, \\ 9-x^2-y^2\geqslant 0, \end{cases}$ 所以 $4<x^2+y^2\leqslant 9$. 故应填 $\{(x,y)\mid 4<x^2+y^2\leqslant 9\}$.

【例 2】 已知 $f\left(x+y,\ \dfrac{y}{x}\right)=x^2-y^2$，求 $f(x,y)$.

【精析】 ▶ **方法一（拼凑法）**

$$\because\ f\left(x+y,\ \frac{y}{x}\right)=(x+y)(x-y)=\frac{(x+y)^2(x-y)}{x+y}=\frac{(x+y)^2\left(1-\dfrac{y}{x}\right)}{1+\dfrac{y}{x}},$$

所以 $f(x,y)=x^2\dfrac{1-y}{1+y}$.

▶ **方法二（换元法）** 令 $\begin{cases} x+y=u, \\ \dfrac{y}{x}=v, \end{cases}$

要点速记

与一元函数类似，二元函数的表达式也可以通过拼凑法、换元法等方法求得.

则
$$\begin{cases} x+y=u, \\ y=vx, \end{cases}\Rightarrow\begin{cases} x=\dfrac{u}{1+v}, \\ y=\dfrac{uv}{1+v}, \end{cases}$$

所以 $f(u,v)=u^2\dfrac{1-v}{1+v}$，故 $f(x,y)=x^2\dfrac{1-y}{1+y}$.

【例 3】 求 $\lim\limits_{\substack{x\to 1\\ y\to 0}}\dfrac{\ln(x+e^y)}{\sqrt{x^2+y^2}}$.

【精析】 原式 $=\dfrac{\lim\limits_{\substack{x\to 1\\ y\to 0}}\ln(x+e^y)}{\lim\limits_{\substack{x\to 1\\ y\to 0}}\sqrt{x^2+y^2}}=\dfrac{\ln 2}{1}=\ln 2$.

【例 4】 设函数 $f(x,y)=\begin{cases} \dfrac{xy}{x^2+y^2}, & x^2+y^2\neq 0, \\ 0, & x^2+y^2=0, \end{cases}$ 讨论函数 $f(x,y)$ 在其定义域内的连续性.

【精析】 ① 当 $(x,y)\neq(0,0)$ 时，$f(x,y)$ 是连续的；

② 当 $(x,y)=(0,0)$ 时，若点 $P(x,y)$ 沿直线 $y=kx$ 趋近于 $(0,0)$ 时，有

$$\lim_{\substack{x\to 0\\ y=kx\to 0}}\frac{xy}{x^2+y^2}=\lim_{\substack{x\to 0\\ y=kx\to 0}}\frac{kx^2}{x^2+k^2x^2}=\frac{k}{1+k^2},$$

极限值与 k 有关，所以极限不存在，故函数 $f(x,y)$ 在点 $(0,0)$ 处不连续.

第二节　偏导数与全微分

一、偏导数

1. 偏导数的概念

定义 1　设二元函数 $z=f(x,y)$ 在点 (x_0,y_0) 的某一邻域内有定义,当 y 固定在 y_0 而 x 在 x_0 处有增量 Δx 时,相应的函数有增量 $f(x_0+\Delta x,y_0)-f(x_0,y_0)$,如果极限

$$\lim_{\Delta x\to 0}\frac{f(x_0+\Delta x,y_0)-f(x_0,y_0)}{\Delta x}$$

存在,则称此极限为函数 $z=f(x,y)$ 在点 (x_0,y_0) 处**对 x 的偏导数**,记作

$$\left.\frac{\partial z}{\partial x}\right|_{\substack{x=x_0\\y=y_0}},\ \left.\frac{\partial f}{\partial x}\right|_{\substack{x=x_0\\y=y_0}},\ z_x\Big|_{\substack{x=x_0\\y=y_0}}\ 或 f_x(x_0,y_0).$$

类似地,二元函数 $z=f(x,y)$ 在点 (x_0,y_0) 处**对 y 的偏导数**定义为

$$\lim_{\Delta y\to 0}\frac{f(x_0,y_0+\Delta y)-f(x_0,y_0)}{\Delta y},$$

记作

$$\left.\frac{\partial z}{\partial y}\right|_{\substack{x=x_0\\y=y_0}},\ \left.\frac{\partial f}{\partial y}\right|_{\substack{x=x_0\\y=y_0}},\ z_y\Big|_{\substack{x=x_0\\y=y_0}}\ 或 f_y(x_0,y_0).$$

如果函数 $z=f(x,y)$ 在区域 D 内每一点 (x,y) 处对 x 的偏导数都存在,那么这个偏导数仍是 x, y 的函数,称为函数 $z=f(x,y)$ 对自变量 x 的偏导函数,记为

$$\frac{\partial z}{\partial x},\ \frac{\partial f}{\partial x},\ z_x\ 或 f_x(x,y).$$

类似地,可以定义函数 $z=f(x,y)$ 对自变量 y 的偏导函数,记为

$$\frac{\partial z}{\partial y},\ \frac{\partial f}{\partial y},\ z_y\ 或 f_y(x,y).$$

在不混淆的情况下,函数 $z=f(x,y)$ 的偏导函数 $\frac{\partial z}{\partial x}$, $\frac{\partial z}{\partial y}$ 也称为一阶偏导数.

2. 偏导数的求法

由偏导数的定义可以看出，如果要求函数 $z=f(x,y)$ 对 x 的偏导数 $\frac{\partial z}{\partial x}$，只需将 y 看成常数，用一元函数的求导公式和求导法则对 x 求导即可；同样要求函数 $z=f(x,y)$ 对 y 的偏导数 $\frac{\partial z}{\partial y}$，只需将 x 看成常数，用一元函数的求导公式和求导法则对 y 求导即可. 而函数在点 (x_0,y_0) 处的偏导数即为函数的偏导函数在 (x_0,y_0) 处的函数值.

【例 1】 设函数 $z=f(x,y)$ 在点 (x_0,y_0) 处存在对 x，y 的偏导数，则 $f_x(x_0,y_0)=$（　　）.

A. $\lim\limits_{\Delta x\to 0}\frac{f(x_0-2\Delta x,y_0)-f(x_0,y_0)}{\Delta x}$　　B. $\lim\limits_{\Delta x\to 0}\frac{f(x_0,y_0)-f(x_0-\Delta x,y_0)}{\Delta x}$

C. $\lim\limits_{\Delta x\to 0}\frac{f(x_0+\Delta x,y_0+\Delta y)-f(x_0,y_0)}{\Delta x}$　　D. $\lim\limits_{x\to x_0}\frac{f(x,y)-f(x_0,y_0)}{x-x_0}$

【精析】 根据偏导数的定义，对于选项 B：

$$\lim_{\Delta x\to 0}\frac{f(x_0,y_0)-f(x_0-\Delta x,y_0)}{\Delta x}=\lim_{\Delta x\to 0}\frac{f(x_0-\Delta x,y_0)-f(x_0,y_0)}{-\Delta x}=f_x(x_0,y_0).$$ 故选 B.

【例 2】 求下列函数的偏导数.

(1) 设 $z=x^2+3xy+y^2$，求 $\frac{\partial z}{\partial x}$ 与 $\frac{\partial z}{\partial y}$；　　(2) 设 $z=\cos x\sin 2y$，求 $\frac{\partial z}{\partial x}$ 与 $\frac{\partial z}{\partial y}$.

【精析】 (1) $\frac{\partial z}{\partial x}=(x^2)'_x+(3xy)'_x+(y^2)'_x=2x+3y+0=2x+3y$，　——→将 y 视作常数

$\frac{\partial z}{\partial y}=(x^2)'_y+(3xy)'_y+(y^2)'_y=0+3x+2y=3x+2y$.　——→将 x 视作常数

(2) $\frac{\partial z}{\partial x}=(\cos x)'_x\cdot\sin 2y=-\sin x\sin 2y$，

同理可得 $\frac{\partial z}{\partial y}=\cos x\cos 2y\cdot 2=2\cos x\cos 2y$.

敲黑板

对谁求偏导，即谁在变（牢记只有一个变量在变）；其余变量均视作常数.

【例 3】 若 $z=x^3+6xy+y^3$，

则 $\left.\frac{\partial z}{\partial x}\right|_{\substack{x=1\\y=2}}=$ ______.

【精析】 因为 $\frac{\partial z}{\partial x}=3x^2+6y$，

所以 $\left.\frac{\partial z}{\partial x}\right|_{\substack{x=1\\y=2}}=3+6\times 2=15$.

【例 4】 若 $z=(1+xy)^y$，则 $\left.\frac{\partial z}{\partial x}\right|_{(1,2)}=$ ______.

【精析】 因为 $z=(1+xy)^y$，所以 $\left.\frac{\partial z}{\partial x}\right|_{(1,2)}=y^2(1+xy)^{y-1}\big|_{(1,2)}=12$.

二、高阶偏导数

定义 2　如果函数 $z=f(x,y)$ 在区域 D 内每一点 (x,y) 都存在偏导数 $f'_x(x,y)$，$f'_y(x,y)$，且这两个偏导数的偏导数也存在，则称它们为函数 $f(x,y)$ 的**二阶偏导数**，记为

$$\frac{\partial}{\partial x}\left(\frac{\partial z}{\partial x}\right)=\frac{\partial^2 z}{\partial x^2}=f''_{xx}(x,y);\quad \frac{\partial}{\partial y}\left(\frac{\partial z}{\partial x}\right)=\frac{\partial^2 z}{\partial x\partial y}=f''_{xy}(x,y);$$

$$\frac{\partial}{\partial x}\left(\frac{\partial z}{\partial y}\right)=\frac{\partial^2 z}{\partial y\partial x}=f''_{yx}(x,y);\quad \frac{\partial}{\partial y}\left(\frac{\partial z}{\partial y}\right)=\frac{\partial^2 z}{\partial y^2}=f''_{yy}(x,y).$$

其中 $\frac{\partial^2 z}{\partial y\partial x}$ 和 $\frac{\partial^2 z}{\partial x\partial y}$ 称为函数 $f(x,y)$ 的二阶**混合偏导数**.

二阶及二阶以上的偏导数统称为函数的**高阶偏导数**，而 $\frac{\partial z}{\partial x}$，$\frac{\partial z}{\partial y}$ 也称为函数 $f(x,y)$ 的一阶偏导数.

当二阶混合偏导数 $\frac{\partial^2 z}{\partial y\partial x}$ 和 $\frac{\partial^2 z}{\partial x\partial y}$ 在区域 D 内连续时，则在该区域 D 内这两个二阶混合偏导数必定相等，即求混合偏导数的结果与求导的次序无关.

名师指点

求二阶偏导数 $\frac{\partial^2 z}{\partial x^2}\left(\text{或}\frac{\partial^2 z}{\partial y\partial x}\right)$ 即是求出 $\frac{\partial z}{\partial x}\left(\text{或}\frac{\partial z}{\partial y}\right)$ 后再对其求 x 的偏导数；求二阶偏导数 $\frac{\partial^2 z}{\partial y^2}\left(\text{或}\frac{\partial^2 z}{\partial x\partial y}\right)$ 即是求出 $\frac{\partial z}{\partial y}\left(\text{或}\frac{\partial z}{\partial x}\right)$ 后再对其求 y 的偏导数. 另外注意在求解时仍遵循"对谁求偏导，即谁在变，其余视为常数"的原则.

【例 5】　设函数 $z=xe^x\sin y$，求 $\frac{\partial^2 z}{\partial x^2}$，$\frac{\partial^2 z}{\partial y^2}$，$\frac{\partial^2 z}{\partial x\partial y}$ 及 $\frac{\partial^2 z}{\partial y\partial x}$.

【精析】　因为 $\frac{\partial z}{\partial x}=e^x\sin y+xe^x\sin y=e^x(x+1)\sin y$，$\frac{\partial z}{\partial y}=xe^x\cos y$，

所以 $\frac{\partial^2 z}{\partial x^2}=\frac{\partial}{\partial x}\left(\frac{\partial z}{\partial x}\right)=e^x\sin y+e^x(x+1)\sin y=e^x(x+2)\sin y$，

$\frac{\partial^2 z}{\partial y^2}=-xe^x\sin y$，$\frac{\partial^2 z}{\partial x\partial y}=\frac{\partial}{\partial y}\left(\frac{\partial z}{\partial x}\right)=e^x(x+1)\cos y$，

$\frac{\partial^2 z}{\partial y\partial x}=\frac{\partial}{\partial x}\left(\frac{\partial z}{\partial y}\right)=e^x\cos y+xe^x\cos y=e^x(x+1)\cos y$.

【例 6】　求下列函数的一阶和二阶偏导数：

(1) $z=x^4+y^4-4x^2y^2$；　　(2) $z=x^y$.

【精析】 (1) $\frac{\partial z}{\partial x}=4x^3-8xy^2$；$\frac{\partial z}{\partial y}=4y^3-8x^2y$；

$\frac{\partial^2 z}{\partial x^2}=12x^2-8y^2$；$\frac{\partial^2 z}{\partial x\partial y}=-16xy$；$\frac{\partial^2 z}{\partial y^2}=12y^2-8x^2$.

(2) $\frac{\partial z}{\partial x}=yx^{y-1}$；$\frac{\partial z}{\partial y}=x^y\ln x$；

$\frac{\partial^2 z}{\partial x^2}=y(y-1)x^{y-2}$；$\frac{\partial^2 z}{\partial x\partial y}=x^{y-1}+yx^{y-1}\ln x=x^{y-1}(1+y\ln x)$；$\frac{\partial^2 z}{\partial y^2}=x^y\ln^2 x$.

三、全微分

1. 全微分的定义

定义 3　设函数 $z=f(x,y)$ 在点 (x,y) 的某一邻域内有定义，若函数在点 (x,y) 处的**全增量**

$$\Delta z=f(x+\Delta x,y+\Delta y)-f(x,y)$$

可表示为

$$\Delta z=A\Delta x+B\Delta y+o(\rho),$$

其中 A, B 不依赖于 Δx, Δy，而仅与 x, y 有关，$\rho=\sqrt{(\Delta x)^2+(\Delta y)^2}$，则称函数 $z=f(x,y)$ 在点 (x,y) 处**可微分**，而 $A\Delta x+B\Delta y$ 称为函数 $z=f(x,y)$ 在点 (x,y) 处的**全微分**，记作 $\mathrm{d}z$，即

$$\mathrm{d}z=A\Delta x+B\Delta y.$$

提示

由定义可知，若函数 $z=f(x,y)$ 在点 (x,y) 处可微，则此函数在该点处必连续，即连续是可微的必要条件，或者说不连续必不可微.

如果函数 $z=f(x,y)$ 在区域 D 内的每一点 (x,y) 都可微分，则称 $f(x,y)$ 在区域 D 内可微分.

2. 全微分的性质

性质 1(全微分存在的必要条件)　如果函数 $z=f(x,y)$ 在点 (x,y) 处可微分，则 $z=f(x,y)$ 在点 (x,y) 处的偏导数 $\frac{\partial z}{\partial x}$, $\frac{\partial z}{\partial y}$ 必定存在，且函数 $z=f(x,y)$ 在该点的全微分为

$$\mathrm{d}z=\frac{\partial z}{\partial x}\mathrm{d}x+\frac{\partial z}{\partial y}\mathrm{d}y.$$

性质 2(全微分存在的充分条件)　如果函数 $z=f(x,y)$ 的偏导数 $\frac{\partial z}{\partial x}$, $\frac{\partial z}{\partial y}$ 在点 (x,y) 处连续，则 $z=f(x,y)$ 在点 (x,y) 处可微分.

提示

性质1、性质2提供了求dz的方法. 欲求dz，只需先求出$\frac{\partial z}{\partial x}$，$\frac{\partial z}{\partial y}$. 如果$\frac{\partial z}{\partial x}$，$\frac{\partial z}{\partial y}$为连续函数，则有$dz = \frac{\partial z}{\partial x}dx + \frac{\partial z}{\partial y}dy$，从而免去了用定义求全微分时的麻烦.

3. 全微分的运算法则

对于多元函数的全微分，四则运算法则仍成立，即当u，v均可微时，有

$$d(u \pm v) = du \pm dv,\ d(uv) = vdu + udv,\ d\left(\frac{u}{v}\right) = \frac{vdu - udv}{v^2}.$$

【例7】 求函数$z = x^2y^2$在点$(2, -1)$处，当$\Delta x = 0.02$，$\Delta y = -0.01$时的全增量与全微分.

【精析】 由定义知，全增量$\Delta z = (2 + 0.02)^2 \times (-1 - 0.01)^2 - 2^2 \times (-1)^2 \approx 0.16$.

函数$z = x^2y^2$的两个偏导数$\frac{\partial z}{\partial x} = 2xy^2$，$\frac{\partial z}{\partial y} = 2x^2y$都是连续的，所以全微分存在，于是函数在点$(2, -1)$处的全微分为

$$dz\big|_{(2,-1)} = \frac{\partial z}{\partial x}\bigg|_{(2,-1)}\Delta x + \frac{\partial z}{\partial y}\bigg|_{(2,-1)}\Delta y = 4 \times 0.02 + (-8) \times (-0.01) = 0.16.$$

【例8】 设$z = (x^2 + y^2)e^{-\arctan\frac{y}{x}}$，求dz，$\frac{\partial^2 z}{\partial x \partial y}$.

【精析】 $\because \frac{\partial z}{\partial x} = 2xe^{-\arctan\frac{y}{x}} + (x^2 + y^2)e^{-\arctan\frac{y}{x}} \cdot \left[-\frac{-\frac{y}{x^2}}{1 + \left(\frac{y}{x}\right)^2}\right] = e^{-\arctan\frac{y}{x}}(2x + y)$,

$$\frac{\partial z}{\partial y} = 2ye^{-\arctan\frac{y}{x}} + (x^2 + y^2)e^{-\arctan\frac{y}{x}} \cdot \left[-\frac{\frac{1}{x}}{1 + \left(\frac{y}{x}\right)^2}\right] = e^{-\arctan\frac{y}{x}}(2y - x),$$

$\therefore\ dz = e^{-\arctan\frac{y}{x}}[(2x + y)dx + (2y - x)dy]$.

$$\frac{\partial^2 z}{\partial x \partial y} = \left[e^{-\arctan\frac{y}{x}}(2x + y)\right]_y' = e^{-\arctan\frac{y}{x}} + (2x + y) \cdot e^{-\arctan\frac{y}{x}} \cdot \left[-\frac{\frac{1}{x}}{1 + \left(\frac{y}{x}\right)^2}\right]$$

$$= e^{-\arctan\frac{y}{x}}\left[1 - \frac{x(2x + y)}{x^2 + y^2}\right] = \frac{y^2 - x^2 - xy}{x^2 + y^2}e^{-\arctan\frac{y}{x}}.$$

【例9】 求$z = \ln(1 + x^2 + y^2)$在点$(1,2)$处的全微分.

【精析】 由题意知$\frac{\partial z}{\partial x} = \frac{2x}{1 + x^2 + y^2}$，$\frac{\partial z}{\partial x}\bigg|_{(1,2)} = \frac{1}{3}$；

$\frac{\partial z}{\partial y} = \frac{2y}{1 + x^2 + y^2}$，$\frac{\partial z}{\partial y}\bigg|_{(1,2)} = \frac{2}{3}$；于是$dz\big|_{(1,2)} = \frac{1}{3}dx + \frac{2}{3}dy$.

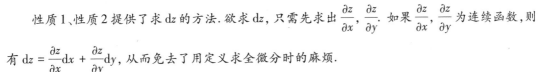

4. 连续、可偏导与可微的相互关系

多元函数连续、可偏导与可微的相互关系如下图所示：

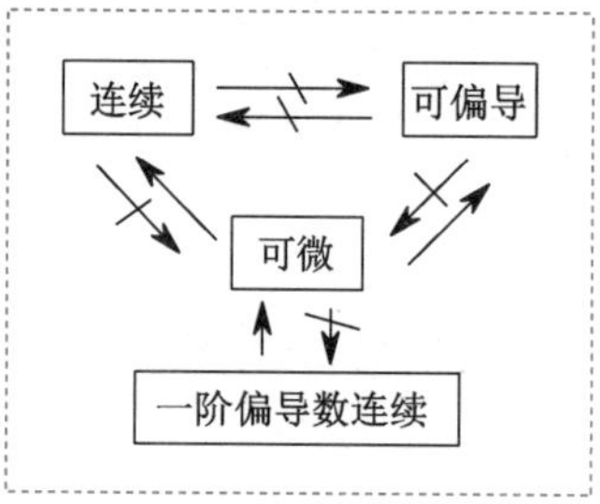

四、多元复合函数的偏导数与全微分

多元函数的复合相比于一元函数的复合要复杂一些，复合情形也较多，但求多元复合函数的偏导数时总的思路与一元复合函数是一样的，即函数对自变量的导数等于函数对中间变量的导数乘中间变量对自变量的导数.

1. 复合函数中有多个中间变量，只有一个自变量时

★ **定理 1** 设函数 $u=u(t)$ 及 $v=v(t)$ 都在 t 处可导，而函数 $z=f(u,v)$ 在对应点 (u,v) 具有连续的偏导数，则复合函数 $z=f(u(t),v(t))$ 也一定在 t 处可导，且其导数为 $\frac{\mathrm{d}z}{\mathrm{d}t}=\frac{\partial z}{\partial u}\frac{\mathrm{d}u}{\mathrm{d}t}+\frac{\partial z}{\partial v}\frac{\mathrm{d}v}{\mathrm{d}t}$.

如果复合函数的中间变量多于两个，也有同样的微分法则.

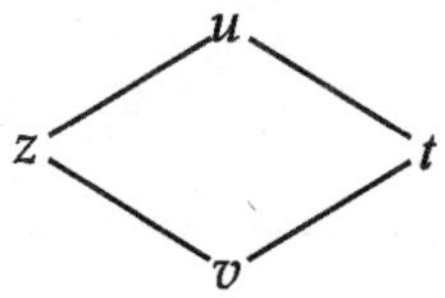

设函数 $z=f(u,v,w)$, $u=u(t)$, $v=v(t)$, $w=w(t)$ 满足定理的条件，则复合函数 $z=f(u(t),v(t),w(t))$ 的导数为 $\frac{\mathrm{d}z}{\mathrm{d}t}=\frac{\partial z}{\partial u}\frac{\mathrm{d}u}{\mathrm{d}t}+\frac{\partial z}{\partial v}\frac{\mathrm{d}v}{\mathrm{d}t}+\frac{\partial z}{\partial w}\frac{\mathrm{d}w}{\mathrm{d}t}$.

此时，z 对 t 的导数 $\frac{\mathrm{d}z}{\mathrm{d}t}$ 称为全导数.

2. 复合函数中有多个中间变量，且有多个自变量时

★ **定理 2** 设函数 $u=u(x,y)$ 及 $v=v(x,y)$ 都在 (x,y) 处具有对 x 及对 y 的偏导数，而函数 $z=f(u,v)$ 在对应点 (u,v) 具有连续的偏导数，则复合函数 $z=f(u(x,y),v(x,y))$ 也一定在 (x,y) 处可导，且其偏导数为

$$\frac{\partial z}{\partial x}=\frac{\partial z}{\partial u}\frac{\partial u}{\partial x}+\frac{\partial z}{\partial v}\frac{\partial v}{\partial x},$$

$$\frac{\partial z}{\partial y}=\frac{\partial z}{\partial u}\frac{\partial u}{\partial y}+\frac{\partial z}{\partial v}\frac{\partial v}{\partial y},$$

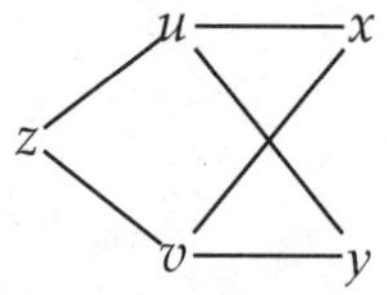

称为二元复合函数求偏导数的**链导法则**.

对于有两个以上中间变量和两个以上自变量的形式，有相类似的链导法则.

设函数 $z=f(u,v,w)$, $u=u(x,y)$, $v=v(x,y)$, $w=w(x,y)$ 满足定理的条件，则对于复合函数 $z=f(u(x,y),v(x,y),w(x,y))$ 有

$$\frac{\partial z}{\partial x}=\frac{\partial z}{\partial u}\frac{\partial u}{\partial x}+\frac{\partial z}{\partial v}\frac{\partial v}{\partial x}+\frac{\partial z}{\partial w}\frac{\partial w}{\partial x},$$

$$\frac{\partial z}{\partial y}=\frac{\partial z}{\partial u}\frac{\partial u}{\partial y}+\frac{\partial z}{\partial v}\frac{\partial v}{\partial y}+\frac{\partial z}{\partial w}\frac{\partial w}{\partial y}.$$

3. 复合函数中既有中间变量，又有自变量时

设函数 $z=f(u,v,x,y)$，$u=u(x,y)$，$v=v(x,y)$ 满足定理的条件，则对于复合函数 $z=f(u(x,y),v(x,y),x,y)$ 有

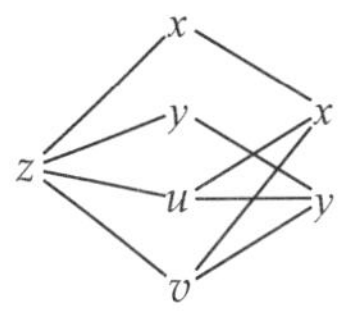

$$\frac{\partial z}{\partial x}=\frac{\partial f}{\partial u}\frac{\partial u}{\partial x}+\frac{\partial f}{\partial v}\frac{\partial v}{\partial x}+\frac{\partial f}{\partial x},$$

$$\frac{\partial z}{\partial y}=\frac{\partial f}{\partial u}\frac{\partial u}{\partial y}+\frac{\partial f}{\partial v}\frac{\partial v}{\partial y}+\frac{\partial f}{\partial y}.$$

注意：这里 $\frac{\partial z}{\partial x}$ 和 $\frac{\partial f}{\partial x}$ 是不同的，$\frac{\partial z}{\partial x}$ 是把复合函数 $z=f(u(x,y),v(x,y),x,y)$ 中的 y 看成常量而对 x 的偏导数，$\frac{\partial f}{\partial x}$ 是把 $z=f(u,v,x,y)$ 中的 u，v 和 y 看成常量而对 x 的偏导数. $\frac{\partial z}{\partial y}$ 和 $\frac{\partial f}{\partial y}$ 也有类似的区别.

提示

(1) 在求复合函数的全导数或偏导数的过程中，主要是厘清函数、中间变量和自变量之间的关系，作出它们之间的关系图从而确定链导法则.

(2) 在求复合函数的全导数或偏导数的过程中，求导的记号应清楚，函数只包含一个变量时，应用导数的记号，包含多个变量时应用偏导数的记号.

【例 10】　设 $z=u^2\ln v$，$u=\frac{x}{y}$，$v=3x-2y$，求 $\frac{\partial z}{\partial x}$，$\frac{\partial z}{\partial y}$.

【精析】　由多元复合函数求导法则得

$$\frac{\partial z}{\partial x}=\frac{\partial z}{\partial u}\frac{\partial u}{\partial x}+\frac{\partial z}{\partial v}\frac{\partial v}{\partial x}=2u\ln v\cdot\frac{1}{y}+\frac{u^2}{v}\cdot 3=\frac{2x}{y^2}\ln(3x-2y)+\frac{3x^2}{y^2(3x-2y)};$$

$$\frac{\partial z}{\partial y}=\frac{\partial z}{\partial u}\frac{\partial u}{\partial y}+\frac{\partial z}{\partial v}\frac{\partial v}{\partial y}=2u\ln v\cdot\left(-\frac{x}{y^2}\right)+\frac{u^2}{v}\cdot(-2)=-\frac{2x^2}{y^3}\ln(3x-2y)-\frac{2x^2}{y^2(3x-2y)}.$$

【例 11】　求 $z=e^{xy}\sin(x+y)$ 的偏导数.

【精析】　设 $u=xy$，$v=x+y$，则 $z=e^u\sin v$，由多元复合函数求导法则得

$$\frac{\partial z}{\partial x}=\frac{\partial z}{\partial u}\cdot\frac{\partial u}{\partial x}+\frac{\partial z}{\partial v}\cdot\frac{\partial v}{\partial x}=e^u\cdot\sin v\cdot y+e^u\cdot\cos v\cdot 1$$

$$=y\cdot\sin(x+y)\cdot e^{xy}+\cos(x+y)\cdot e^{xy}=[y\sin(x+y)+\cos(x+y)]e^{xy},$$

$$\frac{\partial z}{\partial y}=\frac{\partial z}{\partial u}\cdot\frac{\partial u}{\partial y}+\frac{\partial z}{\partial v}\cdot\frac{\partial v}{\partial y}=e^u\cdot\sin v\cdot x+e^u\cdot\cos v\cdot 1$$

$$=x\cdot\sin(x+y)\cdot e^{xy}+\cos(x+y)\cdot e^{xy}=[x\sin(x+y)+\cos(x+y)]e^{xy}.$$

【例 12】　设 $z=u^2v$，$u=\cos x$，$v=\sin x$，求全导数 $\frac{dz}{dx}$.

【精析】 由多元复合函数求导法则得

$$\frac{dz}{dx}=\frac{\partial z}{\partial u}\cdot\frac{du}{dx}+\frac{\partial z}{\partial v}\cdot\frac{dv}{dx}=2uv(-\sin x)+u^2\cos x=-\sin 2x\sin x+\cos^3 x.$$

【例 13】 已知 $z=f(xy,\ 2x+3y)$，其中 $f(u,v)$ 具有连续偏导数，求 $\frac{\partial z}{\partial x}$.

【精析】 设 $u=xy,\ v=2x+3y$，则 $z=f(xy,\ 2x+3y)$ 由 $z=f(u,v)$ 和 $u=xy,\ v=2x+3y$ 复合而成. 由多元复合函数的求导法则得

$$\frac{\partial z}{\partial x}=\frac{\partial z}{\partial u}\cdot\frac{\partial u}{\partial x}+\frac{\partial z}{\partial v}\cdot\frac{\partial v}{\partial x}=f'_u\cdot y+2f'_v.$$

【例 14】 设 $z=f(x^2-y^2,\ e^{xy})$，其中 f 具有一阶连续偏导数，求 $\frac{\partial z}{\partial y}$.

【精析】 设 $u=x^2-y^2,\ v=e^{xy}$，则 $z=f(x^2-y^2,\ e^{xy})$ 由 $u=x^2-y^2$ 和 $v=e^{xy}$ 复合而成. 由多元复合函数的求导法则得

$$\frac{\partial z}{\partial y}=\frac{\partial z}{\partial u}\cdot\frac{\partial u}{\partial y}+\frac{\partial z}{\partial v}\cdot\frac{\partial v}{\partial y}=-2yf'_1+xe^{xy}f'_2.$$

每年必考 【例 15】 设 $z=f\left(\frac{x}{y},\ \varphi(x)\right)$，其中函数 f 具有二阶连续偏导数，函数 φ 具有连续导数，求 $\frac{\partial^2 z}{\partial x\partial y}$.

【精析】 本题型几乎是每年必考的，需要认真掌握.

▶第一步：画出变量 $x,\ y,\ z$ 的关系网络图，$z\begin{cases}\to 1\langle\begin{matrix}x\\y\end{matrix}\\ \to 2\text{——}x\end{cases}$

其中 1,2 分别表示 $\frac{x}{y},\ \varphi(x)$.

▶第二步：寻找与 x 对应的路径，计算的过程可以总结为"路中用乘，路间用加".

$$\frac{\partial z}{\partial x}=\frac{1}{y}f'_1+\varphi'(x)f'_2,$$

$$\frac{\partial^2 z}{\partial x\partial y}=-\frac{1}{y^2}f'_1+\frac{1}{y}\left[f''_{11}\cdot\left(-\frac{x}{y^2}\right)\right]+\varphi'(x)\left[f''_{21}\cdot\left(-\frac{x}{y^2}\right)\right].$$

每年必考 【例 16】 设 $z=yf(y^2,xy)$，其中函数 f 具有二阶连续偏导数，求 $\frac{\partial^2 z}{\partial x\partial y}$.

【精析】 该题型几乎是每年必考的.

▶第一步：画出变量 $x,\ y,\ z$ 的关系网络图，$f\begin{cases}\to 1\text{——}y\\ \to 2\langle\begin{matrix}x\\y\end{matrix}\end{cases}$

其中 1,2 分别表示 $y^2,\ xy$.

▶第二步：寻找与 x 对应的路径，计算的过程可以总结为"路中用乘，路间用加".

$$\frac{\partial z}{\partial x}=yf'_2\cdot y=y^2f'_2,$$

$$\frac{\partial^2 z}{\partial x \partial y} = 2yf'_2 + y^2(f''_{21} \cdot 2y + f''_{22} \cdot x) = 2yf'_2 + 2y^3 f''_{21} + xy^2 f''_{22}.$$

每年必考　【例 17】　设 $z = f(x^2y,\ x - y)$，其中函数 f 具有二阶连续偏导数，求 $\frac{\partial^2 z}{\partial x^2}$.

【精析】　本题考查抽象的复合函数求偏导数的方法.

▶第一步：画出变量 $x,\ y,\ z$ 的关系网络图，$z\begin{cases} \to 1\langle \begin{matrix} x \\ y \end{matrix} \\ \to 2\langle \begin{matrix} x \\ y \end{matrix} \end{cases}$

其中 1,2 分别表示 $x^2y,\ x - y$.

▶第二步：寻找与 x 对应的路径，计算的过程可以总结为“连线相乘，分线相加”.

$$\frac{\partial z}{\partial x} = f'_1 \cdot 2xy + f'_2 \cdot 1 = 2xyf'_1 + f'_2,$$

$$\begin{aligned} \frac{\partial^2 z}{\partial x^2} &= \frac{\partial}{\partial x}(2xyf'_1 + f'_2) = 2y[f'_1 + x(f''_{11} \cdot 2xy + f''_{12} \cdot y)] + (f''_{21} \cdot 2xy + f''_{22} \cdot 1) \\ &= 2yf'_1 + 4x^2y^2 f''_{11} + 4xyf''_{12} + f''_{22}. \end{aligned}$$

每年必考　【例 18】　设 $z = f(2x + 3y,\ y^2)$，其中函数 f 具有二阶连续偏导数，求 $\frac{\partial^2 z}{\partial y^2}$.

【精析】　本题考查抽象的复合函数求偏导数的方法.

▶第一步：画出变量 $x,\ y,\ z$ 的关系网络图，$f\begin{cases} \to 1\langle \begin{matrix} x \\ y \end{matrix} \\ \to 2\langle \begin{matrix} x \\ y \end{matrix} \end{cases}$

其中 1,2 分别表示 $2x + 3y,\ y^2$.

▶第二步：寻找与 x 对应的路径，计算的过程可以总结为“连线相乘，分线相加”.

$$\frac{\partial z}{\partial y} = f'_1 \cdot 3 + f'_2 \cdot 2y = 3f'_1 + 2yf'_2,$$

$$\begin{aligned} \frac{\partial^2 z}{\partial y^2} &= \frac{\partial}{\partial y}(3f'_1 + 2yf'_2) = 3(f''_{11} \cdot 3 + f''_{12} \cdot 2y) + 2f'_2 + 2y(f''_{21} \cdot 3 + f''_{22} \cdot 2y) \\ &= 9f''_{11} + 12yf''_{12} + 2f'_2 + 4y^2 f''_{22}. \end{aligned}$$

注意：当函数 f 具有二阶连续偏导数时，$f''_{12} = f''_{21}$.

4. 全微分形式不变性

设 $u = u(x,\ y)$，$v = v(x,\ y)$ 在点 $(x,\ y)$ 处有连续偏导数，函数 $z = f(u,v)$ 在对应点 (u,v) 处有连续偏导数，则复合函数 $z = f(u,v) = f(u(x,\ y),\ v(x,\ y))$ 的全微分

$$\begin{aligned} \mathrm{d}z &= \frac{\partial z}{\partial x}\mathrm{d}x + \frac{\partial z}{\partial y}\mathrm{d}y = \left(\frac{\partial z}{\partial u} \cdot \frac{\partial u}{\partial x} + \frac{\partial z}{\partial v} \cdot \frac{\partial v}{\partial x}\right)\mathrm{d}x + \left(\frac{\partial z}{\partial u} \cdot \frac{\partial u}{\partial y} + \frac{\partial z}{\partial v} \cdot \frac{\partial v}{\partial y}\right)\mathrm{d}y \\ &= \frac{\partial z}{\partial u}\left(\frac{\partial u}{\partial x}\mathrm{d}x + \frac{\partial u}{\partial y}\mathrm{d}y\right) + \frac{\partial z}{\partial v}\left(\frac{\partial v}{\partial x}\mathrm{d}x + \frac{\partial v}{\partial y}\mathrm{d}y\right) = \frac{\partial z}{\partial u}\mathrm{d}u + \frac{\partial z}{\partial v}\mathrm{d}v. \end{aligned}$$

这表明当f, u, v都是可微函数时,尽管u, v不是自变量,但是函数$z=f(u,v)$的全微分也具有与u, v是自变量时的全微分相同的形式,这种性质称为**全微分形式不变性**.

【例 19】 设二元函数$z=(x+1)\ln(1+y)$,求$dz\big|_{(1,0)}$.

【精析】 利用全微分形式不变性直接计算,得

$$\begin{aligned}dz&=\ln(1+y)d(x+1)+(x+1)d[\ln(1+y)]\\&=\ln(1+y)dx+(x+1)\cdot\frac{dy}{1+y}\\&=\ln(1+y)dx+\frac{x+1}{1+y}dy,\end{aligned}$$

于是$dz\big|_{(1,0)}=2dy$.

【例 20】 设$z=x^{x^y}(x>0,\ x\neq1)$,求$\frac{\partial z}{\partial x}$与$\frac{\partial z}{\partial y}$.

【精析】 ▶ **方法一** 对x求偏导数,是对幂指函数求导;而对y求偏导数,是对指数函数的复合函数求导. 由$z=x^{x^y}=e^{x^y\ln x}$,且对x求偏导数时y为常数,对y求偏导数时x为常数,可得

$$\frac{\partial z}{\partial x}=e^{x^y\ln x}(yx^{y-1}\ln x+x^{y-1})=x^{x^y}x^{y-1}(y\ln x+1)=x^{x^y+y-1}(y\ln x+1),$$

$$\frac{\partial z}{\partial y}=e^{x^y\ln x}x^y\ln^2x=x^{x^y+y}\ln^2x.$$

▶ **方法二** 用对数求导法,将方程$z=x^{x^y}$两边取对数,得$\ln z=x^y\ln x$.

对上式两边**利用全微分形式不变性**,得

$$\begin{aligned}\frac{dz}{z}&=d(x^y\ln x)=\ln x d(x^y)+x^y d(\ln x)=\ln x d(e^{y\ln x})+x^y\frac{dx}{x}\\&=\ln x\cdot e^{y\ln x}d(y\ln x)+x^{y-1}dx=x^y\ln x\left(\frac{y}{x}dx+\ln x dy\right)+x^{y-1}dx\\&=x^{y-1}(y\ln x+1)dx+x^y\ln^2x dy,\end{aligned}$$

于是$dz=zx^{y-1}(y\ln x+1)dx+zx^y\ln^2x dy$,

从而$\frac{\partial z}{\partial x}=x^{x^y+y-1}(y\ln x+1)$, $\frac{\partial z}{\partial y}=x^{x^y+y}\ln^2x$.

【例 21】 设方程$e^{x+y}\sin(x+z)=0$确定$z=z(x,y)$,求$\frac{\partial z}{\partial x}$, $\frac{\partial z}{\partial y}$, dz.

【精析】 本题采用方程两边求微分,根据微分的运算法则及微分形式不变性得到一个新方程,从中解出dz.

(微分法求偏导数)方程两边求微分得

$$\sin(x+z)d(e^{x+y})+e^{x+y}d[\sin(x+z)]=0,$$
$$\sin(x+z)e^{x+y}(dx+dy)+e^{x+y}\cos(x+z)(dx+dz)=0,$$

解得
$$dz=-[1+\tan(x+z)]dx-\tan(x+z)dy,$$

由全微分的公式可得 $\frac{\partial z}{\partial x}=-1-\tan(x+z)$, $\frac{\partial z}{\partial y}=-\tan(x+z)$.

五、隐函数的偏导数与全微分

1. 一元隐函数的导数

设 $F(x, y)$ 有连续一阶偏导数，且 $F'_y \neq 0$，则由方程 $F(x, y)=0$ 确定的函数 $y=y(x)$ 可导，且

$$\frac{\mathrm{d}y}{\mathrm{d}x}=-\frac{F'_x}{F'_y}.$$

重点识记

由 $F(x, y)$ 求 F'_x，F'_y 时，需将 x，y 同等对待，这种求隐函数的方法则为**公式法**.

【例 22】 设方程 $y-xe^y+x=0$ 确定了 y 是 x 的函数，求 $\frac{\mathrm{d}y}{\mathrm{d}x}$.

【精析】 令 $F(x, y)=y-xe^y+x$，则 $F'_x(x, y)=-e^y+1$，$F'_y(x, y)=1-xe^y$，

当 $1-xe^y \neq 0$ 时，有 $\frac{\mathrm{d}y}{\mathrm{d}x}=-\frac{F'_x(x, y)}{F'_y(x, y)}=\frac{e^y-1}{1-xe^y}$.

2. 二元隐函数的偏导数

设 $F(x, y, z)$ 有连续一阶偏导数，且 $F'_z \neq 0$，$z=z(x, y)$ 由方程 $F(x, y, z)=0$ 所确定，则

$$\frac{\partial z}{\partial x}=-\frac{F'_x}{F'_z}, \quad \frac{\partial z}{\partial y}=-\frac{F'_y}{F'_z}.$$

重点识记

上述等式可以作为二元隐函数求偏导数的**公式**直接利用. 和一元隐函数求导方法类似，除了公式法外，还可以利用复合函数求偏导数的法则或全微分形式不变性求隐函数的偏导数.

【例 23】 设函数 $z=f(x, y)$ 由方程 $x^2+y^3-xyz^2=5$ 所确定，求 $\frac{\partial z}{\partial x}$，$\frac{\partial z}{\partial y}$.

【精析】 令 $F(x, y, z)=x^2+y^3-xyz^2-5$，

则 $F'_x=2x-yz^2$，$F'_y=3y^2-xz^2$，$F'_z=-2xyz$，

所以 $\frac{\partial z}{\partial x}=-\frac{F'_x}{F'_z}=-\frac{2x-yz^2}{-2xyz}=\frac{2x-yz^2}{2xyz}$，

$\frac{\partial z}{\partial y}=-\frac{F'_y}{F'_z}=-\frac{3y^2-xz^2}{-2xyz}=\frac{3y^2-xz^2}{2xyz}$.

【例 24】 设方程 $x^2+y^2+2x-2yz=e^z$ 确定函数 $z=z(x, y)$，求 $\frac{\partial z}{\partial x}$，$\frac{\partial z}{\partial y}$.

【精析】

▶ **方法一** 令 $F(x, y, z)=x^2+y^2+2x-2yz-e^z$，则

$$F'_x=2x+2, \quad F'_y=2y-2z, \quad F'_z=-2y-e^z.$$

当 $F'_z \neq 0$ 时，有 $\frac{\partial z}{\partial x}=-\frac{F'_x}{F'_z}=\frac{2(x+1)}{2y+e^z}$，$\frac{\partial z}{\partial y}=-\frac{F'_y}{F'_z}=\frac{2(y-z)}{2y+e^z}$.

▶ **方法二** 利用全微分形式不变性，方程两边微分可得

$$2x\mathrm{d}x+2y\mathrm{d}y+2\mathrm{d}x-2z\mathrm{d}y-2y\mathrm{d}z=e^z\mathrm{d}z,$$

当 $e^z+2y \neq 0$ 时，移项可得

$$\mathrm{d}z=\frac{2x+2}{e^z+2y}\mathrm{d}x+\frac{2y-2z}{e^z+2y}\mathrm{d}y,$$

故 $\frac{\partial z}{\partial x}=\frac{2(x+1)}{2y+e^z}$，$\frac{\partial z}{\partial y}=\frac{2(y-z)}{2y+e^z}$.

▶ **方法三** 方程两边同时对 x 求导，把 y 看作常数，z 看作 x 的函数，有

$2x+2-2y\cdot\frac{\partial z}{\partial x}=e^z\frac{\partial z}{\partial x}$. 当 $e^z+2y\neq 0$ 时，整理得 $\frac{\partial z}{\partial x}=\frac{2(x+1)}{2y+e^z}$；

方程两边同时对 y 求导，把 x 看作常数，z 看作 y 的函数，有

$2y-2z-2y\cdot\frac{\partial z}{\partial y}=e^z\frac{\partial z}{\partial y}$，当 $e^z+2y\neq 0$ 时，整理得 $\frac{\partial z}{\partial y}=\frac{2(y-z)}{2y+e^z}$.

3. 隐函数的二阶偏导数

在求出隐函数 $F(x, y, z)=0$ 的一阶偏导数 $\frac{\partial z}{\partial x}$ 和 $\frac{\partial z}{\partial y}$ 后，按二阶偏导数的定义再对其求偏导，可得到相应的**二阶偏导数**.

【例 25】 设 $z^3-2xz+y=0$，求 $\frac{\partial^2 z}{\partial x^2}$，$\frac{\partial^2 z}{\partial y^2}$.

【精析】 设 $F(x, y, z)=z^3-2xz+y$，则 $F'_x=-2z$，$F'_y=1$，$F'_z=3z^2-2x$.

故 $\frac{\partial z}{\partial x}=-\frac{F'_x}{F'_z}=\frac{2z}{3z^2-2x}$；$\frac{\partial z}{\partial y}=-\frac{F'_y}{F'_z}=\frac{-1}{3z^2-2x}$.

所以 $$\frac{\partial^2 z}{\partial x^2}=\left(\frac{2z}{3z^2-2x}\right)'_x=\frac{2\frac{\partial z}{\partial x}(3z^2-2x)-2z\left(6z\frac{\partial z}{\partial x}-2\right)}{(3z^2-2x)^2}=\frac{-2(3z^2+2x)\frac{\partial z}{\partial x}+4z}{(3z^2-2x)^2}$$

$$=\frac{-2(3z^2+2x)\frac{2z}{3z^2-2x}+4z}{(3z^2-2x)^2}=\frac{-16xz}{(3z^2-2x)^3}$$

$$\frac{\partial^2 z}{\partial y^2}=\left(\frac{-1}{3z^2-2x}\right)'_y=\frac{1\cdot 6z\frac{\partial z}{\partial y}}{(3z^2-2x)^2}=\frac{-6z}{(3z^2-2x)^3}.$$

第三节 偏导数的应用

与导数相似，可借助偏导数求多元函数的极值与最值，多元函数极值分为无条件极值与有条件极值.

一、无条件极值

1. 无条件极值概念

定义 1 设函数 $z=f(x, y)$ 的定义域为 D，点 $P_0(x_0, y_0)$ 的某一邻域在 D 内有定义. 对于该邻域内异于点 P_0 的任何点 (x, y)，如果

$$f(x, y)>f(x_0, y_0) \text{ 或 } [f(x, y)<f(x_0, y_0)],$$

则称点 $P_0(x_0, y_0)$ 是函数 $z=f(x, y)$ 的一个**极小值点**(**或极大值点**)，$f(x_0, y_0)$ 为函数 $z=f(x, y)$ 的一个**极小值**(**或极大值**).

极小值点和极大值点统称为**极值点**；极小值和极大值统称为**极值**.

提示

与一元函数的极值一样，多元函数的极值也可以概括为“局部范围内的最值”. 关于这个概念，我们需要注意三点：一是极值只能在定义域的内部取到，不能在边界上取到；二是极值点具有局部性，极大值不一定是最大值，极小值也不一定是最小值；三是极值点对函数的连续性和偏导数的存在性没有任何要求，所以在运用极值点的相关定理时，需要保证函数具有相应阶数的偏导数.

2. 极值存在的必要条件

★ **定理 1**　设函数 $z=f(x,y)$ 在点 (x_0,y_0) 有偏导数，且在点 (x_0,y_0) 处有极值，则

$$f'_x(x_0,y_0)=0,\quad f'_y(x_0,y_0)=0.$$

将 $f'_x(x_0,y_0)=0$，$f'_y(x_0,y_0)=0$ 同时成立的点 (x_0,y_0) 称为函数 $z=f(x,y)$ 的驻点.

提示

(1) 具有偏导数的函数极值点必定是驻点，但函数的驻点不一定是极值点.

例如，函数 $z=xy$ 在点 $(0,0)$ 处的两个偏导数都是零，但在点 $(0,0)$ 处既不取极大值也不取极小值.

(2) 函数的极值点只可能在两种点取到：一是驻点；二是偏导数不存在的点.

3. 极值存在的充分条件

★ **定理 2**　设函数 $z=f(x,y)$ 在点 $P_0(x_0,y_0)$ 的某个邻域内连续且有连续的一阶和二阶偏导数，又 $P_0(x_0,y_0)$ 为函数 $f(x,y)$ 的驻点，即 $f'_x(x_0,y_0)=0$，$f'_y(x_0,y_0)=0$.

令 $A=f''_{xx}(x_0,y_0)$，$B=f''_{xy}(x_0,y_0)$，$C=f''_{yy}(x_0,y_0)$，则

(1) 当 $B^2-AC<0$ 时，$f(x_0,y_0)$ 为 $f(x,y)$ 的极值，且 $A<0$ 时为极大值，$A>0$ 时为极小值；

(2) 当 $B^2-AC>0$ 时，$f(x_0,y_0)$ 不为 $f(x,y)$ 的极值；

(3) 当 $B^2-AC=0$ 时，$f(x_0,y_0)$ 可能是 $f(x,y)$ 的极值，也可能不是 $f(x,y)$ 的极值.

名师指点

求函数极值的一般步骤：

(1) 求出函数的两个偏导数 $f'_x(x,y)$，$f'_y(x,y)$；

(2) 求方程组 $\begin{cases} f'_x(x,y)=0, \\ f'_y(x,y)=0 \end{cases}$ 的所有实数解，得函数的所有驻点；

(3) 求出 $f''_{xx}(x,y)$，$f''_{xy}(x,y)$，$f''_{yy}(x,y)$，对于每个驻点 (x_0,y_0)，求出二阶偏导数的值 A，B，C；

(4) 对于每个驻点 (x_0,y_0) 判断出 B^2-AC 的符号，由极值存在的充分条件确定 $f(x_0,y_0)$ 是否为极值，如果是极值，判断是极大值还是极小值.

【例 1】　求函数 $z=x^3+y^3-3xy$ 的极值.

【精析】　设 $f(x,y)=x^3+y^3-3xy$，则一阶偏导数为

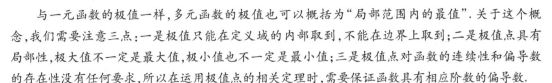

$$f'_x(x,y)=3x^2-3y,\ f'_y(x,y)=3y^2-3x.$$ ——→求一阶偏导数

解方程组 $\begin{cases}3x^2-3y=0,\\3y^2-3x=0,\end{cases}$ 得到两个驻点为 $(0,0)$ 和 $(1,1)$. ——→求驻点

二阶偏导数为

$$f''_{xx}(x,y)=6x,$$
$$f''_{xy}(x,y)=-3,$$ ——→求二阶偏导数
$$f''_{yy}(x,y)=6y.$$

对于驻点 $(0,0)$，有

$$A=f''_{xx}(0,0)=0,\ B=f''_{xy}(0,0)=-3,$$
$$C=f''_{yy}(0,0)=0,\ B^2-AC=9>0,$$ ——→判定极值点与极值

所以驻点 $(0,0)$ 不是极值点.

对于驻点 $(1,1)$，有

$$A=f''_{xx}(1,1)=6,\ B=f''_{xy}(1,1)=-3,$$
$$C=f''_{yy}(1,1)=6,\ B^2-AC=-27<0,$$

所以驻点 $(1,1)$ 是极值点. 又因为 $A=6>0$，所以 $(1,1)$ 是极小值点，函数在该点处取得极小值 $f(1,1)=-1$.

【例 2】 求函数 $z=x^4+4y^3-8x^2-12y$ 的极值.

【精析】 设 $f(x,y)=x^4+4y^3-8x^2-12y$，则一阶偏导数为

$$f'_x(x,y)=4x^3-16x,\quad f'_y(x,y)=12y^2-12.$$

解方程组 $\begin{cases}4x^3-16x=0,\\12y^2-12=0,\end{cases}$ 得到六个驻点为

$$(0,1),(0,-1),(2,1),(2,-1),(-2,1),(-2,-1).$$

二阶偏导数为

$$f''_{xx}(x,y)=12x^2-16,\quad f''_{xy}(x,y)=0,\quad f''_{yy}(x,y)=24y.$$

六个驻点的具体情况列表如下：

驻点	$f''_{xx}(x,y)$	$f''_{xy}(x,y)$	$f''_{yy}(x,y)$	B^2-AC	是否是极值点	极值
$(0,1)$	-16	0	24	>0	否	
$(0,-1)$	-16	0	-24	<0	极大值点	8
$(2,1)$	32	0	24	<0	极小值点	-24
$(2,-1)$	32	0	-24	>0	否	
$(-2,1)$	32	0	24	<0	极小值点	-24
$(-2,-1)$	32	0	-24	>0	否	

提示

求具有二阶连续偏导数的二元函数极值(点)的要点是：用一阶偏导数找驻点，用二阶偏导数得 B^2-AC.

二元函数的最大值点和最小值点一般在驻点及区域的边界点中找，这样计算过程会相当复杂，而在许多实际的最优化问题中，函数的最值一定存在，且最值一定在定义域内部取得，这时，如果函数在定义域内有唯一驻点 P_0，则点 P_0 必是最值点.

【例 3】　某厂要用铁板做成一个体积为 2 m^3 的有盖长方体水箱，问当长、宽、高各取怎样的尺寸时，才能使用料最省？

【精析】　设水箱的长为 x m，宽为 y m，则其高应为 $\frac{2}{xy}$ m，此水箱材料的面积

$$S=2\left(xy+y\cdot\frac{2}{xy}+x\cdot\frac{2}{xy}\right)=2\left(xy+\frac{2}{x}+\frac{2}{y}\right)\quad(x>0,\ y>0).$$

此时 $S'_x=2\left(y-\frac{2}{x^2}\right)$，$S'_y=2\left(x-\frac{2}{y^2}\right)$.

令 $S'_x=0$，$S'_y=0$，则 $\begin{cases}2\left(y-\frac{2}{x^2}\right)=0,\\2\left(x-\frac{2}{y^2}\right)=0,\end{cases}$ 解得 $x=\sqrt[3]{2}$，$y=\sqrt[3]{2}$，因此高为 $\frac{2}{\sqrt[3]{2}\cdot\sqrt[3]{2}}=\sqrt[3]{2}$.

由问题的实际意义可知，水箱所用材料面积的最小值一定存在，又只有一个驻点，因此当长、宽、高均为 $\sqrt[3]{2}$ m 时，所用的材料最省.

二、有条件极值

上述极值对定义域内的自变量并未加其他限制条件，故可称之为**无条件极值**. 在很多实际问题中，常会碰到对自变量增加限制条件的极值问题，称之为**条件极值**. 对于有些实际问题，可以把条件极值转化为无条件极值，但很多情况下条件极值转化为无条件极值并不简单，所以下面我们来介绍一种直接求条件极值的方法——**拉格朗日乘数法**.

在求二元函数 $z=f(x,y)$ 在条件 $g(x,y)=0$ 下的极值时，称 $z=f(x,y)$ 为**目标函数**，$g(x,y)=0$ 为**约束条件**.

拉格朗日乘数法求条件极值的步骤为：

(1) 作拉格朗日函数

$$F(x,y)=f(x,y)+\lambda g(x,y)\text{，其中 }\lambda\text{ 是某个常数.}$$

(2) 将函数 $F(x,y)$ 分别对 x，y，λ 求偏导数，并令它们都为 0，组成方程组

$$\begin{cases}F'_x(x,y)=f'_x(x,y)+\lambda g'_x(x,y)=0,\\F'_y(x,y)=f'_y(x,y)+\lambda g'_y(x,y)=0,\\F'_\lambda(x,y)=g(x,y)=0.\end{cases}$$

(3) 求出方程组的解

$$\begin{cases}x=x_0,\\y=y_0,\text{（解可能多于一组）}\\\lambda=\lambda_0,\end{cases}$$

则点 (x_0,y_0) 就是使函数 $z=f(x,y)$ 可能取得极值且满足条件 $g(x_0,y_0)=0$ 的可能极值点.

至于如何确定所求得的点是否为极值点,在实际问题中往往根据问题本身的性质加以确定.上述方法可以推广到自变量多于两个,或附加条件多于一个的情形.

【例 4】 求内接于半径为 R 的球体且有最大体积的长方体的边长.

【精析】 设球面方程为 $x^2+y^2+z^2=R^2$, (x,y,z) 是它的内接长方体在第一卦限内的一个顶点,则此长方体的体积为 $V=8xyz$, 作拉格朗日函数

$$L=8xyz+\lambda(x^2+y^2+z^2-R^2),$$

令 $\begin{cases}L_x'=8yz+2\lambda x=0,\\ L_y'=8xz+2\lambda y=0,\\ L_z'=8xy+2\lambda z=0,\end{cases}$ 得 $x=y=z$, 代入 $x^2+y^2+z^2=R^2$, 得 $x=y=z=\dfrac{R}{\sqrt{3}}$.

故当长方体的长、宽、高分别为 $\dfrac{2R}{\sqrt{3}}$、$\dfrac{2R}{\sqrt{3}}$、$\dfrac{2R}{\sqrt{3}}$ 时,体积最大.

【例 5】 设长方形的周长为定值 l, 问其长 x 和宽 y 各为多少时,可使其面积 S 最大?

【精析】 ▶ **方法一** 这是目标函数 $S=xy$, $x>0$, $y>0$, 在约束条件 $x+y=\dfrac{l}{2}$ 下的极值问题,可从约束条件中解得 $y=\dfrac{l}{2}-x$, 代入目标函数得

$$S=x\left(\frac{l}{2}-x\right),\quad 0<x<\frac{l}{2},$$

问题转化为一元函数 $S=x\left(\dfrac{l}{2}-x\right)$ 在区间 $\left(0,\dfrac{l}{2}\right)$ 内求最大值点,即转化为无条件极值问题. 由 $\dfrac{\mathrm{d}S}{\mathrm{d}x}=\dfrac{l}{2}-2x=0$, 得唯一驻点 $x=\dfrac{l}{4}$.

又 $\dfrac{\mathrm{d}^2S}{\mathrm{d}x^2}=-2<0$, 得 $x=\dfrac{l}{4}$ 是 $\left(0,\dfrac{l}{2}\right)$ 内唯一的极大值点,由实际问题可知最值一定存在,所以 $x=\dfrac{l}{4}$ 也是最大值点,此时 $y=\dfrac{l}{2}-\dfrac{l}{4}=\dfrac{l}{4}$, 故当 $x=y=\dfrac{l}{4}$ 时, S 最大.

▶ **方法二** 用拉格朗日乘数法来求解,目标函数为 $S=xy$, $x>0$, $y>0$, 约束条件为 $x+y=\dfrac{l}{2}$.

令

$$L(x,y)=xy+\lambda\left(x+y-\frac{l}{2}\right),$$

于是联立 $\begin{cases}L_x'=y+\lambda=0,\\ L_y'=x+\lambda=0,\\ x+y=\dfrac{l}{2},\end{cases}$ 解得 $x=y=\dfrac{l}{4}$, 即唯一可能的极值点为 $\left(\dfrac{l}{4},\dfrac{l}{4}\right)$.

因为从该实际问题本身知最大值一定存在,所以最大值就在这个唯一可能的极值点处取得,即当该长方形的长和宽均为 $\dfrac{l}{4}$ 时,面积最大.

名师指点

条件极值有时也可化为无条件极值,从约束条件 $g(x, y)=0$ 中解出 x 或 y, 然后将其代入目标函数中便化为无条件极值,且可以“降元”,即将二元函数极值转化为一元函数极值,将三元函数极值转化为二元函数极值.

第四节　二重积分

一、二重积分的概念与性质

1. 二重积分的定义

定义 1　设 $z=f(x, y)$ 是定义在有界闭区域 D 上的有界函数,将区域 D 任意分割成 n 个小闭区域 $D_i(i=1, 2, \cdots, n)$,其相应的面积记为 $\Delta\sigma_i$,对任意一点 $(x_i, y_i)\in D_i(i=1, 2, \cdots, n)$,作和式 $\sum\limits_{i=1}^{n}f(x_i, y_i)\Delta\sigma_i$,以 $d(D_i)$ 表示小区域 D_i 的直径,记 $\lambda=\max\limits_{1\leqslant i\leqslant n}\{d(D_i)\}$,如果 $\lambda\to 0$ 时,$\lim\limits_{\lambda\to 0}\sum\limits_{i=1}^{n}f(x_i, y_i)\Delta\sigma_i$ 总存在且唯一,与闭区域 D 的分法及点 (x_i, y_i) 的取法无关,则称二元函数 $f(x, y)$ 在区域 D 上是**可积的**,并称此极限为函数 $f(x, y)$ 在区域 D 上的**二重积分**,记作 $\iint\limits_{D}f(x, y)\mathrm{d}\sigma$,即

$$\iint\limits_{D}f(x, y)\mathrm{d}\sigma=\lim_{\lambda\to 0}\sum_{i=1}^{n}f(x_i, y_i)\Delta\sigma_i,$$

其中 $\iint$ 称为**二重积分号**,D 称为**积分区域**,$f(x, y)$ 称为**被积函数**,$\mathrm{d}\sigma$ 称为**面积元素**,x, y 称为**积分变量**,$\sum\limits_{i=1}^{n}f(x_i,y_i)\Delta\sigma_i$ 称为(二重)**积分和**.

提示

(1) 二重积分 $\iint\limits_{D}f(x, y)\mathrm{d}\sigma$ 的定义与定积分的定义类似,是一个和式的极限,因而,二重积分的值也是一个常数.

(2) 如果 $f(x, y)$ 在有界闭区域 D 上连续,则 $f(x, y)$ 在 D 上可积.

(3) 在直角坐标系下,面积元素 $\mathrm{d}\sigma=\mathrm{d}x\mathrm{d}y$;在极坐标系下,$\mathrm{d}\sigma=r\mathrm{d}r\mathrm{d}\theta$.

2. 二重积分的几何意义

(1) 如果在区域 D 上 $f(x, y)\geqslant 0$,那么 $\iint\limits_{D}f(x, y)\mathrm{d}\sigma$ 表示曲顶柱体的体积.

(2) 如果在区域 D 上 $f(x, y)<0$,二重积分的值是负的,曲顶柱体在 xOy 面的下方,那么

$-\iint\limits_D f(x,y)\mathrm{d}\sigma$ 表示曲顶柱体的体积.

(3) 如果 $f(x,y)$ 在 D 的某些区域上是正的,而在其他部分区域上是负的,那么二重积分 $\iint\limits_D f(x,y)\mathrm{d}\sigma$ 的值就等于在 xOy 面上方的柱体体积值与在 xOy 面下方的柱体体积值的代数和.

3. 二重积分的性质

性质 1 若在 D 上 $f(x,y)\equiv 1$,则 $\iint\limits_D \mathrm{d}\sigma = S_D$,其中 S_D 为区域 D 的面积.

这个性质的几何意义表示:高为 1 的平顶柱体的体积,在数值上就等于柱体的底面积.

性质 2(线性性质)

$$\iint\limits_D [\alpha\cdot f(x,y)+\beta\cdot g(x,y)]\mathrm{d}\sigma=\alpha\cdot\iint\limits_D f(x,y)\mathrm{d}\sigma+\beta\cdot\iint\limits_D g(x,y)\mathrm{d}\sigma.$$

其中 α,β 是常数.

性质 3(积分区域的可加性) 设有界闭区域 D 可分为除边界外互不相交的闭区域 D_1 和 D_2,则

$$\iint\limits_D f(x,y)\mathrm{d}\sigma=\iint\limits_{D_1} f(x,y)\mathrm{d}\sigma+\iint\limits_{D_2} f(x,y)\mathrm{d}\sigma.$$

如果 D 被有限条曲线分为多个闭区域 $D_1,D_2,\cdots,D_n$,且 $D_1,D_2,\cdots,D_n$ 除边界线外是互不相交的,那么性质 3 也是成立的.

性质 4(保号性) 设 $f(x,y)\geqslant 0$, $(x,y)\in D$,则 $\iint\limits_D f(x,y)\mathrm{d}\sigma\geqslant 0$.

推论 1 设 $f(x,y)\leqslant g(x,y)$, $(x,y)\in D$,则

$$\iint\limits_D f(x,y)\mathrm{d}\sigma\leqslant\iint\limits_D g(x,y)\mathrm{d}\sigma.$$

注意:该推论反过来不成立.

推论 2 特殊地,由于 $-|f(x,y)|\leqslant f(x,y)\leqslant|f(x,y)|$,有

$$\left|\iint\limits_D f(x,y)\mathrm{d}\sigma\right|\leqslant\iint\limits_D |f(x,y)|\mathrm{d}\sigma.$$

性质 5(估值定理)

设 M 与 m 分别为连续函数 $f(x,y)$ 在闭区域 D 上的最大值和最小值,S_D 为区域 D 的面积,则

$$mS_D\leqslant\iint\limits_D f(x,y)\mathrm{d}\sigma\leqslant MS_D.$$

性质 6(二重积分介值定理) 设 $f(x,y)$ 在闭区域 D 上连续,S_D 是 D 的面积,则至少存在一点 $(\xi,\eta)\in D$,使得

$$\iint\limits_D f(x,y)\mathrm{d}\sigma=f(\xi,\eta)S_D.$$

我们也把 $\frac{1}{S_D}\iint\limits_D f(x, y)\mathrm{d}\sigma$ 称为 $f(x, y)$ 在 D 上的**积分平均值**.

【例 1】　函数 $f(x, y)$ 在有界闭区域 D 上的二重积分存在的一个充分条件是:在 D 上 $f(x, y)$ ________.

【精析】　由定义可知,当 $f(x, y)$ 在有界闭区域 D 上连续时,定义中的和式 $\sum\limits_{i=1}^{n} f(x_i, y_i)\Delta\sigma_i$ 的极限必存在,即二重积分必存在,故可填"连续".

【例 2】　二重积分 $\iint\limits_{x^2+y^2\leqslant 2}\mathrm{d}\sigma=$ ________.

【精析】　利用二重积分的几何意义,可得 $\iint\limits_{x^2+y^2\leqslant 2}\mathrm{d}\sigma = S_D = 2\pi$.

【例 3】　如果闭区域 D 由 x 轴、y 轴及 $x+y=1$ 围成,则 $\iint\limits_D (x+y)^2\mathrm{d}\sigma$ ________ $\iint\limits_D (x+y)^3\mathrm{d}\sigma$.

【精析】　闭区域 D 内, $0\leqslant x+y\leqslant 1$, 因此 $(x+y)^2\geqslant(x+y)^3$, 即 $\iint\limits_D (x+y)^2\mathrm{d}\sigma\geqslant\iint\limits_D (x+y)^3\mathrm{d}\sigma$.

二、二重积分的计算

1. 在直角坐标系下二重积分的计算方法——化二重积分为二次积分

(1) 积分区域类型

在直角坐标系下,任一区域都可分解为两类基本区域.

① 若用不等式 $y_1(x)\leqslant y\leqslant y_2(x)$, $a\leqslant x\leqslant b$ 来表示积分区域 D, 其中函数 $y_1(x)$, $y_2(x)$ 在区间 $[a, b]$ 上连续(图 4-1),则称区域 D 为 **X-型区域(上下型图形)**;

② 若用不等式 $x_1(y)\leqslant x\leqslant x_2(y)$, $c\leqslant y\leqslant d$ 来表示积分区域 D, 其中函数 $x_1(y)$, $x_2(y)$ 在区间 $[c, d]$ 上连续(图 4-2),则称区域 D 为 **Y-型区域(左右型图形)**;

③ 许多常见的区域都可以用平行于坐标轴的直线把 D 分解为有限个除边界外无公共点的 X-型区域或 Y-型区域. 若区域如图 4-3 所示,则必须分割,分割后的三个区域 D_1, D_2, D_3 都是 X-型区域,则可在分割后的三个区域上分别使用积分公式(用积分区域的可加性). 因而一般区域上的二重积分计算问题都可以转化为 X-型或 Y-型区域上的二重积分计算问题.

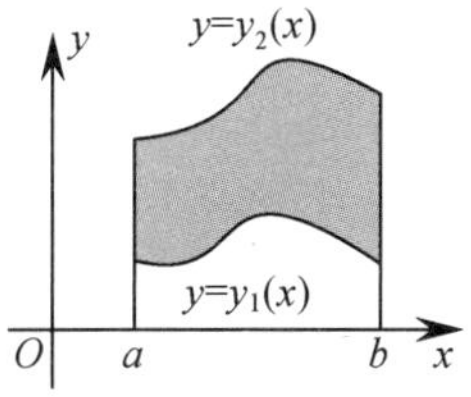

图 4-1

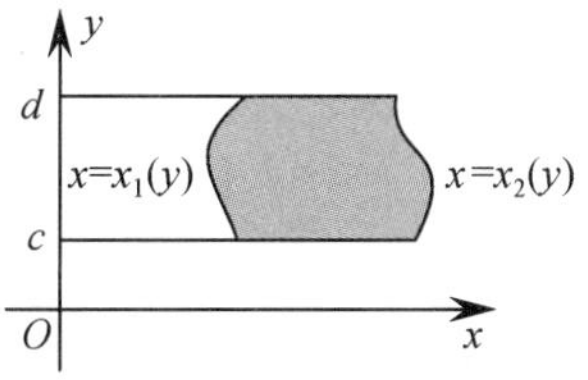

图 4-2

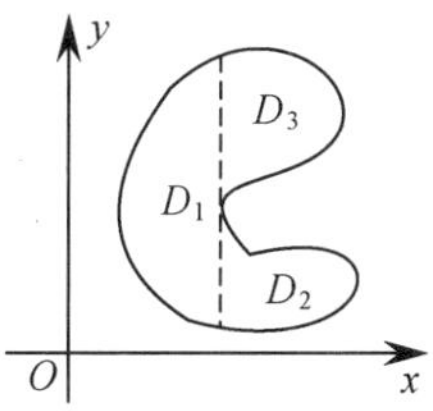

图 4-3

对于积分区域的划分,有如下规律:

① 对于 X-型区域 D, 垂直于 x 轴的直线 $x=x_0(a<x_0<b)$ 至多与区域 D 的边界交于两点.

② 对于 Y-型区域 D, 垂直于 y 轴的直线 $y=y_0(c<y_0<d)$ 至多与区域 D 的边界交于两点.

③ 对于任一区域,均可分解为若干个 X-型区域与 Y-型区域之和.

(2) 二重积分在直角坐标系中的计算公式

如果区域 D 为 X-型区域,即 $D=\{(x, y)\mid y_1(x)\leqslant y\leqslant y_2(x), a\leqslant x\leqslant b\}$,

于是有 $$\iint\limits_D f(x, y)\mathrm{d}\sigma=\int_a^b\left[\int_{y_1(x)}^{y_2(x)}f(x, y)\mathrm{d}y\right]\mathrm{d}x=\int_a^b\mathrm{d}x\int_{y_1(x)}^{y_2(x)}f(x, y)\mathrm{d}y.$$

在直角坐标系下,二重积分 $\iint\limits_D f(x, y)\mathrm{d}\sigma$ 也可表示成 $\iint\limits_D f(x, y)\mathrm{d}x\mathrm{d}y$.

从而有 $$\iint\limits_D f(x, y)\mathrm{d}\sigma=\iint\limits_D f(x, y)\mathrm{d}x\mathrm{d}y=\int_a^b\left[\int_{y_1(x)}^{y_2(x)}f(x, y)\mathrm{d}y\right]\mathrm{d}x=\int_a^b\mathrm{d}x\int_{y_1(x)}^{y_2(x)}f(x, y)\mathrm{d}y.$$

这就是先对 y 后对 x 的累次积分公式,在先对 y 积分时,应把 x 暂时固定,看作常数.

同理,如果区域 D 为 Y-型区域,即 $D=\{(x, y)\mid x_1(y)\leqslant x\leqslant x_2(y), c\leqslant y\leqslant d\}$.

此时二重积分转化为累次积分为:

$$\iint\limits_D f(x, y)\mathrm{d}\sigma=\iint\limits_D f(x, y)\mathrm{d}x\mathrm{d}y=\int_c^d\left[\int_{x_1(y)}^{x_2(y)}f(x, y)\mathrm{d}x\right]\mathrm{d}y=\int_c^d\mathrm{d}y\int_{x_1(y)}^{x_2(y)}f(x, y)\mathrm{d}x.$$

这就是先对 x 后对 y 的累次积分公式,在先对 x 积分时,应把 y 暂时固定,看作常数.

综上所述,我们得到二重积分在直角坐标系中的计算公式:

① 当积分区域 D 为 X-型区域时,先对 y 后对 x 积分

$$\iint\limits_D f(x, y)\mathrm{d}\sigma=\iint\limits_D f(x, y)\mathrm{d}x\mathrm{d}y=\int_a^b\mathrm{d}x\int_{y_1(x)}^{y_2(x)}f(x, y)\mathrm{d}y;$$

② 当积分区域 D 为 Y-型区域时,先对 x 后对 y 积分

$$\iint\limits_D f(x, y)\mathrm{d}\sigma=\iint\limits_D f(x, y)\mathrm{d}x\mathrm{d}y=\int_c^d\mathrm{d}y\int_{x_1(y)}^{x_2(y)}f(x, y)\mathrm{d}x.$$

(3) 确定积分上下限的方法(以 X-型区域为例)

① 画出积分区域 D 的图形;

② 沿 y 轴的正向看,所作的直线与区域 D 先相交的边界线 $y=y_1(x)$ (称之为入口线)作为积分下限,离开区域 D 的边界线 $y=y_2(x)$ (称之为出口线)作为积分上限;而后对 x 积分时,其积分下限取自区域 D 在 x 轴上投影的最小值,积分上限取自区域 D 在 x 轴上投影的最大值,即先对 y 积分

[入口线 $y_1(x)$] 下限,

[出口线 $y_2(x)$] 上限,

后对 x 积分，区域 D 在 x 轴上投影

（最小值 a）下限，
（最大值 b）上限，

其特点是：内层积分限为外层积分变量的函数（或常数），而外层积分限一定为常数.
对于 Y-型区域确定积分上下限，方法类似.

（4）计算二重积分的步骤

① 画出积分区域 D 的草图；
② 根据图形及被积函数的特点，用适当的不等式表示出积分区域 D，确定上下限；
③ 将二重积分转化为二次积分进行计算.

【例 4】 计算二重积分 $\iint\limits_D (2x+3y)\mathrm{d}x\mathrm{d}y$，其中区域 D 由直线 $x=1$，$x=2$，$y=x$，$y=3x$ 围成.

名师指点

在化成累次积分的过程中，确定积分上、下限是一个关键点，可以用定限口诀（后积先定限，限内画条线，先交下限取，后交上限见）来确定上、下限.

【精析】 区域 D 如图 4-4 所示，为 X-型区域，显然化为先 y 后 x 的二次积分计算较为方便. 沿 y 轴正向看，入口线为 $y=x$，出口线为 $y=3x$，因此有 $x\leqslant y\leqslant 3x$. 又区域 D 中 $1\leqslant x\leqslant 2$，故

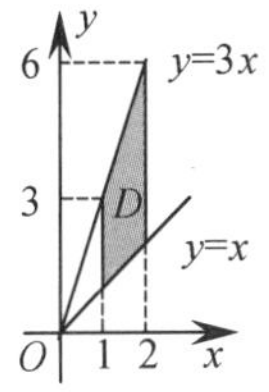

图 4-4

$$\iint\limits_D (2x+3y)\mathrm{d}x\mathrm{d}y=\int_1^2\mathrm{d}x\int_x^{3x}(2x+3y)\mathrm{d}y$$
$$=\int_1^2\left(2xy+\frac{3}{2}y^2\right)\Big|_x^{3x}\mathrm{d}x$$
$$=\int_1^2 16x^2\mathrm{d}x=\frac{112}{3}.$$

【例 5】 求 $\iint\limits_D xy\mathrm{d}x\mathrm{d}y$，其中 D 是由 $y=x$，$y=2x$，$x=1$ 所围成的区域.

【精析】 画出积分区域 D，如图 4-5 所示，积分区域 D 可以看成 X-型区域，则

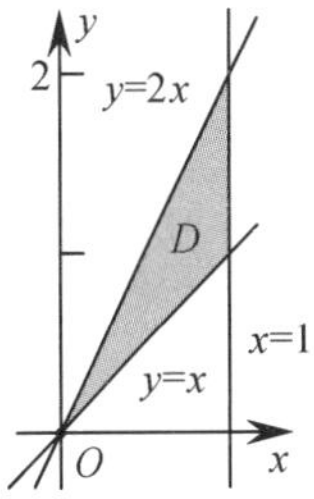

图 4-5

$$D:\begin{cases}0\leqslant x\leqslant 1,\\ x\leqslant y\leqslant 2x,\end{cases}$$

$$\iint\limits_D xy\mathrm{d}x\mathrm{d}y=\int_0^1 x\mathrm{d}x\int_x^{2x}y\mathrm{d}y=\frac{1}{2}\int_0^1 x(4x^2-x^2)\mathrm{d}x=\frac{3}{8}.$$

【例 6】 求 $\iint\limits_D (1+x)\mathrm{d}x\mathrm{d}y$，其中 D 是由 $y=x^2$，$x+y=2$，$y=0$ 所围成的区域.

【精析】 画出积分区域 D，如图 4-6 所示，显然是 Y-型区域，采用先对 x 后对 y 的积分次序，

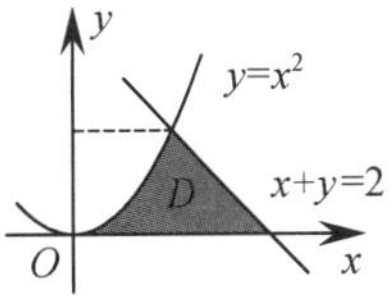

图 4-6

$$D:\begin{cases}\sqrt{y}\leqslant x\leqslant 2-y,\\0\leqslant y\leqslant 1,\end{cases}$$

$$\iint\limits_D(1+x)\mathrm{d}x\mathrm{d}y=\int_0^1\mathrm{d}y\int_{\sqrt{y}}^{2-y}(1+x)\mathrm{d}x=\int_0^1\left(x+\frac{x^2}{2}\right)\Bigg|_{\sqrt{y}}^{2-y}\mathrm{d}y=\int_0^1\left(\frac{y^2}{2}-\frac{7}{2}y-\sqrt{y}+4\right)\mathrm{d}y$$

$$=\left(\frac{1}{6}y^3-\frac{7}{4}y^2-\frac{2}{3}y^{\frac{3}{2}}+4y\right)\Bigg|_0^1=\frac{7}{4}.$$

【例 7】 求 $\iint\limits_D y\mathrm{e}^{xy}\mathrm{d}x\mathrm{d}y$，其中 D 是由 $xy=1$，$x=2$，$y=1$ 所围成的区域.

【精析】 ▶ **方法一** 画出积分区域 D，如图 4-7 所示，积分区域 D 可以看成 X-型区域，

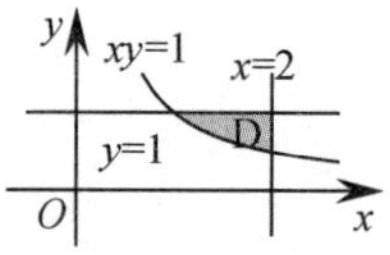

图 4-7

$$D:\begin{cases}1\leqslant x\leqslant 2,\\\dfrac{1}{x}\leqslant y\leqslant 1,\end{cases}$$

$$\iint\limits_D y\mathrm{e}^{xy}\mathrm{d}x\mathrm{d}y=\int_1^2\mathrm{d}x\int_{\frac{1}{x}}^1 y\mathrm{e}^{xy}\mathrm{d}y=\int_1^2\left[\frac{1}{x}\left(y\mathrm{e}^{xy}\Big|_{\frac{1}{x}}^1-\frac{1}{x}\int_{\frac{1}{x}}^1\mathrm{e}^{xy}\mathrm{d}y\right)\right]\mathrm{d}x$$

$$=\int_1^2\left(\frac{1}{x}-\frac{1}{x^2}\right)\mathrm{e}^x\mathrm{d}x=\frac{1}{x}\mathrm{e}^x\Bigg|_1^2=\frac{1}{2}\mathrm{e}^2-\mathrm{e}.$$

▶ **方法二** 区域 D 也可以看成 Y-型区域，$D:\begin{cases}\dfrac{1}{2}\leqslant y\leqslant 1,\\\dfrac{1}{y}\leqslant x\leqslant 2,\end{cases}$

$$\iint\limits_D y\mathrm{e}^{xy}\mathrm{d}x\mathrm{d}y=\int_{\frac{1}{2}}^1\mathrm{d}y\int_{\frac{1}{y}}^2 y\mathrm{e}^{xy}\mathrm{d}x=\int_{\frac{1}{2}}^1(\mathrm{e}^{2y}-\mathrm{e})\mathrm{d}y=\frac{1}{2}\mathrm{e}^2-\mathrm{e}.$$

【例 8】 求 $I=\iint\limits_D(3x+2y)\mathrm{d}\sigma$，其中 D 是由两坐标轴及直线 $x+y=2$ 所围成的闭区域.

【精析】 ▶ **方法一** 画出积分区域 D，如图 4-8 所示，积分区域可看成 X-型区域，$D:\begin{cases}0\leqslant y\leqslant 2-x,\\0\leqslant x\leqslant 2,\end{cases}$

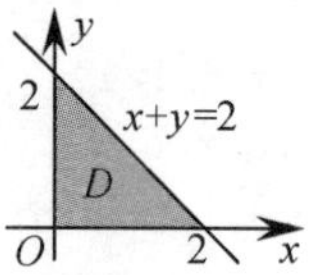

图 4-8

$$\iint\limits_D(3x+2y)\mathrm{d}\sigma=\int_0^2\mathrm{d}x\int_0^{2-x}(3x+2y)\mathrm{d}y=\int_0^2[3x(2-x)+(2-x)^2]\mathrm{d}x$$

$$=\left[3x^2-x^3+\frac{1}{3}(x-2)^3\right]_0^2=\frac{20}{3}.$$

▶ **方法二** 积分区域也可看成 Y-型区域，$D:\begin{cases}0\leqslant x\leqslant 2-y,\\0\leqslant y\leqslant 2,\end{cases}$

$$\iint\limits_D(3x+2y)\mathrm{d}\sigma=\int_0^2\mathrm{d}y\int_0^{2-y}(3x+2y)\mathrm{d}x=\int_0^2\left[\frac{3}{2}(2-y)^2+2y(2-y)\right]\mathrm{d}y$$

$$=\left[\frac{1}{2}(y-2)^3+2y^2-\frac{2}{3}y^3\right]_0^2=\frac{20}{3}.$$

【例 9】 计算 $\iint\limits_D \sin y^2 \mathrm{d}x\mathrm{d}y$, D 是由 $x=1$, $y=2$, $y=x-1$ 围成的区域.

名师指点

对于给定的二重积分应先选定积分次序,积分次序的选择要考虑两个因素:被积函数与积分区域.选择的原则是:①第一次积分容易,并能为第二次积分创造有利条件;②对 D 划分的子块越少越好.

【精析】 画出积分区域 D,如图 4-9 所示,区域 D 既是 X-型又是 Y-型区域,由于被积函数 $f(x,y)=\sin y^2$ 不能先对 y 积分 $\left(\int \sin y^2 \mathrm{d}y\text{ 积不出来}\right)$,因此这个二重积分应化为先对 x 积分后对 y 积分的二次积分,看成 Y-型区域,D:$\begin{cases}1 \leqslant x \leqslant y+1,\\ 0 \leqslant y \leqslant 2,\end{cases}$

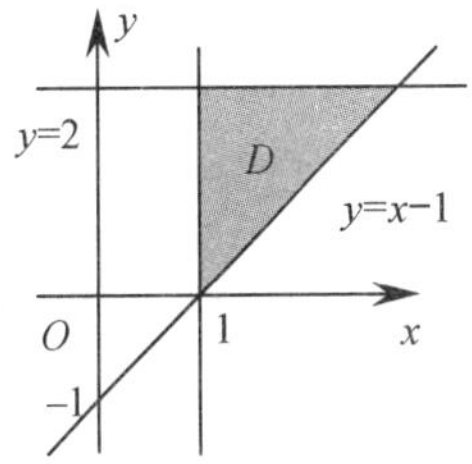

图 4-9 （D 既是上下型图,又是左右型图）

$$\iint\limits_D \sin y^2 \mathrm{d}x\mathrm{d}y = \int_0^2 \mathrm{d}y \int_1^{y+1} \sin y^2 \mathrm{d}x = \int_0^2 \sin y^2 \cdot y\mathrm{d}y = \frac{1}{2}\int_0^2 \sin y^2 \mathrm{d}(y^2)$$

$$= -\frac{1}{2}\cos y^2\Big|_0^2 = -\frac{1}{2}(\cos 4 - 1) = \frac{1}{2}(1-\cos 4).$$

【例 10】 计算 $\iint\limits_D x^2 \mathrm{d}x\mathrm{d}y$,其中 D 是由曲线 $y=\frac{1}{x}$,直线 $y=x$、$x=2$ 及 $y=0$ 所围成的平面区域.

【精析】 画出积分区域 D,如图 4-10 所示,区域 D 既不是 X-型区域,也不是 Y-型区域,以 $x=1$ 为界将区域 D 分成 D_1, D_2(两个都是 X-型区域).

$$D = D_1 + D_2,\ D_1:\begin{cases}0 \leqslant y \leqslant x,\\ 0 \leqslant x \leqslant 1,\end{cases}\quad D_2:\begin{cases}0 \leqslant y \leqslant \dfrac{1}{x},\\ 1 \leqslant x \leqslant 2,\end{cases}$$

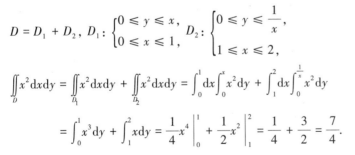

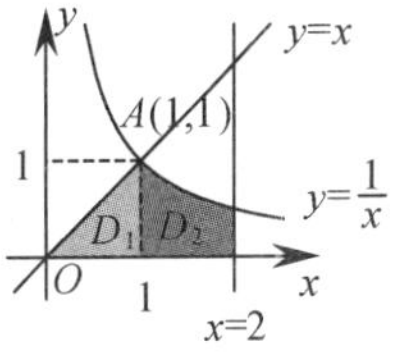

图 4-10 （D 既不是上下型图,又不是左右型图,$D=D_1+D_2$）

$$\iint\limits_D x^2 \mathrm{d}x\mathrm{d}y = \iint\limits_{D_1} x^2 \mathrm{d}x\mathrm{d}y + \iint\limits_{D_2} x^2 \mathrm{d}x\mathrm{d}y = \int_0^1 \mathrm{d}x \int_0^x x^2 \mathrm{d}y + \int_1^2 \mathrm{d}x \int_0^{\frac{1}{x}} x^2 \mathrm{d}y$$

$$= \int_0^1 x^3 \mathrm{d}y + \int_1^2 x\mathrm{d}y = \frac{1}{4}x^4\Big|_0^1 + \frac{1}{2}x^2\Big|_1^2 = \frac{1}{4} + \frac{3}{2} = \frac{7}{4}.$$

【直角坐标系下二重积分计算规律总结】

在直角坐标系下计算二重积分可以发现:(1)先写的(后计算)积分上、下限都是常数,后写的(先计算)积分上、下限是常数或是先写的积分变量的函数;(2)积分的下限都小于上限;(3)当遇到 $\int \frac{\sin x}{x}\mathrm{d}x$, $\int \sin x^2 \mathrm{d}x$, $\int \cos x^2 \mathrm{d}x$, $\int \mathrm{e}^{x^2}\mathrm{d}x$, $\int \mathrm{e}^{-x^2}\mathrm{d}x$, $\int \mathrm{e}^{\frac{1}{x}}\mathrm{d}x$, $\int \frac{1}{\ln x}\mathrm{d}x$ 等不能用初等函数表示积分结果时,须选择合适的积分次序进行计算.

2. 在极坐标系下二重积分的计算方法——化二重积分为极坐标系下的二次积分

对积分区域是圆域或圆域的一部分，或被积函数的形式为$f(x^2+y^2)$、$f\left(\dfrac{y}{x}\right)$ 等的积分，通常要将直角坐标系下的二重积分转化为极坐标系下求解.

直角坐标转换到极坐标，主要是令$\begin{cases}x=\rho\cos\theta,\\y=\rho\sin\theta,\end{cases}$ 或$\begin{cases}x=r\cos\theta,\\y=r\sin\theta,\end{cases}$

从而有 $\iint\limits_D f(x,y)\mathrm{d}\sigma=\iint\limits_D f(\rho\cos\theta,\rho\sin\theta)\rho\mathrm{d}\rho\mathrm{d}\theta=\iint\limits_D f(r\cos\theta,r\sin\theta)r\mathrm{d}r\mathrm{d}\theta.$

> 公式识记小技巧：(1) 被积函数中的x, y分别用$\rho\cos\theta$, $\rho\sin\theta$代替；(2)把面积元素 $\mathrm{d}\sigma$ 换成$\rho\mathrm{d}\rho\mathrm{d}\theta$；(3)将区域$D$在极坐标系下表示.

将极坐标系下的二重积分化成关于r和θ的二次积分，通常分下面的三种情况来讨论.

(1) 极点在区域D的内部，$D=\{(\theta,r)\mid 0\leqslant\theta\leqslant 2\pi,0\leqslant r\leqslant r(\theta)\}$，如图 4-11 所示，则有

$$\iint\limits_D f(r\cos\theta,r\sin\theta)r\mathrm{d}r\mathrm{d}\theta=\int_0^{2\pi}\mathrm{d}\theta\int_0^{r(\theta)}f(r\cos\theta,r\sin\theta)r\mathrm{d}r.$$

重点识记

(2) 极点在区域D的边界线上，$D=\{(\theta,r)\mid\alpha\leqslant\theta\leqslant\beta,0\leqslant r\leqslant r(\theta)\}$，如图 4-12 所示，则有

$$\iint\limits_D f(r\cos\theta,r\sin\theta)r\mathrm{d}r\mathrm{d}\theta=\int_\alpha^{\beta}\mathrm{d}\theta\int_0^{r(\theta)}f(r\cos\theta,r\sin\theta)r\mathrm{d}r.$$

重点识记

(3) 极点在区域D的外部，$D=\{(\theta,r)\mid\alpha\leqslant\theta\leqslant\beta,r_1(\theta)\leqslant r\leqslant r_2(\theta)\}$，如图 4-13 所示，则有

$$\iint\limits_D f(r\cos\theta,r\sin\theta)r\mathrm{d}r\mathrm{d}\theta=\int_\alpha^{\beta}\mathrm{d}\theta\int_{r_1(\theta)}^{r_2(\theta)}f(r\cos\theta,r\sin\theta)r\mathrm{d}r.$$

重点识记

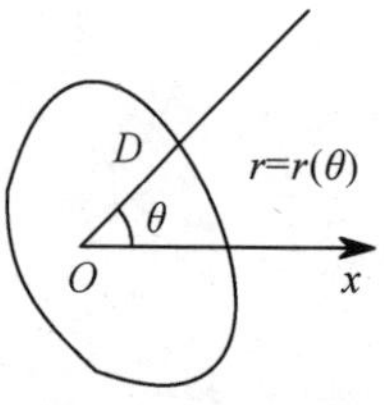

图 4-11

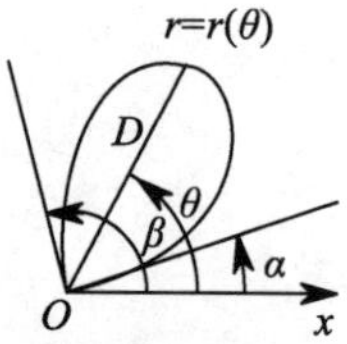

图 4-12

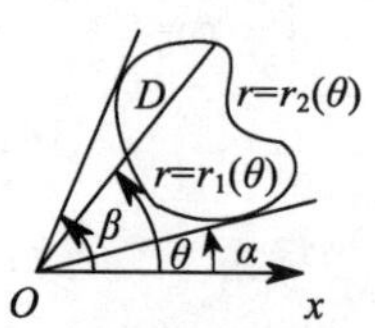

图 4-13

极坐标系下计算二重积分的步骤：

(1) 画出积分区域的图形.

(2) 确定积分顺序. 理论上可以有两个顺序选择，但实际上习惯于先对r后对θ积分.

(3) 确定积分限. 首先确定 θ 的范围：令极轴沿逆时针方向转动，看 θ 为何值时极轴与积分区域开始接触，此值即为 α，当 θ 为何值时离开积分区域，此值即为 β；然后确定 r：固定 θ，从极点出发引一条射线，穿进区域的点所在曲线的极坐标方程为 $r=\varphi_1(\theta)$，穿出区域的点所在曲线的极坐标方程为 $r=\varphi_2(\theta)$.

(4) 求解二次积分 $\int_\alpha^\beta d\theta\int_{\varphi_1(\theta)}^{\varphi_2(\theta)} f(r\cos\theta, r\sin\theta)rdr$.

【例 11】 计算 $\iint\limits_D \sqrt{x^2+y^2}d\sigma$，其中 D 由 $x^2+y^2=2y$ 所围成.

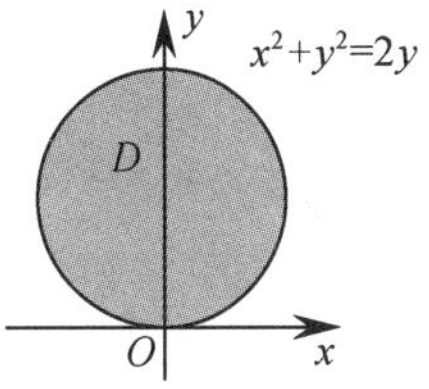

图 4-14

【精析】 画出积分区域，如图 4-14 所示，D：$x^2+(y-1)^2=1$，因为 $x^2+y^2=2y\Rightarrow r^2=2r\sin\theta\Rightarrow r=2\sin\theta$，所以 D：$\begin{cases}0\leqslant r\leqslant 2\sin\theta,\\ 0\leqslant\theta\leqslant\pi,\end{cases}$

故原式 $=\int_0^\pi d\theta\int_0^{2\sin\theta} r\cdot rdr=\dfrac{8}{3}\int_0^\pi \sin^3\theta d\theta=\dfrac{32}{9}$.

【例 12】 计算二重积分 $\iint\limits_D \dfrac{1}{x^2+y^2}d\sigma$，其中 D：$4\leqslant x^2+y^2\leqslant 9$.

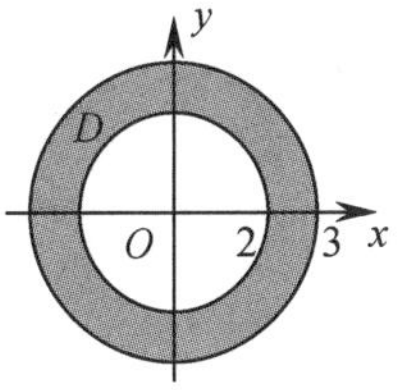

图 4-15

【精析】 积分区域 D 如图 4-15 所示，极点在区域 D 外，用 $x=r\cos\theta$，$y=r\sin\theta$ 代换，则两边界曲线 $x^2+y^2=4$ 与 $x^2+y^2=9$ 在极坐标系中可表示为 $r=2$，$r=3$，于是区域 D 表示为 $2\leqslant r\leqslant 3$，$0\leqslant\theta\leqslant 2\pi$，从而

$$\iint\limits_D \frac{1}{x^2+y^2}d\sigma=\int_0^{2\pi}d\theta\int_2^3\frac{1}{r^2}\cdot rdr=\int_0^{2\pi}(\ln 3-\ln 2)d\theta=2\pi\ln\frac{3}{2}.$$

【例 13】 计算 $\iint\limits_D \sqrt{x^2+y^2}dxdy$，其中 $D=\{(x,y)\mid x^2+y^2\leqslant 2x, y\geqslant 0\}$.

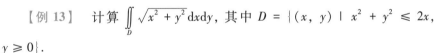

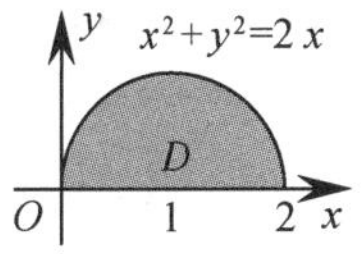

图 4-16

【精析】 积分区域 D 如图 4-16 所示，$x^2+y^2=2x$，$r^2=2r\cos\theta$，$r=2\cos\theta$，

D：$\begin{cases}0\leqslant r\leqslant 2\cos\theta,\\ 0\leqslant\theta\leqslant\dfrac{\pi}{2},\end{cases}$

$$\iint\limits_D \sqrt{x^2+y^2}dxdy=\int_0^{\frac{\pi}{2}}d\theta\int_0^{2\cos\theta}r\cdot rdr=\frac{8}{3}\int_0^{\frac{\pi}{2}}(1-\sin^2\theta)d(\sin\theta)$$

$$=\frac{8}{3}\left(\sin\theta-\frac{1}{3}\sin^3\theta\right)\Bigg|_0^{\frac{\pi}{2}}=\frac{8}{3}\cdot\frac{2}{3}=\frac{16}{9}.$$

【例 14】 计算 $\iint\limits_D yd\sigma$，其中 $D=\{(x,y)\mid 0\leqslant x\leqslant 2, x\leqslant y\leqslant 2, x^2+y^2\geqslant 2\}$.

【精析】 积分区域 D 如图 4-17 所示，D：$\begin{cases}\sqrt{2}\leqslant r\leqslant\dfrac{2}{\sin\theta},\\ \dfrac{\pi}{4}\leqslant\theta\leqslant\dfrac{\pi}{2},\end{cases}$

$$\iint_D y\mathrm{d}\sigma=\int_{\frac{\pi}{4}}^{\frac{\pi}{2}}\mathrm{d}\theta\int_{\sqrt{2}}^{\frac{2}{\sin\theta}}r\sin\theta r\mathrm{d}r=\frac{1}{3}\int_{\frac{\pi}{4}}^{\frac{\pi}{2}}\left(\sin\theta\cdot r^3\Big|_{\sqrt{2}}^{\frac{2}{\sin\theta}}\right)\mathrm{d}\theta$$

$$=\frac{1}{3}\int_{\frac{\pi}{4}}^{\frac{\pi}{2}}(8\csc^2\theta-2\sqrt{2}\sin\theta)\mathrm{d}\theta$$

$$=\frac{1}{3}(-8\cot\theta+2\sqrt{2}\cos\theta)\Big|_{\frac{\pi}{4}}^{\frac{\pi}{2}}=2.$$

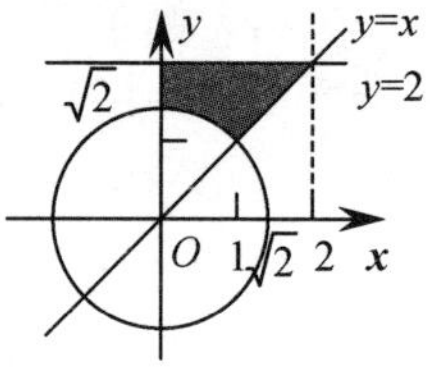

图 4-17

3. 利用对称性、奇偶性简化二重积分计算

★ **定理 1** 设$f(x,y)$在有界闭区域D上连续,若$D=D_1+D_2$, D_1, D_2关于y轴对称,

则
$$\iint_D f(x,y)\mathrm{d}\sigma=\begin{cases}2\iint_{D_1}f(x,y)\mathrm{d}\sigma, & f(x,y)\text{ 关于 } x \text{ 为偶函数},\\ 0, & f(x,y)\text{ 关于 } x \text{ 为奇函数},\end{cases}$$

其中D_1为D在y轴的右半平面部分(即D区域$x\geqslant 0$部分).

★ **定理 2** 设$f(x,y)$在有界闭区域D上连续,若$D=D_3+D_4$, D_3, D_4关于x轴对称,

则
$$\iint_D f(x,y)\mathrm{d}\sigma=\begin{cases}0, & f(x,y)\text{ 关于 } y \text{ 为奇函数},\\ 2\iint_{D_3}f(x,y)\mathrm{d}\sigma, & f(x,y)\text{ 关于 } y \text{ 为偶函数},\end{cases}$$

其中D_3为D在x轴的上半平面部分(即D区域$y\geqslant 0$部分).

知识链接

(1) $f(x,y)$关于x为偶函数$\Leftrightarrow f(-x,y)=f(x,y)$;
(2) $f(x,y)$关于x为奇函数$\Leftrightarrow f(-x,y)=-f(x,y)$.
(3) $f(x,y)$关于y为偶函数$\Leftrightarrow f(x,-y)=f(x,y)$;
(4) $f(x,y)$关于y为奇函数$\Leftrightarrow f(x,-y)=-f(x,y)$.

名师指点

对于被积函数$f(x,y)$,考查对x变量的奇偶性时,将y看成常数;考查对y变量的奇偶性时,将x看成常数,其本质为一元函数奇偶性的判断.

画出积分区域之后,一般首先观察积分区域是否关于某一坐标轴或直线$y=x$对称,如果对称,则通过对称性对积分式进行化简之后再进行计算.

【例 15】 设区域D为$|x|+|y|\leqslant 1$,则$\iint_D xyf(x^2+y^2)\mathrm{d}x\mathrm{d}y=$__________.

【精析】 积分区域D关于y轴对称,且函数$F(x,y)=xyf(x^2+y^2)$关于x为奇函数,则$\iint_D xyf(x^2+y^2)\mathrm{d}x\mathrm{d}y=0$.

【例 16】 求二重积分$\iint_D y\left[1+xe^{\frac{1}{2}(x^2+y^2)}\right]\mathrm{d}x\mathrm{d}y$的值,其中$D$是由直线$y=x$, $y=-1$及$x=1$围成的平面区域.

【精析】 积分区域如图 4-18 所示，则

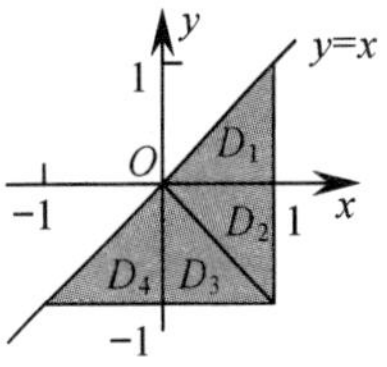

图 4-18

$$\iint_D y\left[1+xe^{\frac{1}{2}(x^2+y^2)}\right]\mathrm{d}x\mathrm{d}y=\iint_D y\mathrm{d}x\mathrm{d}y+\iint_D xye^{\frac{1}{2}(x^2+y^2)}\mathrm{d}x\mathrm{d}y,$$

其中 $\iint_D y\mathrm{d}x\mathrm{d}y=\int_{-1}^{1}\mathrm{d}y\int_{y}^{1}y\mathrm{d}x=\int_{-1}^{1}y(1-y)\mathrm{d}y=-\dfrac{2}{3}$，区域 D_1，D_2 关于 x 轴对称，区域 D_3，D_4 关于 y 轴对称，且函数 $f(x,y)=xye^{\frac{1}{2}(x^2+y^2)}$ 关于 x 和 y 都是奇函数，于是有

$$\iint_D xye^{\frac{1}{2}(x^2+y^2)}\mathrm{d}x\mathrm{d}y=\iint_{D_1+D_2}xye^{\frac{1}{2}(x^2+y^2)}\mathrm{d}x\mathrm{d}y+\iint_{D_3+D_4}xye^{\frac{1}{2}(x^2+y^2)}\mathrm{d}x\mathrm{d}y=0.$$

故 $\iint_D y\left[1+xe^{\frac{1}{2}(x^2+y^2)}\right]\mathrm{d}x\mathrm{d}y=-\dfrac{2}{3}$.

4. 交换积分次序或坐标系的转换

(1) 交换二次积分的积分次序

二重积分中交换二次积分的积分次序实际上是由已知积分次序列出区域 D 的不等式组，将积分区域 D 的图形画出来，再将积分区域 D 由已知的这种区域（X-型或 Y-型）看成另一种区域（Y-型或 X-型），写出新区域的不等式组，从而转化为另一种积分次序的二重积分.

名师指点

交换积分次序的步骤为：

第一步：由已知的二次积分的上、下限给出积分区域 D 所满足的不等式组；由上述不等式组画出积分区域 D 的草图（由限画图）.

第二步：将积分区域 D 看成与第一步中类型不同的另一种区域（第一步中的 X-型，现在看成 Y-型；第一步中的 Y-型，现在看成 X-型），给出新的积分区域下的不等式组，即给出新的二次积分的上、下限，并写出交换了积分次序的二次积分（由图定限）.

(2) 坐标系的转换

① 直角坐标形式转极坐标形式. ★

▶第一步：根据二次积分的上、下限确定积分区域 D 的边界线，进而画出积分区域的图形.

▶第二步：将区域 D 的边界线方程用极坐标形式表示，再根据区域 D 的位置用极坐标系中 r，θ 的不等式表示区域 D.

▶第三步：将 $x=r\cos\theta$，$y=r\sin\theta$ 代入被积函数，将面积元素 $\mathrm{d}x\mathrm{d}y$ 换成 $r\mathrm{d}r\mathrm{d}\theta$，然后根据 D 的不等式组化二次积分为极坐标形式.

② 极坐标形式转直角坐标形式. ★

▶第一步：根据二次积分的上、下限，确定 D 的边界线（方程为关于 r，θ 的方程），进而画出积分区域的图形.

▶第二步：将区域 D 的边界线方程用直角坐标表示，再根据区域 D 的位置用直角坐标系中 x，y 的不等式组表示区域 D.

▶第三步：根据区域 D 的不等式，再结合关系式 $x=r\cos\theta$，$y=r\sin\theta$ 以及 $\mathrm{d}x\mathrm{d}y=r\mathrm{d}r\mathrm{d}\theta$，将极

坐标系下的二次积分化为直角坐标形式.

【例 17】 交换积分次序 $\int_0^2 dx\int_x^{2x} f(x, y)dy =$ __________.

【精析】 积分区域如图 4-19 所示,则 D: $\begin{cases} x \leqslant y \leqslant 2x, \\ 0 \leqslant x \leqslant 2, \end{cases}$(上下型图形)为 X-型区域.

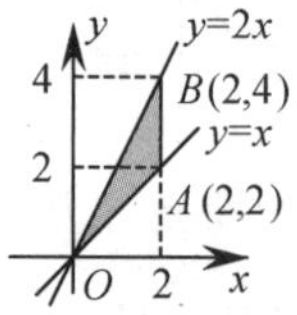

图 4-19 (**D** 为上下型图,看成左右型图需分两块)

要看成左右型图形(Y-型区域),以右边两条直线 $y = x$, $x = 2$ 的交点 $A(2,2)$ 处,直线 $y = 2$ 为界分成 D_1, D_2, $D = D_1 + D_2$.

$$D_1: \begin{cases} \frac{1}{2}y \leqslant x \leqslant y, \\ 0 \leqslant y \leqslant 2, \end{cases} \quad D_2: \begin{cases} \frac{1}{2}y \leqslant x \leqslant 2, \\ 2 \leqslant y \leqslant 4, \end{cases}$$

$$\therefore \int_0^2 dx\int_x^{2x} f(x, y)dy = \int_0^2 dy\int_{\frac{1}{2}y}^{y} f(x, y)dx + \int_2^4 dy\int_{\frac{1}{2}y}^{2} f(x, y)dx.$$

【例 18】 交换积分次序 $\int_0^1 dy\int_0^{2y} f(x, y)dx + \int_1^3 dy\int_0^{3-y} f(x, y)dx =$ __________.

【精析】 积分区域如图 4-20 所示,则 $D_1 + D_2 = D$.

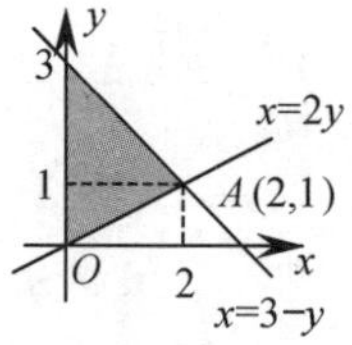

图 4-20

因为 D_1: $\begin{cases} 0 \leqslant x \leqslant 2y, \\ 0 \leqslant y \leqslant 1, \end{cases}$ D_2: $\begin{cases} 0 \leqslant x \leqslant 3 - y, \\ 1 \leqslant y \leqslant 3, \end{cases}$

所以 $D_1 + D_2 = D$: $\begin{cases} \frac{1}{2}x \leqslant y \leqslant 3 - x, \\ 0 \leqslant x \leqslant 2, \end{cases}$

为上下型图形(X-型区域),原积分交换后得 $\int_0^2 dx\int_{\frac{1}{2}x}^{3-x} f(x, y)dy$.

【例 19】 计算 $\int_0^{\frac{\sqrt{2}}{2}} dx\int_0^x \sqrt{x^2 + y^2}dy + \int_{\frac{\sqrt{2}}{2}}^1 dx\int_0^{\sqrt{1-x^2}} \sqrt{x^2 + y^2}dy$.

【精析】 积分区域如图 4-21 所示,

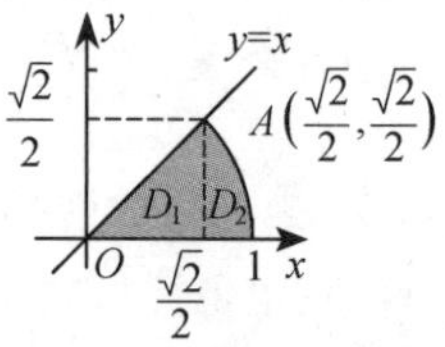

图 4-21 (**D_1 为直角三角形,D_2 为曲边三角形,D_1+D_2=D 为扇形**)

则 D_1: $\begin{cases} 0 \leqslant y \leqslant x, \\ 0 \leqslant x \leqslant \frac{\sqrt{2}}{2}, \end{cases}$ D_2: $\begin{cases} 0 \leqslant y \leqslant \sqrt{1 - x^2}, \\ \frac{\sqrt{2}}{2} \leqslant x \leqslant 1, \end{cases}$

$D_1 + D_2 = D$ 刚好为单位圆 $x^2 + y^2 = 1$ 位于 $0 \leqslant y \leqslant x$ 的部分,从图形与被积函数的特点都可看出,本题化为极坐标形式来计算较简单.

$$D: \begin{cases} 0 \leqslant r \leqslant 1, \\ 0 \leqslant \theta \leqslant \frac{\pi}{4}, \end{cases}$$

$$\text{原式} = \int_0^{\frac{\pi}{4}} d\theta\int_0^1 r \cdot rdr = \frac{\pi}{4} \cdot \frac{1}{3}r^3 \Big|_0^1 = \frac{\pi}{12}.$$

【例 20】 化二次积分 $I = \int_{-1}^1 dx\int_1^{\sqrt{2-x^2}} \ln(x^2 + y^2)dy$ 为极坐标系下的二次积分,则 $I =$ __________.

【精析】　由题可知积分区域为 $\begin{cases}-1\leqslant x\leqslant 1,\\ 1\leqslant y\leqslant \sqrt{2-x^2},\end{cases}$ 其边界曲线为 $y=\sqrt{2-x^2}$，$y=1$，如图 4-22 所示，转为极坐标形式后，极点在区域 D 外. 令 $x=r\cos\theta$，$y=r\sin\theta$，其边界曲线在极坐标系下可表示为 $r=\sqrt{2}$，$r=\dfrac{1}{\sin\theta}$，则区域 D 为 $\begin{cases}\dfrac{\pi}{4}\leqslant\theta\leqslant\dfrac{3}{4}\pi,\\ \dfrac{1}{\sin\theta}\leqslant r\leqslant\sqrt{2},\end{cases}$ 则 $I=\int_{\frac{\pi}{4}}^{\frac{3}{4}\pi}\mathrm{d}\theta\int_{\frac{1}{\sin\theta}}^{\sqrt{2}}\ln r^2\cdot r\mathrm{d}r=\int_{\frac{\pi}{4}}^{\frac{3}{4}\pi}\mathrm{d}\theta\int_{\csc\theta}^{\sqrt{2}}r\ln r^2\mathrm{d}r.$

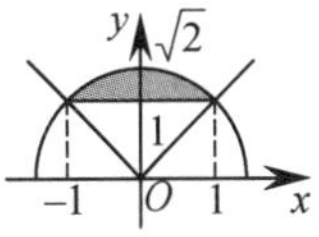

图 4-22

【例 21】　二次积分 $\int_0^1\mathrm{d}y\int_y^1 f(x,\ y)\mathrm{d}x$ 在极坐标系下可化为(　　).

A. $\int_0^{\frac{\pi}{4}}\mathrm{d}\theta\int_0^{\sec\theta}f(r\cos\theta,\ r\sin\theta)\mathrm{d}r$　　B. $\int_0^{\frac{\pi}{4}}\mathrm{d}\theta\int_0^{\sec\theta}f(r\cos\theta,\ r\sin\theta)r\mathrm{d}r$

C. $\int_{\frac{\pi}{4}}^{\frac{\pi}{2}}\mathrm{d}\theta\int_0^{\sec\theta}f(r\cos\theta,\ r\sin\theta)\mathrm{d}r$　　D. $\int_{\frac{\pi}{4}}^{\frac{\pi}{2}}\mathrm{d}\theta\int_0^{\sec\theta}f(r\cos\theta,\ r\sin\theta)r\mathrm{d}r$

【精析】　积分区域如图 4-23 所示，则积分区域 D：$\begin{cases}y\leqslant x\leqslant 1,\\ 0\leqslant y\leqslant 1\end{cases}$ 转化为 D：$\begin{cases}0\leqslant r\leqslant\sec\theta,\\ 0\leqslant\theta\leqslant\dfrac{\pi}{4},\end{cases}$

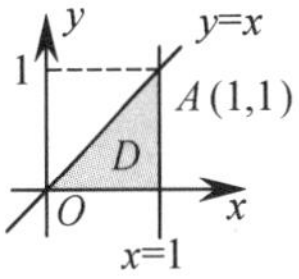

图 4-23

故原二次积分在极坐标系下可化为 $\int_0^{\frac{\pi}{4}}\mathrm{d}\theta\int_0^{\sec\theta}f(r\cos\theta,\ r\sin\theta)r\mathrm{d}r$，选 B.

【例 22】　化 $\int_0^{\frac{\pi}{2}}\mathrm{d}\theta\int_0^{2\cos\theta}f(r\cos\theta,r\sin\theta)r\mathrm{d}r$ 为直角坐标系下的二次积分.

【精析】　区域 D 的边界 $r=2\cos\theta$ 可表示为 $x^2+y^2=2x$，又 $0\leqslant\theta\leqslant\dfrac{\pi}{2}$，可画出图形如图 4-24 所示，故在直角坐标系下区域 D 可表示为 $0\leqslant x\leqslant 2$，$0\leqslant y\leqslant\sqrt{2x-x^2}$ 或 $0\leqslant y\leqslant 1$，$1-\sqrt{1-y^2}\leqslant x\leqslant 1+\sqrt{1-y^2}$，所以原二次积分可转化为

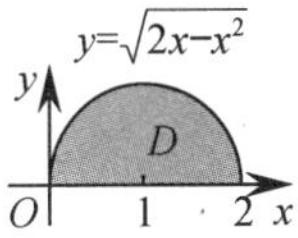

图 4-24

$$\int_0^2\mathrm{d}x\int_0^{\sqrt{2x-x^2}}f(x,\ y)\mathrm{d}y\text{ 或 }\int_0^1\mathrm{d}y\int_{1-\sqrt{1-y^2}}^{1+\sqrt{1-y^2}}f(x,\ y)\mathrm{d}x.$$

考点聚焦

考点一　多元函数的偏导数和全微分

思路点拨

(1) 具体型 $z=f(x,\ y)$：仅记关于 x 求偏导时，把 y 看成常数；关于 y 求偏导时，把 x 看成常数.

(2) 隐函数 $z=z(x,y)$：$z,\frac{\partial z}{\partial x},\frac{\partial z}{\partial y}$ 都是关于 x 和 y 的函数，对 z 项求导时，应乘 z'_x 或 z'_y.

除此之外还可构造三元方程 $F(x,y,z)=0$，利用公式求得 $\frac{\partial z}{\partial x},\frac{\partial z}{\partial y}$.

(3) 抽象复合函数求偏导.

(4) $z=f(x,y)$ 的全微分为 $dz=\frac{\partial z}{\partial x}dx+\frac{\partial z}{\partial y}dy$.

例 1 (1) 设 $f(x,y)=\dfrac{2x+3y}{1+xy\sqrt{x^2+y^2}}$，求 $f'_x(0,0)$ 和 $f'_y(0,0)$.

(2) 设 $z=z(x,y)$ 是由方程 $z+e^z=xy$ 所确定的二元函数，求 $\frac{\partial z}{\partial x},\frac{\partial z}{\partial y}$.

(3) 函数 $z=\ln\frac{y}{x}$ 在点 (2,2) 处的全微分 $dz=$ (　　).

A. $-\frac{1}{2}dx+\frac{1}{2}dy$　　B. $\frac{1}{2}dx+\frac{1}{2}dy$　　C. $\frac{1}{2}dx-\frac{1}{2}dy$　　D. $-\frac{1}{2}dx-\frac{1}{2}dy$

(4) 设 $z=f(2x+3y,xy)$，其中 f 具有二阶连续偏导数，求 $\frac{\partial^2 z}{\partial x\partial y}$.

(5) 设 $z=f[\ln(x^2+y^2)]+g(x,e^y)$，$f$ 二阶可导，g 具有二阶连续偏导数，求 $\frac{\partial^2 z}{\partial x\partial y}$.

解 (1) $$f'_x(x,y)=\frac{2(1+xy\sqrt{x^2+y^2})-(2x+3y)\left(y\sqrt{x^2+y^2}+xy\dfrac{2x}{2\sqrt{x^2+y^2}}\right)}{\left(1+xy\sqrt{x^2+y^2}\right)^2},$$

$f'_x(0,0)=2$,

$$f'_y(x,y)=\frac{3(1+xy\sqrt{x^2+y^2})-(2x+3y)\left(x\sqrt{x^2+y^2}+xy\dfrac{2y}{2\sqrt{x^2+y^2}}\right)}{(1+xy\sqrt{x^2+y^2})^2},$$

$f'_y(0,0)=3$.

(2) ▶ **方法一**：$z+e^z=xy$ 等式两边同时对 x 求导，得

$$z'_x+e^z\cdot z'_x=y,$$

$$(1+e^z)z'_x=y,$$

$$z'_x=\frac{y}{1+e^z}，即\frac{\partial z}{\partial x}=\frac{y}{1+e^z}.$$

$z+e^z=xy$ 等式两边同时对 y 求导，得

$$z'_y+e^z\cdot z'_y=x,$$

$$(1+e^z)z'_y=x,$$

$$z'_y=\frac{x}{1+e^z}，即\frac{\partial z}{\partial y}=\frac{x}{1+e^z}.$$

▶ **方法二**　由 $z+e^z=xy$，得 $z+e^z-xy=0$.

令 $F(x,y,z)=z+e^z-xy$，则

$$F'_x=-y,\ F'_y=-x,\ F'_z=1+e^z,$$

从而

$$\frac{\partial z}{\partial x}=-\frac{F'_x}{F'_z}=\frac{y}{1+e^z},\ \frac{\partial z}{\partial y}=-\frac{F'_y}{F'_z}=\frac{x}{1+e^z}.$$

(3) 本题选 A.

$\because\ z=\ln\frac{y}{x}=\ln y-\ln x$,

$\therefore\ \frac{\partial z}{\partial x}=-\frac{1}{x},\ \frac{\partial z}{\partial y}=\frac{1}{y}$.

又 $dz=\frac{\partial z}{\partial x}dx+\frac{\partial z}{\partial y}dy$,

将 $x=2,\ y=2$ 代入上式，得 $dz=-\frac{1}{2}dx+\frac{1}{2}dy$.

(4) $\frac{\partial z}{\partial x}=2f'_1+yf'_2$,

$$\frac{\partial^2 z}{\partial x\partial y}=2(3f''_{11}+xf''_{12})+f'_2+y(3f''_{21}+xf''_{22})$$
$$=6f''_{11}+2xf''_{12}+3yf''_{21}+xyf''_{22}+f'_2.$$

因为 f 具有二阶连续偏导数，所以 $f''_{12}=f''_{21}$，

即 $\frac{\partial^2 z}{\partial x\partial y}=6f''_{11}+(2x+3y)f''_{12}+xyf''_{22}+f'_2$.

(5) $\frac{\partial z}{\partial x}=\frac{2x}{x^2+y^2}f'+g'_1$,

$$\frac{\partial^2 z}{\partial x\partial y}=\frac{-4xy}{(x^2+y^2)^2}f'+\frac{2x}{x^2+y^2}\cdot f''\cdot\frac{2y}{x^2+y^2}+e^y g''_{12}$$
$$=\frac{-4xy}{(x^2+y^2)^2}f'+\frac{4xy}{(x^2+y^2)^2}f''+e^y g''_{12}.$$

考点二　多元函数的极值和最值

多元函数的极值和最值与一元函数有很多类似的地方，根据专转本考纲可分为无条件极值、有条件极值（最值）和多元函数最大（小）值三类.

思路点拨

1. 无条件极值

解题思路：若 $z=f(x,y)$ 有连续二阶偏导数，则可按以下步骤求极值.

步骤 1：令 $f'_x(x,y)=0$，$f'_y(x,y)=0$，求得所有驻点；

步骤 2：对驻点求二阶偏导，令 $A=f''_{xx}(x_0,y_0)$，$B=f''_{xy}(x_0,y_0)$，$C=f''_{yy}(x_0,y_0)$；

步骤 3：利用极值充分条件，通过 B^2-AC 的正负判定驻点 (x_0,y_0).

例 1 (1) 求 $f(x, y)=x^2+xy+y^2+x-y+1$ 的极值.

(2) 求 $f(x, y)=x^2(2+y^2)+y\ln y$ 的极值.

(3) 求由方程 $x^2+y^2+z^2-2x+2y-4z-10=0$ 所确定的函数 $z=z(x, y)$ 的极值.

解 (1) 由题设知 $f'_x=2x+y+1$, $f'_y=x+2y-1$.

令 $f'_x=0$, $f'_y=0$, 得 $x=-1$, $y=1$.

又 $f''_{xx}=2$, $f''_{xy}=1$, $f''_{yy}=2$,

所以在点 $(-1,1)$ 处, $A=2$, $B=1$, $C=2$.

因为 $B^2-AC=-3<0$, $A>0$, 所以 $(-1, 1)$ 是 $f(x, y)$ 的极小值点,极小值为 0.

(2) 由题设知 $f'_x=2x(2+y^2)$, $f'_y=2x^2y+\ln y+1$.

令 $\begin{cases}2x(2+y^2)=0,\\ 2x^2y+\ln y+1=0,\end{cases}$ 得 $x=0$, $y=\dfrac{1}{e}$.

又 $f''_{xx}=2(2+y^2)$, $f''_{xy}=4xy$, $f''_{yy}=2x^2+\dfrac{1}{y}$,

所以在点 $\left(0, \dfrac{1}{e}\right)$ 处, $A=f''_{xx}\left(0, \dfrac{1}{e}\right)=2\left(2+\dfrac{1}{e^2}\right)$, $B=f''_{xy}\left(0, \dfrac{1}{e}\right)=0$, $C=f''_{yy}\left(0, \dfrac{1}{e}\right)=e$.

因为 $B^2-AC=0-2\left(2+\dfrac{1}{e^2}\right)\cdot e<0$, 且 $A>0$, 所以 $\left(0, \dfrac{1}{e}\right)$ 是 $f(x, y)$ 的极小值点,极小值为 $f\left(0, \dfrac{1}{e}\right)=-\dfrac{1}{e}$.

(3) $x^2+y^2+z^2-2x+2y-4z-10=0$ 两端分别对 x, y 求偏导得

$$\begin{cases}2x+2zz'_x-2-4z'_x=0,\\ 2y+2zz'_y+2-4z'_y=0.\end{cases}$$

令 $z'_x=0$, $z'_y=0$, 解得 $x=1$, $y=-1$.

将 $x=1$, $y=-1$ 代入 $x^2+y^2+z^2-2x+2y-4z-10=0$ 得 $z=6$ 或 $z=-2$.

$2x+2zz'_x-2-4z'_x=0$ 两端对 x 求偏导得

$$2+2(z'_x)^2+2zz''_{xx}-4z''_{xx}=0,$$

从而 $A=z''_{xx}=\dfrac{1+(z'_x)^2}{2-z}$.

$2x+2zz'_x-2-4z'_x=0$ 两端对 y 求偏导得

$$2z'_yz'_x+2zz''_{xy}-4z''_{xy}=0,$$

从而 $B=z''_{xy}=\dfrac{z'_xz'_y}{2-z}$.

$2y+2zz'_y+2-4z'_y=0$ 两端对 y 求偏导得

$$2+2(z'_y)^2+2zz''_{yy}-4z''_{yy}=0,$$

从而 $C=z''_{yy}=\dfrac{1+(z'_y)^2}{2-z}$.

在点 $(1,-1,6)$ 处，$B^2-AC=-\frac{1}{16}<0$，$A=-\frac{1}{4}<0$，$z=z(x,y)$ 在该点取极大值，极大值为 $z(x,y)=6$.

在点 $(1,-1,-2)$ 处，$B^2-AC=-\frac{1}{16}<0$，$A=\frac{1}{4}>0$，$z=z(x,y)$ 在该点取极小值，极小值 $z(x,y)=-2$.

思路点拨

2. 条件极值（最值）问题

求函数 $f(x,y)$ 在条件 $\varphi(x,y)=0$ 下的极值有以下两种常用的方法：

方法一：化为无条件极值（最值）

从条件 $\varphi(x,y)=0$ 中解出 $y=y(x)$ [或 $x=x(y)$]，再代入 $f(x,y)$ 关系式，可化为无条件极值.

方法二：拉格朗日乘数法

例 2 (1) 求函数 $f(x,y)=x^2+y^2-3$ 在条件 $x-y+1=0$ 下的极值.

(2) 求 $u=x^2+y^2+z^2$ 在约束条件 $z=x^2+y^2$ 和 $x+y+z=4$ 下的最大值和最小值.

解 (1) 由 $x-y+1=0$ 得 $y=x+1$，代入 $f(x,y)=x^2+y^2-3$，

得 $f(x,x+1)=x^2+(x+1)^2-3$.

令 $\varphi(x)=f(x,x+1)=2x^2+2x-2$，则 $\varphi'(x)=4x+2$.

令 $\varphi'(x)=0$，得 $x=-\frac{1}{2}$.

因为 $\varphi''(x)=4$，$\varphi''\left(-\frac{1}{2}\right)=4>0$，所以 $\varphi(x)$ 在 $x=-\frac{1}{2}$ 处取极小值.

而当 $x=-\frac{1}{2}$ 时，$y=x+1=\frac{1}{2}$.

综上，$f(x,y)=x^2+y^2-3$ 在条件 $x-y+1=0$ 下的极值点在 $\left(-\frac{1}{2},\frac{1}{2}\right)$ 处取得，极小值为 $f\left(-\frac{1}{2},\frac{1}{2}\right)=-\frac{5}{2}$.

(2) 构造拉格朗日函数

$$F(x,y,z,\lambda,\mu)=x^2+y^2+z^2+\lambda(x^2+y^2-z)+\mu(x+y+z-4)$$

令 $\begin{cases}F'_x=2x+2x\lambda+\mu=0,\\F'_y=2y+2y\lambda+\mu=0,\\F'_z=2z-\lambda+\mu=0,\\F'_\lambda=x^2+y^2-z=0,\\F'_\mu=x+y+z-4=0,\end{cases}$ 解得 $\begin{cases}x=-2,\\y=-2,\\z=8,\end{cases}$ 或 $\begin{cases}x=1,\\y=1,\\z=2.\end{cases}$

因为 $u(1,1,2)=6$，$u(-2,-2,8)=72$，所以最大值为 72，最小值为 6.

思路点拨

3. 多元函数的最大(小)值问题

求$f(x, y)$在有界闭区域D上的最值,按以下步骤进行:

(1) 求出$f(x, y)$在D内可能取得的极值点(驻点、一阶偏导不存在的点);

(2) 求出$f(x, y)$在D边界上的最大、最小值;

(3) 将上面求得的极值与边界上的最值进行比较,得出闭区域上的最值.

例3 (1) 求$f(x, y) = 3x^2 + 3y^2 - 2x^3$在$D: x^2 + y^2 \leqslant 2$上的最大值与最小值.

(2) 求函数$z = x^2y(4 - x - y)$在由直线$x + y = 6$, x轴和y轴所围成的区域D上的最大值和最小值.

(3) 求函数$z = x^2 + y^2 - 12x + 16y$在$D$: $x^2 + y^2 \leqslant 25$上的最大值和最小值.

解 (1) 由题设知$f'_x = 6x - 6x^2$, $f'_y = 6y$.

令$f'_x = 0$, $f'_y = 0$得$\begin{cases} x = 0, \\ y = 0; \end{cases}$ $\begin{cases} x = 1, \\ y = 0. \end{cases}$

因为点$(0,0)$, $(1, 0)$都在D区域内,所以$f(0, 0) = 0$, $f(1, 0) = 1$.

在边界$x^2 + y^2 = 2$上, $f(x, y)$可化为一元函数,

即$g(x) = f(x, y) = 3x^2 + 3(2 - x^2) - 2x^3 = 6 - 2x^3$, $x \in [-\sqrt{2}, \sqrt{2}]$.

因为$-x^3$在$(-\infty, +\infty)$上为单调递减函数,即$g(x) = 6 - 2x^3$在$[-\sqrt{2}, \sqrt{2}]$上单调递减,从而有$g_{\min}(x) = g(\sqrt{2}) = 6 - 4\sqrt{2}$, $g_{\max}(x) = g(-\sqrt{2}) = 6 + 4\sqrt{2}$.

将$f(x, y)$在D内驻点处的函数值与D边界上的最大值、最小值比较得$f_{\min}(x, y) = 0$, $f_{\max}(x, y) = 6 + 4\sqrt{2}$.

(2) 区域D如图4-25所示. 由题设知

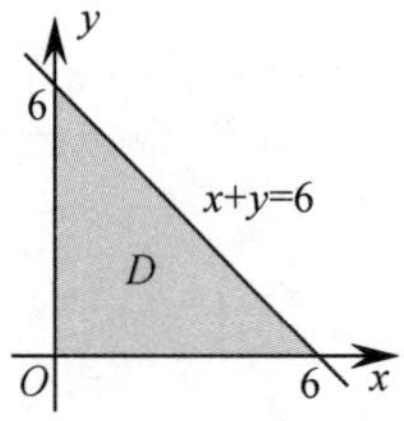

图4-25

$$z'_x = 2xy(4 - x - y) - x^2y = xy(8 - 3x - 2y),$$
$$z'_y = x^2(4 - x - y) - x^2y = x^2(4 - x - 2y),$$

令$\begin{cases} 8 - 3x - 2y = 0, \\ 4 - x - 2y = 0, \end{cases}$ 得$\begin{cases} x = 2, \\ y = 1, \end{cases}$点$(2, 1)$在区域$D$内且$z(2, 1) = 4$.

在D的边界上: $y = 0$, $0 \leqslant x \leqslant 6$或$x = 0$, $0 \leqslant y \leqslant 6$时, $z(x, y) = 0$;

在$x + y = 6(0 \leqslant x \leqslant 6)$上,将$y = 6 - x$代入$z(x, y)$得

$$z(x, y) = x^2(6 - x)(4 - x - 6 + x) = 2x^3 - 12x^2(0 \leqslant x \leqslant 6),$$

令$f(x) = z(x, y)$,则有$f'(x) = 6x^2 - 24x$ $(0 \leqslant x \leqslant 6)$.

令$f'(x) = 0$,解得$x = 4$或$x = 0$.

又$f''(x) = 12x - 24$, $f''(0) = -24 < 0$, 所以$f(0) = 0$为极大值;

而$f''(4) = 24 > 0$,所以$f(4) = -64$为极小值.

因为$f(0) = 0$, $f(4) = -64$, $f(6) = 0$, 所以$z(x, y)$在$x + y = 6(0 \leqslant x \leqslant 6)$上的最大值为0,

最小值为-64.

综上，$z(x, y)$ 在区域 D 上的最大值为 $z(2, 1) = 4$，最小值为 $z(4, 2) = -64$.

(3) 在区域 D 内：$x^2 + y^2 < 25$.

令 $\begin{cases} \dfrac{\partial z}{\partial x} = 2x - 12 = 0, \\ \dfrac{\partial z}{\partial y} = 2y + 16 = 0, \end{cases}$ 得 $\begin{cases} x = 6, \\ y = -8. \end{cases}$

点 $(6, -8)$ 不在区域 D 内，即 $z(x, y)$ 在 D 内没有极值点.

在区域 D 的边界上：$x^2 + y^2 = 25$. 题目转化为求 $z(x, y)$ 在条件 $x^2 + y^2 = 25$ 下的极值，构造拉格朗日函数

$$F(x, y, \lambda) = x^2 + y^2 - 12x + 16y + \lambda(x^2 + y^2 - 25),$$

即
$$F(x, y, \lambda) = 25 - 12x + 16y + \lambda(x^2 + y^2 - 25),$$

令 $\begin{cases} F'_x = -12 + 2\lambda x = 0, \\ F'_y = 16 + 2\lambda y = 0, \\ F'_\lambda = x^2 + y^2 - 25 = 0, \end{cases}$ 得 $\begin{cases} x = 3, \\ y = -4, \end{cases}$ 或 $\begin{cases} x = -3, \\ y = 4. \end{cases}$

由前面得 $z(x, y)$ 为有界闭区域上的连续函数，则一定有最大值、最小值，且在边界上取得.

$$z(3, -4) = -75,\ z(-3, 4) = 125.$$

综上，$z(x, y)$ 在 $x^2 + y^2 \leqslant 25$ 上的最大值为125，最小值为-75.

考点三　二重积分计算

思路点拨

一般按下列步骤进行计算：

(1) 画出积分区域 D 的草图，判定积分域是否具有对称性，被积函数 $f(x, y)$ 是否具有奇偶性，对原积分先进行化简；

(2) 根据积分区域 D 的形状和被积函数形式选择化为二次积分的坐标系；

(3) 若为直角坐标系，根据积分区域 D 和被积函数决定积分次序；

若为极坐标系，转化为先对极径后对极角的二次积分；

(4) 计算二重积分.

例 1　(1) 计算 $\iint\limits_D (|x| + ye^{x^2})\,d\sigma$，其中 D 由曲线 $|x| + |y| = 1$ 所围成.

(2) 计算 $\iint\limits_D \dfrac{\sin y}{y}\,dx\,dy$，其中 D 由 $y = \sqrt{x}$ 和 $y = x$ 所围成.

(3) 计算 $\iint\limits_D x^2\,dx\,dy$，$D$ 是由直线 $x = 3y$，$y = 3x$ 及 $x + y = 8$ 所围成的平面区域.

(4) 计算 $\iint\limits_D \dfrac{1+xy}{1+x^2+y^2}\mathrm{d}x\mathrm{d}y$,其中 $D=\{(x,y)\mid x^2+y^2\leqslant 1,x\geqslant 0\}$.

(5) 计算 $\iint\limits_D xy\mathrm{d}x\mathrm{d}y$, 其中 $D=\{(x,y)\mid (x-1)^2+y^2\leqslant 1,0\leqslant y\leqslant x\}$.

(6) 计算二重积分 $\iint\limits_D (x+y)\mathrm{d}x\mathrm{d}y$, D 是由 $y=x^2(x\leqslant 0)$ 与 $y=x$ 及 $y=1$ 所围成的平面区域.

解 (1) 因为 ye^{x^2} 关于 y 是奇函数,而积分域 D 关于 x 轴对称(图 4-26),则 $\iint\limits_D ye^{x^2}\mathrm{d}\sigma=0$

而 $|x|$ 关于 x, y 都为偶函数,且积分域关于 x, y 轴都对称,则

$$\iint\limits_D |x|\mathrm{d}\sigma=4\iint\limits_{D_1}|x|\mathrm{d}\sigma=4\iint\limits_{D_1}x\mathrm{d}\sigma,$$

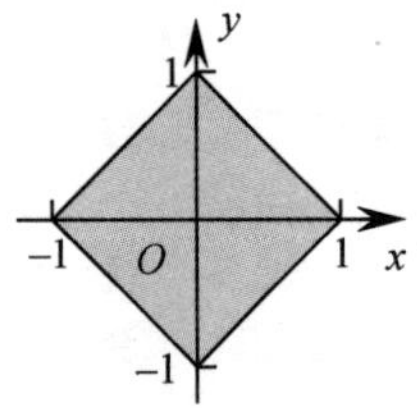

图 4-26

其中 D_1 为 D 在第一象限的部分.

$\iint\limits_{D_1}x\mathrm{d}\sigma=\int_0^1\mathrm{d}x\int_0^{1-x}x\mathrm{d}y=\dfrac{1}{6}$, 即 $\iint\limits_D(|x|+ye^{x^2})\mathrm{d}\sigma=\dfrac{2}{3}$.

(2) 根据草图 4-27,选择直角坐标系化二重积分,但 $\int\dfrac{\sin y}{y}\mathrm{d}y$ 积不出,所以只能选择先 x 后 y 的积分次序.

$$\iint\limits_D\frac{\sin y}{y}\mathrm{d}x\mathrm{d}y=\int_0^1\mathrm{d}y\int_{y^2}^{y}\frac{\sin y}{y}\mathrm{d}x=\int_0^1(\sin y-y\sin y)\mathrm{d}y=1-\sin 1.$$

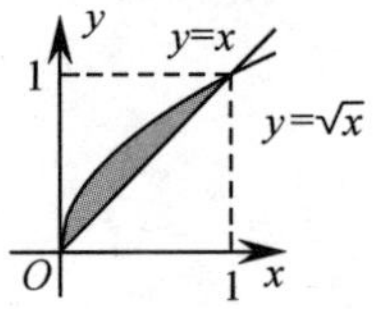

图 4-27

(3) 由 $\begin{cases}x+y=8,\\x=3y,\end{cases}$ 得 $x=6$, $y=2$.

由 $\begin{cases}x+y=8,\\y=3x,\end{cases}$ 得 $x=2$, $y=6$.

根据直线和交点画出积分区域 D(图 4-28),

$$\iint\limits_D x^2\mathrm{d}x\mathrm{d}y=\iint\limits_{D_1}x^2\mathrm{d}x\mathrm{d}y+\iint\limits_{D_2}x^2\mathrm{d}x\mathrm{d}y=\int_0^2\mathrm{d}x\int_{\frac{1}{3}x}^{3x}x^2\mathrm{d}y+\int_2^6\mathrm{d}x\int_{\frac{1}{3}x}^{8-x}x^2\mathrm{d}y$$

$$=\frac{8}{3}\int_0^2x^3\mathrm{d}x+\int_2^6x^2\left(8-\frac{4}{3}x\right)\mathrm{d}x=\frac{32}{3}+128=\frac{416}{3}.$$

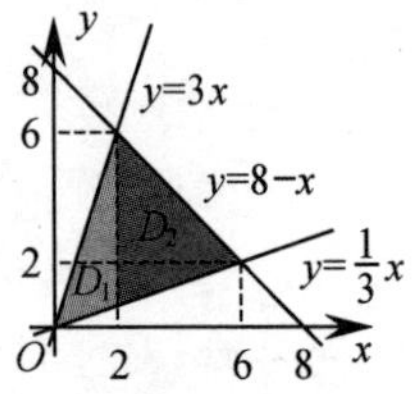

图 4-28

(4) 区域 D 关于 x 轴对称, $\dfrac{xy}{1+x^2+y^2}$ 关于 y 为奇函数, D_1 为区域 D 在第一象限的部分(图 4-29).

$$\iint\limits_D\frac{1+xy}{1+x^2+y^2}\mathrm{d}x\mathrm{d}y=\iint\limits_D\frac{1}{1+x^2+y^2}\mathrm{d}x\mathrm{d}y+\iint\limits_D\frac{xy}{1+x^2+y^2}\mathrm{d}x\mathrm{d}y$$

$$=2\iint\limits_{D_1}\frac{1}{1+x^2+y^2}\mathrm{d}x\mathrm{d}y+0$$

$$=2\int_0^{\frac{\pi}{2}}\mathrm{d}\theta\int_0^1\frac{1}{1+r^2}r\mathrm{d}r=\frac{\pi}{2}\ln 2.$$

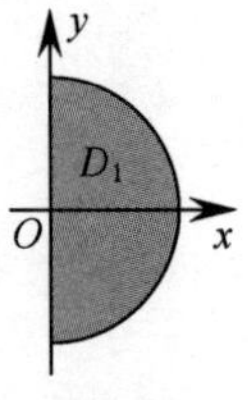

图 4-29

(5) 积分区域 D 如图 4-30 所示：$\begin{cases}0\leqslant r\leqslant 2\cos\theta,\\ 0\leqslant\theta\leqslant\dfrac{\pi}{4},\end{cases}$

$$\iint\limits_D xy\mathrm{d}x\mathrm{d}y=\int_0^{\frac{\pi}{4}}\mathrm{d}\theta\int_0^{2\cos\theta}r\cos\theta\cdot r\sin\theta\cdot r\mathrm{d}r=4\int_0^{\frac{\pi}{4}}\cos^5\theta\sin\theta\mathrm{d}\theta$$

$$=-\frac{2}{3}\cos^6\theta\bigg|_0^{\frac{\pi}{4}}=-\frac{2}{3}\left(\frac{1}{8}-1\right)=\frac{7}{12}.$$

(6) 积分区域 D 如图 4-31 所示，则

$$\iint\limits_D(x+y)\mathrm{d}x\mathrm{d}y=\int_0^1\mathrm{d}y\int_{-\sqrt{y}}^{y}(x+y)\mathrm{d}x=\int_0^1\left(\frac{3}{2}y^2+y^{\frac{3}{2}}-\frac{1}{2}y\right)\mathrm{d}y=\frac{13}{20}.$$

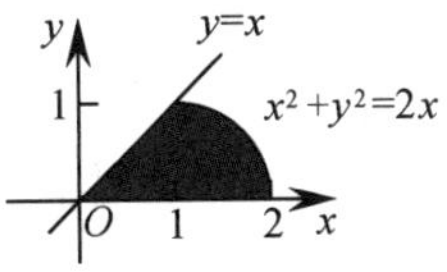

图 4-30

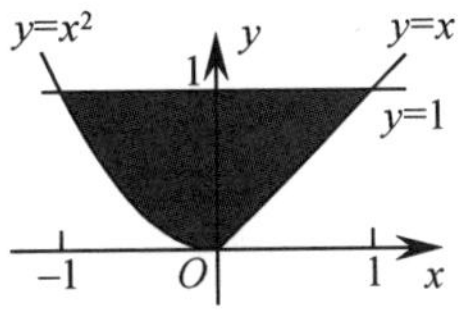

图 4-31

考点四 二重积分交换积分次序、坐标系

思路点拨

交换积分次序是常考题型，一般来说遇到以下两种情况需要交换：

① 题目要求.

② 按原积分次序计算较复杂或无法计算时需交换，主要观察被积函数类型.

交换积分次序步骤：根据上、下限画草图→由草图定新的上、下限.

交换坐标轴步骤：根据上、下限画草图→r,θ 不等式化为 x, y 不等式(或将 x, y 不等式化为 r,θ 不等式)→由此定限.

例 1 $\int_0^{\frac{\pi}{2}}\mathrm{d}\theta\int_0^{\cos\theta}f(\rho\cos\theta,\rho\sin\theta)\rho\mathrm{d}\rho$ 可写成(　　).

A. $\int_0^1\mathrm{d}y\int_0^{\sqrt{y-y^2}}f(x, y)\mathrm{d}x$

B. $\int_0^1\mathrm{d}y\int_0^{\sqrt{1-y^2}}f(x, y)\mathrm{d}x$

C. $\int_0^1\mathrm{d}x\int_0^1 f(x, y)\mathrm{d}y$

D. $\int_0^1\mathrm{d}x\int_0^{\sqrt{x-x^2}}f(x, y)\mathrm{d}y$

解 本题选 D.

积分区域 D：$\begin{cases}0\leqslant\theta\leqslant\dfrac{\pi}{2},\\ 0\leqslant\rho\leqslant\cos\theta,\end{cases}$ $\rho=\cos\theta$ 表示 $x^2+y^2=x$ 的圆，

画出积分区域的草图如图 4-32 所示.

先对 y 后对 x 积分，D：$\begin{cases}0 \leqslant x \leqslant 1,\\ 0 \leqslant y \leqslant \sqrt{x-x^2},\end{cases}$

则原式 $=\int_0^1 \mathrm{d}x\int_0^{\sqrt{x-x^2}} f(x,y)\mathrm{d}y$.

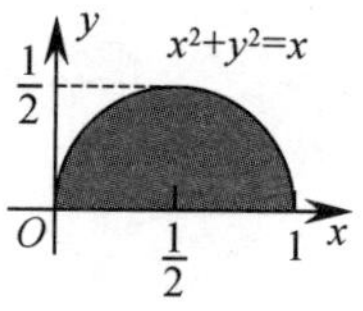

图 4-32

例 2 二次积分 $\int_0^1 \mathrm{d}x\int_x^1 (x^2+y^2)\mathrm{d}y$ 在极坐标系中化为(　　).

A. $\int_0^{\frac{\pi}{4}} \mathrm{d}\theta\int_0^{\frac{1}{\cos\theta}} \rho^2\mathrm{d}\rho$　　B. $\int_0^{\frac{\pi}{4}} \mathrm{d}\theta\int_0^{\frac{1}{\sin\theta}} \rho^3\mathrm{d}\rho$　　C. $\int_{\frac{\pi}{4}}^{\frac{\pi}{2}} \mathrm{d}\theta\int_0^{\frac{1}{\cos\theta}} \rho^2\mathrm{d}\rho$　　D. $\int_{\frac{\pi}{4}}^{\frac{\pi}{2}} \mathrm{d}\theta\int_0^{\frac{1}{\sin\theta}} \rho^3\mathrm{d}\rho$

解 本题选 D.

积分区域 D：$\begin{cases}0 \leqslant x \leqslant 1,\\ x \leqslant y \leqslant 1,\end{cases}$ 画出积分区域的草图如图 4-33 所示.

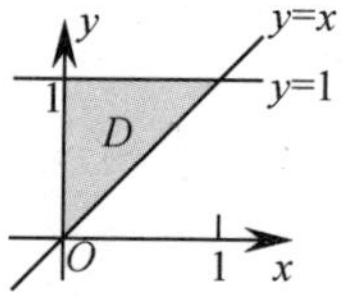

图 4-33

极坐标系下积分区域 D：$\begin{cases}0 \leqslant \rho \leqslant \dfrac{1}{\sin\theta},\\ \dfrac{\pi}{4} \leqslant \theta \leqslant \dfrac{\pi}{2},\end{cases}$

原式 $=\int_{\frac{\pi}{4}}^{\frac{\pi}{2}} \mathrm{d}\theta\int_0^{\frac{1}{\sin\theta}} \rho^3\mathrm{d}\rho$.

例 3 交换下列二重积分次序：

(1) $I=\int_0^1 \mathrm{d}y\int_{\sqrt{y}}^{\sqrt{2-y^2}} f(x,y)\mathrm{d}x$；

(2) $I=\int_0^1 \mathrm{d}x\int_0^{\sqrt{2x-x^2}} f(x,y)\mathrm{d}y+\int_1^2 \mathrm{d}x\int_0^{2-x} f(x,y)\mathrm{d}y$.

解 (1) 积分区域 D：$\begin{cases}0 \leqslant y \leqslant 1,\\ \sqrt{y} \leqslant x \leqslant \sqrt{2-y^2}\end{cases}$，画出积分区域的草图如图 4-34 所示，$D$ 划分为 D_1 和 D_2 两部分.

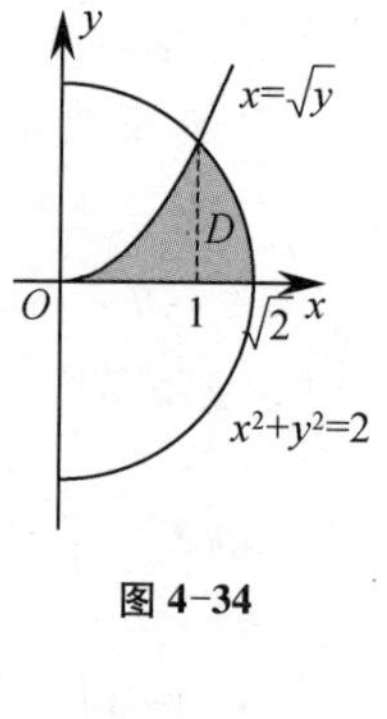

图 4-34

D_1：$\begin{cases}0 \leqslant x \leqslant 1,\\ 0 \leqslant y \leqslant x^2;\end{cases}$　D_2：$\begin{cases}1 \leqslant x \leqslant \sqrt{2},\\ 0 \leqslant y \leqslant \sqrt{2-x^2}.\end{cases}$

原式 $=\int_0^1 \mathrm{d}x\int_0^{x^2} f(x,y)\mathrm{d}y+\int_1^{\sqrt{2}} \mathrm{d}x\int_0^{\sqrt{2-x^2}} f(x,y)\mathrm{d}y$.

(2) 积分区域 D_1：$\begin{cases}0 \leqslant x \leqslant 1,\\ 0 \leqslant y \leqslant \sqrt{2x-x^2};\end{cases}$　D_2：$\begin{cases}1 \leqslant x \leqslant 2,\\ 0 \leqslant y \leqslant 2-x.\end{cases}$

画出积分区域的草图如图 4-35 所示，$D=D_1+D_2$.

积分区域 D：$\begin{cases}0 \leqslant y \leqslant 1,\\ 1-\sqrt{1-y^2} \leqslant x \leqslant 2-y,\end{cases}$

原式 $=\int_0^1 \mathrm{d}y\int_{1-\sqrt{1-y^2}}^{2-y} f(x,y)\mathrm{d}x$.

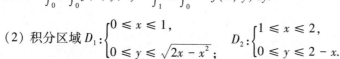

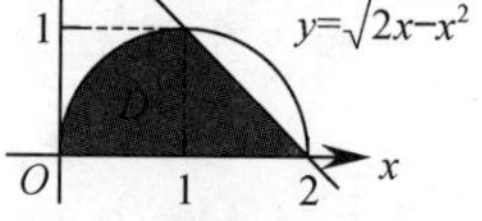

图 4-35

例 4　计算 $\int_0^2 dx\int_x^2 e^{-y^2}dy$.

解　画出积分区域的草图如图 4-36 所示，$D:\begin{cases}0\leqslant x\leqslant 2,\\ x\leqslant y\leqslant 2.\end{cases}$

因为 $\int e^{-y^2}dy$ 不易积分，所以交换积分顺序得 $D:\begin{cases}0\leqslant y\leqslant 2,\\ 0\leqslant x\leqslant y,\end{cases}$

$$\int_0^2 dx\int_x^2 e^{-y^2}dy=\int_0^2 dy\int_0^y e^{-y^2}dx=\int_0^2 ye^{-y^2}dy=-\frac{1}{2}e^{-y^2}\Big|_0^2=\frac{1}{2}(1-e^{-4}).$$

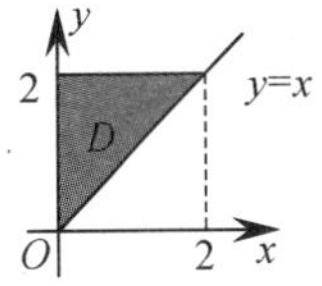

图 4-36

例 5　计算 $\int_{\frac{1}{4}}^{\frac{1}{2}}dy\int_{\frac{1}{2}}^{\sqrt{y}}e^{\frac{y}{x}}dx+\int_{\frac{1}{2}}^{1}dy\int_{y}^{\sqrt{y}}e^{\frac{y}{x}}dx$.

解　积分区域 $D_1:\begin{cases}\frac{1}{4}\leqslant y\leqslant\frac{1}{2},\\ \frac{1}{2}\leqslant x\leqslant\sqrt{y},\end{cases}$　$D_2:\begin{cases}\frac{1}{2}\leqslant y\leqslant 1,\\ y\leqslant x\leqslant\sqrt{y},\end{cases}$

画出积分区域的草图如图 4-37 所示，$D=D_1+D_2$.

因为 $\int e^{\frac{y}{x}}dx$ 不易积分，所以交换积分次序得 $D:\begin{cases}\frac{1}{2}\leqslant x\leqslant 1,\\ x^2\leqslant y\leqslant x.\end{cases}$

$$\text{原式}=\int_{\frac{1}{2}}^{1}dx\int_{x^2}^{x}e^{\frac{y}{x}}dy=\int_{\frac{1}{2}}^{1}\left(xe^{\frac{y}{x}}\Big|_{x^2}^{x}\right)dx=\int_{\frac{1}{2}}^{1}x(e-e^x)dx$$

$$=\frac{3}{8}e-\frac{1}{2}\sqrt{e}.$$

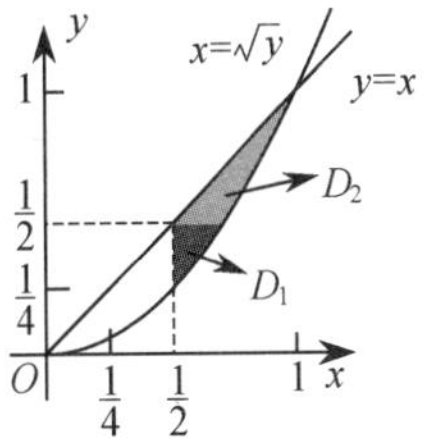

图 4-37

第五章　无穷级数

知识框架

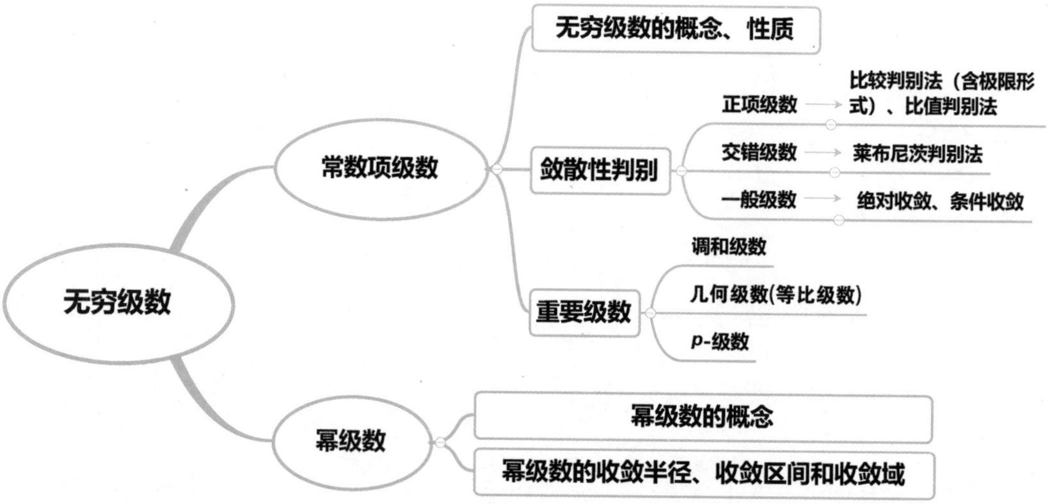

考情综述

一、考查内容及要求

考查内容		考查要求
1. 常数项级数	（1）无穷级数的基本概念； （2）数项级数收敛与发散的概念； （3）收敛级数的和的概念； （4）级数的基本性质与级数收敛的必要条件； （5）几何级数（等比级数）、调和级数与 p-级数及其敛散性； （6）正项级数的比较审敛法与比值审敛法； （7）交错级数与莱布尼茨定理； （8）级数的绝对收敛与条件收敛； （9）绝对收敛与收敛的关系	（1）理解数项级数收敛、发散以及收敛级数的和的概念；掌握级数的基本性质及级数收敛的必要条件；掌握几何级数、调和级数与 p-级数的敛散性； （2）熟练掌握正项级数的比较审敛法和比值审敛法；熟练掌握交错级数的莱布尼茨判别法； （3）理解任意项级数绝对收敛与条件收敛的概念以及绝对收敛与收敛的关系
2. 幂级数	幂级数及其收敛半径、收敛区间和收敛域	（1）理解幂级数收敛半径、收敛区间及收敛域的概念； （2）熟练掌握幂级数收敛半径、收敛区间及收敛域的求法

二、考查重难点

内容		重要性
1. 重点	(1)几何级数(等比级数)、调和级数与 p-级数及其收敛性	☆☆☆☆
	(2) 正项级数的比较审敛法与比值审敛法	☆☆☆☆
	(3) 级数的绝对收敛与条件收敛	☆☆☆☆
	(4) 幂级数及其收敛半径、收敛区间和收敛域	☆☆☆☆☆
2. 难点	(1) 几何级数(等比级数)、调和级数与 p-级数及其收敛性	☆☆☆☆☆
	(2) 幂级数及其收敛半径、收敛区间和收敛域	☆☆☆☆☆

三、近五年真题分析

年份	考点内容	占比
2024 年	级数的绝对收敛与条件收敛,幂级数及其收敛半径,调和级数与 p-级数及其收敛性、收敛区间与收敛域	5.4%
2023 年	级数的绝对收敛与条件收敛,幂级数及其收敛半径、收敛区间和收敛域,调和级数与 p-级数及其收敛性、收敛区间与收敛域	5.4%
2022 年	级数的绝对收敛与条件收敛,幂级数及其收敛半径、收敛区间和收敛域	5.3%
2021 年	几何级数(等比级数)、调和级数与 p-级数及其收敛性,幂级数及其收敛半径、收敛区间和收敛域	5.3%
2020 年	幂级数及其收敛半径、收敛区间和收敛域	5.3%
总结:本章在历年专转本考试中,是比较重要的考查内容,基本上属于较易题和中等难度题,约占 5%. 一般选择题考 1 题、填空题考 1 题		

基础精讲

第一节　常数项级数的概念与性质

一、常数项级数的概念

1. 级数的定义

定义 1　设给定数列 $u_1, u_2, u_3, \cdots, u_n, \cdots$, 则

$$u_1+u_2+u_3+\cdots+u_n+\cdots$$

称为(**常数项**)**无穷级数**,简称(**常数项**)**级数**,记作 $\sum_{n=1}^{\infty} u_n$, 即

$$\sum_{n=1}^{\infty} u_n = u_1+u_2+u_3+\cdots+u_n+\cdots \tag{5-1}$$

其中第 n 项 u_n 称为级数的**一般项**或**通项**.

级数(5-1)的前 n 项和

$$s_n = u_1 + u_2 + u_3 + \cdots + u_n$$

称为级数(5-1)的**部分和**. 当 n 依次取 1, 2, 3, …时,就得到一个新的数列:

$$s_1, s_2, s_3, \cdots, s_n, \cdots,$$

这个数列称为级数(5-1)的**部分和数列**,记作 $\{s_n\}$.

2. 级数的和及级数的收敛与发散

定义 2　当 n 无限增大时,如果级数(5-1)的部分和数列 $\{s_n\}$ 有极限 s, 即 $\lim\limits_{n\to\infty} s_n = s$, 则称级数(5-1)是**收敛的**, s 称为级数(5-1)的**和**,记为

$$s = u_1 + u_2 + u_3 + \cdots + u_n + \cdots = \sum_{n=1}^{\infty} u_n,$$

如果级数(5-1)的部分和数列 $\{s_n\}$ 没有极限,则称级数(5-1)是**发散的**.

我们称 $s - s_n$ 为级数(5-1)的余项,记为 r_n, 即

$$r_n = s - s_n = u_{n+1} + u_{n+2} + u_{n+3} + \cdots.$$

对于一个级数而言,要么是收敛的,要么是发散的. 由定义可知,级数是否收敛,主要看极限 $\lim\limits_{n\to\infty} s_n$ 是否存在.

【例 1】　用定义验证级数 $\sum\limits_{n=2}^{\infty} \ln\left(1 - \dfrac{1}{n^2}\right)$ 收敛.

名师指点

根据数项级数收敛的定义,若部分和极限存在,则该级数收敛. 在求部分和数列的极限时,若 $u_n = v_n - v_{n-1}$,则 $\sum\limits_{k=1}^{n} u_k = v_n - v_1$. 即可利用拆项相消将部分和进行化简、变形,再求和.

【精析】　本题利用对数函数的性质将通项变形、整理成拆项相消的形式.

因为 $u_n = \ln\left(1 - \dfrac{1}{n^2}\right) = \ln\left(1 + \dfrac{1}{n}\right) + \ln\left(1 - \dfrac{1}{n}\right) = \ln(n+1) + \ln(n-1) - 2\ln n$,

所以
$$\begin{aligned} s_n = \sum_{k=2}^{n} u_k &= (\ln 3 + \ln 1 - 2\ln 2) + (\ln 4 + \ln 2 - 2\ln 3) + \cdots + \\ &\quad [\ln(n+1) + \ln(n-1) - 2\ln n] \\ &= \ln(n+1) - \ln n - \ln 2 = \ln\left(1 + \frac{1}{n}\right) - \ln 2. \end{aligned}$$

故 $\lim\limits_{n\to\infty} s_n = -\ln 2$，所以原级数收敛.

【例 2】 判定级数 $\sum\limits_{n=1}^{\infty} \dfrac{1}{n(n+1)}$ 的敛散性，若收敛，求其和.

【精析】 因为 $u_n = \dfrac{1}{n(n+1)} = \dfrac{1}{n} - \dfrac{1}{n+1}$，所以前 n 项和

$$s_n = \frac{1}{1\cdot 2} + \frac{1}{2\cdot 3} + \cdots + \frac{1}{n(n+1)} = \left(1 - \frac{1}{2}\right) + \left(\frac{1}{2} - \frac{1}{3}\right) + \cdots + \left(\frac{1}{n} - \frac{1}{n+1}\right) = 1 - \frac{1}{n+1},$$

且 $\lim\limits_{n\to\infty} s_n = \lim\limits_{n\to\infty}\left(1 - \dfrac{1}{n+1}\right) = 1$，所以级数 $\sum\limits_{n=1}^{\infty} \dfrac{1}{n(n+1)}$ 收敛，其和 $s = 1$.

名师指点

判断级数敛散性的方法是：求出该级数的前 n 项和 s_n，然后求 $\lim\limits_{n\to\infty} s_n$. 若极限存在，则该级数收敛，且该级数的和即为极限值；若极限不存在，则该级数发散.

【例 3】 讨论**几何级数（等比级数）** $\sum\limits_{n=0}^{\infty} aq^n = a + aq + aq^2 + \cdots + aq^n + \cdots (a \neq 0)$ 的敛散性.

【精析】 (1) 当 $|q| \neq 1$ 时，前 n 项部分和 $s_n = \dfrac{a(1-q^n)}{1-q}$.

若 $|q| < 1$，则 $\lim\limits_{n\to\infty} q^n = 0$，$\lim\limits_{n\to\infty} s_n = \dfrac{a}{1-q}$；

若 $|q| > 1$，则 $\lim\limits_{n\to\infty} q^n = \infty$，$\lim\limits_{n\to\infty} s_n = \infty$.

(2) 当 $q = 1$ 时，$s_n = na$，$\lim\limits_{n\to\infty} s_n = \infty$.

(3) 当 $q = -1$ 时，$s_n = \dfrac{a[1-(-1)^n]}{2}$，$\{s_n\}$ 的极限不存在.

综上，几何级数 $\sum\limits_{n=0}^{\infty} aq^n (a \neq 0)$ 当且仅当 $|q| < 1$ 时收敛，其和为 $\dfrac{a}{1-q}$；当 $|q| \geq 1$ 时，级数发散.

【例 4】 证明：**调和级数** $\sum\limits_{n=1}^{\infty} \dfrac{1}{n}$ 是发散的.

【证明】 调和级数的前 n 项和为

$$s_n = 1 + \frac{1}{2} + \frac{1}{3} + \cdots + \frac{1}{n},$$

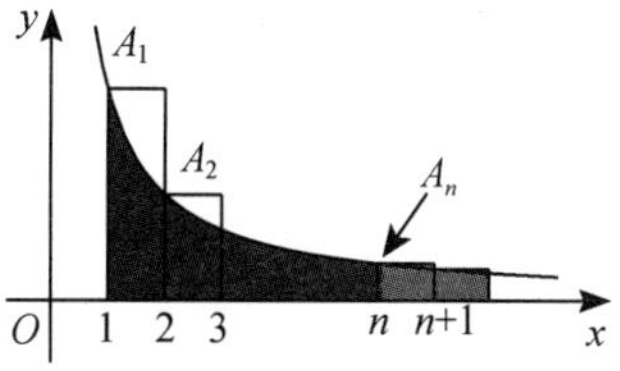

图 5-1

如图 5-1 所示，比较区间 $[1, n+1]$ 上曲线 $y = \dfrac{1}{x}$ 与 x 轴所围成的曲边梯形面积与阴影部分的面积之间的关系. 可以看到，各矩形面积分别为 $A_1 = 1$，$A_2 = \dfrac{1}{2}$，$A_3 = \dfrac{1}{3}$，…，$A_n = \dfrac{1}{n}$，所以阴影部

分的面积即为调和级数的前 n 项和 s_n，即

$$s_n = 1 + \frac{1}{2} + \frac{1}{3} + \cdots + \frac{1}{n} = A_1 + A_2 + A_3 + \cdots + A_n > \int_1^{n+1} \frac{1}{x}\mathrm{d}x = \ln(n+1).$$

由于 $\lim\limits_{n\to\infty} \ln(n+1) = \infty$，所以 $\lim\limits_{n\to\infty} s_n = \infty$，即

调和级数 $\sum\limits_{n=1}^{\infty} \frac{1}{n}$ 是发散的.

【例 5】 判断级数 $\sum\limits_{n=1}^{\infty} \frac{1}{\sqrt{n}}$ 的敛散性.

【精析】 由不等式 $n - i < n \Rightarrow \sqrt{n-i} < \sqrt{n} \Rightarrow \frac{1}{\sqrt{n-i}} > \frac{1}{\sqrt{n}} (i = 1, 2, \cdots, n-1)$.

部分和为 $s_n = 1 + \frac{1}{\sqrt{2}} + \frac{1}{\sqrt{3}} + \cdots + \frac{1}{\sqrt{n}} > \frac{1}{\sqrt{n}} + \frac{1}{\sqrt{n}} + \cdots + \frac{1}{\sqrt{n}} = \sqrt{n}$，

当 $n \to \infty$ 时，$s_n \to \infty$. 因此，级数 $\sum\limits_{n=1}^{\infty} \frac{1}{\sqrt{n}}$ 发散.

当 $p > 0$ 时，将级数

$$\sum_{n=1}^{\infty} \frac{1}{n^p} = 1 + \frac{1}{2^p} + \frac{1}{3^p} + \frac{1}{4^p} + \cdots + \frac{1}{n^p}$$

称为 p - **级数**. 由级数 $\sum\limits_{n=1}^{\infty} \frac{1}{\sqrt{n}}$ 与调和级数的敛散性，可得到一般情况下 p - 级数的敛散性：

(1) 当 $p \leqslant 1$ 时，p - 级数 $\sum\limits_{n=1}^{\infty} \frac{1}{n^p}$ 发散；

(2) 当 $p > 1$ 时，p - 级数 $\sum\limits_{n=1}^{\infty} \frac{1}{n^p}$ 收敛.

二、常数项级数的性质

性质 1 若级数 $\sum\limits_{n=1}^{\infty} u_n$ 收敛于 s，k 为任意常数，则级数 $\sum\limits_{n=1}^{\infty} ku_n$ 也收敛，且其和为 ks，即

$$\sum_{n=1}^{\infty} ku_n = k\sum_{n=1}^{\infty} u_n = ks.$$

此性质表明，级数的每一项都乘一个不为零的常数后，所构成的新级数敛散性不变.

性质 2 如果 $\sum\limits_{n=1}^{\infty} u_n$ 和 $\sum\limits_{n=1}^{\infty} v_n$ 皆收敛，a，b 为常数，则 $\sum\limits_{n=1}^{\infty} (au_n \pm bv_n)$ 收敛，且等于 $a\sum\limits_{n=1}^{\infty} u_n \pm b\sum\limits_{n=1}^{\infty} v_n$.

提示

★(1) 若 $\sum\limits_{n=1}^{\infty} u_n$ 收敛，$\sum\limits_{n=1}^{\infty} v_n$ 发散，则 $\sum\limits_{n=1}^{\infty} (u_n \pm v_n)$ 必发散.

★(2) 若 $\sum_{n=1}^{\infty} u_n$ 与 $\sum_{n=1}^{\infty} v_n$ 都发散，则 $\sum_{n=1}^{\infty}(u_n \pm v_n)$ 可能收敛，也可能发散.

例如，级数 $\sum_{n=1}^{\infty}\frac{1}{n}$ 与 $\sum_{n=1}^{\infty}\frac{1}{n+1}$ 是发散的，但级数 $\sum_{n=1}^{\infty}\left(\frac{1}{n}-\frac{1}{n+1}\right)=\sum_{n=1}^{\infty}\frac{1}{n(n+1)}$ 是收敛的.

再如，级数 $\sum_{n=1}^{\infty}\frac{1}{n}$ 发散，级数 $\sum_{n=1}^{\infty}\left(\frac{1}{n}+\frac{1}{n}\right)=\sum_{n=1}^{\infty}\frac{2}{n}$ 也发散.

性质 3 加上、去掉或改变级数 $\sum_{n=1}^{\infty} u_n$ 的有限项，不改变级数的敛散性，但对于收敛的级数，其和可能要改变.

性质 4 如果级数 $\sum_{n=1}^{\infty} u_n$ 收敛，那么对该级数的项任意加括号后所成的级数仍收敛，且其和不变.

提示

(1) 若一级数加括号后所得的级数发散，则原级数一定发散；

(2) 若一级数加括号后所得的级数收敛，则原级数不一定收敛.

例如，$(1-1)+(1-1)+(1-1)+\cdots+(1-1)+\cdots$ 收敛，但 $1-1+1-1+1-1+\cdots+1-1+\cdots=\sum_{n=0}^{\infty}(-1)^n$ 发散.

性质 5（级数收敛的必要条件） 若级数 $\sum_{n=1}^{\infty} u_n$ 收敛，则 $\lim_{n\to\infty} u_n=0$.

推论 若 $\lim_{n\to\infty} u_n \neq 0$，则级数 $\sum_{n=1}^{\infty} u_n$ 发散.

提示

级数的一般项趋于 0 并不是级数收敛的充分条件. 例如调和级数 $\sum_{n=1}^{\infty}\frac{1}{n}$，虽然它的一般项 $u_n=\frac{1}{n}\to 0(n\to\infty)$，但是它是发散的.

【例 6】 如果级数 $\sum_{n=1}^{\infty} u_n(u_n\neq 0)$ 收敛，则必有(　　).

A. $\sum_{n=1}^{\infty}\frac{1}{u_n}$ 发散　B. $\sum_{n=1}^{\infty}\left(u_n+\frac{1}{n}\right)$ 收敛　C. $\sum_{n=1}^{\infty}|u_n|$ 收敛　D. $\sum_{n=1}^{\infty}(-1)^n u_n$ 收敛

【精析】 因级数 $\sum_{n=1}^{\infty} u_n(u_n\neq 0)$ 收敛，由必要条件知 $\lim_{n\to\infty} u_n=0$，从而 $\lim_{n\to\infty}\frac{1}{u_n}=\infty$，所以级数 $\sum_{n=1}^{\infty}\frac{1}{u_n}$ 发散. 故应选 A.

【例 7】 若级数 $\sum_{n=1}^{\infty} a_n$ 收敛，则下列结论正确的是(　　).

A. $\sum_{n=1}^{\infty}|a_n|$ 收敛　B. $\sum_{n=1}^{\infty}(-1)^n a_n$ 收敛　C. $\sum_{n=1}^{\infty} a_n a_{n+1}$ 收敛　D. $\sum_{n=1}^{\infty}\frac{a_n+a_{n+1}}{2}$ 收敛

【精析】 由于 $\sum\limits_{n=1}^{\infty} a_n$ 收敛,因此 $\sum\limits_{n=1}^{\infty} a_{n+1}$ 也收敛,根据级数收敛的性质可知, $\sum\limits_{n=1}^{\infty} \frac{a_n + a_{n+1}}{2}$ 收敛. 故应选 D.

【例 8】 下列级数中收敛的是(　　).

A. $\sum\limits_{n=1}^{+\infty}\left(\frac{1}{\sqrt[3]{n^2}}+1\right)$　　B. $\sum\limits_{n=1}^{+\infty}\left(\frac{1}{n^3}+1\right)$　　C. $\sum\limits_{n=1}^{+\infty}(-1)^n\frac{n}{n+4}$　　D. $\sum\limits_{n=1}^{+\infty}\left(\frac{1}{\sqrt{n^3}}+\frac{1}{3^n}\right)$

【精析】 因为 $\lim\limits_{n\to\infty}\left(\frac{1}{\sqrt[3]{n^2}}+1\right)=1\neq 0$, 所以选项 A 中 $\sum\limits_{n=1}^{+\infty}\left(\frac{1}{\sqrt[3]{n^2}}+1\right)$ 发散,同理选项 B、C 中 $\sum\limits_{n=1}^{+\infty}\left(\frac{1}{n^3}+1\right)$ 和 $\sum\limits_{n=1}^{+\infty}(-1)^n\frac{n}{n+4}$ 发散. 选项 D 中 $\sum\limits_{n=1}^{+\infty}\left(\frac{1}{\sqrt{n^3}}+\frac{1}{3^n}\right)=\sum\limits_{n=1}^{+\infty}\frac{1}{\sqrt{n^3}}+\sum\limits_{n=1}^{+\infty}\frac{1}{3^n}$, $\sum\limits_{n=1}^{+\infty}\frac{1}{\sqrt{n^3}}$ 和 $\sum\limits_{n=1}^{+\infty}\frac{1}{3^n}$ 都收敛,所以 $\sum\limits_{n=1}^{+\infty}\left(\frac{1}{\sqrt{n^3}}+\frac{1}{3^n}\right)$ 收敛. 故应选 D.

【例 9】 判别下列级数的敛散性:

(1) $\sum\limits_{n=1}^{\infty}\left(\frac{1}{2^n}+\frac{1}{3n}\right)$;　　(2) $\sum\limits_{n=1}^{\infty} n\sin\frac{1}{n}$.

【精析】 (1) 因为 $\sum\limits_{n=1}^{\infty}\frac{1}{2^n}$ 收敛 $\left(|q|=\frac{1}{2}<1\right)$, $\sum\limits_{n=1}^{\infty}\frac{1}{3n}=\frac{1}{3}\sum\limits_{n=1}^{\infty}\frac{1}{n}$ 发散,所以由级数性质知, $\sum\limits_{n=1}^{\infty}\left(\frac{1}{2^n}+\frac{1}{3n}\right)$ 发散.

(2) 因为 $\lim\limits_{n\to\infty} u_n=\lim\limits_{n\to\infty} n\sin\frac{1}{n}=\lim\limits_{n\to\infty}\frac{\sin\frac{1}{n}}{\frac{1}{n}}=1\neq 0$, 所以级数发散.

【例 10】 判别级数 $\sum\limits_{n=1}^{\infty}\frac{2+(-1)^{n-1}}{3^n}$ 的敛散性,如果收敛,求其和.

【精析】 根据无穷级数的性质和等比级数的结论可得

$$\sum_{n=1}^{\infty}\frac{2+(-1)^{n-1}}{3^n}=\sum_{n=1}^{\infty}\frac{2}{3^n}+\sum_{n=1}^{\infty}\frac{(-1)^{n-1}}{3^n}=2\sum_{n=1}^{\infty}\frac{1}{3^n}-\sum_{n=1}^{\infty}\left(\frac{-1}{3}\right)^n,$$

根据等比级数的敛散性可知 $\sum\limits_{n=1}^{\infty}\frac{1}{3^n}$ 收敛,且其和为 $s_1=\frac{\frac{1}{3}}{1-\frac{1}{3}}=\frac{1}{2}$;

根据等比级数的敛散性可知 $\sum\limits_{n=1}^{\infty}\left(\frac{-1}{3}\right)^n$ 收敛,且其和为 $s_2=\frac{-\frac{1}{3}}{1+\frac{1}{3}}=-\frac{1}{4}$;

根据无穷级数的性质可知级数 $\sum\limits_{n=1}^{\infty}\frac{2+(-1)^{n-1}}{3^n}$ 收敛,且 $\sum\limits_{n=1}^{\infty}\frac{2+(-1)^{n-1}}{3^n}=2s_1-s_2=1+\frac{1}{4}=\frac{5}{4}$.

第二节 常数项级数的审敛法

一、正项级数及其审敛法

1. 正项级数的定义

定义 1 若级数 $\sum_{n=1}^{\infty} u_n$ 满足 $u_n \geqslant 0(n=1,2,\cdots)$，则称级数 $\sum_{n=1}^{\infty} u_n$ 为**正项级数**.

★ **定理 1** 正项级数 $\sum_{n=1}^{\infty} u_n$ 收敛的充分必要条件：它的部分和数列 $\{s_n\}$ 有界.

2. 比较审敛(判别)法

★ **定理 2(比较审敛法)** 设 $\sum_{n=1}^{\infty} u_n$ 和 $\sum_{n=1}^{\infty} v_n$ 均为正项级数，且 $u_n \leqslant v_n(n=1,2,\cdots)$.

(1) 如果级数 $\sum_{n=1}^{\infty} v_n$ 收敛，则级数 $\sum_{n=1}^{\infty} u_n$ 收敛；

(2) 如果级数 $\sum_{n=1}^{\infty} u_n$ 发散，则级数 $\sum_{n=1}^{\infty} v_n$ 发散.

名师指点

比较判别法最基本的两个结论："大收敛 $\Rightarrow$ 小收敛"；"小发散 $\Rightarrow$ 大发散".

【例 1】 判断级数 $\sum_{n=1}^{\infty}\left(\frac{n}{3n+1}\right)^n$ 的敛散性.

【精析】 因为 $u_n=\left(\frac{n}{3n+1}\right)^n<\left(\frac{n}{3n}\right)^n=\left(\frac{1}{3}\right)^n=v_n(n=1,2,\cdots)$， ⟶ 找到比较对象 v_n

而等比级数 $\sum_{n=1}^{\infty}\left(\frac{1}{3}\right)^n$ 是收敛的， ⟶ 判断 v_n 的敛散性

由比较审敛法知级数 $\sum_{n=1}^{\infty}\left(\frac{n}{3n+1}\right)^n$ 也收敛. ⟶ 由比较审敛法得出原级数的敛散性

【例 2】 讨论 p-**级数** $\sum_{n=1}^{\infty}\frac{1}{n^p}$ 的敛散性，其中常数 $p>0$.

【精析】 当 $p \leqslant 1$ 时，$\frac{1}{n^p} \geqslant \frac{1}{n}$，由于调和级数 $\sum_{n=1}^{\infty}\frac{1}{n}$ 发散，由比较审敛法知 p-级数 $\sum_{n=1}^{\infty}\frac{1}{n^p}$ 是发散的. 当 $p>1$ 时，依次把 p-级数的第 1 项，第 2、3 项，第 4 到 7 项，第 8 到 15 项，…，第 2^n 到 $2^{n+1}-1$ 项，…括在一起，得

$$1+\left(\frac{1}{2^p}+\frac{1}{3^p}\right)+\left(\frac{1}{4^p}+\frac{1}{5^p}+\frac{1}{6^p}+\frac{1}{7^p}\right)+\left(\frac{1}{8^p}+\cdots+\frac{1}{15^p}\right)+\cdots+\left(\frac{1}{(2^n)^p}+\cdots+\frac{1}{(2^{n+1}-1)^p}\right)+\cdots,$$

它的各项显然小于或等于级数

$$1+\left(\frac{1}{2^p}+\frac{1}{2^p}\right)+\left(\frac{1}{4^p}+\frac{1}{4^p}+\frac{1}{4^p}+\frac{1}{4^p}\right)+\left(\frac{1}{8^p}+\cdots+\frac{1}{8^p}\right)+\cdots+\left(\frac{1}{(2^n)^p}+\cdots+\frac{1}{(2^n)^p}\right)+\cdots$$

$$=1+\frac{1}{2^{p-1}}+\frac{1}{2^{2(p-1)}}+\frac{1}{2^{3(p-1)}}+\cdots+\frac{1}{2^{n(p-1)}}+\cdots$$

对应的各项,而后面的级数是等比级数,其公比为 $q=\frac{1}{2^{p-1}}<1$,故收敛,由比较审敛法知 p-级数 $\sum_{n=1}^{\infty}\frac{1}{n^p}$ 是收敛的.

> 综上所述,**p-级数 $\sum_{n=1}^{\infty}\frac{1}{n^p}$ 当 $0<p\leqslant1$ 时是发散的,当 $p>1$ 时是收敛的.**

3. 比较审敛(判别)法的极限形式

★ **定理 3** 设正项级数 $\sum_{n=1}^{\infty}u_n$ 与 $\sum_{n=1}^{\infty}v_n$ 满足 $\lim\limits_{n\to\infty}\frac{u_n}{v_n}=l(0\leqslant l<\infty, v_n\neq0)$,则

(1) 当 $0<l<+\infty$ 时,级数 $\sum_{n=1}^{\infty}u_n$ 与 $\sum_{n=1}^{\infty}v_n$ 具有相同的敛散性;

(2) 当 $l=0$ 时,若 $\sum_{n=1}^{\infty}v_n$ 收敛,则 $\sum_{n=1}^{\infty}u_n$ 也收敛;

(3) 当 $l\to+\infty$ 时,若 $\sum_{n=1}^{\infty}v_n$ 发散,则 $\sum_{n=1}^{\infty}u_n$ 也发散.

名师指点

利用比较审敛法,通常要找参照级数"$\sum_{n=1}^{\infty}v_n$",其主要方法是"利用等价无穷小"和"抓大放小".

(1) 若当 $n\to\infty$ 时,待判别级数的通项 u_n 中某些因子可以进行等价无穷小代换,则做等价无穷小代换后所得的级数即可选作比较级数 $\sum_{n=1}^{\infty}v_n$.

如: $\sum_{n=1}^{\infty}\frac{1}{\sqrt{n}}\ln\left(1+\frac{1}{n}\right)$, $u_n=\frac{1}{\sqrt{n}}\ln\left(1+\frac{1}{n}\right)$, 当 $n\to\infty$ 时, $\ln\left(1+\frac{1}{n}\right)\sim\frac{1}{n}$.

$\therefore$ 当 $n\to\infty$ 时, $u_n=\frac{1}{\sqrt{n}}\ln\left(1+\frac{1}{n}\right)\sim\frac{1}{\sqrt{n}}\cdot\frac{1}{n}=\frac{1}{n^{\frac{3}{2}}}=v_n$.

(2) 若待判别级数 $\sum_{n=1}^{\infty} u_n$ 的通项 u_n 为 n 的有理分式或分式中有无理式，则采用"抓大放小法"找 v_n，即将分子分母各自保留 n 的最大项(n 次方的最高次幂项)，所得级数即可选作比较级数 $\sum_{n=1}^{\infty} v_n$. 如：$\sum_{n=1}^{\infty} \frac{\sqrt{n}+10}{n^2+\sqrt{n}}$，$u_n = \frac{\sqrt{n}+10}{n^2+\sqrt{n}}$，"抓大放小"——分子分母各取 n 的最高次幂，$v_n = \frac{\sqrt{n}}{n^2} = \frac{1}{n^{\frac{3}{2}}}$.

【例 3】 判别下列级数的敛散性：

(1) $\sum_{n=1}^{\infty} \frac{1}{n^p} \sin \frac{1}{n}$； (2) $\sum_{n=1}^{\infty} \frac{1}{\sqrt{n}} \ln \frac{n+1}{n}$； (3) $\sum_{n=1}^{\infty} \frac{\sqrt{n}+10}{n^2+\sqrt{n}}$.

【精析】 (1) (等价无穷小代换法找出 v_n)

因为当 $n \to \infty$ 时，$\sin \frac{1}{n} \sim \frac{1}{n}$，所以 $v_n = \frac{1}{n^p} \cdot \frac{1}{n} = \frac{1}{n^{p+1}}$.

又因为 $\lim_{n\to\infty} \frac{u_n}{v_n} = 1$，且 $\sum_{n=1}^{\infty} \frac{1}{n^{p+1}}$，当 $p+1>1$ 时收敛，当 $p+1 \leqslant 1$ 时发散，所以由比较审敛法的极限形式知，原级数当 $p>0$ 时收敛，当 $p \leqslant 0$ 时发散.

(2) (等价无穷小代换法找出 v_n)

因为当 $n \to \infty$ 时，$\ln \frac{n+1}{n} = \ln\left(1+\frac{1}{n}\right) \sim \frac{1}{n}$，所以 $u_n = \frac{1}{\sqrt{n}} \ln \frac{n+1}{n}$，$v_n = \frac{1}{n^{\frac{3}{2}}}$.

又因为 $\lim_{n\to\infty} \frac{u_n}{v_n} = 1$，且 $\sum_{n=1}^{\infty} \frac{1}{n^{\frac{3}{2}}}$ 收敛，所以由比较审敛法的极限形式知，原级数收敛.

(3) ("抓大放小"找出 v_n)

$u_n = \frac{\sqrt{n}+10}{n^2+\sqrt{n}}$，"抓大放小"取 $v_n = \frac{\sqrt{n}}{n^2} = \frac{1}{n^{\frac{3}{2}}}$.

因为 $\lim_{n\to\infty} \frac{u_n}{v_n} = 1$，且 $\sum_{n=1}^{\infty} v_n = \sum_{n=1}^{\infty} \frac{1}{n^{\frac{3}{2}}} \left(p = \frac{3}{2} > 1\right)$ 收敛，所以由比较审敛法的极限形式知，原级数收敛.

知识链接

三个常用级数：

(1) **几何级数** $\sum_{n=0}^{\infty} aq^n$ $(a \neq 0)$ 当且仅当 $|q|<1$ 时收敛，当 $|q| \geqslant 1$ 时发散；

(2) p-**级数** $\sum_{n=1}^{\infty} \frac{1}{n^p}$ 当且仅当 $p>1$ 时收敛，当 $p \leqslant 1$ 时发散；

(3) **调和级数** $\sum\limits_{n=1}^{\infty}\frac{1}{n}$ 发散.

几何级数(等比级数)、p - **级数和调和级数**并称为三大级数,它们的敛散性是判断其他级数敛散性的基础,是使用比较审敛法的重要比较对象,在应用比较审敛法的极限形式判定级数敛散性时,优先选用它们作为 v_n. 它们也是某些选择题举反例的重要参考形式,因此考生要重点掌握,并记忆它们的收敛条件和结论.

4. 比值审敛(判别)法

在应用比较审敛法时,需要先找一个敛散性已知的级数,通常选用 p - 级数、等比级数作为比较对象. 但在不少情况下找这类比较对象是较困难的,下面介绍从级数本身就能判断级数敛散性的方法——**比值审敛法**.

★ **定理 4** 设 $\sum\limits_{n=1}^{\infty}u_n$ 为正项级数,如果 $\lim\limits_{n\to\infty}\frac{u_{n+1}}{u_n}=\rho$, 则

(1) 当 $\rho<1$ 时,级数收敛;

(2) 当 $\rho>1$ (或 $\lim\limits_{n\to\infty}\frac{u_{n+1}}{u_n}=\infty$) 时,级数发散;

(3) 当 $\rho=1$ 时,级数可能收敛,也可能发散,此判别法无效.

名师指点

一般来说,当级数的通项 u_n 中含有 $n!$, a^n, n^n 时,首选比值审敛法判断敛散性,而当级数的通项 u_n 为含有 n 的多项式、三角函数、反三角函数时,首选比较审敛法判断敛散性.

【例 4】 判别级数 $\sum\limits_{n=1}^{\infty}\frac{1}{n!}$ 的敛散性.

【精析】 因为 $\lim\limits_{n\to\infty}\frac{u_{n+1}}{u_n}=\lim\limits_{n\to\infty}\frac{n!}{(n+1)!}=\lim\limits_{n\to\infty}\frac{1}{n+1}=0<1$,

⟶ 比较 $\lim\limits_{n\to\infty}\frac{u_{n+1}}{u_n}$ 与 1 的关系

所以由比值审敛法可知级数 $\sum\limits_{n=1}^{\infty}\frac{1}{n!}$ 是收敛的. ⟶ 依据定理得所给级数的敛散性

【例 5】 判别下列级数的敛散性:

(1) $\sum\limits_{n=1}^{\infty}\frac{3n-1}{3^n}$;

(2) $\sum\limits_{n=1}^{\infty}\frac{n!}{10^n}$;

(3) $\sum\limits_{n=1}^{\infty}\frac{(n!)^2}{(2n)!}$;

(4) $\sum\limits_{n=1}^{\infty}\frac{n^k}{2^n}$ ($k>0$ 且为常数).

【精析】 (1) 因为 $\rho=\lim\limits_{n\to\infty}\frac{u_{n+1}}{u_n}=\lim\limits_{n\to\infty}\frac{\frac{3n+2}{3^{n+1}}}{\frac{3n-1}{3^n}}=\lim\limits_{n\to\infty}\frac{3n+2}{9n-3}=\frac{1}{3}<1$, 由比值审敛法知,所给级数收敛.

（2）因为$\rho=\lim\limits_{n\to\infty}\frac{u_{n+1}}{u_n}=\lim\limits_{n\to\infty}\frac{(n+1)!}{10^{n+1}}\cdot\frac{10^n}{n!}=\lim\limits_{n\to\infty}\frac{n+1}{10}=\infty>1$，由比值审敛法知，所给级数发散.

（3）因为$\rho=\lim\limits_{n\to\infty}\frac{u_{n+1}}{u_n}=\lim\limits_{n\to\infty}\frac{\frac{[(n+1)!]^2}{[2(n+1)]!}}{\frac{(n!)^2}{(2n)!}}=\lim\limits_{n\to\infty}\frac{(n+1)^2}{(2n+1)(2n+2)}=\frac{1}{4}<1$，由比值审敛法知，所给级数收敛.

（4）因为$\rho=\lim\limits_{n\to\infty}\frac{u_{n+1}}{u_n}=\lim\limits_{n\to\infty}\left[\frac{(n+1)^k}{2^{n+1}}\cdot\frac{2^n}{n^k}\right]=\lim\limits_{n\to\infty}\frac{1}{2}\left(1+\frac{1}{n}\right)^k=\frac{1}{2}<1$，由比值审敛法知，所给级数收敛.

二、交错级数及其审敛法

1. 交错级数的概念

定义 2　正项、负项交替出现的级数称为交错级数. 若$u_n>0$，$\sum\limits_{n=1}^{\infty}(-1)^{n-1}u_n$或$\sum\limits_{n=1}^{\infty}(-1)^n u_n$称为**交错级数**.

2. 莱布尼茨收敛准则

★ **定理 5（莱布尼茨定理）**　设交错级数$\sum\limits_{n=1}^{\infty}(-1)^{n-1}u_n$满足条件：

（1）$u_n\geqslant u_{n+1}$，$n=1,2,\cdots$，即$\{u_n\}$是单调递减数列；

（2）$\lim\limits_{n\to\infty}u_n=0$，

则**交错级数**收敛，且其和$s\leqslant u_1$，其余项r_n的绝对值$|r_n|\leqslant u_{n+1}$.

名师指点

（1）专转本考试对交错级数敛散性的判别要求比较简单，只要掌握莱布尼茨判别法即可.

（2）要注意莱布尼茨判别法的条件仅仅是交错级数收敛的充分条件，而不是必要条件.

（3）判定$u_n\geqslant u_{n+1}$通常有三种方法：①利用$\frac{u_{n+1}}{u_n}\leqslant 1$；②利用$u_{n+1}-u_n\leqslant 0$；③找一个可导函数$f(x)$，使$f(n)=u_n$，然后利用$f'(x)<0$说明$f(x)$单调递减，继而说明$u_n$单调递减.

【例 6】　讨论下列交错级数的敛散性：

（1）$\sum\limits_{n=1}^{\infty}(-1)^n\frac{1}{n}$；　　（2）$\sum\limits_{n=1}^{\infty}\left(\frac{\pi}{2}-\arctan n\right)\cos n\pi$.

【精析】　（1）这是交错级数，因为$u_n=\frac{1}{n}>\frac{1}{n+1}=u_{n+1}$，$\lim\limits_{n\to\infty}u_n=\lim\limits_{n\to\infty}\frac{1}{n}=0$，从而有交错级数$\sum\limits_{n=1}^{\infty}(-1)^n\frac{1}{n}$收敛.

（2）$\cos n\pi=\begin{cases}-1, & n\text{ 为奇数},\\ 1, & n\text{ 为偶数},\end{cases}$即$\cos n\pi=(-1)^n(n=1,2,3,\cdots)$，$u_n=\frac{\pi}{2}-\arctan n>$

0, 所以原级数是交错级数;因为 $\arctan n < \arctan(n+1)$, 所以 u_n 单调减少,且 $\lim\limits_{n\to\infty} u_n = 0$, 从而有交错级数 $\sum\limits_{n=1}^{\infty}\left(\frac{\pi}{2} - \arctan n\right)\cos n\pi$ 收敛.

三、绝对收敛与条件收敛

1. 绝对收敛与条件收敛的概念

定义 3　设有级数

$$\sum_{n=1}^{\infty} u_n = u_1 + u_2 + u_3 + \cdots + u_n + \cdots, \tag{5-3}$$

其中 $u_n(n = 1, 2, \cdots)$ 为任意实数,则称级数(5-3)为任意项级数.

定义 4　对于任意项级数 $\sum\limits_{n=1}^{\infty} u_n$,

如果级数 $\sum\limits_{n=1}^{\infty} |u_n|$ 收敛,则级数 $\sum\limits_{n=1}^{\infty} u_n$ **绝对收敛**;

如果级数 $\sum\limits_{n=1}^{\infty} |u_n|$ 发散,而级数 $\sum\limits_{n=1}^{\infty} u_n$ 收敛,则称 $\sum\limits_{n=1}^{\infty} u_n$ **条件收敛**.

★ **定理 6**　如果级数 $\sum\limits_{n=1}^{\infty} u_n$ 绝对收敛,则级数 $\sum\limits_{n=1}^{\infty} u_n$ 一定收敛.

2. 绝对收敛与条件收敛的相关结论

(1) 若级数 $\sum\limits_{n=1}^{\infty} u_n$ 发散,则级数 $\sum\limits_{n=1}^{\infty} |u_n|$ 一定发散.

(2) 条件收敛的级数的所有正项(或负项)构成的级数一定发散,即若级数 $\sum\limits_{n=1}^{\infty} u_n$ 条件收敛,则 $\sum\limits_{n=1}^{\infty} \frac{u_n + |u_n|}{2}$ 和 $\sum\limits_{n=1}^{\infty} \frac{u_n - |u_n|}{2}$ 都发散.

(3) 交错 p - 级数 $\sum\limits_{n=1}^{\infty} \frac{(-1)^{n-1}}{n^p}$:

① 当 $p > 1$ 时, $\sum\limits_{n=1}^{\infty} \frac{(-1)^{n-1}}{n^p}$ 是绝对收敛的;

② 当 $0 < p \leqslant 1$ 时, $\sum\limits_{n=1}^{\infty} \frac{(-1)^{n-1}}{n^p}$ 是条件收敛的;

③ 当 $p \leqslant 0$ 时, $\sum\limits_{n=1}^{\infty} \frac{(-1)^{n-1}}{n^p}$ 是发散的.

3. 判断常数项级数敛散性的步骤

(1) 判别 $\sum\limits_{n=1}^{\infty} |u_n|$ 的敛散性,若 $\sum\limits_{n=1}^{\infty} |u_n|$ 收敛,则 $\sum\limits_{n=1}^{\infty} u_n$ 绝对收敛;

(2) 若 $\sum\limits_{n=1}^{\infty} |u_n|$ 发散,而 $\sum\limits_{n=1}^{\infty} u_n$ 为交错级数,则用莱布尼茨判别法进行判别;

(3) 若 $\sum_{n=1}^{\infty} u_n$ 不是交错级数,或是交错级数,但 $u_n \geqslant u_{n+1}$ 不总是成立,则通过级数的定义或相关性质判断敛散性.

【例7】 级数 $\sum_{n=0}^{\infty} (-1)^n \frac{1}{n^2}$ 是(　　).

A. 发散的　　B. 条件收敛　　C. 绝对收敛　　D. 收敛性不能确定

【精析】 绝对值级数 $\sum_{n=0}^{\infty} \frac{1}{n^2}$ 收敛,所以级数 $\sum_{n=0}^{\infty} (-1)^n \frac{1}{n^2}$ 绝对收敛. 故应选 C.

【例8】 下列结论正确的是(　　).

A. 若级数 $\sum_{n=1}^{\infty} a_n^2$ 与 $\sum_{n=1}^{\infty} b_n^2$ 均收敛,则级数 $\sum_{n=1}^{\infty} (a_n+b_n)^2$ 收敛

B. 若级数 $\sum_{n=1}^{\infty} |a_n b_n|$ 收敛,则级数 $\sum_{n=1}^{\infty} a_n^2$、$\sum_{n=1}^{\infty} b_n^2$ 均收敛

C. 若级数 $\sum_{n=1}^{\infty} a_n$ 发散,则 $a_n \geqslant \frac{1}{n}$

D. 若级数 $\sum_{n=1}^{\infty} a_n$ 收敛, $a_n \geqslant b_n$, 则级数 $\sum_{n=1}^{\infty} b_n$ 收敛

【精析】 对于选项 A,因 $a_n^2 + b_n^2 \geqslant 2|a_n b_n|$, 且 $\sum_{n=1}^{\infty} (a_n^2 + b_n^2)$ 收敛,故 $\sum_{n=1}^{\infty} |a_n b_n|$ 收敛,所以根据绝对收敛的性质, $\sum_{n=1}^{\infty} a_n b_n$ 也收敛,所以 $\sum_{n=1}^{\infty} (a_n + b_n)^2$ 收敛. 选项 B 无法推出. 选项 C 的一个反例为 $\sum_{n=1}^{\infty} \frac{1}{2n}$. 选项 D 必须为正项级数结论才正确,反例为: $a_n = \frac{1}{n^2}$, $b_n = -\frac{1}{n}$. 故应选 A.

【例9】 下列级数中为条件收敛的级数是(　　).

A. $\sum_{n=1}^{\infty} (-1)^n \frac{n}{n+1}$　B. $\sum_{n=1}^{\infty} (-1)^n \sqrt{n}$　C. $\sum_{n=1}^{\infty} (-1)^n \frac{1}{n^2}$　D. $\sum_{n=1}^{\infty} (-1)^n \frac{1}{\sqrt{n}}$

【精析】 若一个级数的绝对值级数发散,但此级数本身收敛,则为条件收敛.

选项 A, $\lim_{n\to\infty} u_n = \lim_{n\to\infty} (-1)^n \frac{n}{n+1} \neq 0$,不满足级数收敛的必要条件;同理选项 B 也是发散的.

对于选项 C,因为绝对值级数 $\sum_{n=1}^{\infty} \frac{1}{n^2}$ 收敛,所以级数 $\sum_{n=1}^{\infty} (-1)^n \frac{1}{n^2}$ 绝对收敛.

对于选项 D,根据 p - 级数的敛散性可知绝对值级数 $\sum_{n=1}^{\infty} \frac{1}{\sqrt{n}}$ 发散,根据莱布尼茨准则 $\frac{1}{\sqrt{n}} > \frac{1}{\sqrt{n+1}}$, $\lim_{n\to\infty} u_n = \lim_{n\to\infty} (-1)^n \frac{1}{\sqrt{n}} = 0$, 则级数 $\sum_{n=1}^{\infty} (-1)^n \frac{1}{\sqrt{n}}$ 收敛,根据条件收敛的定义知若一个级数的绝对值级数发散,但此级数本身收敛,所以 $\sum_{n=1}^{\infty} (-1)^n \frac{1}{\sqrt{n}}$ 为条件收敛. 故应选 D.

【例10】 判别下列级数的敛散性,若收敛,指出是条件收敛还是绝对收敛.

(1) $\sum_{n=1}^{\infty} (-1)^{n-1} \frac{n}{3^{n-1}}$;　　(2) $\sum_{n=1}^{\infty} \frac{\sin nx}{2^n}$($x$ 是常数).

【精析】

(1) 因为 $u_n=\frac{(-1)^{n-1}n}{3^{n-1}}$,则 $|u_n|=\frac{n}{3^{n-1}}$. 又因为 $\lim\limits_{n\to\infty}\frac{|u_{n+1}|}{|u_n|}=\lim\limits_{n\to\infty}\frac{n+1}{3^n}\cdot\frac{3^{n-1}}{n}=\frac{1}{3}<1$, 则由比值审敛法得 $\sum\limits_{n=1}^{\infty}|u_n|$ 收敛. 所以, $\sum\limits_{n=1}^{\infty}(-1)^{n-1}\frac{n}{3^{n-1}}$ 绝对收敛.

(2) 因为级数 $\sum\limits_{n=1}^{\infty}\frac{\sin nx}{2^n}$ 是任意项级数,所以先判别级数 $\sum\limits_{n=1}^{\infty}\left|\frac{\sin nx}{2^n}\right|$ 的敛散性.

由于 $0\leqslant\left|\frac{\sin nx}{2^n}\right|\leqslant\frac{1}{2^n}$, 而 $\sum\limits_{n=1}^{\infty}\frac{1}{2^n}$ 是公比为 $\frac{1}{2}$ 的几何级数,是收敛的,由正项级数的比较审敛法得级数 $\sum\limits_{n=1}^{\infty}\left|\frac{\sin nx}{2^n}\right|$ 收敛. 所以级数 $\sum\limits_{n=1}^{\infty}\frac{\sin nx}{2^n}$ 收敛,且绝对收敛.

第三节 幂级数

一、函数项级数及和函数

1. 函数项级数

定义 1 $u_1(x)$, $u_2(x)$, $\cdots$, $u_n(x)\cdots$ 是定义在区间 I 上的函数列,称和式

$$u_1(x)+u_2(x)+\cdots+u_n(x)+\cdots$$

为定义在区间 I 上的**函数项级数**,记为 $\sum\limits_{n=1}^{\infty}u_n(x)$.

若 $x_0\in I$, 代入函数项级数,得到一个常数项级数 $\sum\limits_{n=1}^{\infty}u_n(x_0)$. 若常数项级数 $\sum\limits_{n=1}^{\infty}u_n(x_0)$ 收敛,则称 x_0 为函数项级数 $\sum\limits_{n=1}^{\infty}u_n(x)$ 的收敛点;若常数项级数 $\sum\limits_{n=1}^{\infty}u_n(x_0)$ 发散,则称 x_0 为函数项级数 $\sum\limits_{n=1}^{\infty}u_n(x)$ 的发散点. $\sum\limits_{n=1}^{\infty}u_n(x)$ 的收敛点的全体称为 $\sum\limits_{n=1}^{\infty}u_n(x)$ 的收敛域,发散点的全体称为 $\sum\limits_{n=1}^{\infty}u_n(x)$ 的发散域.

收敛域 $\cup$ 发散域 $=\mathbf{R}$,收敛域 $\cap$ 发散域 $=\varnothing$.

2. 和函数

定义 2 函数项级数 $\sum\limits_{n=1}^{\infty}u_n(x)$ 在收敛域内有唯一确定的和,这个和是收敛点 x 的函数 $s(x)$,称 $s(x)$ 为函数项级数 $\sum\limits_{n=1}^{\infty}u_n(x)$ 的**和函数**,记作 $s(x)=\sum\limits_{n=1}^{\infty}u_n(x)$.

二、幂级数及其敛散性

1. 幂级数的概念

定义 3 形如

$$\sum_{n=0}^{\infty} a_n(x-x_0)^n = a_0 + a_1(x-x_0) + a_2(x-x_0)^2 + \cdots + a_n(x-x_0)^n + \cdots \quad (5\text{-}4)$$

的函数项级数,称为 $(x-x_0)$ 的**幂级数**,其中 $a_0, a_1, \cdots, a_n, \cdots$ 称为幂级数的**系数**.

当 $x_0 = 0$ 时,式(5-4)变为

$$\sum_{n=0}^{\infty} a_n x^n = a_0 + a_1 x + a_2 x^2 + \cdots + a_n x^n + \cdots, \quad (5\text{-}5)$$

此时称级数(5-5)为 x **的幂级数**.

2. 幂级数的敛散性

★ **定理 1(阿贝尔定理)** 如果幂级数 $\sum_{n=0}^{\infty} a_n x^n$ 当 $x = x_0(x_0 \neq 0)$ 时收敛,则对于所有满足 $|x| < |x_0|$ 的点 x,幂级数 $\sum_{n=0}^{\infty} a_n x^n$ **绝对收敛**. 反之,如果幂级数 $\sum_{n=0}^{\infty} a_n x^n$ 当 $x = x_0(x_0 \neq 0)$ 时**发散**,则对于所有满足 $|x| > |x_0|$ 的点 x,幂级数 $\sum_{n=0}^{\infty} a_n x^n$ **发散**.

3. 幂级数的收敛半径与收敛域

幂级数 $\sum_{n=0}^{\infty} a_n x^n$ 在 $x=0$ 处总是收敛的. 如果幂级数 $\sum_{n=0}^{\infty} a_n x^n$ 不是仅在 $x=0$ 处收敛,也不是在 $(-\infty, +\infty)$ 内都收敛,则总存在正数 R,使得幂级数在 $(-R, R)$ 内的任何点处均绝对收敛,而在 $(-\infty, -R) \cup (R, +\infty)$ 内的任何点处均发散,当 $x=R$ 与 $x=-R$ 时,幂级数 $\sum_{n=0}^{\infty} a_n x^n$ 可能收敛也可能发散.

定义 4 上述的正数 R 称为幂级数 $\sum_{n=0}^{\infty} a_n x^n$ 的**收敛半径**,开区间 $(-R, R)$ 称为幂级数 $\sum_{n=0}^{\infty} a_n x^n$ 的**收敛区间**. 再由幂级数在 $x = \pm R$ 处的敛散性就可得到幂级数的**收敛域**.

提示

幂级数 $\sum_{n=0}^{\infty} a_n x^n$ 的收敛域一般是 $(-R, R)$、$(-R, R]$、$[-R, R)$、$[-R, R]$ 这四个区间之一.

(1) 如果幂级数 $\sum_{n=0}^{\infty} a_n x^n$ 在 $x=0$ 处收敛,则规定其收敛半径 $R=0$,收敛域由点 $x=0$ 构成.

(2) 如果幂级数 $\sum_{n=0}^{\infty} a_n x^n$ 在整个数轴上收敛,则规定其收敛半径 $R=+\infty$,则收敛区间和收敛域同为 $(-\infty, +\infty)$.

(1)收敛半径的求法

① 求不缺项幂级数 $\sum_{n=0}^{\infty} a_n x^n$ 收敛半径的方法——系数模比法,即 $R=\lim_{n\to\infty}\frac{|a_n|}{|a_{n+1}|}$.

② 求缺项(奇数或偶数项)幂级数的收敛半径——比值法,当 $\rho=\lim_{n\to\infty}\frac{|u_{n+1}(x)|}{|u_n(x)|}<1$ 时,级数绝对收敛,通过解不等式 $\rho=\lim_{n\to\infty}\frac{|u_{n+1}(x)|}{|u_n(x)|}<1$,从而求得收敛半径.

(2)收敛域的求法

① 先求收敛半径 R 得收敛区间 $(-R, R)$;

② 再讨论幂级数在此开区间的两个端点,即 $x=\pm R$ 的对应常数项级数的敛散性,从而得收敛域.

特别地:当 $R=0$,收敛域为 $\{0\}$;当 $R=+\infty$,收敛域为 $(-\infty, +\infty)$.

提示

收敛区间不包含区间端点,是开区间;收敛域可能包含区间端点(具体要看幂级数在端点处是否收敛),所以求幂级数的收敛域时一定要讨论区间端点处的敛散性.

【例 1】 求下列幂级数的收敛半径与收敛域:

(1) $\sum_{n=0}^{\infty} 2^{n^2} x^n$; (2) $\sum_{n=1}^{\infty} \frac{n}{2^n} x^{2n}$; (3) $\sum_{n=0}^{\infty} \frac{1}{n!} x^n$;

(4) $\sum_{n=1}^{\infty} \frac{2^n}{n+1} x^{2n-1}$; (5) $\sum_{n=1}^{\infty} \frac{(-1)^n}{n\cdot 2^n} x^n$; (6) $\sum_{n=1}^{\infty} \frac{(-1)^n 3^n}{\sqrt{n}}(x-2)^n$.

【精析】 (1) 此幂级数为不缺项幂级数,利用系数模比法求收敛半径.

收敛半径为 $R=\lim_{n\to\infty}\frac{|a_n|}{|a_{n+1}|}=\lim_{n\to\infty}\frac{2^{n^2}}{2^{(n+1)^2}}=\lim_{n\to\infty}\frac{1}{2^{2n+1}}=0$,所以收敛域为 $\{0\}$.

(2) 此幂级数为缺项幂级数,利用比值法求收敛半径.

因为 $\rho=\lim_{n\to\infty}\frac{|u_{n+1}(x)|}{|u_n(x)|}=\lim_{n\to\infty}\frac{\frac{n+1}{2^{n+1}}x^{2n+2}}{\frac{n}{2^n}x^{2n}}=\frac{1}{2}x^2<1\Rightarrow -\sqrt{2}<x<\sqrt{2}$,所以收敛半径 $R=\sqrt{2}$.

当 $x=\pm\sqrt{2}$ 时,$\sum_{n=1}^{\infty} n$ 发散,收敛域为 $(-\sqrt{2},\sqrt{2})$.

(3) 此幂级数为不缺项幂级数,利用系数模比法求收敛半径.

收敛半径为 $R=\lim_{n\to\infty}\frac{|a_n|}{|a_{n+1}|}=\lim_{n\to\infty}\frac{\frac{1}{n!}}{\frac{1}{(n+1)!}}=\lim_{n\to\infty}(n+1)=+\infty$,所以收敛域为 $(-\infty, +\infty)$.

(4) 此幂级数为缺项幂级数,利用比值法求收敛半径.

因为 $\rho=\lim_{n\to\infty}\frac{|u_{n+1}(x)|}{|u_n(x)|}=\lim_{n\to\infty}\frac{\frac{2^{n+1}}{n+2}|x|^{2n+1}}{\frac{2^n}{n+1}|x|^{2n-1}}=2x^2<1\Rightarrow -\frac{\sqrt{2}}{2}<x<\frac{\sqrt{2}}{2}$,所以收敛半径

$R=\dfrac{\sqrt{2}}{2}$.

当 $x=\pm\dfrac{\sqrt{2}}{2}$ 时，$\sum\limits_{n=1}^{\infty}\dfrac{\sqrt{2}}{n+1}$ 发散，收敛域为 $\left(-\dfrac{\sqrt{2}}{2},\dfrac{\sqrt{2}}{2}\right)$.

（5）此幂级数为不缺项幂级数，利用系数模比法求收敛半径.

收敛半径为 $R=\lim\limits_{n\to\infty}\dfrac{|a_n|}{|a_{n+1}|}=\lim\limits_{n\to\infty}\dfrac{\dfrac{1}{n\cdot 2^n}}{\dfrac{1}{(n+1)\cdot 2^{n+1}}}=\lim\limits_{n\to\infty}\dfrac{2(n+1)}{n}=2$，

因为当 $x=-2$ 时，$\sum\limits_{n=1}^{\infty}\dfrac{1}{n}$（调和级数）发散；当 $x=2$ 时，$\sum\limits_{n=1}^{\infty}\dfrac{(-1)^n}{n}$ 收敛，

所以幂级数 $\sum\limits_{n=1}^{\infty}\dfrac{(-1)^n}{n\cdot 2^n}x^n$ 收敛域为 $(-2,2]$.

（6）此幂级数为不缺项幂级数，利用系数模比法求收敛半径.

令 $x-2=t$，则 $\sum\limits_{n=1}^{\infty}\dfrac{(-1)^n 3^n}{\sqrt{n}}(x-2)^n=\sum\limits_{n=1}^{\infty}\dfrac{(-1)^n 3^n}{\sqrt{n}}t^n$.

收敛半径为 $R=\lim\limits_{n\to\infty}\dfrac{|a_n|}{|a_{n+1}|}=\lim\limits_{n\to\infty}\dfrac{\dfrac{3^n}{\sqrt{n}}}{\dfrac{3^{n+1}}{\sqrt{n+1}}}=\dfrac{1}{3}$，

当 $t=-\dfrac{1}{3}$ 时，$\sum\limits_{n=1}^{\infty}\dfrac{1}{\sqrt{n}}$ 发散；当 $t=\dfrac{1}{3}$ 时，$\sum\limits_{n=1}^{\infty}\dfrac{(-1)^n}{\sqrt{n}}$ 收敛.

由 $-\dfrac{1}{3}<t=x-2\leqslant\dfrac{1}{3}\Rightarrow\dfrac{5}{3}<x\leqslant\dfrac{7}{3}$，所以收敛域为 $\left(\dfrac{5}{3},\dfrac{7}{3}\right]$.

考点聚焦

考点一　判断级数敛散性

思路点拨

在专转本考试中属于每年必考题型，常出现在选择题中，难易度一般，题型相对稳定.

（1）三个重要级数

① 几何级数 $\sum\limits_{n=0}^{\infty}aq^n$，当 $|q|<1$ 时，级数收敛；当 $|q|\geqslant 1$ 时，级数发散；

② p－级数 $\sum\limits_{n=1}^{\infty}\dfrac{1}{n^p}$，当 $p>1$ 时，级数收敛；当 $p\leqslant 1$ 时，级数发散；

③ 交错 p－级数：$\sum\limits_{n=1}^{\infty}\dfrac{(-1)^n}{n^p}$，当 $p>1$ 时，级数绝对收敛；当 $0<p\leqslant 1$ 时，级数条件收敛；当 $p\leqslant 0$ 时，级数发散.

(2) 性质

① 若 $\lim\limits_{n\to\infty} u_n \neq 0$,则 $\sum\limits_{n=1}^{\infty} u_n$ 发散;②若 $\sum\limits_{n=1}^{\infty} u_n$ 收敛,则 $\lim\limits_{n\to\infty} u_n = 0$;③收敛±收敛=收敛,收敛±发散=发散.

(3) 判别法

① 交错级数——莱布尼茨判别法.

② 正项级数 $\begin{cases} 比值审敛法:\rho = \lim\limits_{n\to\infty}\dfrac{u_{n+1}}{u_n},\ \rho > 1 发散,\rho < 1 收敛. \\ 比较审敛法:n\to\infty 时,u_n \sim v_n,则 \sum\limits_{n=1}^{\infty} u_n 与 \sum\limits_{n=1}^{\infty} v_n 敛散性相同. \end{cases}$

例 1 (1)下列级数发散的是( ).

A. $\sum\limits_{n=1}^{\infty}\dfrac{1}{n^2+n}$ B. $\sum\limits_{n=1}^{\infty}\dfrac{(-1)^n}{\sqrt{n}}$ C. $\sum\limits_{n=1}^{\infty}\left(\dfrac{1}{n}-\sin\dfrac{1}{n}\right)$ D. $\sum\limits_{n=1}^{\infty}\ln\dfrac{n+1}{n}$

(2) 下列级数收敛的是( ).

A. $\sum\limits_{n=1}^{\infty}\dfrac{n}{n+1}$ B. $\sum\limits_{n=1}^{\infty}\dfrac{2n+1}{n^2+n}$ C. $\sum\limits_{n=1}^{\infty}\dfrac{1+(-1)^n}{\sqrt{n}}$ D. $\sum\limits_{n=1}^{\infty}\dfrac{n^2}{2^n}$

(3) 下列级数中条件收敛的是( ).

A. $\sum\limits_{n=1}^{\infty}(-1)^n\dfrac{n}{2n+1}$ B. $\sum\limits_{n=1}^{\infty}(-1)^n\left(\dfrac{3}{2}\right)^n$ C. $\sum\limits_{n=1}^{\infty}\dfrac{(-1)^n}{n^2}$ D. $\sum\limits_{n=1}^{\infty}\dfrac{(-1)^n}{\sqrt{n}}$

(4) 若级数 $\sum\limits_{n=1}^{\infty}\dfrac{(-1)^n}{n^p}$ 条件收敛,则常数 p 的取值范围为( ).

A. $[1, +\infty)$ B. $(1, +\infty)$ C. $(0, 1]$ D. $(0, 1)$

解 (1) 本题选 D.

A 项,$\dfrac{1}{n^2+n}=\dfrac{1}{n}-\dfrac{1}{n+1}$,

$$\sum_{n=1}^{\infty}\frac{1}{n^2+n}=1-\frac{1}{2}+\frac{1}{2}-\frac{1}{3}+\cdots+\frac{1}{n-1}-\frac{1}{n}+\frac{1}{n}-\frac{1}{n+1}=1-\frac{1}{n+1},\text{ 收敛.}$$

B 项,交错 p-级数,$p=\dfrac{1}{2}$,收敛.

C 项,▶ **方法一** 将 $\sin\dfrac{1}{n}$ 进行泰勒展开得 $\sin\dfrac{1}{n}=\dfrac{1}{n}-\dfrac{1}{3!\,n^3}+\dfrac{1}{5!\,n^5}-\cdots+(-1)^a\dfrac{n^{-(2a+1)}}{(2a+1)!}$,

则 $\dfrac{1}{n}-\sin\dfrac{1}{n}=\dfrac{1}{3!\,n^3}-\dfrac{1}{5!\,n^5}+\cdots-(-1)\dfrac{n^{-2(a+1)}}{(2a+1)!}$.

因为 $\sum\limits_{n=1}^{\infty}\dfrac{1}{n^p}$ 当 $p>1$ 时收敛,所以 $\sum\limits_{n=1}^{\infty}\left(\dfrac{1}{n}-\sin\dfrac{1}{n}\right)$ 收敛.

▶ **方法二** $n\to\infty$ 时,$\dfrac{1}{n}\to 0$,令 $\dfrac{1}{n}=t$,则

$\lim\limits_{t\to 0}\dfrac{t-\sin t}{t^3}=\dfrac{1}{6}$，所以 $(t-\sin t)\sim\dfrac{1}{6}t^3$，$t-\sin t$ 与 $\dfrac{1}{6}t^3$ 有相同的敛散性，$\sum\limits_{n=1}^{\infty}\dfrac{1}{6n^3}$ 收敛，所以 $\sum\limits_{n=1}^{\infty}\left(\dfrac{1}{n}-\sin\dfrac{1}{n}\right)$ 也收敛.

D 项，当 $n\to\infty$ 时，$\ln\dfrac{n+1}{n}=\ln\left(1+\dfrac{1}{n}\right)\sim\dfrac{1}{n}$.

因为 $\sum\limits_{n=1}^{\infty}\dfrac{1}{n}$ 发散，所以 $\sum\limits_{n=1}^{\infty}\ln\dfrac{n+1}{n}$ 也发散.

(2) 本题选 D.

A 项，$\lim\limits_{n\to\infty}\dfrac{n}{n+1}=1\neq 0$，所以 $\sum\limits_{n=1}^{\infty}\dfrac{n}{n+1}$ 发散；

B 项，$\dfrac{2n+1}{n^2+n}>\dfrac{2n}{n^2+n}=\dfrac{2}{n+1}$，因为 $\sum\limits_{n=1}^{\infty}\dfrac{2}{n+1}$ 发散，所以 $\sum\limits_{n=1}^{\infty}\dfrac{2n+1}{n^2+n}$ 发散；

C 项，$\dfrac{1+(-1)^n}{\sqrt{n}}=\dfrac{1}{\sqrt{n}}+\dfrac{(-1)^n}{\sqrt{n}}$，$\sum\limits_{n=1}^{\infty}\dfrac{1}{\sqrt{n}}$ 发散，$\sum\limits_{n=1}^{\infty}\dfrac{(-1)^n}{\sqrt{n}}$ 收敛，所以 $\sum\limits_{n=1}^{\infty}\dfrac{1+(-1)^n}{\sqrt{n}}$ 发散；

D 项，$\lim\limits_{n\to\infty}\dfrac{u_{n+1}}{u_n}=\lim\limits_{n\to\infty}\dfrac{\dfrac{(n+1)^2}{2^{n+1}}}{\dfrac{n^2}{2^n}}=\lim\limits_{n\to\infty}\dfrac{(n+1)^2}{2n^2}=\lim\limits_{n\to\infty}\dfrac{n^2}{2n^2}=\dfrac{1}{2}<1$，故 $\sum\limits_{n=1}^{\infty}\dfrac{n^2}{2^n}$ 收敛.

(3) 本题选 D.

A 项，$\lim\limits_{n\to\infty}(-1)^n\dfrac{n}{2n+1}\neq 0$，所以 $\sum\limits_{n=1}^{\infty}(-1)^n\dfrac{n}{2n+1}$ 发散；

B 项，$\sum\limits_{n=1}^{\infty}(-1)^n\left(\dfrac{3}{2}\right)^n=\sum\limits_{n=1}^{\infty}\left(-\dfrac{3}{2}\right)^n$，几何级数 $q=\left|-\dfrac{3}{2}\right|>1$，所以发散；

C 项，$\sum\limits_{n=1}^{\infty}\left|\dfrac{(-1)^n}{n^2}\right|=\sum\limits_{n=1}^{\infty}\dfrac{1}{n^2}$，绝对收敛，不满足条件收敛；

D 项，$\sum\limits_{n=1}^{\infty}\dfrac{(-1)^n}{\sqrt{n}}$ 为交错 p - 级数，$p=\dfrac{1}{2}$，条件收敛.

(4) 本题选 C.

当 $p>1$ 时，$\sum\limits_{n=1}^{\infty}\dfrac{(-1)^n}{n^p}$ 绝对收敛；

当 $p\leqslant 0$ 时，$\lim\limits_{n\to\infty}\dfrac{(-1)^n}{n^p}\neq 0$，级数发散；

当 $0<p\leqslant 1$ 时，满足莱布尼茨判别法，且绝对值级数发散，所以条件收敛.

考点二　求幂级数的收敛半径、收敛区间和收敛域

思路点拨

$\sum\limits_{n=0}^{\infty}a_n(x-x_0)^n$，(1) 收敛半径 $R=\lim\limits_{n\to\infty}\dfrac{|a_n|}{|a_{n+1}|}$；

(2) 收敛区间 (x_0-R, x_0+R)；

(3) 收敛域,将 $x=x_0\pm R$ 代入幂级数,判别 $\sum\limits_{n=0}^{\infty}a_n(x-x_0)^n$ 的敛散性,收敛则为闭区间,发散则为开区间.

例 1 (1)幂级数 $\sum\limits_{n=1}^{\infty}\dfrac{x^n}{n\cdot 2^n}$ 的收敛域为________.

(2) 幂级数 $\sum\limits_{n=1}^{\infty}\dfrac{1}{(n+1)\cdot 3^n}(x-2)^n$ 的收敛域为________.

(3) 设幂级数 $\sum\limits_{n=1}^{\infty}a_nx^n$ 的收敛半径为 8,则幂级数 $\sum\limits_{n=0}^{\infty}\dfrac{a_nx^n}{3^n}$ 的收敛半径为________.

(4) 幂级数 $\sum\limits_{n=1}^{\infty}\dfrac{a^n}{n^2}x^n(a>0)$ 的收敛半径为 $\dfrac{1}{2}$,则 $a=$________.

(5) 幂级数 $\sum\limits_{n=1}^{\infty}n(n+1)x^n$ 的收敛区间为__________.

解 (1) $\lim\limits_{n\to\infty}\dfrac{\left|\dfrac{1}{n\cdot 2^n}\right|}{\left|\dfrac{1}{(n+1)\cdot 2^{n+1}}\right|}=\lim\limits_{n\to\infty}\dfrac{2(n+1)}{n}=2$,

收敛区间为 $(-2, 2)$.

当 $x=-2$ 时, $\sum\limits_{n=1}^{\infty}\dfrac{(-2)^n}{n\cdot 2^n}=\sum\limits_{n=1}^{\infty}\dfrac{(-1)^n}{n}$, 条件收敛;

当 $x=2$ 时, $\sum\limits_{n=1}^{\infty}\dfrac{2^n}{n\cdot 2^n}=\sum\limits_{n=1}^{\infty}\dfrac{1}{n}$, 发散;

所以收敛域为 $[-2, 2)$.

(2) $\lim\limits_{n\to\infty}\dfrac{\left|\dfrac{1}{(n+1)3^n}\right|}{\left|\dfrac{1}{(n+2)3^{n+1}}\right|}=\lim\limits_{n\to\infty}\dfrac{3(n+2)}{n+1}=3$,

$-3<x-2<3$, 即收敛区间为 $-1<x<5$.

当 $x=-1$ 时, $\sum\limits_{n=1}^{\infty}\dfrac{1}{(n+1)3^n}(-3)^n=\sum\limits_{n=1}^{\infty}\dfrac{(-1)^n}{n+1}$, 收敛;

当 $x=5$ 时, $\sum\limits_{n=1}^{\infty}\dfrac{1}{(n+1)3^n}3^n=\sum\limits_{n=1}^{\infty}\dfrac{1}{n+1}$, 发散;

所以收敛域为 $[-1, 5)$.

(3) 因 $\sum\limits_{n=1}^{\infty}a_nx^n$ 的收敛半径为 8,即 $\lim\limits_{n\to\infty}\dfrac{|a_n|}{|a_{n+1}|}=8$,

而 $\sum_{n=0}^{\infty}\frac{a_nx^n}{3^n}$ 的收敛半径为 $\lim_{n\to\infty}\frac{\left|\frac{a_n}{3^n}\right|}{\left|\frac{a_{n+1}}{3^{n+1}}\right|}=\lim_{n\to\infty}3\frac{|a_n|}{|a_{n+1}|}=24$,

所以收敛半径为 24.

(4) $\lim_{n\to\infty}\frac{\left|\frac{a^n}{n^2}\right|}{\left|\frac{a^{n+1}}{(n+1)^2}\right|}=\lim_{n\to\infty}\frac{(n+1)^2}{an^2}=\lim_{n\to\infty}\frac{n^2}{an^2}=\frac{1}{a}$,

又因该级数的收敛半径为 $\frac{1}{2}$, 即 $\frac{1}{a}=\frac{1}{2}$, 所以 $a=2$.

(5) $\lim_{n\to\infty}\frac{|n(n+1)|}{|(n+1)(n+2)|}=\lim_{n\to\infty}\frac{n}{n+2}=1$, 收敛区间为 $(-1, 1)$.

第六章　常微分方程

 知识框架

```
常微分方程
├── 常微分方程的基本概念 ── 微分方程，阶，线性，解、特解、通解，初始条件等
│
├── 一阶线性微分方程
│   ├── 可分离变量的微分方程为 $\dfrac{dy}{dx}=f(x)g(y)\Rightarrow\int\dfrac{dy}{g(y)}=\int f(x)\,dx$
│   ├── 齐次方程为 $y'=\phi\left(\dfrac{y}{x}\right)\overset{u=\frac{y}{x}}{\Longrightarrow}\int\dfrac{du}{\phi(u)-u}=\int\dfrac{dx}{x}$
│   └── 一阶线性方程 $y'+P(x)y=Q(x)$ 的通解为
│       $y=e^{-\int P(x)dx}\left[C+\int Q(x)e^{\int P(x)dx}\,dx\right]$
│
└── 二阶常系数线性微分方程
    ├── 二阶常系数齐次线性微分方程
    │   ├── $r_1\neq r_2$，$y=C_1e^{r_1x}+C_2e^{r_2x}$
    │   ├── $r_{1,2}=-\dfrac{p}{2}$，$y=(C_1+C_2x)e^{rx}$
    │   └── $r_{1,2}=\alpha\pm\beta i$，$y=e^{\alpha x}(C_1\cos\beta x+C_2\sin\beta x)$
    │
    └── 自由项为 $f(x)=P_m(x)e^{\lambda x}$ 的二阶常系数非齐次线性微分方程
        ├── 解的结构 $y=Y+y^*$
        └── 特解形式
            ├── $\lambda$ 不是特征根：$y^*=x^0Q_m(x)e^{\lambda x}$
            ├── $\lambda$ 是特征单根：$y^*=xQ_m(x)e^{\lambda x}$
            └── $\lambda$ 是特征重根：$y^*=x^2Q_m(x)e^{\lambda x}$
```

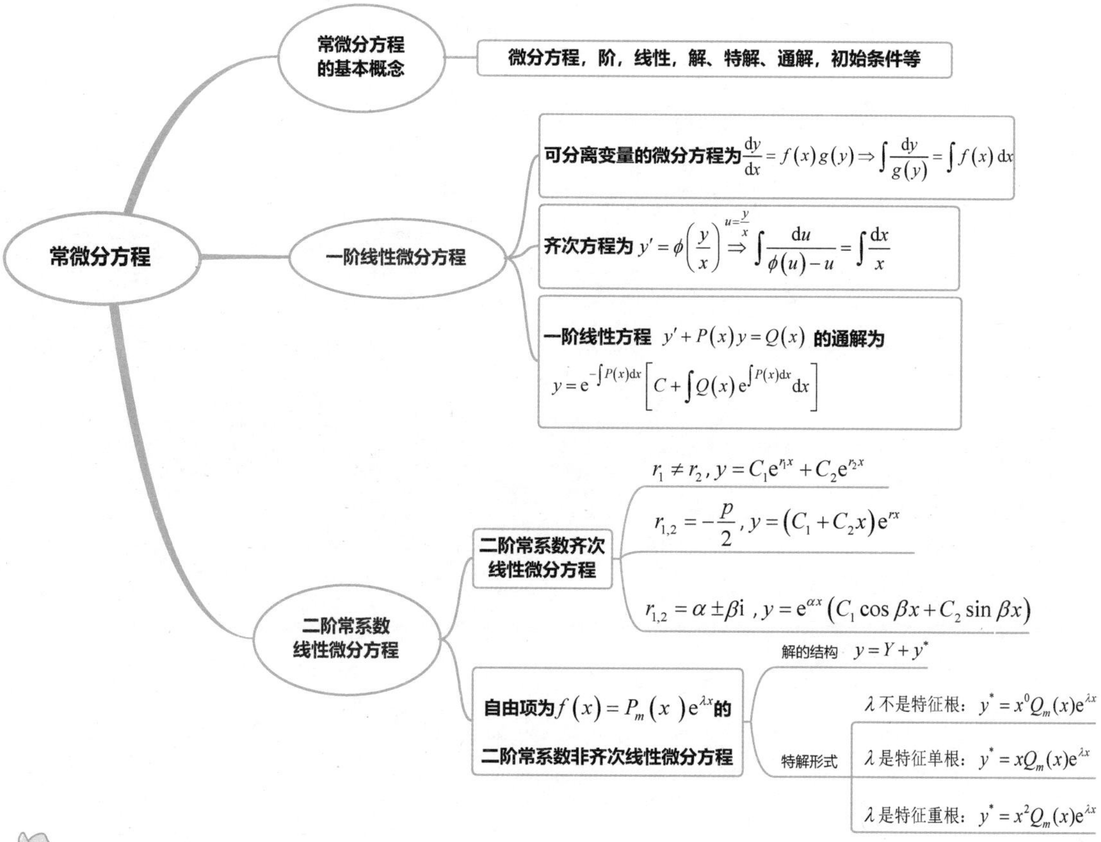

 考情综述

一、考查内容及要求

考查内容	考查要求
常微分方程	（1）常微分方程的基本概念； （2）可分离变量的微分方程； （3）齐次方程； （4）一阶线性微分方程； （5）线性微分方程解的性质与解的结构； （6）二阶常系数齐次线性微分方程； （7）自由项为 $f(x)=P_m(x)e^{\lambda x}$［其中 $P_m(x)$ 为 m 次多项式］的二阶常系数非齐次线性微分方程	（1）了解微分方程及其阶、解、通解、初始条件和特解等基本概念； （2）熟练掌握可分离变量的微分方程、齐次方程与一阶线性微分方程的通解与特解的求法； （3）会用一阶微分方程求解简单的应用问题； （4）理解二阶线性微分方程解的性质及解的结构；熟练掌握二阶常系数齐次线性微分方程的解法；熟练掌握自由项为 $f(x)=P_m(x)e^{\lambda x}$［其中 $P_m(x)$ 为 m 次多项式］的二阶常系数非齐次线性微分方程的解法

二、考查重难点

内容		重要性
1. 重点	(1) 可分离变量的微分方程	☆☆☆
	(2) 齐次方程	☆☆☆
	(3) 二阶常系数齐次线性微分方程	☆☆☆
	(4) 自由项为$f(x)=P_m(x)e^{\lambda x}$(其中$P_m(x)$为m次多项式)的二阶常系数非齐次线性微分方程	☆☆☆☆☆
2. 难点	自由项为$f(x)=P_m(x)e^{\lambda x}$(其中$P_m(x)$为m次多项式)的二阶常系数非齐次线性微分方程	☆☆☆☆☆

三、近五年真题分析

年份	考点内容	占比
2024 年	一阶线性微分方程、自由项为$f(x)=P_m(x)e^{\lambda x}$(其中$P_m(x)$为m次多项式)的二阶常系数非齐次线性微分方程	8.7%
2023 年	一阶线性微分方程、自由项为$f(x)=P_m(x)e^{\lambda x}$(其中$P_m(x)$为m次多项式)的二阶常系数非齐次线性微分方程	8.7%
2022 年	自由项为$f(x)=P_m(x)e^{\lambda x}$(其中$P_m(x)$为m次多项式)的二阶常系数非齐次线性微分方程	8%
2021 年	自由项为$f(x)=P_m(x)e^{\lambda x}$(其中$P_m(x)$为m次多项式)的二阶常系数非齐次线性微分方程	5.3%
2020 年	齐次方程、自由项为$f(x)=P_m(x)e^{\lambda x}$(其中$P_m(x)$为m次多项式)的二阶常系数非齐次线性微分方程	8%
总结：本章在历年专转本考试中，是比较重要的考查内容，基本上属于中等难度题，约占8%. 一般以填空题和计算题的形式出现		

基础精讲

第一节　一阶微分方程

一、微分方程的基本概念

定义 1

含有自变量、未知函数和未知函数的导数(或微分)的方程叫作**微分方程**. 若未知函数是一元函数，则称为常微分方程；若未知函数是多元函数，则称为偏微分方程. 我们只讨论常微分方程，简称微分方程. 如：$y''+y'+y=x$.

定义 2

微分方程中未知函数的导数或微分的最高阶数叫作**微分方程的阶**. 如：$y''+y'+y=x$ 为二阶微分方程.

定义 3

代入微分方程后能使该方程成为恒等式的函数 $y=f(x)$ 叫作**微分方程的解**.

定义 4

含任意常数,且含有独立常数的个数与方程的阶数相同的解叫作**微分方程的通解**.

定义 5

不含有任意常数或任意常数确定后的解叫作**微分方程的特解**.

定义 6

要求自变量取某定值时,对应函数与各阶导数取指定值,这种条件称为**初始条件**,满足初始条件的解称为满足该初始条件的特解.

定义 7

微分方程中所含的未知函数及其各阶导数全是一次幂,形如

$$\frac{\mathrm{d}^n y}{\mathrm{d}x^n}+a_1(x)\frac{\mathrm{d}^{n-1} y}{\mathrm{d}x^{n-1}}+\cdots+a_{n-1}(x)\frac{\mathrm{d}y}{\mathrm{d}x}+a_n(x)y=f(x)$$

的方程称为 n 阶**线性微分方程**,其中 $a_1(x)$, $\cdots$, $a_n(x)$,$f(x)$ 是 x 的已知函数.

【例 1】 微分方程 $(y'')^5+2(y')^3+xy^6=0$ 的阶数是(　　).

【精析】 微分方程的阶数取决于方程中所含导数的最高阶数,与变量的次数无关,故为 2.

【例 2】 微分方程 $y''+4xy+7x=0$ 是(　　).

A. 二阶线性齐次微分方程　　B. 二阶线性非齐次微分方程

C. 齐次方程　　D. 一阶微分方程

【精析】 原方程可变形为 $y''+4xy=-7x$, 其中 y''、y 都是一次的,自由项非零,因此是二阶线性非齐次微分方程,故应选 B.

【例 3】 下列方程为一阶微分方程的是(　　).

A. $\left(\frac{\mathrm{d}y}{\mathrm{d}x}\right)^2+\left(\frac{\mathrm{d}y}{\mathrm{d}x}\right)^3+xy=1+x^2$　　B. $y''+3y'-2y=\mathrm{e}^{x^2}$

C. $\frac{\mathrm{d}(xy)'}{\mathrm{d}x}=xy$　　D. $U\frac{\mathrm{d}^2u}{\mathrm{d}t^2}+R\frac{\mathrm{d}u}{\mathrm{d}t}+\frac{u}{A}=f(t)$

【精析】 B、C、D 中微分方程的最高阶数都是二阶,因此不是一阶微分方程. 注意:$\left(\frac{\mathrm{d}y}{\mathrm{d}x}\right)^2$ 与 $\frac{\mathrm{d}^2y}{\mathrm{d}x^2}$ 的含义不同,前者表示 y 对 x 的一阶导数的平方,后者表示 y 对 x 的二阶导数. 故应选 A.

【例 4】 函数 $y=C-\sin x$ (其中 C 是任意常数)是方程 $\frac{\mathrm{d}^2y}{\mathrm{d}x^2}=\sin x$ 的(　　).

A. 通解　　　　B. 特解

C. 是解,但既非通解也非特解　　　　D. 不是解

【精析】 $y=C-\sin x$ 为原微分方程的解,但因含任意常数,所以不是特解;又因为独立任意常数的个数只有一个,所以不是通解,故应选 C.

二、一阶微分方程

1. 可分离变量的微分方程(x, y 可以分别移项整理到等号两边)

(1) 可分离变量微分方程的概念

定义 8　形如

$$\frac{dy}{dx}=f(x)\cdot g(y)$$

的微分方程,称为**可分离变量的微分方程.**

(2) 可分离变量微分方程的特点

左端是 $\frac{dy}{dx}$ 或 y', 右端是一个 x 的函数 $f(x)$ 与一个 y 的函数 $g(y)$ 的积.

(3) 可分离变量微分方程的解法——分离变量法

① 分离变量 $\frac{dy}{g(y)}=f(x)dx$;

② 两边积分 $\int\frac{dy}{g(y)}=\int f(x)dx$;

③ 求积分得通解 $G(y)=F(x)+C$, 其中 $G'(y)=\frac{1}{g(y)}$, $F'(x)=f(x)$;

④ 若给出初始条件,求出特解.

【例 5】 求微分方程 $y(1+x^2)dy+x(1+y^2)dx=0$ 满足条件 $y(1)=1$ 的特解.

【精析】 将方程分离变量,得 $\frac{y}{1+y^2}dy=-\frac{x}{1+x^2}dx$,　　⟶ 分离变量

对上式两边积分得 $\int\frac{y}{1+y^2}dy=-\int\frac{x}{1+x^2}dx$,　　⟶ 两边积分

解得 $\frac{1}{2}\ln(1+y^2)=-\frac{1}{2}\ln(1+x^2)+\frac{1}{2}\ln|C|$.

故方程的通解为 $(1+x^2)(1+y^2)=C$.　　⟶ 求积分得通解

将 $y(1)=1$ 代入上式,得 $C=4$. 因此所求方程的特解为 $(1+x^2)(1+y^2)=4$.

⟶ 求特解

【例 6】 求方程 $\frac{dy}{dx}=\frac{xy}{1+x^2}$ 的通解.

【精析】 分离变量得 $\frac{1}{y}dy=\frac{x}{1+x^2}dx$,

两边积分得
$$\int \frac{1}{y}\mathrm{d}y = \int \frac{x}{1+x^2}\mathrm{d}x,$$
解得
$$\ln y = \frac{1}{2}\ln(1+x^2) + \ln C,$$
通解为
$$y = C\sqrt{1+x^2}.$$

名师指点

在求可分离变量微分方程的通解中，分离变量、两边积分后得到的原函数如果都是对数函数时，积分后的任意常数 C 常用 $\ln C$ 的形式代替. 这样方便化简出更为简单的通解形式. 另外，原函数如果出现对数函数，绝对值符号可以省略.

【例 7】 求微分方程 $x\frac{\mathrm{d}y}{\mathrm{d}x} = 2y$ 满足初值 $y|_{x=1} = 2$ 的特解.

【精析】 分离变量得
$$\frac{\mathrm{d}y}{y} = \frac{2}{x}\mathrm{d}x,$$
两边积分得
$$\int \frac{\mathrm{d}y}{y} = \int \frac{2}{x}\mathrm{d}x,$$
解得
$$\ln y = \ln x^2 + \ln C,$$
所以该方程的通解为
$$y = Cx^2.$$
由 $y|_{x=1} = 2$ 得 $C = 2$，所以所求特解为 $y = 2x^2$.

2. 齐次方程（各项次数相同）

（1）齐次微分方程的概念

定义 9 形如
$$\frac{\mathrm{d}y}{\mathrm{d}x} = \varphi\left(\frac{y}{x}\right)$$
的微分方程，称为**齐次微分方程**.

（2）齐次微分方程的特点

左端是 $\frac{\mathrm{d}y}{\mathrm{d}x}$ 或 y'，右端化为一个以 $\frac{y}{x}$ 为新变量的函数 $\varphi\left(\frac{y}{x}\right)$.

★（3）齐次微分方程的解法

① 先将方程化为 $\frac{\mathrm{d}y}{\mathrm{d}x} = \varphi\left(\frac{y}{x}\right)$ 的形式；

② 做变换 $u = \frac{y}{x}$，即 $y = xu$，对该式两边求导得 $\frac{\mathrm{d}y}{\mathrm{d}x} = u + x\frac{\mathrm{d}u}{\mathrm{d}x}$，结合 $\varphi(u) = \varphi\left(\frac{y}{x}\right)$ 可将齐次方程化简为 $\frac{\mathrm{d}u}{\mathrm{d}x} = \frac{\varphi(u) - u}{x}$；

③ 对化简后的方程分离变量后再积分得到 $\int \frac{\mathrm{d}u}{\varphi(u) - u} = \int \frac{\mathrm{d}x}{x}$，求出该式的通解后，将 u 换回 $\frac{y}{x}$，即可得所求微分方程的通解.

提示

齐次微分方程一般是通过变量代换化作可分离变量微分方程后再求解,可算作可分离变量微分方程的一种.

【例 8】 求微分方程 $y'=\dfrac{y}{y-x}$ 的通解.

【精析】 原方程可化为

$$\frac{dy}{dx}=\frac{\frac{y}{x}}{\frac{y}{x}-1}.$$

令 $\dfrac{y}{x}=u$, 即 $y=xu$, 于是

$$\frac{dy}{dx}=u+x\frac{du}{dx},$$

将上式代入方程,得

$$u+x\frac{du}{dx}=\frac{u}{u-1},$$

整理得

$$\frac{dx}{x}=\frac{u-1}{2u-u^2}du=-\frac{1}{2}\cdot\frac{1}{2u-u^2}d(2u-u^2),$$

两边积分可得 $\ln|x|=-\dfrac{1}{2}\ln|2u-u^2|+\ln C_1$, 即 $u(2-u)x^2=C$.

将 $u=\dfrac{y}{x}$ 代入上式,可得原方程的通解为 $y(2x-y)=C$.

【例 9】 求解微分方程 $\dfrac{dy}{dx}=\dfrac{y}{x}+\tan\dfrac{y}{x}$ 满足初始条件 $y|_{x=1}=\dfrac{\pi}{6}$ 的特解.

【精析】 设 $u=\dfrac{y}{x}$, 则 $y=ux$, 于是 $\dfrac{dy}{dx}=u+x\dfrac{du}{dx}$.

代入原方程,得 $u+x\dfrac{du}{dx}=u+\tan u$,

分离变量,并积分 $\int\cot u du=\int\dfrac{1}{x}dx$ 得 $\ln\sin u=\ln x+\ln C$,

即 $\sin u=Cx$, 将 $u=\dfrac{y}{x}$ 回代,通解为

$$\sin\frac{y}{x}=Cx.$$

将初始条件 $y|_{x=1}=\dfrac{\pi}{6}$ 代入通解中得 $C=\dfrac{1}{2}$, 故所求的特解为 $\sin\dfrac{y}{x}=\dfrac{1}{2}x$.

3. 一阶线性微分方程（$y' + P(x)y = Q(x)$）

（1）一阶线性微分方程的基本概念

定义 10 形如

$$\frac{\mathrm{d}y}{\mathrm{d}x} + P(x)y = Q(x) \tag{6-1}$$

的微分方程,称为**一阶线性微分方程**,其中 $P(x)$, $Q(x)$ 为已知函数.

当 $Q(x) \equiv 0$ 时,方程(6-1)称为一阶齐次线性微分方程;当 $Q(x) \neq 0$ 时,方程(6-1)称为一阶非齐次线性微分方程.

（2）一阶线性微分方程的特点

方程中 y, y' 都是一次的,不含 y^2, $(y')^3$, $\sin y$, e^y 等项.

（3）一阶齐次线性微分方程的解法

当 $Q(x) \equiv 0$ 时,方程(6-1)是可分离变量的微分方程. 分离变量,得 $\frac{\mathrm{d}y}{y} = -P(x)\mathrm{d}x$, 然后两边积分,得 $\ln y = -\int P(x)\mathrm{d}x + \ln C$, 即得**一阶齐次线性微分方程的通解公式**.

$$y = C\mathrm{e}^{-\int P(x)\mathrm{d}x},\ C\text{ 为任意常数}. \tag{6-2}$$

其中, $\int P(x)\mathrm{d}x$ 只表示 $P(x)$ 的一个原函数. 在以下推导中做同样规定.

（4）一阶非齐次线性微分方程的解法

当 $Q(x) \neq 0$ 时,与齐次的情形相对照,猜想方程(6-1)的解为以下形式:

$$y = C(x)\mathrm{e}^{-\int P(x)\mathrm{d}x},\ \text{其中 } C(x) \text{ 为待定函数},$$

两边求导,得

$$y' = C'(x)\mathrm{e}^{-\int P(x)\mathrm{d}x} + C(x)\left[-P(x)\mathrm{e}^{-\int P(x)\mathrm{d}x}\right].$$

将 y 及 y' 代入方程(6-1),得

$$C'(x)\mathrm{e}^{-\int P(x)\mathrm{d}x} + C(x)\left[-P(x)\mathrm{e}^{-\int P(x)\mathrm{d}x}\right] + P(x)C(x)\mathrm{e}^{-\int P(x)\mathrm{d}x} = Q(x),$$

即

$$C'(x) = Q(x)\mathrm{e}^{\int P(x)\mathrm{d}x},$$

两边积分,得

$$C(x) = \int Q(x)\mathrm{e}^{\int P(x)\mathrm{d}x}\mathrm{d}x + C,$$

代入 $y=C(x)e^{-\int P(x)dx}$ 即得**一阶非齐次线性微分方程的通解公式**

$$y=e^{-\int P(x)dx}\left[\int Q(x)e^{\int P(x)dx}dx+C\right],\ C\text{为任意常数}. \quad \text{重点识记} \tag{6-3}$$

上述讨论中所用的方法，是将常数 C 变为待定函数 $C(x)$，再通过确定 $C(x)$ 而求得方程的解，称为**常数变易法**.

常数变易法的基本步骤可以总结为三步：先解齐次、常数变易、代回.

通过常数变易法将方程的通解公式推导出来，所以公式法其实就是直接利用常数变易法的结论. 在日常做题中，我们常常采用公式法，但要理解公式，防止出错.

提示

（1）通解公式中 $e^{-\int P(x)dx}$ 与 $e^{\int P(x)dx}$ 互为倒数，只要求出其中一个表达式，另一个就自然而得.

（2）将式(6-3)改写为下面的形式：

$$y=Ce^{-\int P(x)dx}+e^{-\int P(x)dx}\int Q(x)e^{\int P(x)dx}dx.$$

上式也称为方程(6-1)的通解公式，且等式右端第一项恰好是对应的一阶齐次线性微分方程的通解，第二项是方程(6-1)的一个特解. 由此可知，一阶非齐次线性微分方程的通解是对应的一阶齐次线性微分方程的通解与一阶非齐次线性微分方程的一个特解之和.

【例 10】 求微分方程 $y'+(\sin x)y=0$ 的通解.

【精析】 运用通解公式求解. 其中 $P(x)=\sin x$，所以方程的通解为

$$y=Ce^{-\int \sin x dx}=Ce^{\cos x}(C\text{为任意常数}).$$

【例 11】 求微分方程 $y'-3x^2y=x^2$ 的通解.

【精析】

▶ **方法一　常数变易法**

方程对应的一阶齐次线性微分方程的通解为 $y=Ce^{-\int P(x)dx}=Ce^{\int 3x^2dx}=Ce^{x^3}$，

于是设原方程的通解为 $y=C(x)e^{x^3}$，则 $y'=C'(x)e^{x^3}+3x^2C(x)e^{x^3}$，

将其代入原方程中可得 $C'(x)e^{x^3}=x^2$，整理得 $C'(x)=x^2e^{-x^3}$.

等式两边积分得 $C(x)=-\dfrac{1}{3}e^{-x^3}+C$，

故原方程的通解为 $y=\left(-\dfrac{1}{3}e^{-x^3}+C\right)e^{x^3}=-\dfrac{1}{3}+Ce^{x^3}$.

▶ **方法二　公式法**

令 $P(x)=-3x^2$，$Q(x)=x^2$，由通解公式可得　　⟶ 依据公式，找出 $P(x)$、$Q(x)$

$$y=e^{\int 3x^2dx}\left(\int x^2e^{-\int 3x^2dx}dx+C\right)=e^{x^3}\left(\int x^2e^{-x^3}dx+C\right)=e^{x^3}\left(-\frac{1}{3}e^{-x^3}+C\right)$$

$$=-\frac{1}{3}+Ce^{x^3}.$$

⟶ 代入公式，仔细进行积分计算

【例 12】 求微分方程 $\frac{dy}{dx}+3y=e^{2x}$ 的通解.

【精析】 可以直接利用一阶线性微分方程 $\frac{dy}{dx}+P(x)y=Q(x)$ 的通解公式来求,其中 $P(x)=3$, $Q(x)=e^{2x}$,代入通解公式得

$$y=e^{-\int P(x)dx}\left[C+\int Q(x)e^{\int P(x)dx}dx\right]=e^{-\int 3dx}\left(C+\int e^{2x}e^{\int 3dx}dx\right)=Ce^{-3x}+e^{-3x}\int e^{5x}dx$$

$$=Ce^{-3x}+\frac{1}{5}e^{2x}.$$

【例 13】 求微分方程 $y^3dx+(2xy^2-1)dy=0$ 满足 $y(0)=1$ 的特解.

【精析】 如果将 y 看作 x 的函数,则方程为 $\frac{dy}{dx}=\frac{y^3}{1-2xy^2}$,这个方程不是一阶线性微分方程,不便求解. 如果将 x 看作 y 的函数,则方程可改写为 $\frac{dx}{dy}+\frac{2}{y}x=\frac{1}{y^3}$,它是一阶线性微分方程,其中 $P(y)=\frac{2}{y}$, $Q(y)=\frac{1}{y^3}$.

原方程可整理为 $\frac{dx}{dy}+\frac{2}{y}x=\frac{1}{y^3}$,故由通解公式可得

$$x=e^{\int -\frac{2}{y}dy}\left(\int\frac{1}{y^3}e^{\int\frac{2}{y}dy}dy+C\right)=\frac{1}{y^2}\left(\int\frac{1}{y}dy+C\right)=\frac{1}{y^2}(\ln|y|+C).$$

把 $y(0)=1$ 代入通解可得 $C=0$,故所求特解为 $xy^2=\ln|y|$.

【例 14】 已知连续函数 $f(x)$ 满足条件 $f(x)=\int_0^{3x}f\left(\frac{t}{3}\right)dt+e^{2x}$,求 $f(x)$.

【精析】 方程两端关于 x 求导得 $f'(x)-3f(x)=2e^{2x}$,
解此一阶线性微分方程得通解 $y=Ce^{3x}-2e^{2x}$,
由 $f(0)=1$ 得 $C=3$. 故 $f(x)=3e^{3x}-2e^{2x}$.

【例 15】 若 $f(x)$ 连续,且 $f(x)+2\int_0^x f(t)dt=x^2$,求 $f(x)$.

【精析】 $f(x)+2\int_0^x f(t)dt=x^2$ 两边同时求导得 $f'(x)+2f(x)=2x$,
上述方程为非齐次线性微分方程,由通解公式得

$$y=e^{-\int 2dx}\left(\int 2xe^{\int 2dx}dx+C\right)=e^{-2x}\left(\int 2xe^{2x}dx+C\right)=e^{-2x}\left(xe^{2x}-\frac{1}{2}e^{2x}+C\right).$$

因为当 $x=0$ 时, $f(0)=0$,将其代入推得 $C=\frac{1}{2}$.

从而得特解为

$$f(x)=e^{-2x}\left(xe^{2x}-\frac{1}{2}e^{2x}+\frac{1}{2}\right)=x-\frac{1}{2}+\frac{1}{2}e^{-2x}.$$

【例 16】 求在 $[0,+\infty)$ 上的可微函数 $f(x)$,使 $f(x)=e^{-u}$,其中 $u=\int_0^x f(t)dt$.

【精析】 由题意得 $\int_0^x f(t)\mathrm{d}t=-\ln f(x)$，等式两端求导得 $f(x)=-\dfrac{f'(x)}{f(x)}$，本题即为求微分方程 $f'(x)=-f^2(x)$ 满足初始条件 $f(0)=1$ 的特解.

分离变量并积分得 $\dfrac{1}{y}=x+C$，把初始条件代入该通解，得 $C=1$.

故所求函数为 $f(x)=\dfrac{1}{x+1}$.

【例 17】 设 $y(x)$ 在 $[1,+\infty)$ 内有连续导数，且满足 $x\int_1^x y(t)\mathrm{d}t=(x+1)\int_1^x ty(t)\mathrm{d}t$，$y(1)=1$，求 $y(x)$.

【精析】 等式两边同时对 x 求导得

$$\int_1^x y(t)\mathrm{d}t+xy(x)=\int_1^x ty(t)\mathrm{d}t+(x+1)xy(x),$$

整理得 $\int_1^x y(t)\mathrm{d}t=\int_1^x ty(t)\mathrm{d}t+x^2y(x)$，再求导并整理得到微分方程 $x^2y'(x)+(3x-1)y(x)=0$，分离变量并求解得 $y=Ce^{-\frac{1}{x}}\cdot x^{-3}$，把初始条件 $y(1)=1$ 代入得 $C=\mathrm{e}$，故 $y(x)=\mathrm{e}^{1-\frac{1}{x}}\cdot x^{-3}$.

第二节　二阶常系数线性微分方程

一、二阶常系数齐次线性微分方程的定义和解的结构

定义 1　形如

$$y''+py'+qy=0(p,\ q\ 为常数) \tag{6-4}$$

的微分方程，称为**二阶齐次线性微分方程**.

★ **定理 1（齐次线性方程解的叠加原理）** 如果函数 $y_1(x)$ 与 $y_2(x)$ 均是方程(6-4)的解，那么 $y=C_1y_1(x)+C_2y_2(x)$ 也是方程(6-4)的解，其中 C_1，C_2 为任意常数.

定义 2　设 $y_1(x)$ 和 $y_2(x)$ 是定义在某区间 I 上的两个函数，如果存在两个不全为零的常数 k_1 和 k_2，使 $k_1y_1(x)+k_2y_2(x)=0$ 在区间 I 上恒成立，则称函数 $y_1(x)$ 与 $y_2(x)$ 在区间 I 上**线性相关**，否则称**线性无关**.

由定义 2 可知，判断函数 $y_1(x)$ 与 $y_2(x)$ 线性相关或线性无关的方法：

(1) 当 $\dfrac{y_2(x)}{y_1(x)}=-\dfrac{k_1}{k_2}$ 恒等于常数时，$y_1(x)$ 与 $y_2(x)$ 线性相关.

(2) 当 $\dfrac{y_2(x)}{y_1(x)}=-\dfrac{k_1}{k_2}$ 不恒等于常数时，$y_1(x)$ 与 $y_2(x)$ 线性无关.

例如：$y_1(x)=\sin x$, $y_2(x)=2\sin x$, $\because \dfrac{y_1(x)}{y_2(x)}=\dfrac{1}{2}$, $\therefore$ $y_1(x)$ 与 $y_2(x)$ 线性相关；

$y_1(x)=\sin x$, $y_2(x)=\cos x$, $\because \dfrac{y_1(x)}{y_2(x)}=\dfrac{\sin x}{\cos x}=\tan x\neq C$, $\therefore$ $y_1(x)$ 与 $y_2(x)$ 线性无关.

★**定理 2**（**齐次线性方程解的结构定理**）　如果 $y_1(x)$ 与 $y_2(x)$ 是方程(6-4)的任意两个线性无关的特解，那么 $y=C_1y_1(x)+C_2y_2(x)$ 就是方程(6-4)的通解，其中 C_1, C_2 为任意常数.

二、二阶常系数齐次线性微分方程的解法

由上述关于解的结构分析可知，欲求方程(6-4)的通解，首先需讨论如何求出方程(6-4)的两个线性无关的特解.

猜想方程(6-4)有形如 $y=e^{rx}$ 的解，其中 r 为待定常数. 将 $y=e^{rx}$ 代入该方程，得 $(e^{rx})''+p(e^{rx})'+q(e^{rx})=r^2e^{rx}+pre^{rx}+qe^{rx}=(r^2+pr+q)e^{rx}=0$，因为 $e^{rx}\neq 0$，所以只要 r 满足方程

$$r^2+pr+q=0,\ p,\ q\ 为常数, \tag{6-5}$$

即当 r 是方程(6-5)的根时，函数 $y=e^{rx}$ 就是方程(6-4)的解.

定义 3　方程(6-5)称为方程(6-4)的**特征方程**. 特征方程的根称为**特征根**.

设 r_1, r_2 为特征方程(6-5)的两个特征根. 根据特征根的不同情形，确定方程(6-4)的通解有以下三种情况：

(1) 若方程(6-5)有两个不相等的实根 $r_1\neq r_2$，则 $y_1=e^{r_1x}$ 和 $y_2=e^{r_2x}$ 是方程(6-4)的两个线性无关的特解，故方程(6-4)的通解为 $y=C_1e^{r_1x}+C_2e^{r_2x}$，其中 C_1, C_2 为任意常数.

(2) 若方程(6-5)有两个相等的实根 $r_1=r_2=r=-\dfrac{p}{2}$，则仅得到一个特解 $y_1=e^{rx}$，利用常数变易法可得到与 $y_1=e^{rx}$ 线性无关的另一个特解 $y_2=xe^{rx}$，故方程(6-4)的通解为 $y=C_1e^{rx}+C_2xe^{rx}$，其中 C_1, C_2 为任意常数.

(3) 若方程(6-5)有一对共轭复根 $r_1=\alpha+i\beta$ 与 $r_2=\alpha-i\beta$，则 $y_1=e^{(\alpha+i\beta)x}$ 和 $y_2=e^{(\alpha-i\beta)x}$ 是方程(6-4)的两个复数特解. 为便于在实数范围内讨论问题，在此基础上可找到两个线性无关的实数特解 $e^{\alpha x}\cos\beta x$ 和 $e^{\alpha x}\sin\beta x$. 故方程(6-4)的通解为 $y=e^{\alpha x}(C_1\cos\beta x+C_2\sin\beta x)$，其中 C_1, C_2 为任意常数.

由定理 1 可知，以上两个函数 $e^{\alpha x}\cos\beta x$ 和 $e^{\alpha x}\sin\beta x$ 均为方程(6-4)的解，且它们线性无关.

★上述依据特征根的不同情形来求二阶常系数齐次线性微分方程的通解的方法，称为**特征根法**，一般步骤：

▶第一步　写出对应的特征方程 $r^2+pr+q=0$（y'' 变成 r^2, y' 变成 r, y 变成 $r^0=1$）；

▶第二步　求出特征方程的两个根 r_1, r_2，特征方程是一元二次方程，由求根公式得 $r_{1,2}=\dfrac{-p\pm\sqrt{p^2-4q}}{2}$；

▶第三步　根据特征根的三种不同情形，写出通解.（特征根与通解的关系参见表 6-1）

表 6-1　特征根与通解的关系

特征方程 $r^2+pr+q=0$ 根的情况	方程 $y''+py'+q=0$ 的通解
$\Delta=p^2-4q>0$，相异实根 $r_1\neq r_2$	$y=C_1e^{r_1x}+C_2e^{r_2x}$
$\Delta=p^2-4q=0$，重根 $r_{1,2}=-\frac{p}{2}$	$y=(C_1+C_2x)e^{rx}$
$\Delta=p^2-4q<0$，共轭复根 $r_{1,2}=\alpha\pm i\beta$	$y=e^{\alpha x}(C_1\cos\beta x+C_2\sin\beta x)$

【例 1】　解微分方程 $y''-3y'=0$.

【精析】　$r^2-3r=0$；　　——→ 写出对应的特征方程

$r_1=0,\ r_2=3$；　　——→ 求出特征根

$y=C_1+C_2e^{3x}$.　　——→ 写出方程的通解

【例 2】　解下列微分方程：

(1) 求微分方程 $y''-6y'+9y=0$ 的通解；

(2) 求微分方程 $y''-2y'-3y=0$ 的通解；

(3) 求微分方程 $y''-2y'+5y=0$ 的通解.

【精析】

(1) 该方程的特征方程为 $r^2-6r+9=0$，特征根为 $r_1=r_2=3$. 所以，方程的通解为 $y=(C_1+C_2x)e^{3x}$.

(2) 该方程的特征方程为 $r^2-2r-3=0$，特征根为 $r_1=-1,\ r_2=3(r_1\neq r_2)$. 所以，方程的通解为 $y=C_1e^{-x}+C_2e^{3x}$.

(3) 该方程的特征方程为 $r^2-2r+5=0$，特征根为 $r_1=1+2i,\ r_2=1-2i$. 所以，方程的通解为 $y=e^x(C_1\cos 2x+C_2\sin 2x)$.

【例 3】　求微分方程 $y''-6y'+9y=0$ 满足初始条件 $y(0)=1,\ y'(0)=2$ 的特解.

【精析】

该方程的特征方程为 $r^2-6r+9=0$，　　——→ 写出对应的特征方程

解得特征根为 $r_1=r_2=3$.　　——→ 求出特征根

所以原方程的通解为 $y=(C_1+C_2x)e^{3x}$.　①　　——→ 写出方程的通解

又因为 $y'=C_2e^{3x}+3e^{3x}(C_1+C_2x)=(3C_1+C_2+3C_2x)e^{3x}$，　②

将初始条件 $y(0)=1,\ y'(0)=2$ 代入①式和②式，

解得 $C_1=1,\ C_2=-1$.　　——→ 将初始条件代入，求出两个任意常数值

所以该方程的特解为 $y=(1-x)e^{3x}$.

【例 4】　求微分方程 $y''+2y'+y=0$ 满足初始条件 $y(0)=0,\ y'(0)=1$ 的特解.

【精析】　该方程的特征方程为 $r^2+2r+1=0$，

解得特征根为 $r_1=r_2=-1$.

所以，原方程的通解为 $y=(C_1+C_2x)e^{-x}$.

上式对 x 求导，得 $y'=C_2e^{-x}-(C_1+C_2x)e^{-x}$.

将 $y(0)=0,\ y'(0)=1$ 代入上述两式，解得 $C_1=0,\ C_2=1$. 因此，所求特解为 $y=xe^{-x}$.

【例 5】　已知函数 $y=xe^x$ 是微分方程 $y''+ay'+y=0$ 的一个特解，求常数 a 的值.

【精析】 $y=xe^x$，则 $y'=(1+x)e^x$，$y''=(2+x)e^x$，代入方程得

$$(x+2)e^x+a(1+x)e^x+xe^x=[(a+2)x+a+2]e^x=0,$$

因为 $e^x>0$，故 $a+2=0$，故 $a=-2$.

三、二阶常系数非齐次线性微分方程

定义 4 形如

$$y''+py'+qy=f(x)\ (p,\ q \text{ 为常数}) \tag{6-6}$$

的微分方程，当 $f(x)\neq 0$ 时，称为**二阶常系数非齐次线性微分方程**.

1. 二阶常系数非齐次线性微分方程的解的结构

★ **定理 3（非齐次线性方程解的结构定理）** 如果函数 $y^*(x)$ 是方程(6-6)的一个特解，$Y(x)$ 是该方程所对应的齐次线性方程(6-4)的通解，那么

$$y=Y(x)+y^*(x) \tag{6-7}$$

是方程(6-6)的通解.

★ **定理 4（非齐次线性方程解的叠加原理）** 如果函数 $y_1^*(x)$ 是方程 $y''+py'+qy=f_1(x)$ 的特解，函数 $y_2^*(x)$ 是方程 $y''+py'+qy=f_2(x)$ 的特解，那么

$$y^*=y_1^*(x)+y_2^*(x) \tag{6-8}$$

就是方程 $y''+py'+qy=f_1(x)+f_2(x)$ 的特解.

2. 二阶常系数非齐次线性微分方程的解法

名师指点

由定理 3 可知，求二阶常系数非齐次线性微分方程的通解分三步：

▶第一步 用特征根法求其对应齐次方程的通解 Y；

▶第二步 用待定系数法求非齐次方程自身的一个特解 y^*；

▶第三步 基于非齐次线性微分方程解的结构，写出通解，即

非齐次的通解=齐次的通解+非齐次的一个特解（$y=Y+y^*$）.

由以上步骤可知，求二阶常系数非齐次线性微分方程的通解，关键在于第二步，求其自身一特解 y^*.

在一般情形下，要求出方程的特解非常困难，所以下面仅就自由项 $f(x)=P_m(x)e^{\lambda x}$［其中 λ 是常数，$P_m(x)$ 是 x 的一个 m 次多项式：$P_m(x)=a_0x^m+a_1x^{m-1}+\cdots+a_{m-1}x+a_m$］的形式进行讨论.

二阶常系数非齐次线性微分方程 $y''+py'+qy=f(x)$ 特解 y^* 的形式如下：

λ 与特征根的关系	$y''+py'+qy=P_m(x)e^{\lambda x}$ 特解 y^*
λ 不是特征根	$y^*=x^0Q_m(x)e^{\lambda x}$
λ 是特征单根	$y^*=xQ_m(x)e^{\lambda x}$
λ 是特征重根	$y^*=x^2Q_m(x)e^{\lambda x}$

【例 6】　写出下列各微分方程一个特解 y^* 的结构.

(1) $y''+5y'+4y=xe^{2x}$；　　(2) $y''-5y'+6y=x^3e^{2x}$；

(3) $y''-2y'+y=x^3e^x$.

【精析】

(1)因为 $\lambda=2$ 不是特征方程 $r^2+5r+4=0$ 的根,所以特解为 $y^*=(Ax+B)e^{2x}$.

(2) 因为 $\lambda=2$ 是特征方程 $r^2-5r+6=0$ 的单根,所以特解为

$$y^*=x(Ax^3+Bx^2+Cx+D)e^{2x}.$$

(3) 因为 $\lambda=1$ 是特征方程 $r^2-2r+1=0$ 的二重根,所以特解为

$$y^*=x^2(Ax^3+Bx^2+Cx+D)e^x.$$

【例 7】　求微分方程 $y''-2y'=3x+1$ 的通解.

【精析】　方程 $y''-2y'=0$ 的特征方程 $r^2-2r=0$ 的特征根为 $r_1=2$, $r_2=0$. 于是方程 $y''-2y'=0$ 的通解为

$$y=C_1e^{2x}+C_2.$$

又因为 $P_n(x)=3x+1$, $\lambda=0$ 是特征单根,所以原方程的特解可设为

$$y^*=xQ_n(x)=x(Ax+B),$$

代入原方程,解得 $A=-\dfrac{3}{4}$, $B=-\dfrac{5}{4}$. 故原方程的通解为

$$y=C_1e^{2x}+C_2-\frac{3}{4}x^2-\frac{5}{4}x.$$

【例 8】　求下列微分方程的通解:

(1) $y''+2y'-3y=e^{-3x}$；　　(2) $y''-5y'+4y=4x^2-2x+1$.

【精析】

(1) A. 求 $y''+2y'-3y=0$ 的通解 Y;

由 $r^2+2r-3=0\Rightarrow r_1=1, r_2=-3\Rightarrow Y=C_1e^x+C_2e^{-3x}$.

B. 求 $y''+2y'-3y=e^{-3x}$ 的一个特解 y^*;

因为 $\lambda=-3$ 是特征单根,所以 $y^*=xAe^{-3x}=Axe^{-3x}$,求出其一、二阶导数代入方程得 $(-6A+9Ax)e^{-3x}+(2A-6Ax)e^{-3x}-3Axe^{-3x}=e^{-3x}$, 比较系数得 $A=-\dfrac{1}{4}$,

故 $y^*=-\dfrac{1}{4}xe^{-3x}$.

C. 由通解的结构定理得所求方程的通解为

$$Y=Y+y^*=C_1e^x+C_2e^{-3x}-\frac{1}{4}xe^{-3x}.$$

(2) A. 求 $y''-5y'+4y=0$ 的通解 Y;

由 $r^2-5r+4=0\Rightarrow r_1=1$, $r_2=4\Rightarrow Y=C_1e^x+C_2e^{4x}$.

B. 求 $y''-5y'+4y=4x^2-2x+1$ 的一个特解 y^*;

因为 $\lambda=0$ 不是特征根,所以 $y^*=Ax^2+Bx+C$, 求出其一、二阶导数代入方程得

$2A-10Ax-5B+4Ax^2+4Bx+4C=4x^2-2x+1$, 比较系数得 $A=1$, $B=2$, $C=\frac{9}{4}$, 故 $y^*=x^2+2x+\frac{9}{4}$.

C. 由通解的结构定理得所求方程的通解为

$$y=Y+y^*=C_1e^x+C_2e^{4x}+x^2+2x+\frac{9}{4}.$$

【例 9】 求微分方程 $y''+y'+y=3e^{2x}$ 的一个特解.

【精析】 方程 $y''+y'+y=0$ 的特征方程 $r^2+r+1=0$ 的特征根为 $r_1=-\frac{1}{2}+\frac{\sqrt{3}}{2}i$, $r_2=-\frac{1}{2}-\frac{\sqrt{3}}{2}i$. $f(x)=3e^{2x}$, $\lambda=2$ 不是特征根,所以原方程的特解可设为 $y^*=Ae^{2x}$, 代入原方程,解得 $A=\frac{3}{7}$. 故所求特解为 $y^*=\frac{3}{7}e^{2x}$.

【例 10】 求微分方程 $y''+3y'+2y=xe^{-2x}$ 的一个特解.

【精析】 方程 $y''+3y'+2y=0$ 的特征方程 $r^2+3r+2=0$ 的特征根为 $r_1=-2$, $r_2=-1$. $f(x)=xe^{-2x}$, $P_n(x)=x$, $\lambda=-2$ 是特征单根,所以原方程的特解可设为 $y^*=x(Ax+B)e^{-2x}$, 代入原方程,解得 $A=-\frac{1}{2}$, $B=-1$. 故所求特解为 $y^*=x\left(-\frac{x}{2}-1\right)e^{-2x}$.

【例 11】 求微分方程 $y''-4y'+13y=0$ 满足初始条件 $y|_{x=0}=1$, $y'|_{x=0}=8$ 的特解.

【精析】 微分方程的特征方程为 $r^2-4r+13=0$, 解得特征根 $r_1=2+3i$, $r_2=2-3i$,

故通解为 $y=e^{2x}(C_1\sin 3x+C_2\cos 3x)$,

$y'=e^{2x}[(2C_1-3C_2)\sin 3x+(2C_2+3C_1)\cos 3x]$,

代入初始条件 $y|_{x=0}=1$, $y'|_{x=0}=8$, 得 $C_2=1$, $C_1=2$,

故所求的特解为 $y=e^{2x}(2\sin 3x+\cos 3x)$.

【例 12】 设二阶常系数线性微分方程 $y''+\alpha y'+\beta y=\gamma e^x$ 的一个特解为 $y=e^{2x}+(1+x)e^x$, 试确定常数 α, β, γ, 并求该方程的通解.

【精析】 $y'=2e^{2x}+(2+x)e^x$, $y''=4e^{2x}+(3+x)e^x$. 将 y, y', y'' 代入方程化简得 $(4+2\alpha+\beta)e^{2x}+(3+2\alpha+\beta)e^x+(1+\alpha+\beta)xe^x=\gamma e^x$.

比较同类项的系数,解得 $\alpha=-3$, $\beta=2$, $\gamma=-1$.

微分方程 $y''-3y'+2y=-e^x$ 的特征根为 $r_1=1$, $r_2=2$, 解得微分方程的通解为 $y=C_1e^x+C_2e^{2x}+xe^x$.

【例 13】 已知 $y=y(x)$ 是二阶常系数微分方程 $y''+py'+qy=e^{3x}$ 满足初始条件 $y(0)=y'(0)=0$ 的特解,求 $\lim\limits_{x\to 0}\frac{\ln(1+x^2)}{y(x)}$.

【精析】 因为 $y=y(x)$ 是微分方程的特解,所以 $y''=e^{3x}-py'-qy$ 连续,且 $\lim\limits_{x\to 0}y(x)=0$,

$\lim\limits_{x\to 0} y'(x)=0$,所以$\lim\limits_{x\to 0} y''(x)=1$. 使用洛必达法则得

$$\lim_{x\to 0}\frac{\ln(1+x^2)}{y(x)}=\lim_{x\to 0}\frac{x^2}{y(x)}\overset{\frac{0}{0}}{=\!=}\lim_{x\to 0}\frac{2x}{y'(x)}\overset{\frac{0}{0}}{=\!=}\lim_{x\to 0}\frac{2}{y''(x)}=2.$$

【例 14】 设函数$f(x)$二阶可导,$f(0)=4$,且满足方程$\int_0^x f(t)\mathrm{d}t=x^2+f'(x)$,求$f(x)$.

【精析】 方程两边同时对x求导得$f(x)=2x+f''(x)$,即$f''(x)-f(x)=-2x$,这是二阶常系数非齐次线性微分方程,对应的齐次方程的特征方程为$r^2-1=0$,故特征根$r_1=1$,$r_2=-1$,即对应的齐次方程的通解为$Y=C_1\mathrm{e}^x+C_2\mathrm{e}^{-x}$.

由于$\lambda=0$不是特征方程的根,故可设特解为$y^*=Ax+B$,$(y^*)'=A$,$(y^*)''=0$,代入$f''(x)-f(x)=-2x$,可得$A=2$,$B=0$,故$y^*=2x$,故非齐次方程的通解为$f(x)=C_1\mathrm{e}^x+C_2\mathrm{e}^{-x}+2x$,$f'(x)=C_1\mathrm{e}^x-C_2\mathrm{e}^{-x}+2$. 又因为$f(0)=4$,$f'(0)=0$,则$\begin{cases}C_1+C_2=4,\\C_1-C_2+2=0,\end{cases}$得$\begin{cases}C_1=1,\\C_2=3,\end{cases}$所以$f(x)=\mathrm{e}^x+3\mathrm{e}^{-x}+2x$.

【例 15】 设$\varphi(x)=\mathrm{e}^x-\int_0^x(x-u)\varphi(u)\mathrm{d}u$,其中$\varphi(x)$为连续函数,求$\varphi(x)$.

【精析】 原方程化简得$\varphi(x)=\mathrm{e}^x-x\int_0^x\varphi(u)\mathrm{d}u+\int_0^x u\varphi(u)\mathrm{d}u$,两端关于$x$求导数,得$\varphi'(x)=\mathrm{e}^x-\int_0^x\varphi(u)\mathrm{d}u$,即$\varphi''(x)+\varphi(x)=\mathrm{e}^x$,该微分方程所对应的齐次方程的特征方程为$r^2+1=0$,其特征根为$r=\pm\mathrm{i}$. 所以齐次方程的通解为$y=C_1\cos x+C_2\sin x$.

设$\varphi''(x)+\varphi(x)=\mathrm{e}^x$的特解为$y^*=A\mathrm{e}^x$,代入方程求得$A=\frac{1}{2}$,故知$\varphi(x)=C_1\cos x+C_2\sin x+\frac{1}{2}\mathrm{e}^x$. 又$\varphi(0)=1$,$\varphi'(0)=1$,于是$C_1=C_2=\frac{1}{2}$,所以$\varphi(x)=\frac{1}{2}\cos x+\frac{1}{2}\sin x+\frac{1}{2}\mathrm{e}^x$.

第三节　微分方程的几何应用

我们通过下面几个例题,谈一下微分方程的几何应用.

【例 1】 设曲线$y=y(x)$上任一点(x,y)处的切线斜率为$\frac{y}{x}+x^2$,且该曲线经过点$\left(1,\frac{1}{2}\right)$,求函数$y=y(x)$.

【精析】 曲线上任一点(x,y)处的切线斜率为y',即$y'=\frac{y}{x}+x^2$,这是一阶非齐次线性微分方程,由通解公式可得

$$y=\mathrm{e}^{\int\frac{1}{x}\mathrm{d}x}\left(\int x^2\mathrm{e}^{-\int\frac{1}{x}\mathrm{d}x}\mathrm{d}x+C\right)=x\left(\int x^2\cdot\frac{1}{x}\mathrm{d}x+C\right)=x\left(\frac{x^2}{2}+C\right).$$

又因该曲线过点$\left(1,\dfrac{1}{2}\right)$，代入通解可得 $C=0$，故函数 $y=\dfrac{x^3}{2}$.

【例 2】 求一过点 (1, - 1) 的曲线,使其上任一点处的切线夹于两坐标轴间的线段被切点平分.

【精析】 设曲线上任一点 $A(x, y)$,则点 A 处的切线方程为 $Y-y=y'(X-x)$.

令 $Y=0$，得切线在 X 轴上的截距 $X=x-\dfrac{y}{y'}$；令 $X=0$，得切线在 Y 轴上的截距 $Y=y-xy'$，

即 $A(x, y)$，$B\left(x-\dfrac{y}{y'}, 0\right)$，$C(0, y-xy')$，

$$\because A\text{为}BC\text{的平分点(中点)},\therefore \begin{cases} x=\dfrac{x-\dfrac{y}{y'}+0}{2}=\dfrac{x}{2}-\dfrac{1}{2}\dfrac{y}{y'}, \\ y=\dfrac{0+y-xy'}{2}=\dfrac{y}{2}-\dfrac{1}{2}xy', \end{cases}$$

即 $xy'=-y$，且 $y(1)=-1$(过点 (1, - 1)).

$\dfrac{\mathrm{d}y}{\mathrm{d}x}=-\dfrac{1}{x}y$ (可分离变量方程)$\Rightarrow\displaystyle\int\frac{\mathrm{d}y}{y}=-\int\frac{\mathrm{d}x}{x}\Rightarrow\ln|y|=-\ln|x|+\ln|C|$

$\Rightarrow\ln|xy|=\ln|C|\Rightarrow xy=C$.

由 $y(1)=-1$ 可得 $C=-1$. 所以 $xy=-1$. 故所求曲线方程为 $xy=-1$，即 $y=-\dfrac{1}{x}$.

【例 3】 已知 $y=f(x)$ 过坐标原点,并且在原点处的切线平行于 $2x+y-3=0$，若 $f'(x)=3ax^2+b$，且 $f(x)$ 在 $x=1$ 处取得极值,求出 $y=f(x)$ 的表达式.

【精析】 $f'(x)=3ax^2+b$，$f(x)=\displaystyle\int f'(x)\mathrm{d}x=\int(3ax^2+b)\mathrm{d}x=ax^3+bx+c$，

由题意得 $f(0)=0$，由 $2x+y-3=0\Rightarrow y=-2x+3$，$k=-2$，$\therefore k_{切}=f'(0)=-2$.

$\because f(x)$ 在 $x=1$ 处取得极值,且 $f'(1)$ 存在,$\therefore f'(1)=0$.

$f(0)=0\Rightarrow c=0$，$f'(0)=-2\Rightarrow b=-2$，$f'(1)=0\Rightarrow 3a+b=0$，

解得 $a=\dfrac{2}{3}$，$b=-2$，$c=0$. 故 $f(x)=\dfrac{2}{3}x^3-2x$.

【例 4】 设 $f(x)$ 为闭区间 [0, 1] 上的连续非负函数,并且满足 $xf'(x)=f(x)+3x^2$. 若曲线 $y=f(x)$ 与直线 $x=0$，$x=1$，$y=0$ 所围成的图形的面积 S 为 2,求 $f(x)$.

【精析】 由 $xf'(x)=f(x)+3x^2$，可得 $f'(x)-\dfrac{1}{x}f(x)=3x$，

所以 $f(x)=\mathrm{e}^{\int\frac{1}{x}\mathrm{d}x}\left(\displaystyle\int 3x\cdot\mathrm{e}^{\int-\frac{1}{x}\mathrm{d}x}\mathrm{d}x+C\right)=x\left(\int 3\mathrm{d}x+C\right)=(3x+C)x=3x^2+Cx$.

由题意可得 $S=\displaystyle\int_0^1(3x^2+Cx)\,\mathrm{d}x=\left(x^3+\frac{Cx^2}{2}\right)\Bigg|_0^1=1+\frac{C}{2}=2$，所以 $C=2$.

所以 $f(x)=3x^2+2x$.

名师指点

综合题中常会考到以下知识点：

(1) 设 $y=f(x)$ 是可导函数，则曲线 $y=f(x)$ 上任一点 (x, y) 处的切线斜率为 y'.

(2) 设 $y=f(x)$ 是可导函数，则曲线 $y=f(x)$ 上任一点 (x, y) 处的切线方程为 $Y-y=y'(X-x)$，其中 (X,Y) 为切线上的动点，而 (x, y) 为曲线 $y=f(x)$ 上的任一点坐标.

(3) 已知 $f''(x)$ 的表达式(含待定常数)，要求 $f(x)$ 的表达式：

若已知点 (x_0, y_0) 为曲线 $y=f(x)$ 的拐点且 $f(x)$ 在点 (x_0, y_0) 处二阶可导，则 $\begin{cases} f''(x_0)=0, \\ f(x_0)=y_0; \end{cases}$

若已知点 (x_0, y_0) 为函数 $y=f(x)$ 的极值点且 $f(x)$ 在点 (x_0, y_0) 处可导，则 $\begin{cases} f'(x_0)=0, \\ f(x_0)=y_0. \end{cases}$

考点聚焦

考点一 求一阶微分方程

思路点拨

根据考纲要求会解三种类型的一阶微分方程：①可分离变量的微分方程；②齐次方程；③一阶线性微分方程.

做题步骤为：判断阶数→判断类型→根据类型求解.

① 可分离变量：$\dfrac{dy}{dx}=f(x)g(y) \to \dfrac{dy}{g(y)}=f(x)dx \to \int \dfrac{1}{g(y)}dy=\int f(x)dx$.

② 齐次：$\dfrac{dy}{dx}=f\left(\dfrac{y}{x}\right) \to$ 令 $u=\dfrac{y}{x}$, $\dfrac{dy}{dx}=x\dfrac{du}{dx}+u \to x\dfrac{du}{dx}+u=f(u) \to \dfrac{du}{f(u)-u}=\dfrac{dx}{x}$.

③ 一阶线性：$y'+P(x)y=Q(x) \to y=e^{-\int P(x)dx}\left[\int Q(x)e^{\int P(x)dx}dx+C\right]$.

例 1 (1)求 $y\sin\dfrac{x}{2}dx-\cos\dfrac{x}{2}dy=0$ 的通解.

(2) 微分方程 $\dfrac{dy}{dx}=\dfrac{xy}{x^2-y^2}$ 满足条件 $y(0)=1$ 的特解为________.

(3) 求 $xy'+2y=x\ln x$ 满足 $y(1)=-\dfrac{1}{9}$ 的特解.

(4) 求 $(y^2-6x)\dfrac{dy}{dx}+2y=0$ 的通解.

(5) 已知曲线 $y=f(x)$ 过点 $(-1, 5)$，且 $f(x)$ 满足 $3xf'(x)-8f(x)=12x^{\frac{5}{3}}$，求函数 $y=f(x)$ 的表达式.

解 (1) 分离变量得
$$\frac{\mathrm{d}y}{y}=\frac{\sin\frac{x}{2}}{\cos\frac{x}{2}}\mathrm{d}x,$$

$$\int\frac{1}{y}\mathrm{d}y=\int\frac{\sin\frac{x}{2}}{\cos\frac{x}{2}}\mathrm{d}x,$$

$$\ln|y|=-2\int\frac{1}{\cos\frac{x}{2}}\mathrm{d}\left(\cos\frac{x}{2}\right),$$

$$\ln|y|=-2\ln\left|\cos\frac{x}{2}\right|+C_1,$$

$$y=\frac{C}{\cos^2\frac{x}{2}}=C\sec^2\frac{x}{2}.$$

(2) $\frac{\mathrm{d}y}{\mathrm{d}x}=\frac{xy}{x^2-y^2}$, $\frac{\mathrm{d}y}{\mathrm{d}x}=\frac{\frac{y}{x}}{1-\left(\frac{y}{x}\right)^2}$.

令 $u=\frac{y}{x}$, $\frac{\mathrm{d}y}{\mathrm{d}x}=u+x\frac{\mathrm{d}u}{\mathrm{d}x}$, 即 $u+x\frac{\mathrm{d}u}{\mathrm{d}x}=\frac{u}{1-u^2}$,

$$x\frac{\mathrm{d}u}{\mathrm{d}x}=\frac{u^3}{1-u^2},$$

$$\frac{1-u^2}{u^3}\mathrm{d}u=\frac{1}{x}\mathrm{d}x,$$

$$\int\frac{1-u^2}{u^3}\mathrm{d}u=\int\frac{1}{x}\mathrm{d}x,$$

$$\int\left(\frac{1}{u^3}-\frac{1}{u}\right)\mathrm{d}u=\ln|x|+C,$$

$$-\frac{1}{2}u^{-2}-\ln|u|=\ln|x|+C,$$

$$\frac{\mathrm{e}^{-\frac{1}{2u^2}}}{u}=Cx,$$

$$\mathrm{e}^{-\frac{1}{2u^2}}=Cux,$$

即 $\mathrm{e}^{-\frac{x^2}{2y^2}}=Cy$, 由 $y(0)=1$ 得 $C=1$, 故特解为 $y=\mathrm{e}^{-\frac{x^2}{2y^2}}$.

(3) $xy'+2y=x\ln x$, 即 $y'+\frac{2}{x}y=\ln x$.

由一阶线性微分方程的通解公式得

$$y = e^{-\int\frac{2}{x}dx}\left(\int \ln x \cdot e^{\int\frac{2}{x}dx}dx + C\right) = e^{-2\ln x}\left(\int \ln x \cdot e^{2\ln x}dx + C\right)$$

$$= \frac{1}{x^2}\left(\int x^2 \ln x dx + C\right) = \frac{1}{x^2}\left[\frac{1}{3}\int \ln x d(x^3) + C\right]$$

$$= \frac{1}{x^2}\left(\frac{1}{3}x^3 \ln x - \frac{1}{3}\int x^3 \cdot \frac{1}{x}dx + C\right)$$

$$= \frac{1}{3}x\ln x - \frac{1}{9}x + \frac{C}{x^2}.$$

将 $y(1) = -\frac{1}{9}$ 代入上式得 $C = 0$，特解为 $y = \frac{1}{3}x\ln x - \frac{1}{9}x$.

（4）由 $(y^2 - 6x)\frac{dy}{dx} + 2y = 0$，得

$$\frac{dy}{dx} = \frac{2y}{6x - y^2},$$

$$\frac{dx}{dy} = \frac{6x - y^2}{2y},$$

$$\frac{dx}{dy} - \frac{3}{y}x = -\frac{1}{2}y,$$

$$P(y) = -\frac{3}{y},\ Q(y) = -\frac{1}{2}y,$$

故通解为 $x = e^{-\int -\frac{3}{y}dy}\left(\int -\frac{1}{2}y \cdot e^{\int -\frac{3}{y}dy}dy + C\right)$

$$= e^{3\ln y}\left(\int -\frac{1}{2}y \cdot e^{-3\ln y}dy + C\right)$$

$$= y^3\left(\int -\frac{1}{2}y \cdot \frac{1}{y^3}dy + C\right) = y^3\left(\frac{1}{2y} + C\right).$$

（5）由 $3xf'(x) - 8f(x) = 12x^{\frac{5}{3}}$ 得 $f'(x) - \frac{8}{3x}f(x) = 4x^{\frac{2}{3}}$，故

$$f(x) = e^{-\int -\frac{8}{3x}dx}\left(\int 4x^{\frac{2}{3}} \cdot e^{\int -\frac{8}{3x}dx}dx + C\right)$$

$$= e^{\frac{8}{3}\ln x}\left(\int 4x^{\frac{2}{3}} \cdot e^{-\frac{8}{3}\ln x}dx + C\right)$$

$$= x^{\frac{8}{3}}\left(\int 4x^{\frac{2}{3}} \cdot x^{-\frac{8}{3}}dx + C\right)$$

$$= x^{\frac{8}{3}}\left(-\frac{4}{x} + C\right).$$

将 $f(-1) = 5$ 代入上式得 $C = 1$，故 $f(x) = x^{\frac{8}{3}} - 4x^{\frac{5}{3}}$.

考点二　求二阶微分方程

思路点拨

二阶微分方程一般分为齐次和非齐次两种形式来考查.

(1) 二阶常系数齐次线性微分方程 $y''+py'+qy=0$

步骤：① $r^2+pr+q=0$；② 求 r_1, r_2；③ 根据 r_1, r_2 写出微分方程的通解.

(2) 二阶常系数非齐次线性微分方程 $y''+py'+qy=P_n(x)e^{\lambda x}$

步骤：① 求出对应的齐次方程 $y''+py'+qy=0$ 的通解 $\overline{y}$；

② 根据 λ 和 $P_n(x)$ 设非齐次方程的特解 y^*.

设 λ 是方程的 k 重根，则 $y^*=x^kQ_n(x)e^{\lambda x}$，$Q_n(x)$ 是与 $P_n(x)$ 同次数的系数待定的多项式.

③ 将特解 y^* 代入非齐次微分方程，求出待定系数，得到 y^*.

④ 通解结构为 $y=\overline{y}+y^*$.

例 1　(1) 方程 $y''-y=e^x+1$ 的特解形式可设为(　　).

A. ae^x+b　　B. axe^x+b　　C. ae^x+bx　　D. axe^x+bx

(2) 求微分方程 $y''-2y'+3y=3x$ 的通解.

(3) 求微分方程 $y''+3y'+2y=-x^2e^x$ 的通解.

(4) 设 $y=C_1e^{2x}+C_2e^{3x}$ 为某二阶常系数齐次线性微分方程的通解，则该微分方程为________.

(5) 已知 $y=e^x$ 和 $y=e^{-2x}$ 是二阶常系数齐次线性微分方程 $y''+py'+qy=0$ 的两个解，试确定常数 p, q 的值，并求微分方程 $y''+py'+qy=e^x$ 的通解.

解　(1) 本题选 B.

特征方程为 $r^2-1=0$，解得 $r_1=1, r_2=-1$，

则方程 $y''-y=e^x$ 的特解应设为 $y_1^*=axe^x$，

方程 $y''-y=1$ 的特解应设为 $y_2^*=b$，

则原方程的特解设为 $y^*=axe^x+b$.

(2) 特征方程为 $r^2-2r+3=0$，解得 $r_{1,2}=1\pm\sqrt{2}i$，

齐次方程 $y''-2y'+3y=0$ 的通解 $\overline{y}=e^x(C_1\cos\sqrt{2}x+C_2\sin\sqrt{2}x)$.

因为 $\lambda=0$ 不是特征方程的根，$P_n(x)=3x$，

所以设特解 $y^*=ax+b$，将 $y^*=ax+b$ 代入 $y''-2y'+3y=3x$ 得 $a=1$, $b=\frac{2}{3}$，

则 $y^*=x+\frac{2}{3}$.

综上，微分方程 $y''-2y'+3y=3x$ 的通解为

$$y=\bar{y}+y^{*}=e^{x}(C_1\cos\sqrt{2}x+C_2\sin\sqrt{2}x)+x+\frac{2}{3}.$$

(3) 特征方程为 $r^2+3r+2=0$，解得 $r_1=-1$，$r_2=-2$.

$y''+3y'+2y=0$ 的通解为 $\bar{y}=C_1e^{-x}+C_2e^{-2x}$.

因为 $\lambda=1$ 不是特征方程的根，$P_n(x)=-x^2$，

所以设特解 $y^{*}=(ax^2+bx+c)e^{x}$.

将 y^{*} 代入 $y''+3y'+2y=-x^2e^{x}$，得 $a=-\frac{1}{6}$，$b=\frac{5}{18}$，$c=-\frac{19}{108}$，故

$$y^{*}=\left(-\frac{1}{6}x^2+\frac{5}{18}x-\frac{19}{108}\right)e^{x}.$$

综上，微分方程 $y''+3y'+2y=-x^2e^{x}$ 的通解为

$$y=\bar{y}+y^{*}=C_1e^{-x}+C_2e^{-2x}+\left(-\frac{1}{6}x^2+\frac{5}{18}x-\frac{19}{108}\right)e^{x}.$$

(4) 由题得齐次线性微分方程的特征根为 $r_1=2$，$r_2=3$，

对应的特征方程为 $(r-2)(r-3)=0$，即 $r^2-5r+6=0$，

进而该微分方程为 $y''-5y'+6y=0$.

(5) 本题有两种解法：一种是将 $y=e^{x}$ 和 $y=e^{-2x}$ 代入 $y''+py'+qy=0$ 得出 p，q；另一种是分析 $y=e^{x}$，$y=e^{-2x}$ 为齐次方程两个线性无关的解，进而得出特征根. 本题主要讲解第 2 种方法.

因为 $\frac{e^{x}}{e^{-2x}}\neq$ 常数，所以 $\bar{y}=C_1e^{x}+C_2e^{-2x}$ 是齐次方程的通解，特征根 $r_1=1$，$r_2=-2$，

对应的特征方程为 $(r-1)(r+2)=0$，即 $r^2+r-2=0$，

微分方程为 $y''+y'-2y=0$，即 $p=1$，$q=-2$.

非齐次微分方程 $y''+y'-2y=e^{x}$，$\lambda=1$ 是特征方程的 1 重根，$P_n(x)=1$，所以设特解 $y^{*}=xae^{x}$. 将 y^{*} 代入 $y''+y'-2y=e^{x}$，得 $a=\frac{1}{3}$，则 $y^{*}=\frac{1}{3}xe^{x}$.

综上，微分方程 $y''+y'-2y=e^{x}$ 的通解为 $y=\bar{y}+y^{*}=C_1e^{x}+C_2e^{-2x}+\frac{1}{3}xe^{x}$.

考点三　微分方程的综合应用

微分方程在综合题中常与积分、导数、平面图形面积以及极限等知识点相结合.

1. 微分方程与变限积分综合

例 1　(1) 设 $f(x)$ 可导，且满足 $x=\int_0^x f(t)\mathrm{d}t+\int_0^x tf(t-x)\mathrm{d}t$，求 $f(x)$.

(2) 已知定义在 $(-\infty,+\infty)$ 上的可导函数 $f(x)$ 满足 $xf(x)-4\int_1^x f(t)\mathrm{d}t=x^3-3$，试求：①$f(x)$ 的表达式；②$f(x)$ 的单调区间与极值；③$f(x)$ 的凹凸区间与拐点.

解　(1) 令 $u=t-x$，$t\in[0,x]$，则 $\mathrm{d}t=\mathrm{d}u$，$u\in[-x,0]$.

$$x=\int_0^x f(t)\,dt+\int_0^x tf(t-x)\,dt=\int_0^x f(t)\,dt+\int_{-x}^0 (u+x)f(u)\,du$$
$$=\int_0^x f(t)\,dt+\int_{-x}^0 uf(u)\,du+x\int_{-x}^0 f(u)\,du,$$

等式两边对 x 求导得

$$1=f(x)+\int_{-x}^0 f(u)\,du,$$

即

$$f(x)=1-\int_{-x}^0 f(u)\,du=1+\int_0^{-x} f(u)\,du.$$

等式两边对 x 求导得

$$f'(x)=-f(-x),$$

上式两边对 x 求导得

$$f''(x)=f'(-x).$$

因为 $f'(x)=-f(-x)$,所以 $f'(-x)=-f(x)$, 所以 $f''(x)=-f(x)$, 即 $f''(x)+f(x)=0$.
特征方程为 $r^2+1=0$,解得 $r_{1,2}=\pm i$,故

$$f(x)=C_1\cos x+C_2\sin x.$$

由 $f(0)=1$, $f'(0)=-1$, 得 $f(x)=\cos x-\sin x$.

(2) ① $xf(x)-4\int_1^x f(t)\,dt=x^3-3$,

等式两边对 x 求导得 $f(x)+xf'(x)-4f(x)=3x^2$, 即 $f'(x)-\frac{3}{x}f(x)=3x$.

$$f(x)=e^{-\int -\frac{3}{x}dx}\left(\int 3xe^{\int -\frac{3}{x}dx}dx+C\right)=e^{3\ln x}\left(\int 3x\cdot e^{-3\ln x}dx+C\right)$$
$$=x^3\left(\int 3x\cdot x^{-3}dx+C\right)$$
$$=x^3\left(-\frac{3}{x}+C\right).$$

将 $f(1)=-2$ 代入上式得 $C=1$, 即 $f(x)=-3x^2+x^3$.

② 由①得 $f'(x)=3x(x-2)$.

令 $f'(x)=0$,解得 $x=0$ 或 2.

x	$(-\infty, 0)$	0	$(0, 2)$	2	$(2, +\infty)$
$f'(x)$	+	0	-	0	+
$f(x)$	↗	极大值	↘	极小值	↗

综上, $f(x)$ 的单调递增区间为 $(-\infty, 0)$, $(2, +\infty)$, 单调递减区间为 $(0, 2)$, 极大值 $f(0)=0$, 极小值 $f(2)=-4$.

③ 由②得$f''(x)=6(x-1)$.

令$f''(x)=0$,解得$x=1$. 当$x<1$时,$f''(x)<0$;当$x>1$时,$f''(x)>0$.

故$f(x)$的凹区间为$[1,+\infty)$,凸区间为$(-\infty,1]$,拐点为$(1,-2)$.

2. 微分方程与几何图形结合

例 2　(1)设对任意的$x>0$,曲线$y=f(x)$上点$(x,f(x))$处的切线在y轴上的截距等于$\frac{1}{x}\int_0^x f(t)\mathrm{d}t$,求$f(x)$.

(2)已知曲线$y=f(x)$过原点且在点(x,y)处的切线斜率为$2x+y$,求此曲线方程.

解　(1)设$y=f(x)$在点$(x,f(x))$处的切线方程为$Y-f(x)=f'(x)(X-x)$.

令$X=0$,得
$$Y=f(x)-xf'(x),$$
即
$$\frac{1}{x}\int_0^x f(t)\mathrm{d}t=f(x)-xf'(x),$$
$$\int_0^x f(t)\mathrm{d}t=xf(x)-x^2f'(x).$$

等式两边对x求导得
$$f(x)=f(x)+xf'(x)-2xf'(x)-x^2f''(x),$$
即
$$xf''(x)+f'(x)=0.$$

令$f'(x)=g(x)$,则$xg'(x)+g(x)=0$,即
$$\frac{\mathrm{d}g(x)}{\mathrm{d}x}=-\frac{g(x)}{x},$$

分离变量得
$$\frac{\mathrm{d}g(x)}{g(x)}=-\frac{1}{x}\mathrm{d}x,$$
$$\int\frac{1}{g(x)}\mathrm{d}g(x)=\int-\frac{1}{x}\mathrm{d}x,$$
$$g(x)=\frac{C_1}{x},$$

即$f'(x)=\frac{C_1}{x}$,故$f(x)=\int f'(x)\mathrm{d}x=C_1\ln x+C_2$.

(2)由题得$y'=2x+y$,即$y'-y=2x$,故
$$y=\mathrm{e}^{-\int-1\mathrm{d}x}\left(\int 2x\cdot\mathrm{e}^{\int-1\mathrm{d}x}+C\right)=-2(x+1)+C\mathrm{e}^x.$$

又因为$y=f(x)$过原点,$f(0)=0$,所以$C=2$,故$y=-2(x+1)+2\mathrm{e}^x$.

3. 微分方程与极限结合

例 3　设f满足方程$f'(x)+f(x)=2\mathrm{e}^x$,且$f(0)=2$,记由曲线$y=\frac{f'(x)}{f(x)}$与直线$y=1$,$x=t(t>0)$及y轴所围成的平面图形的面积为$A(t)$,求$\lim\limits_{t\to+\infty}A(t)$.

解 由$f'(x)+f(x)=2e^x$得

$$f(x)=e^{-\int 1dx}\left(\int 2e^x\cdot e^{\int 1dx}dx+C\right)=e^{-x}\left(\int 2e^{2x}dx+C\right)=e^x+Ce^{-x}.$$

又因为$f(0)=2$，所以$C=1$，故$f(x)=e^x+e^{-x}$.

$$y=\frac{f'(x)}{f(x)}=\frac{e^x-e^{-x}}{e^x+e^{-x}},$$

$$A(t)=\int_0^t 1dx-\int_0^t\frac{e^x-e^{-x}}{e^x+e^{-x}}dx=t-\int_0^t\frac{1}{e^x+e^{-x}}d(e^x+e^{-x})=t-\ln(e^t+e^{-t})+\ln 2,$$

故
$$\lim_{t\to+\infty}A(t)=\lim_{t\to+\infty}[\ln e^t-\ln(e^t+e^{-t})+\ln 2]=\lim_{t\to+\infty}\ln\frac{e^t}{e^t+e^{-t}}+\ln 2$$

$$=\lim_{t\to+\infty}\ln\frac{e^t}{e^t}+\ln 2=\ln 2.$$

第七章　行列式与矩阵

知识框架

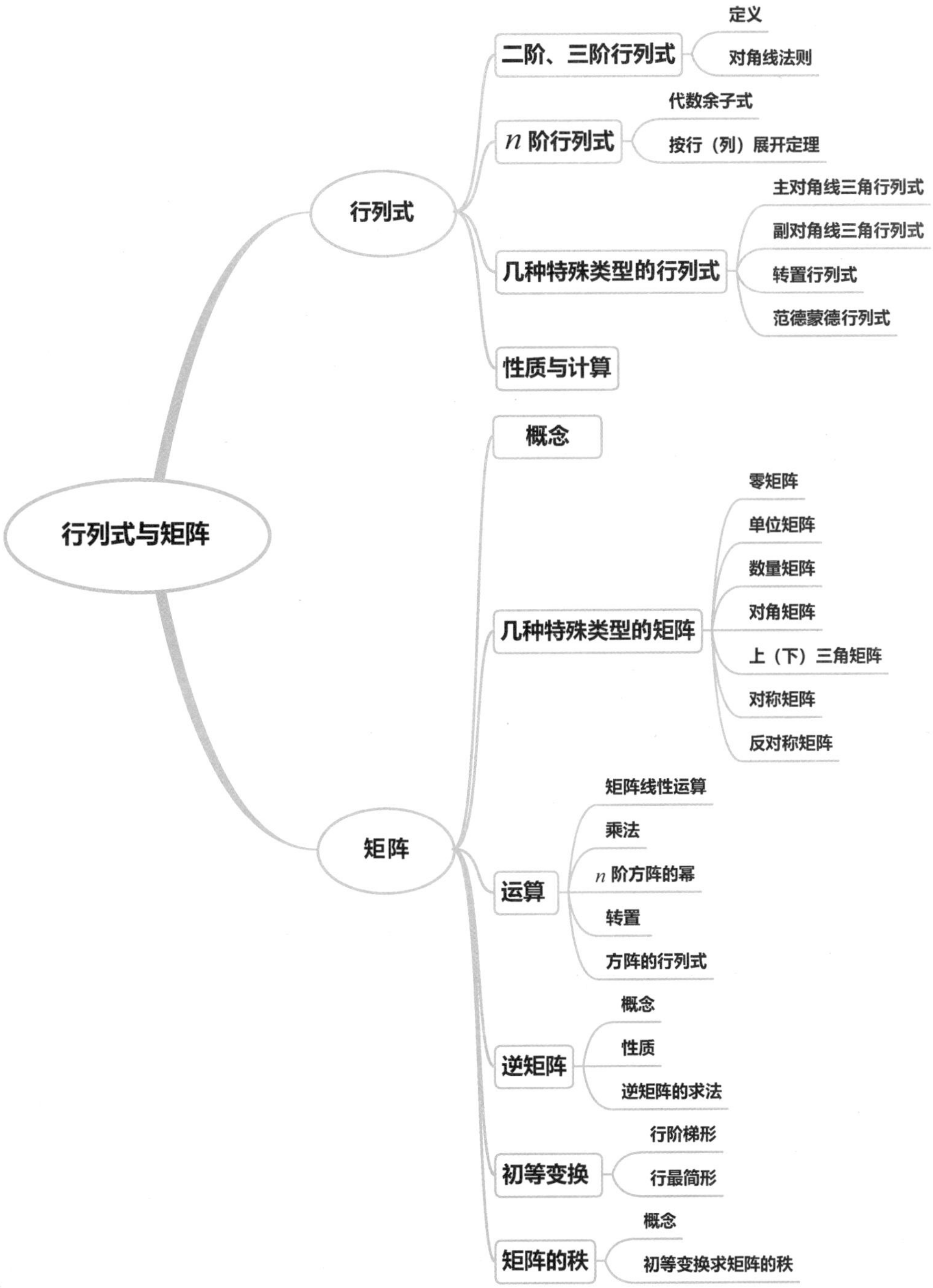

考情综述

一、考查内容及要求

考查内容		考查要求
1. 行列式	(1) 行列式的概念和性质; (2) 行列式按行(列)展开定理	(1) 了解行列式的概念与性质; (2) 熟练掌握二阶、三阶行列式的计算方法,会计算四阶行列式
2. 矩阵	(1) 矩阵的概念; (2) 矩阵的线性运算; (3) 矩阵的乘法; (4) 方阵的幂; (5) 矩阵的转置; (6) 逆矩阵的概念和性质; (7) 矩阵可逆的充分必要条件; (8) 矩阵的初等变换; (9) 初等矩阵; (10) 矩阵的秩	(1) 理解矩阵的概念,了解零矩阵、单位矩阵、数量矩阵、对角矩阵、上三角矩阵、下三角矩阵、对称矩阵等特殊矩阵; (2) 掌握矩阵的线性运算、乘法、转置以及它们的运算规律;了解方阵的幂、方阵的行列式及其运算规律; (3) 理解逆矩阵的概念,掌握逆矩阵的性质以及矩阵可逆的充分必要条件; (4) 理解矩阵的初等变换与初等矩阵的概念,了解初等变换与初等矩阵的关系,了解初等矩阵的性质和矩阵等价的概念;理解矩阵的秩的概念,熟练掌握用初等变换求矩阵的秩和逆矩阵的方法

二、考查重难点

内容		重要性
1. 重点	(1) 行列式按行(列)展开定理	☆☆☆☆
	(2) 矩阵的乘法	☆☆☆☆☆
	(3) 矩阵可逆的充分必要条件	☆☆☆☆☆
	(4) 初等矩阵	☆☆☆☆
	(5) 矩阵的秩	☆☆☆☆☆☆
2. 难点	(1) 矩阵可逆的充分必要条件	☆☆☆☆
	(2) 初等矩阵	☆☆☆☆
	(3) 矩阵的秩	☆☆☆☆☆

三、近五年真题分析

年份	考点内容	占比
2024 年	矩阵的线性运算、矩阵的乘法、矩阵的秩、行列式按行(列)展开定理	10.7%
2023 年	矩阵的线性运算、矩阵的乘法、矩阵的秩、行列式的概念和性质、行列式按行(列)展开定理	10.7%
2022 年	行列式按行(列)展开定理、矩阵的乘法、矩阵的秩	10.6%
总结:本章是新增考点,2022 年首次加入专转本考试中,是比较重要的考查内容,基本上属于较易题和中等难度题,约占 11%. 一般以选择题和计算题的形式出现		

基础精讲

第一节 行列式

一、行列式的基本概念及相关理论

1. 一阶行列式

$|a_{11}| \xlongequal{\text{def}} a_{11}$，共 1! 项

2. 二阶行列式

$$\begin{vmatrix} a_{11} & a_{12} \\ a_{21} & a_{22} \end{vmatrix} \xlongequal{\text{def}} a_{11}a_{22} - a_{21}a_{12}\text{，共 2! 项}$$

$a_{11}a_{22}$ 的连线称为二阶行列式的主对角线，$a_{21}a_{12}$ 的连线称为二阶行列式的副(次)对角线，那么二阶行列式的值就等于主对角线上元素的乘积减去副对角线上元素的乘积. 该运算规则称为**二阶行列式的对角线法则**.

【例 1】 计算下列二阶行列式：

(1) $D_1 = \begin{vmatrix} 2 & -1 \\ 1 & 3 \end{vmatrix}$；　　(2) $D_2 = \begin{vmatrix} 1 & 2 \\ 3 & 4 \end{vmatrix}$.

【精析】 利用对角线法则.

(1) $D_1 = \begin{vmatrix} 2 & -1 \\ 1 & 3 \end{vmatrix} = 2 \times 3 - (-1) \times 1 = 6 + 1 = 7$；

(2) $D_2 = \begin{vmatrix} 1 & 2 \\ 3 & 4 \end{vmatrix} = 1 \times 4 - 2 \times 3 = -2$.

3. 三阶行列式

$$\text{称 } D = \begin{vmatrix} a_{11} & a_{12} & a_{13} \\ a_{21} & a_{22} & a_{23} \\ a_{31} & a_{32} & a_{33} \end{vmatrix} = (-1)^{1+1}a_{11}\begin{vmatrix} a_{22} & a_{23} \\ a_{32} & a_{33} \end{vmatrix} + (-1)^{1+2}a_{12}\begin{vmatrix} a_{21} & a_{23} \\ a_{31} & a_{33} \end{vmatrix} + (-1)^{1+3}a_{13}\begin{vmatrix} a_{21} & a_{22} \\ a_{31} & a_{32} \end{vmatrix}$$

$$= a_{11}(a_{22}a_{33} - a_{23}a_{32}) - a_{12}(a_{21}a_{33} - a_{23}a_{31}) + a_{13}(a_{21}a_{32} - a_{22}a_{31})$$

$$= a_{11}a_{22}a_{33} - a_{11}a_{23}a_{32} - a_{12}a_{21}a_{33} + a_{12}a_{23}a_{31} + a_{13}a_{21}a_{32} - a_{13}a_{22}a_{31}$$

为三阶行列式，其中 $\begin{vmatrix} a_{22} & a_{23} \\ a_{32} & a_{33} \end{vmatrix}$ 是原行列式 D 中划去元素 a_{11} 所在的第一行、第一列后剩下的元素按原来顺序组成的二阶行列式，称它为元素 a_{11} 的**余子式**，记作 M_{11}，即

$$M_{11} = \begin{vmatrix} a_{22} & a_{23} \\ a_{32} & a_{33} \end{vmatrix},$$

类似地，记 $M_{12} = \begin{vmatrix} a_{21} & a_{23} \\ a_{31} & a_{33} \end{vmatrix}$，$M_{13} = \begin{vmatrix} a_{21} & a_{22} \\ a_{31} & a_{32} \end{vmatrix}$. 并且 $A_{ij} = (-1)^{i+j}M_{ij}(i, j = 1, 2, 3)$ 称为元素 a_{ij}

的**代数余子式**.

因此,三阶行列式也可以表示为

$$D=\begin{vmatrix}a_{11}&a_{12}&a_{13}\\a_{21}&a_{22}&a_{23}\\a_{31}&a_{32}&a_{33}\end{vmatrix}=a_{11}A_{11}+a_{12}A_{12}+a_{13}A_{13}=\sum_{j=1}^{3}a_{1j}A_{1j},$$

而且它的值可以转化为二阶行列式计算而得到.

提示

余子式和代数余子式是一个相对的概念,由 a_{ij} 的位置决定,与 a_{ij} 的大小无关.

【例 2】 计算 $D=\begin{vmatrix}1&2&4\\3&2&5\\4&2&3\end{vmatrix}$ 的 M_{23} 和 A_{31}.

【精析】 $M_{23}=\begin{vmatrix}1&2\\4&2\end{vmatrix}=2-8=-6$,

$A_{31}=(-1)^{3+1}\begin{vmatrix}2&4\\2&5\end{vmatrix}=10-8=2.$

【例 3】 计算行列式 $D=\begin{vmatrix}1&-1&0\\4&-5&-3\\2&3&6\end{vmatrix}$.

【精析】 $D=\begin{vmatrix}1&-1&0\\4&-5&-3\\2&3&6\end{vmatrix}=\begin{vmatrix}-5&-3\\3&6\end{vmatrix}+(-1)^{1+2}(-1)\begin{vmatrix}4&-3\\2&6\end{vmatrix}+0\cdot\begin{vmatrix}4&-5\\2&3\end{vmatrix}$

$=-21+30=9.$

名师指点

与二阶行列式一样,三阶行列式也适用对角线法则,即

$$\begin{vmatrix}a_{11}&a_{12}&a_{13}\\a_{21}&a_{22}&a_{23}\\a_{31}&a_{32}&a_{33}\end{vmatrix}=a_{11}a_{22}a_{33}+a_{12}a_{23}a_{31}+a_{13}a_{21}a_{32}-a_{13}a_{22}a_{31}-a_{12}a_{21}a_{33}-a_{11}a_{23}a_{32}.$$

【例 4】 计算行列式 $D=\begin{vmatrix}1&-2&3\\7&-8&9\\4&-5&6\end{vmatrix}$.

【精析】 $D=1\times(-8)\times6+(-2)\times9\times4+3\times7\times(-5)-3\times(-8)$

$\times4-1\times9\times(-5)-(-2)\times7\times6$

$=-48-72-105+96+45+84=0.$

4. n 阶行列式

定义 1 由 n^2 个元素组成的一个算式,记为

$$D=\begin{vmatrix} a_{11} & a_{12} & \cdots & a_{1n} \\ a_{21} & a_{22} & \cdots & a_{2n} \\ \vdots & \vdots & & \vdots \\ a_{n1} & a_{n2} & \cdots & a_{nn} \end{vmatrix},$$

称其为 n **阶行列式**,简称**行列式**. 其中 a_{ij} 称为 D 的第 i 行第 j 列的元素 $(i, j=1, 2, \cdots, n)$.

当 $n=1$ 时,规定: $D=|a_{11}|=a_{11}$;

当 $n-1$ 阶行列式已定义,则 n 阶行列式(按第一行元素的展开式)为

$$D=a_{11}A_{11}+a_{12}A_{12}+\cdots+a_{1n}A_{1n}=\sum_{j=1}^{n} a_{1j}A_{1j},$$

其中 $A_{ij}=(-1)^{i+j}M_{ij}$ 为元素 a_{ij} 的**代数余子式**. M_{ij} 称为元素 a_{ij} 的**余子式**,表示 D 划去第 i 行第 j 列 $(i, j=1, 2, \cdots, n)$ 后所剩下的 $n-1$ 阶行列式.

【例 5】 设有行列式 $\begin{vmatrix} 1 & 2 & 3 \\ -1 & x & 0 \\ 0 & x & 1 \end{vmatrix}$,则元素 -1 的余子式 $M_{21}=$________;元素 2 的代数余子式 $A_{12}=$________.

【精析】 $M_{21}=\begin{vmatrix} 2 & 3 \\ x & 1 \end{vmatrix}=2-3x$, $A_{12}=(-1)^{1+2}\begin{vmatrix} -1 & 0 \\ 0 & 1 \end{vmatrix}=1$.

【例 6】 三阶行列式 $\begin{vmatrix} 3 & 1 & 4 \\ 8 & 9 & 5 \\ 1 & 1 & 1 \end{vmatrix}$ 中元素 $a_{32}=1$ 的代数余子式为________.

【精析】 代数余子式 $A_{32}=(-1)^{3+2}\begin{vmatrix} 3 & 4 \\ 8 & 5 \end{vmatrix}=-(15-32)=17$.

【例 7】 已知行列式 $\begin{vmatrix} 1 & 0 & 2 \\ x & 3 & 1 \\ 4 & x & 5 \end{vmatrix}$ 的代数余子式 $A_{12}=-1$,则 $A_{21}=$________.

【精析】 $A_{12}=(-1)^{1+2}\begin{vmatrix} x & 1 \\ 4 & 5 \end{vmatrix}=-(5x-4)=-1$,解得 $x=1$,故 $A_{21}=(-1)^{2+1}\begin{vmatrix} 0 & 2 \\ 1 & 5 \end{vmatrix}=2$.

【例 8】 写出四阶行列式 $\begin{vmatrix} 1 & 0 & 5 & -4 \\ 15 & -9 & 6 & 13 \\ -2 & 3 & 12 & 7 \\ 10 & -14 & 8 & 11 \end{vmatrix}$ 的元素 a_{32} 的余子式和代数余子式.

【精析】 $M_{32}=\begin{vmatrix}1&5&-4\\15&6&13\\10&8&11\end{vmatrix}$, $A_{32}=(-1)^{3+2}M_{32}=-M_{32}$.

二、几种特殊类型的行列式

了解几种特殊类型的行列式可以快速计算行列式,如下几种常见的需要大家记忆.

1. 主对角线的三角行列式

$$\begin{vmatrix}a_{11}&&&\\&a_{22}&&\\&&\ddots&\\&&&a_{nn}\end{vmatrix}=\begin{vmatrix}a_{11}&a_{12}&\cdots&a_{1n}\\&a_{22}&\cdots&a_{2n}\\&&\ddots&\vdots\\&&&a_{nn}\end{vmatrix}=\begin{vmatrix}a_{11}&&&\\a_{21}&a_{22}&&\\\vdots&\vdots&\ddots&\\a_{n1}&a_{n2}&\cdots&a_{nn}\end{vmatrix}=a_{11}a_{22}\cdots a_{nn}.$$

2. 副对角线的三角行列式

$$\begin{vmatrix}&&&a_{1n}\\&&a_{2,n-1}&\\&\iddots&&\\a_{n1}&&&\end{vmatrix}=\begin{vmatrix}a_{11}&\cdots&a_{1,n-1}&a_{1n}\\a_{21}&\cdots&a_{2,n-1}&\\\vdots&\iddots&&\\a_{n1}&&&\end{vmatrix}=\begin{vmatrix}&&&a_{1n}\\&&a_{2,n-1}&a_{2n}\\&\iddots&\vdots&\vdots\\a_{n1}&\cdots&a_{n,n-1}&a_{nn}\end{vmatrix}$$

$$=(-1)^{\frac{n(n-1)}{2}}a_{1n}a_{2,n-1}\cdots a_{n1}.$$

3. 转置行列式

称 $\begin{vmatrix}a_{11}&a_{21}&\cdots&a_{n1}\\a_{12}&a_{22}&\cdots&a_{n2}\\\vdots&\vdots&&\vdots\\a_{1n}&a_{2n}&\cdots&a_{nn}\end{vmatrix}$ 为 $D=\begin{vmatrix}a_{11}&a_{12}&\cdots&a_{1n}\\a_{21}&a_{22}&\cdots&a_{2n}\\\vdots&\vdots&&\vdots\\a_{n1}&a_{n2}&\cdots&a_{nn}\end{vmatrix}$ 的转置行列式,记为 D^{T}. 即将原行列式中的行与列按原来的顺序互换,得到的新的行列式称为原行列式的**转置行列式**.

$$D^{\mathrm{T}}=\begin{vmatrix}a_{11}&a_{21}&\cdots&a_{n1}\\a_{12}&a_{22}&\cdots&a_{n2}\\\vdots&\vdots&&\vdots\\a_{1n}&a_{2n}&\cdots&a_{nn}\end{vmatrix}.$$

4. 范德蒙德行列式

$$V_n=\begin{vmatrix}1&1&1&\cdots&1\\x_1&x_2&x_3&\cdots&x_n\\x_1^2&x_2^2&x_3^2&\cdots&x_n^2\\\vdots&\vdots&\vdots&&\vdots\\x_1^{n-1}&x_2^{n-1}&x_3^{n-1}&\cdots&x_n^{n-1}\end{vmatrix}=\prod_{1\leqslant i<j\leqslant n}(x_j-x_i).$$

【例 9】 $D=\begin{vmatrix}0&0&0&a\\b&0&0&0\\0&c&0&0\\0&0&d&0\end{vmatrix}=$ ________.

【精析】 $D=\begin{vmatrix}0&0&0&a\\b&0&0&0\\0&c&0&0\\0&0&d&0\end{vmatrix}=-a\cdot\begin{vmatrix}b&0&0\\0&c&0\\0&0&d\end{vmatrix}=-abcd.$

【例 10】 计算行列式：$D=\begin{vmatrix}a&0&0&b\\0&c&d&0\\0&0&e&0\\f&0&0&g\end{vmatrix}$.

【精析】 $D=a\begin{vmatrix}c&d&0\\0&e&0\\0&0&g\end{vmatrix}-b\begin{vmatrix}0&c&d\\0&0&e\\f&0&0\end{vmatrix}=aceg-b\left(-c\begin{vmatrix}0&e\\f&0\end{vmatrix}+d\begin{vmatrix}0&0\\f&0\end{vmatrix}\right)=aceg-bcef.$

【例 11】 计算行列式 $\begin{vmatrix}1&1&1\\2&3&4\\4&9&16\end{vmatrix}=$ ________.

【精析】 此为范德蒙德行列式，利用公式可得 $\begin{vmatrix}1&1&1\\2&3&4\\4&9&16\end{vmatrix}=(3-2)(4-2)(4-3)=2.$

三、行列式的性质

性质 1 行列式 D 与它的转置行列式 D^{T} 相等，即 $D=D^{T}$.

例如：(1) $D=\begin{vmatrix}a_1&a_2\\b_1&b_2\end{vmatrix}=a_1b_2-a_2b_1=\begin{vmatrix}a_1&b_1\\a_2&b_2\end{vmatrix}=D^{T}$；

(2) $\begin{vmatrix}1&2\\-1&0\end{vmatrix}=\begin{vmatrix}1&-1\\2&0\end{vmatrix}$；

(3) $\begin{vmatrix}1&2&3\\-1&0&2\\0&1&-1\end{vmatrix}=\begin{vmatrix}1&-1&0\\2&0&1\\3&2&-1\end{vmatrix}$.

性质 2 如果将行列式的任意两行(列)互换，那么行列式的值改变符号，即

$$\begin{vmatrix}a_{11}&a_{12}&\cdots&a_{1n}\\\vdots&\vdots&&\vdots\\a_{i1}&a_{i2}&\cdots&a_{in}\\\vdots&\vdots&&\vdots\\a_{j1}&a_{j2}&\cdots&a_{jn}\\\vdots&\vdots&&\vdots\\a_{n1}&a_{n2}&\cdots&a_{nn}\end{vmatrix}\xlongequal{r_i\leftrightarrow r_j}-\begin{vmatrix}a_{11}&a_{12}&\cdots&a_{1n}\\\vdots&\vdots&&\vdots\\a_{j1}&a_{j2}&\cdots&a_{jn}\\\vdots&\vdots&&\vdots\\a_{i1}&a_{i2}&\cdots&a_{in}\\\vdots&\vdots&&\vdots\\a_{n1}&a_{n2}&\cdots&a_{nn}\end{vmatrix}$$

例如：(1) $\begin{vmatrix} b_1 & b_2 \\ a_1 & a_2 \end{vmatrix} = b_1a_2 - b_2a_1 = -(a_1b_2 - a_2b_1) = -\begin{vmatrix} a_1 & a_2 \\ b_1 & b_2 \end{vmatrix}$;

(2) $\begin{vmatrix} 1 & 2 \\ -1 & 0 \end{vmatrix} \xlongequal{c_1 \leftrightarrow c_2} -\begin{vmatrix} 2 & 1 \\ 0 & -1 \end{vmatrix}$.

推论 1　如果行列式中两行(列)对应元素全部相同,那么行列式的值为零,即

$$D = \begin{array}{r} \\ \\ i\text{行} \\ \\ j\text{行} \\ \\ \\ \end{array}\begin{vmatrix} a_{11} & a_{12} & \cdots & a_{1n} \\ \vdots & \vdots & & \vdots \\ a_{i1} & a_{i2} & \cdots & a_{in} \\ \vdots & \vdots & & \vdots \\ a_{i1} & a_{i2} & \cdots & a_{in} \\ \vdots & \vdots & & \vdots \\ a_{n1} & a_{n2} & \cdots & a_{nn} \end{vmatrix} = 0.$$

由性质 2,可以互换相同的两行,则有 $D = -D$, 故有 $D = 0$.

性质 3　行列式的某行(列)的所有元素的公因子可以提到行列式符号的外面,即

$$\begin{vmatrix} a_{11} & a_{12} & \cdots & a_{1n} \\ \vdots & \vdots & & \vdots \\ ka_{i1} & ka_{i2} & \cdots & ka_{in} \\ \vdots & \vdots & & \vdots \\ a_{n1} & a_{n2} & \cdots & a_{nn} \end{vmatrix} = k\begin{vmatrix} a_{11} & a_{12} & \cdots & a_{1n} \\ \vdots & \vdots & & \vdots \\ a_{i1} & a_{i2} & \cdots & a_{in} \\ \vdots & \vdots & & \vdots \\ a_{n1} & a_{n2} & \cdots & a_{nn} \end{vmatrix}.$$

例如：$\begin{vmatrix} a_1 & a_2 \\ kb_1 & kb_2 \end{vmatrix} = a_1kb_2 - a_2kb_1 = k(a_1b_2 - a_2b_1) = k\begin{vmatrix} a_1 & a_2 \\ b_1 & b_2 \end{vmatrix}$.

推论 2　如果行列式中有一行(列)的全部元素都是零,那么这个行列式的值为零.

推论 3　如果行列式中有两行(列)的元素对应成比例,那么该行列式等于零.

性质 4　行列式中一行(或列)的每一个元素如果可以写成两数之和

$$a_{ij} = b_{ij} + c_{ij}(j = 1, 2, \cdots, n),$$

那么此行列式等于两个行列式之和,这两个行列式的第 i 行的元素分别是 $b_{i1}, b_{i2}, \cdots, b_{in}$ 和 c_{i1}, $c_{i2}, \cdots, c_{in}$, 其他各行(或列)的元素与原行列式相应各行(或列)的元素相同,即

$$\begin{vmatrix} a_{11} & a_{12} & \cdots & a_{1n} \\ \vdots & \vdots & & \vdots \\ b_{i1}+c_{i1} & b_{i2}+c_{i2} & \cdots & b_{in}+c_{in} \\ \vdots & \vdots & & \vdots \\ a_{n1} & a_{n2} & \cdots & a_{nn} \end{vmatrix} = \begin{vmatrix} a_{11} & a_{12} & \cdots & a_{1n} \\ \vdots & \vdots & & \vdots \\ b_{i1} & b_{i2} & \cdots & b_{in} \\ \vdots & \vdots & & \vdots \\ a_{n1} & a_{n2} & \cdots & a_{nn} \end{vmatrix} + \begin{vmatrix} a_{11} & a_{12} & \cdots & a_{1n} \\ \vdots & \vdots & & \vdots \\ c_{i1} & c_{i2} & \cdots & c_{in} \\ \vdots & \vdots & & \vdots \\ a_{n1} & a_{n2} & \cdots & a_{nn} \end{vmatrix}.$$

性质 5　行列式某行(列)的各元素乘同一个数加到另一行(列)对应的元素上去,行列式不

变，即

$$\begin{vmatrix} a_{11} & a_{12} & \cdots & a_{1n} \\ \vdots & \vdots & & \vdots \\ a_{i1} & a_{i2} & \cdots & a_{in} \\ \vdots & \vdots & & \vdots \\ a_{j1}+ka_{i1} & a_{j2}+ka_{i2} & \cdots & a_{jn}+ka_{in} \\ \vdots & \vdots & & \vdots \\ a_{n1} & a_{n2} & \cdots & a_{nn} \end{vmatrix} = \begin{vmatrix} a_{11} & a_{12} & \cdots & a_{1n} \\ \vdots & \vdots & & \vdots \\ a_{i1} & a_{i2} & \cdots & a_{in} \\ \vdots & \vdots & & \vdots \\ a_{j1} & a_{j2} & \cdots & a_{jn} \\ \vdots & \vdots & & \vdots \\ a_{n1} & a_{n2} & \cdots & a_{nn} \end{vmatrix}.$$

这是我们在行列式的计算中最重要的一个性质，也称之为“**造零工具**”.

性质 6　行列式 D 等于它的任意一行或列中所有元素与它们各自的代数余子式乘积之和，即 n 阶行列式

按行展开的结果为

$$D = a_{i1}A_{i1} + a_{i2}A_{i2} + \cdots + a_{in}A_{in} = \sum_{k=1}^{n} a_{ik}A_{ik}, i = 1, 2, \cdots, n,$$

按列展开的结果为

$$D = a_{1j}A_{1j} + a_{2j}A_{2j} + \cdots + a_{nj}A_{nj} = \sum_{k=1}^{n} a_{kj}A_{kj}, j = 1, 2, \cdots, n.$$

性质 7　设 n 阶行列式中元素 a_{ij} 的代数余子式为 A_{ij}，则

$$a_{i1}A_{j1} + a_{i2}A_{j2} + \cdots + a_{in}A_{jn} = \sum_{k=1}^{n} a_{ik}A_{jk} = \begin{cases} D, & 当\ i = j, \\ 0, & 当\ i \neq j. \end{cases}$$

$$a_{1i}A_{1j} + a_{2i}A_{2j} + \cdots + a_{ni}A_{nj} = \sum_{k=1}^{n} a_{ki}A_{kj} = \begin{cases} D, & 当\ i = j, \\ 0, & 当\ i \neq j. \end{cases}$$

性质 7 叫作**行列式按行（列）展开法则**. 利用这一法则结合行列式的性质，可以简化行列式的计算.

【例 12】　计算行列式 $\begin{vmatrix} -2 & 3 & 1 \\ 503 & 201 & 298 \\ 5 & 2 & 3 \end{vmatrix}$.

【精析】　原式 $\xlongequal{r_2 - 100r_3} \begin{vmatrix} -2 & 3 & 1 \\ 3 & 1 & -2 \\ 5 & 2 & 3 \end{vmatrix} \xlongequal[r_3 - 3r_1]{r_2 + 2r_1} \begin{vmatrix} -2 & 3 & 1 \\ -1 & 7 & 0 \\ 11 & -7 & 0 \end{vmatrix}$

$= 1 \cdot (-1)^{1+3} \begin{vmatrix} -1 & 7 \\ 11 & -7 \end{vmatrix} = -70.$

【例 13】　若 $\begin{vmatrix} -2 & 2 & 1 \\ 2 & k & 0 \\ 1 & -1 & 1 \end{vmatrix} = 0$，则 $k =$ ________.

【精析】 由于 $\begin{vmatrix} -2 & 2 & 1 \\ 2 & k & 0 \\ 1 & -1 & 1 \end{vmatrix} \xlongequal{r_1 - r_3} \begin{vmatrix} -3 & 3 & 0 \\ 2 & k & 0 \\ 1 & -1 & 1 \end{vmatrix} = 1 \cdot (-1)^{3+3} \begin{vmatrix} -3 & 3 \\ 2 & k \end{vmatrix} = -3(k+2)=0$，则 $k=-2$.

【例 14】 计算行列式 $\begin{vmatrix} 2 & 2 & 3 \\ 4 & 1 & 2 \\ 3 & 3 & 1 \end{vmatrix}$.

【精析】 原式 $\xlongequal[c_1+c_3]{c_1+c_2} \begin{vmatrix} 7 & 2 & 3 \\ 7 & 1 & 2 \\ 7 & 3 & 1 \end{vmatrix} = 7 \begin{vmatrix} 1 & 2 & 3 \\ 1 & 1 & 2 \\ 1 & 3 & 1 \end{vmatrix} = 7 \begin{vmatrix} 1 & 2 & 3 \\ 0 & -1 & -1 \\ 0 & 1 & -2 \end{vmatrix} = 21.$

【例 15】 若 $\begin{vmatrix} a_{11} & a_{12} \\ a_{21} & a_{22} \end{vmatrix} = 2$，$\begin{vmatrix} a_{13} & a_{11} \\ a_{23} & a_{21} \end{vmatrix} = 3$，则 $\begin{vmatrix} a_{11} & a_{12}+a_{13} \\ a_{21} & a_{22}+a_{23} \end{vmatrix} =$________.

【精析】 $\begin{vmatrix} a_{11} & a_{12}+a_{13} \\ a_{21} & a_{22}+a_{23} \end{vmatrix} = \begin{vmatrix} a_{11} & a_{12} \\ a_{21} & a_{22} \end{vmatrix} + \begin{vmatrix} a_{11} & a_{13} \\ a_{21} & a_{23} \end{vmatrix} = \begin{vmatrix} a_{11} & a_{12} \\ a_{21} & a_{22} \end{vmatrix} - \begin{vmatrix} a_{13} & a_{11} \\ a_{23} & a_{21} \end{vmatrix} = 2-3=-1.$

【例 16】 计算行列式 $\begin{vmatrix} 3 & 1 & -1 & 2 \\ -5 & 1 & 3 & -4 \\ 2 & 0 & 1 & -1 \\ 1 & -5 & 3 & -3 \end{vmatrix}$.

【精析】 $\begin{vmatrix} 3 & 1 & -1 & 2 \\ -5 & 1 & 3 & -4 \\ 2 & 0 & 1 & -1 \\ 1 & -5 & 3 & -3 \end{vmatrix} \xlongequal{c_1 \leftrightarrow c_2} - \begin{vmatrix} 1 & 3 & -1 & 2 \\ 1 & -5 & 3 & -4 \\ 0 & 2 & 1 & -1 \\ -5 & 1 & 3 & -3 \end{vmatrix} \xlongequal[r_4+5r_1]{r_2-r_1} - \begin{vmatrix} 1 & 3 & -1 & 2 \\ 0 & -8 & 4 & -6 \\ 0 & 2 & 1 & -1 \\ 0 & 16 & -2 & 7 \end{vmatrix}$

$$\xlongequal{r_2 \leftrightarrow r_3} \begin{vmatrix} 1 & 3 & -1 & 2 \\ 0 & 2 & 1 & -1 \\ 0 & -8 & 4 & -6 \\ 0 & 16 & -2 & 7 \end{vmatrix} \xlongequal[r_4-8r_2]{r_3+4r_2} \begin{vmatrix} 1 & 3 & -1 & 2 \\ 0 & 2 & 1 & -1 \\ 0 & 0 & 8 & -10 \\ 0 & 0 & -10 & 15 \end{vmatrix}$$

$$\xlongequal{r_4+\frac{5}{4}r_3} \begin{vmatrix} 1 & 3 & -1 & 2 \\ 0 & 2 & 1 & -1 \\ 0 & 0 & 8 & -10 \\ 0 & 0 & 0 & \frac{5}{2} \end{vmatrix} = 1 \times 2 \times 8 \times \frac{5}{2} = 40.$$

【例 17】 计算 $D = \begin{vmatrix} 0 & 2 & 1 & 3 \\ 2 & 4 & 1 & 5 \\ 1 & 1 & 2 & 3 \\ 3 & 2 & 4 & 5 \end{vmatrix}$.

【精析】 $D = \begin{vmatrix} 0 & 2 & 1 & 3 \\ 2 & 4 & 1 & 5 \\ 1 & 1 & 2 & 3 \\ 3 & 2 & 4 & 5 \end{vmatrix} \xlongequal{r_1 \leftrightarrow r_3} - \begin{vmatrix} 1 & 1 & 2 & 3 \\ 2 & 4 & 1 & 5 \\ 0 & 2 & 1 & 3 \\ 3 & 2 & 4 & 5 \end{vmatrix} \xlongequal[r_4-3r_1]{r_2-2r_1} - \begin{vmatrix} 1 & 1 & 2 & 3 \\ 0 & 2 & -3 & -1 \\ 0 & 2 & 1 & 3 \\ 0 & -1 & -2 & -4 \end{vmatrix}$

$$\xrightarrow[r_4+\frac{1}{2}r_2]{r_3-r_2} -\begin{vmatrix} 1 & 1 & 2 & 3 \\ 0 & 2 & -3 & -1 \\ 0 & 0 & 4 & 4 \\ 0 & 0 & -\frac{7}{2} & -\frac{9}{2} \end{vmatrix} \xrightarrow{r_4+\frac{7}{8}r_3} -\begin{vmatrix} 1 & 1 & 2 & 3 \\ 0 & 2 & -3 & -1 \\ 0 & 0 & 4 & 4 \\ 0 & 0 & 0 & -1 \end{vmatrix} = -1\times 2\times 4\times(-1)=8.$$

【例 18】　已知 $|\boldsymbol{A}| = \begin{vmatrix} 1 & 0 & 3 \\ -1 & 2 & 4 \\ 1 & 5 & 9 \end{vmatrix}$，求：(1) $A_{12}-A_{22}+A_{32}$；(2) $A_{31}+A_{32}+A_{33}$.

【精析】　(1) $A_{12}-A_{22}+A_{32}=1\cdot A_{12}+(-1)A_{22}+1\cdot A_{32}=\begin{vmatrix} 1 & 1 & 3 \\ -1 & -1 & 4 \\ 1 & 1 & 9 \end{vmatrix}=0$；

(2) $A_{31}+A_{32}+A_{33}=1\cdot A_{31}+1\cdot A_{32}+1\cdot A_{33}=\begin{vmatrix} 1 & 0 & 3 \\ -1 & 2 & 4 \\ 1 & 1 & 1 \end{vmatrix}=-11.$

注：本题还可以直接利用代数余子式的定义计算，但一般在低阶中使用，在高阶中使用太麻烦. 仅针对(1)写出解析过程.

$A_{12}=(-1)^{1+2}\begin{vmatrix} -1 & 4 \\ 1 & 9 \end{vmatrix}=13$，$A_{22}=(-1)^{2+2}\begin{vmatrix} 1 & 3 \\ 1 & 9 \end{vmatrix}=6$，$A_{32}=(-1)^{3+2}\begin{vmatrix} 1 & 3 \\ -1 & 4 \end{vmatrix}=-7$，

$A_{12}-A_{22}+A_{32}=13-6-7=0.$

【例 19】　已知 $D=\begin{vmatrix} a & b & c & d \\ c & b & d & a \\ d & b & c & a \\ a & b & d & c \end{vmatrix}$，求 $A_{14}+A_{24}+A_{34}+A_{44}$.

【精析】　$A_{14}+A_{24}+A_{34}+A_{44}=\begin{vmatrix} a & b & c & 1 \\ c & b & d & 1 \\ d & b & c & 1 \\ a & b & d & 1 \end{vmatrix}=0.$（$c_2$ 与 c_4 对应成比例）

【例 20】　计算四阶行列式 $D=\begin{vmatrix} 3 & 2 & 0 & 8 \\ 4 & -9 & 2 & 10 \\ -1 & 6 & 0 & -7 \\ 0 & 0 & 0 & 5 \end{vmatrix}$.

【精析】　因为第 3 列中有 3 个零元素，可以按第 3 列展开，得 $D=a_{23}A_{23}=2\times(-1)^{2+3}\begin{vmatrix} 3 & 2 & 8 \\ -1 & 6 & -7 \\ 0 & 0 & 5 \end{vmatrix}$.

对于上面的三阶行列式，按第三行展开，得 $D=-2\times 5\times(-1)^{3+3}\begin{vmatrix} 3 & 2 \\ -1 & 6 \end{vmatrix}=-200.$

名师指点

行列式的基本计算方法常用的有两种:"降阶法"和"化三角形法".

(1) **降阶法**是根据展开定理选择零元素最多的行(或列),按这一行(或列)展开;或利用行列式的性质把某一行(或列)的元素化为仅有一个非零元素,然后再按这一行(或列)展开.如【例 20】.

(2) **化三角形法**是根据行列式的特点,利用行列式的性质,把行列式逐步转化为等值的上(或下)三角形行列式,这时行列式的值就等于主对角线上元素的乘积.如【例 16】、【例 17】.

第二节 矩 阵

一、矩阵的基本概念

1. 矩阵的定义

定义 1 由 $m \times n$ 个数 $a_{ij}(i=1,2,\cdots,m;j=1,2,\cdots,n)$ 组成的 m 行 n 列的数表

$$\begin{pmatrix} a_{11} & a_{12} & \cdots & a_{1n} \\ a_{21} & a_{22} & \cdots & a_{2n} \\ \vdots & \vdots & & \vdots \\ a_{m1} & a_{m2} & \cdots & a_{mn} \end{pmatrix}$$

称为 $m\times n$ 矩阵,记为 $\boldsymbol{A}=(a_{ij})_{m\times n}$.

行数和列数都等于 n 的矩阵称为 n 阶矩阵或 n 阶**方阵**.

只有一行的矩阵 $\boldsymbol{A}=(a_1,a_2,\cdots,a_n)$ 称为**行矩阵**,又称为行向量;只有一列的矩阵 $\boldsymbol{A}=(b_1,b_2,\cdots,b_n)^{\mathrm{T}}$ 称为**列矩阵**,又称为列向量.

矩阵 $\boldsymbol{A}$ 和 $\boldsymbol{B}$ 的行数、列数都相等,称它们是**同型矩阵**.

如果 $\boldsymbol{A}=(a_{ij})$ 和 $\boldsymbol{B}=(b_{ij})$ 是同型矩阵,并且它们的对应元素相等,则称 $\boldsymbol{A}$ 和 $\boldsymbol{B}$ 是**相等矩阵**,记作 $\boldsymbol{A}=\boldsymbol{B}$.

提示

矩阵和行列式有着本质的区别.矩阵的本质是一张数表,它的行数和列数可以不相同;但是行列式的本质是一个算式,也可以看成是一个作用在方阵上的运算,一个实数行列式经过计算之后是一个数字,行列式的行数与列数一定相同.

2. 几种特殊类型的矩阵

(1) **零矩阵** 所有元素全为零的 $m\times n$ 矩阵,称为零矩阵,记为 $\boldsymbol{O}_{m\times n}$ 或 $\boldsymbol{O}$.

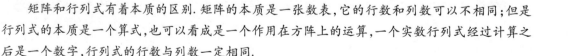

提示

不同型的零矩阵是不相同的，如 $\begin{pmatrix}0&0&0\\0&0&0\\0&0&0\end{pmatrix}\neq\begin{pmatrix}0&0&0&0\\0&0&0&0\\0&0&0&0\end{pmatrix}$，前者是三阶零方阵 $\boldsymbol{O}_{3\times3}$，后者是 3×4 零矩阵 $\boldsymbol{O}_{3\times4}$，它们不是同型矩阵.

（2）**单位矩阵**　除主对角线元素全为 1 之外，其余元素全为零的方阵，称为单位矩阵，记为 $\boldsymbol{E}_n$、$\boldsymbol{E}$ 或 $\boldsymbol{I}$，即

$$\boldsymbol{E}_n=\begin{pmatrix}1&0&\cdots&0\\0&1&\cdots&0\\\vdots&\vdots&&\vdots\\0&0&\cdots&1\end{pmatrix}.$$

（3）**数量矩阵**　数 k 与单位矩阵 $\boldsymbol{E}$ 的积 $k\boldsymbol{E}$ 称为数量矩阵.

（4）**对角矩阵**　主对角线以外的元素全为零的方阵，即

$$\boldsymbol{A}=\begin{pmatrix}a_{11}&&&\\&a_{22}&&\\&&\ddots&\\&&&a_{nn}\end{pmatrix}=\mathrm{diag}(a_{11},\ a_{22},\ \cdots,\ a_{nn}).$$

提示

单位矩阵、数量矩阵都是特殊的对角矩阵.

（5）**上三角矩阵**　主对角线下方元素全为零的方阵，即 $\boldsymbol{A}=(a_{ij})$ 中元素 $a_{ij}=0(i>j)$. 显然有

$$\boldsymbol{A}=\begin{pmatrix}a_{11}&a_{12}&\cdots&a_{1n}\\&a_{22}&\cdots&a_{2n}\\&&\ddots&\vdots\\&&&a_{nn}\end{pmatrix}.$$

例如：$\begin{pmatrix}1&1&1&1\\0&1&1&1\\0&0&1&1\\0&0&0&1\end{pmatrix}$是一个四阶上三角矩阵.

（6）**下三角矩阵**　主对角线上方元素全为零的方阵，即 $\boldsymbol{A}=(a_{ij})$ 中元素 $a_{ij}=0(i<j)$. 显然有

$$\boldsymbol{A}=\begin{pmatrix}a_{11}&&&\\a_{21}&a_{22}&&\\\vdots&\vdots&\ddots&\\a_{n1}&a_{n2}&\cdots&a_{nn}\end{pmatrix}.$$

例如：$\begin{pmatrix} 1 & 0 & 0 & 0 \\ 1 & 2 & 0 & 0 \\ 0 & 3 & 3 & 0 \\ 1 & 1 & 0 & 4 \end{pmatrix}$是一个四阶下三角矩阵.

提示

上三角矩阵、下三角矩阵统称为**三角矩阵**.

(7) **对称矩阵**　位于主对角线两侧对称位置上的元素彼此相等的方阵,即

$$a_{ij}=a_{ji}(i,\ j=1,\ 2,\ \cdots,\ n).$$

例如：$A=\begin{pmatrix} 2 & -2 & -1 \\ -2 & 1 & 3 \\ -1 & 3 & 1 \end{pmatrix}$是一个三阶对称矩阵.

(8) **反对称矩阵**　主对角线上元素全为零,且主对角线两侧对称位置上的元素互为相反数的方阵,即

$$a_{ij}=-a_{ji}(i,j=1,\ 2,\ \cdots,\ n)\text{ 且 }a_{ii}=0(i=1,\ 2,\ \cdots,\ n).$$

例如：$A=\begin{pmatrix} 0 & 2 & 2 & 1 \\ -2 & 0 & -3 & 0 \\ -2 & 3 & 0 & -2 \\ -1 & 0 & 2 & 0 \end{pmatrix}$是一个四阶反对称矩阵.

二、矩阵的运算

1. 矩阵的加减

设 $A=(a_{ij})$ 和 $B=(b_{ij})$ 均为 $m\times n$ 矩阵,则

$$A\pm B=(a_{ij}\pm b_{ij})=\begin{pmatrix} a_{11}\pm b_{11} & a_{12}\pm b_{12} & \cdots & a_{1n}\pm b_{1n} \\ a_{21}\pm b_{21} & a_{22}\pm b_{22} & \cdots & a_{2n}\pm b_{2n} \\ \vdots & \vdots & & \vdots \\ a_{m1}\pm b_{m1} & a_{m2}\pm b_{m2} & \cdots & a_{mn}\pm b_{mn} \end{pmatrix}$$

提示

只有行数和列数都相同的同型矩阵才能相加减.

【例 1】　设矩阵 $A=\begin{pmatrix} 1 & 3 & 2 & 4 \\ 2 & -1 & 1 & 3 \end{pmatrix}$, $B=\begin{pmatrix} 1 & -1 & 1 & -1 \\ 0 & 1 & 2 & 0 \end{pmatrix}$,求 $A+B$.

【精析】　$A+B=\begin{pmatrix} 1+1 & 3-1 & 2+1 & 4-1 \\ 2+0 & -1+1 & 1+2 & 3+0 \end{pmatrix}=\begin{pmatrix} 2 & 2 & 3 & 3 \\ 2 & 0 & 3 & 3 \end{pmatrix}$.

2. 矩阵的数乘

设 λ 是任意一个实数, $A=(a_{ij})$ 是一个 $m\times n$ 矩阵,

$$\lambda \boldsymbol{A}=(\lambda a_{ij})_{m\times n}=\begin{pmatrix}\lambda a_{11} & \lambda a_{12} & \cdots & \lambda a_{1n}\\ \lambda a_{21} & \lambda a_{22} & \cdots & \lambda a_{2n}\\ \vdots & \vdots & & \vdots\\ \lambda a_{m1} & \lambda a_{m2} & \cdots & \lambda a_{mn}\end{pmatrix}$$

称矩阵 $\lambda\boldsymbol{A}$ 为数 λ 与矩阵 $\boldsymbol{A}$ 的数量乘积,或称为**矩阵的数乘**.

由定义可知,用数 λ 乘一个矩阵 $\boldsymbol{A}$,需要用数 λ 乘矩阵 $\boldsymbol{A}$ 的每一个元素. 特别地,当 $\lambda=-1$ 时,即得到 $\boldsymbol{A}$ 的负矩阵 $-\boldsymbol{A}$.

矩阵的加法和矩阵的数乘两种运算统称为**矩阵的线性运算**,满足下列运算规律(其中 $\boldsymbol{A}$, $\boldsymbol{B}$, $\boldsymbol{C}$, $\boldsymbol{O}$ 为同型矩阵, λ, μ 为数):

(1) **交换律**　$\boldsymbol{A}+\boldsymbol{B}=\boldsymbol{B}+\boldsymbol{A}$;

(2) **分配律**　$\lambda(\boldsymbol{A}+\boldsymbol{B})=\lambda\boldsymbol{A}+\lambda\boldsymbol{B}$, $(\lambda+\mu)\boldsymbol{A}=\lambda\boldsymbol{A}+\mu\boldsymbol{A}$;

(3) **结合律**　$\boldsymbol{A}+(\boldsymbol{B}+\boldsymbol{C})=(\boldsymbol{A}+\boldsymbol{B})+\boldsymbol{C}$;

(4) **数和矩阵相乘的结合律**　$\lambda(\mu\boldsymbol{A})=(\lambda\mu)\boldsymbol{A}$;

(5) $1\boldsymbol{A}=\boldsymbol{A}$, $0\boldsymbol{A}=\boldsymbol{O}$; $\boldsymbol{A}+\boldsymbol{O}=\boldsymbol{A}$, $\boldsymbol{A}+(-\boldsymbol{A})=\boldsymbol{O}$.

【例 2】　设 $\boldsymbol{A}=\begin{pmatrix}1 & 3 & -2\\ 1 & -1 & 4\end{pmatrix}$, $\boldsymbol{B}=\begin{pmatrix}-3 & 1 & 2\\ 2 & 3 & -1\end{pmatrix}$,求 $\boldsymbol{A}-2\boldsymbol{B}$.

【精析】　$$\boldsymbol{A}-2\boldsymbol{B}=\begin{pmatrix}1 & 3 & -2\\ 1 & -1 & 4\end{pmatrix}-2\begin{pmatrix}-3 & 1 & 2\\ 2 & 3 & -1\end{pmatrix}=\begin{pmatrix}1 & 3 & -2\\ 1 & -1 & 4\end{pmatrix}-\begin{pmatrix}-6 & 2 & 4\\ 4 & 6 & -2\end{pmatrix}$$
$$=\begin{pmatrix}7 & 1 & -6\\ -3 & -7 & 6\end{pmatrix}.$$

3. 矩阵的乘法

设 $\boldsymbol{A}$ 是一个 $m\times n$ 矩阵, $\boldsymbol{B}$ 是一个 $n\times l$ 矩阵,即

$$\boldsymbol{A}=\begin{pmatrix}a_{11} & a_{12} & \cdots & a_{1n}\\ a_{21} & a_{22} & \cdots & a_{2n}\\ \vdots & \vdots & & \vdots\\ a_{m1} & a_{m2} & \cdots & a_{mn}\end{pmatrix},\ \boldsymbol{B}=\begin{pmatrix}b_{11} & b_{12} & \cdots & b_{1l}\\ b_{21} & b_{22} & \cdots & b_{2l}\\ \vdots & \vdots & & \vdots\\ b_{n1} & b_{n2} & \cdots & b_{nl}\end{pmatrix},$$

则 $\boldsymbol{A}$ 与 $\boldsymbol{B}$ 的乘积 $\boldsymbol{A}_{m\times n}\times\boldsymbol{B}_{n\times l}=\boldsymbol{C}_{m\times l}$ 或简写为 $\boldsymbol{AB}=\boldsymbol{C}$, 且

$$\boldsymbol{C}=\begin{pmatrix}c_{11} & \cdots & c_{1l}\\ \vdots & & \vdots\\ c_{m1} & \cdots & c_{ml}\end{pmatrix},$$

其中 $c_{ij}=a_{i1}b_{1j}+a_{i2}b_{2j}+\cdots+a_{in}b_{nj}=\sum\limits_{k=1}^{n}a_{ik}b_{kj}$, 即矩阵 $\boldsymbol{C}$ 中 c_{ij} 由 $\boldsymbol{A}$ 的第 i 行元素与 $\boldsymbol{B}$ 的第 j 列元素对应相乘之后再相加得到.

显然,矩阵乘法要求左矩阵的列数与右矩阵的行数相等,否则不能进行乘法运算. 乘积矩阵 $\boldsymbol{C}=\boldsymbol{AB}$ 中的第 i 行第 j 列的元素等于 $\boldsymbol{A}$ 的第 i 行元素与 $\boldsymbol{B}$ 的第 j 列对应元素的乘积之和,简称为行

乘列法则.

矩阵乘法满足以下运算规则：

(1) 乘法结合律 $(\boldsymbol{AB})\boldsymbol{C}=\boldsymbol{A}(\boldsymbol{BC})$；

(2) 左乘分配律 $\boldsymbol{A}(\boldsymbol{B}+\boldsymbol{C})=\boldsymbol{AB}+\boldsymbol{AC}$，

右乘分配律 $(\boldsymbol{A}+\boldsymbol{B})\boldsymbol{C}=\boldsymbol{AC}+\boldsymbol{BC}$；

(3) 数与矩阵乘积的结合律 $\lambda(\boldsymbol{AB})=(\lambda\boldsymbol{A})\boldsymbol{B}=\boldsymbol{A}(\lambda\boldsymbol{B})$.

【例 3】 设矩阵

$$\boldsymbol{A}=\begin{pmatrix}2&-1\\-4&0\\3&5\end{pmatrix},\ \boldsymbol{B}=\begin{pmatrix}9&-8\\-7&10\end{pmatrix},\text{求 }\boldsymbol{AB}.$$

【精析】 $$\boldsymbol{AB}=\begin{pmatrix}2&-1\\-4&0\\3&5\end{pmatrix}\begin{pmatrix}9&-8\\-7&10\end{pmatrix}=\begin{pmatrix}2\times9+(-1)\times(-7)&2\times(-8)+(-1)\times10\\-4\times9+0\times(-7)&-4\times(-8)+0\times10\\3\times9+5\times(-7)&3\times(-8)+5\times10\end{pmatrix}$$

$$=\begin{pmatrix}25&-26\\-36&32\\-8&26\end{pmatrix}.$$

提示

因为矩阵 $\boldsymbol{B}$ 有 2 列，矩阵 $\boldsymbol{A}$ 有 3 行，$\boldsymbol{B}$ 的列数 $\neq\boldsymbol{A}$ 的行数，所以 $\boldsymbol{BA}$ 无意义.

【例 4】 已知 $\boldsymbol{A}=\begin{pmatrix}1&2&1\\2&2&3\end{pmatrix}$，$\boldsymbol{B}=\begin{pmatrix}1&1&0\\2&0&1\\1&1&1\end{pmatrix}$，求 $\boldsymbol{AB}$.

【精析】 $$\boldsymbol{AB}=\begin{pmatrix}1&2&1\\2&2&3\end{pmatrix}\begin{pmatrix}1&1&0\\2&0&1\\1&1&1\end{pmatrix}=\begin{pmatrix}6&2&3\\9&5&5\end{pmatrix}.$$

【例 5】 设矩阵 $\boldsymbol{A}=(1,2,3)$，$\boldsymbol{B}=\begin{pmatrix}1\\2\\3\end{pmatrix}$，求 $\boldsymbol{AB}$ 和 $\boldsymbol{BA}$.

【精析】 $$\boldsymbol{AB}=(1,2,3)\begin{pmatrix}1\\2\\3\end{pmatrix}=1\times1+2\times2+3\times3=14;$$

$$\boldsymbol{BA}=\begin{pmatrix}1\\2\\3\end{pmatrix}(1,2,3)=\begin{pmatrix}1&2&3\\2&4&6\\3&6&9\end{pmatrix}.$$

名师指点

(1) 在两个矩阵做乘法时，一定要注意是左乘还是右乘.

(2) 一阶方阵作为运算结果可视为一个数，可不加括号. 但是，在参与矩阵运算时，一般不能当作数来看.

【例 6】 设矩阵 $\boldsymbol{A}=(a_{ij})_{3\times3}$，$\boldsymbol{B}=(b_{ij})_{2\times3}$，$\boldsymbol{E}$ 是三阶单位矩阵，求 $\boldsymbol{AE}$，$\boldsymbol{EA}$ 和 $\boldsymbol{BE}$.

【精析】 $$\boldsymbol{AE}=\begin{pmatrix}a_{11}&a_{12}&a_{13}\\a_{21}&a_{22}&a_{23}\\a_{31}&a_{32}&a_{33}\end{pmatrix}\begin{pmatrix}1&0&0\\0&1&0\\0&0&1\end{pmatrix}=\begin{pmatrix}a_{11}&a_{12}&a_{13}\\a_{21}&a_{22}&a_{23}\\a_{31}&a_{32}&a_{33}\end{pmatrix};$$

$$\boldsymbol{EA}=\begin{pmatrix}1&0&0\\0&1&0\\0&0&1\end{pmatrix}\begin{pmatrix}a_{11}&a_{12}&a_{13}\\a_{21}&a_{22}&a_{23}\\a_{31}&a_{32}&a_{33}\end{pmatrix}=\begin{pmatrix}a_{11}&a_{12}&a_{13}\\a_{21}&a_{22}&a_{23}\\a_{31}&a_{32}&a_{33}\end{pmatrix};$$

$$\boldsymbol{BE}=\begin{pmatrix}b_{11}&b_{12}&b_{13}\\b_{21}&b_{22}&b_{23}\end{pmatrix}\begin{pmatrix}1&0&0\\0&1&0\\0&0&1\end{pmatrix}=\begin{pmatrix}b_{11}&b_{12}&b_{13}\\b_{21}&b_{22}&b_{23}\end{pmatrix}.$$

名师指点

任何矩阵与单位矩阵的乘积(满足相乘的条件下)仍为原矩阵.

【例 7】 已知 $\boldsymbol{A}=\begin{pmatrix}2&3\\1&-2\\3&1\end{pmatrix}$，$\boldsymbol{B}=\begin{pmatrix}1&-2&-3\\2&-1&0\end{pmatrix}$，求 $\boldsymbol{AB}$，$\boldsymbol{BA}$.

【精析】

$$\begin{aligned}\boldsymbol{AB}&=\begin{pmatrix}2&3\\1&-2\\3&1\end{pmatrix}\begin{pmatrix}1&-2&-3\\2&-1&0\end{pmatrix}\\&=\begin{pmatrix}2\times1+3\times2&2\times(-2)+3\times(-1)&2\times(-3)+3\times0\\1\times1+(-2)\times2&1\times(-2)+(-2)\times(-1)&1\times(-3)+(-2)\times0\\3\times1+1\times2&3\times(-2)+1\times(-1)&3\times(-3)+1\times0\end{pmatrix}\\&=\begin{pmatrix}8&-7&-6\\-3&0&-3\\5&-7&-9\end{pmatrix};\end{aligned}$$

$$\begin{aligned}\boldsymbol{BA}&=\begin{pmatrix}1&-2&-3\\2&-1&0\end{pmatrix}\begin{pmatrix}2&3\\1&-2\\3&1\end{pmatrix}\\&=\begin{pmatrix}1\times2+(-2)\times1+(-3)\times3&1\times3+(-2)\times(-2)+(-3)\times1\\2\times2+(-1)\times1+0\times3&2\times3+(-1)\times(-2)+0\times1\end{pmatrix}\\&=\begin{pmatrix}-9&4\\3&8\end{pmatrix}.\end{aligned}$$

【例 8】 已知 $A=\begin{pmatrix}-2&4\\1&-2\end{pmatrix}$，$B=\begin{pmatrix}2&4\\-3&-6\end{pmatrix}$，求 AB，BA.

【精析】 $AB=\begin{pmatrix}-2&4\\1&-2\end{pmatrix}\begin{pmatrix}2&4\\-3&-6\end{pmatrix}=\begin{pmatrix}-16&-32\\8&16\end{pmatrix}$；

$BA=\begin{pmatrix}2&4\\-3&-6\end{pmatrix}\begin{pmatrix}-2&4\\1&-2\end{pmatrix}=\begin{pmatrix}0&0\\0&0\end{pmatrix}$.

名师指点

（1）两个非零矩阵相乘，结果可能是零矩阵，从而可知 $AB=O\nRightarrow A=O$ 或 $B=O$.

（2）矩阵乘法一般不满足交换律，即 $AB\neq BA$.

【例 9】 设矩阵 $A=\begin{pmatrix}2&1\\1&3\end{pmatrix}$，$B=\begin{pmatrix}3&1\\2&3\end{pmatrix}$，$C=\begin{pmatrix}0&0\\2&1\end{pmatrix}$，求 AC 和 BC.

【精析】 $AC=\begin{pmatrix}2&1\\1&3\end{pmatrix}\begin{pmatrix}0&0\\2&1\end{pmatrix}=\begin{pmatrix}2&1\\6&3\end{pmatrix}$；$BC=\begin{pmatrix}3&1\\2&3\end{pmatrix}\begin{pmatrix}0&0\\2&1\end{pmatrix}=\begin{pmatrix}2&1\\6&3\end{pmatrix}$.

名师指点

一般地，当乘积矩阵 $AB=AC$，且 $A\neq O$ 时，不能消去矩阵 A 而得到 $B=C$，即**矩阵乘法不满足消去律.**

【例 10】 设矩阵 $A=\begin{pmatrix}1&2&3\\0&-1&2\\0&0&1\end{pmatrix}$，$B=\begin{pmatrix}-1&2&3\\0&2&-5\\0&0&4\end{pmatrix}$，求 AB，BA.

【精析】 $AB=\begin{pmatrix}1&2&3\\0&-1&2\\0&0&1\end{pmatrix}\begin{pmatrix}-1&2&3\\0&2&-5\\0&0&4\end{pmatrix}=\begin{pmatrix}-1&6&5\\0&-2&13\\0&0&4\end{pmatrix}$；

$BA=\begin{pmatrix}-1&2&3\\0&2&-5\\0&0&4\end{pmatrix}\begin{pmatrix}1&2&3\\0&-1&2\\0&0&1\end{pmatrix}=\begin{pmatrix}-1&-4&4\\0&-2&-1\\0&0&4\end{pmatrix}$.

名师指点

一般地，两个上三角矩阵的乘积仍为上三角矩阵. 这一结果可以推广到一般的情况，即**两个上（下）三角矩阵的乘积仍为上（下）三角矩阵.**

4. n 阶方阵的幂

若 A 是 n 阶方阵，则 A^m 是 A 的 m 次幂，即 m 个 A 相乘，其中 m 是正整数. 当 $m=0$ 时，规定 $A^0=E$.

若 $A^2=A$，则称 A 为幂等矩阵.

对矩阵的乘幂，有 $A^kA^l=A^{k+l}$，$(A^k)^l=A^{k\cdot l}$，其中 k，l 为正整数.

提示

由于矩阵乘法不满足交换律,因此,一般有

$$(\boldsymbol{AB})^k \neq \boldsymbol{A}^k\boldsymbol{B}^k,\ (\boldsymbol{A}+\boldsymbol{B})(\boldsymbol{A}-\boldsymbol{B}) \neq \boldsymbol{A}^2-\boldsymbol{B}^2.$$

【例 11】 计算 $\begin{pmatrix} 1 & 1 \\ 0 & 1 \end{pmatrix}^n$.

【精析】 设 $\boldsymbol{A}=\begin{pmatrix} 1 & 1 \\ 0 & 1 \end{pmatrix}$, 则

$\boldsymbol{A}^2=\boldsymbol{AA}=\begin{pmatrix} 1 & 1 \\ 0 & 1 \end{pmatrix}\begin{pmatrix} 1 & 1 \\ 0 & 1 \end{pmatrix}=\begin{pmatrix} 1 & 2 \\ 0 & 1 \end{pmatrix}$, $\boldsymbol{A}^3=\boldsymbol{A}^2\boldsymbol{A}=\begin{pmatrix} 1 & 2 \\ 0 & 1 \end{pmatrix}\begin{pmatrix} 1 & 1 \\ 0 & 1 \end{pmatrix}=\begin{pmatrix} 1 & 3 \\ 0 & 1 \end{pmatrix}$.

假设 $\boldsymbol{A}^{n-1}=\begin{pmatrix} 1 & n-1 \\ 0 & 1 \end{pmatrix}$,则 $\boldsymbol{A}^n=\boldsymbol{A}^{n-1}\boldsymbol{A}=\begin{pmatrix} 1 & n-1 \\ 0 & 1 \end{pmatrix}\begin{pmatrix} 1 & 1 \\ 0 & 1 \end{pmatrix}=\begin{pmatrix} 1 & n \\ 0 & 1 \end{pmatrix}$.

故由归纳法知,对于任意正整数 n, 有 $\begin{pmatrix} 1 & 1 \\ 0 & 1 \end{pmatrix}^n=\begin{pmatrix} 1 & n \\ 0 & 1 \end{pmatrix}$.

5. 矩阵的转置

将一个 $m\times n$ 矩阵

$$\boldsymbol{A}=\begin{pmatrix} a_{11} & a_{12} & \cdots & a_{1n} \\ a_{21} & a_{22} & \cdots & a_{2n} \\ \vdots & \vdots & & \vdots \\ a_{m1} & a_{m2} & \cdots & a_{mn} \end{pmatrix}$$

的行和列顺序互换得到的 $n\times m$ 矩阵,称为 $\boldsymbol{A}$ 的**转置矩阵**,记作 $\boldsymbol{A}^{\mathrm{T}}$, 即

$$\boldsymbol{A}^{\mathrm{T}}=\begin{pmatrix} a_{11} & a_{21} & \cdots & a_{m1} \\ a_{12} & a_{22} & \cdots & a_{m2} \\ \vdots & \vdots & & \vdots \\ a_{1n} & a_{2n} & \cdots & a_{mn} \end{pmatrix}.$$

由定义可知,转置矩阵 $\boldsymbol{A}^{\mathrm{T}}$ 的第 i 行第 j 列的元素等于矩阵 $\boldsymbol{A}$ 的第 j 行第 i 列的元素. **例如**:

$$\begin{pmatrix} 1 & 2 & 3 \\ -1 & 0 & 2 \end{pmatrix}^{\mathrm{T}}=\begin{pmatrix} 1 & -1 \\ 2 & 0 \\ 3 & 2 \end{pmatrix}.$$

转置矩阵满足以下运算法则:

(1) $(\boldsymbol{A}^{\mathrm{T}})^{\mathrm{T}}=\boldsymbol{A}$; (2) $(k\boldsymbol{A})^{\mathrm{T}}=k\boldsymbol{A}^{\mathrm{T}}$;

(3) $(\boldsymbol{AB})^{\mathrm{T}}=\boldsymbol{B}^{\mathrm{T}}\boldsymbol{A}^{\mathrm{T}}$; (4) $(\boldsymbol{A}+\boldsymbol{B})^{\mathrm{T}}=\boldsymbol{A}^{\mathrm{T}}+\boldsymbol{B}^{\mathrm{T}}$.

由矩阵转置的定义可知, n 阶方阵 $\boldsymbol{A}$ 是对称矩阵的充要条件为 $\boldsymbol{A}^{\mathrm{T}}=\boldsymbol{A}$; $\boldsymbol{A}$ 是反对称矩阵的充要条件为 $\boldsymbol{A}^{\mathrm{T}}=-\boldsymbol{A}$.

【例 12】 设 $\boldsymbol{A}=\begin{pmatrix}2\\1\\4\end{pmatrix}$，$\boldsymbol{B}=\begin{pmatrix}-2\\1\\3\end{pmatrix}$，求 $\boldsymbol{A}^{\mathrm{T}}\boldsymbol{B}$ 与 $\boldsymbol{A}\boldsymbol{B}^{\mathrm{T}}$.

【精析】 $\boldsymbol{A}^{\mathrm{T}}\boldsymbol{B}=(2,1,4)\begin{pmatrix}-2\\1\\3\end{pmatrix}=9$；$\boldsymbol{A}\boldsymbol{B}^{\mathrm{T}}=\begin{pmatrix}2\\1\\4\end{pmatrix}(-2,1,3)=\begin{pmatrix}-4&2&6\\-2&1&3\\-8&4&12\end{pmatrix}$.

【例 13】 已知矩阵 $\boldsymbol{A}=\begin{pmatrix}1&1&0\\0&1&0\end{pmatrix}$，$\boldsymbol{B}=\begin{pmatrix}1&2\\2&0\end{pmatrix}$，则 $\boldsymbol{A}\boldsymbol{A}^{\mathrm{T}}-\boldsymbol{B}=$________.

【精析】 $\boldsymbol{A}\boldsymbol{A}^{\mathrm{T}}-\boldsymbol{B}=\begin{pmatrix}1&1&0\\0&1&0\end{pmatrix}\begin{pmatrix}1&0\\1&1\\0&0\end{pmatrix}-\begin{pmatrix}1&2\\2&0\end{pmatrix}=\begin{pmatrix}2&1\\1&1\end{pmatrix}-\begin{pmatrix}1&2\\2&0\end{pmatrix}=\begin{pmatrix}1&-1\\-1&1\end{pmatrix}$.

6. 方阵的行列式

由 n 阶方阵 $\boldsymbol{A}$ 的元素按原来的位置排列所构成的行列式称为 **$\boldsymbol{A}$ 的行列式**，记为 $|\boldsymbol{A}|$ 或 $\det\boldsymbol{A}$. 设 $\boldsymbol{A}$，$\boldsymbol{B}$ 是 n 阶方阵，λ 是实数，k 为正整数，则

(1) $|\boldsymbol{A}^{\mathrm{T}}|=|\boldsymbol{A}|$； (2) $|\lambda\boldsymbol{A}|=\lambda^{n}|\boldsymbol{A}|$；

(3) $|\boldsymbol{A}\boldsymbol{B}|=|\boldsymbol{A}||\boldsymbol{B}|$； (4) $|\boldsymbol{A}^{k}|=|\boldsymbol{A}|^{k}$.

【例 14】 设二阶矩阵 $\boldsymbol{A}=\begin{pmatrix}1&2\\4&3\end{pmatrix}$，$\boldsymbol{B}=\begin{pmatrix}-2&0\\3&4\end{pmatrix}$，求 $|\boldsymbol{A}|$，$|\boldsymbol{B}|$，$|\boldsymbol{A}\boldsymbol{B}|$，$|\boldsymbol{A}+\boldsymbol{B}|$.

【精析】 $|\boldsymbol{A}|=\begin{vmatrix}1&2\\4&3\end{vmatrix}=1\times3-2\times4=-5$，$|\boldsymbol{B}|=\begin{vmatrix}-2&0\\3&4\end{vmatrix}=-2\times4=-8$，所以 $|\boldsymbol{A}\boldsymbol{B}|=|\boldsymbol{A}||\boldsymbol{B}|=40$，$|\boldsymbol{A}+\boldsymbol{B}|=\begin{vmatrix}-1&2\\7&7\end{vmatrix}=-21$.

【例 15】 设 $\boldsymbol{A}$ 为 n 阶方阵，(1) 若 $|\boldsymbol{A}|=-2$，则 $\big||\boldsymbol{A}|\boldsymbol{A}\big|=$________；(2) 若 $\boldsymbol{A}^{\mathrm{T}}\boldsymbol{A}=\boldsymbol{E}$，则 $|\boldsymbol{A}|=$________.

【精析】 (1) $\big||\boldsymbol{A}|\boldsymbol{A}\big|=|-2\boldsymbol{A}|=(-2)^{n}|\boldsymbol{A}|=(-2)^{n+1}$；

(2) $\because$ $|\boldsymbol{A}^{\mathrm{T}}\boldsymbol{A}|=|\boldsymbol{A}^{\mathrm{T}}||\boldsymbol{A}|=|\boldsymbol{A}|^{2}$，$|\boldsymbol{E}|=1$，$\therefore$ $|\boldsymbol{A}|=\pm1$.

【例 16】 设 $\boldsymbol{\alpha}=(1,2,3)$，$\boldsymbol{\beta}=\left(1,\dfrac{1}{2},\dfrac{1}{3}\right)$，$\boldsymbol{A}=\boldsymbol{\alpha}^{\mathrm{T}}\boldsymbol{\beta}$，求 $\boldsymbol{A}^{n}$.

【精析】 $\boldsymbol{A}^{n}=\boldsymbol{\alpha}^{\mathrm{T}}\boldsymbol{\beta}\cdot\boldsymbol{\alpha}^{\mathrm{T}}\boldsymbol{\beta}\cdot\cdots\cdot\boldsymbol{\alpha}^{\mathrm{T}}\boldsymbol{\beta}$

$$=\boldsymbol{\alpha}^{\mathrm{T}}\underbrace{(\boldsymbol{\beta}\boldsymbol{\alpha}^{\mathrm{T}})(\boldsymbol{\beta}\boldsymbol{\alpha}^{\mathrm{T}})\cdots(\boldsymbol{\beta}\boldsymbol{\alpha}^{\mathrm{T}})}_{n-1个}\boldsymbol{\beta}$$

$$\boldsymbol{\beta}\boldsymbol{\alpha}^{\mathrm{T}}=\left(1,\frac{1}{2},\frac{1}{3}\right)\begin{bmatrix}1\\2\\3\end{bmatrix}=3$$

$$=3^{n-1}\boldsymbol{\alpha}^{\mathrm{T}}\boldsymbol{\beta}=3^{n-1}\boldsymbol{A}=3^{n-1}\begin{pmatrix}1&\frac{1}{2}&\frac{1}{3}\\2&1&\frac{2}{3}\\3&\frac{3}{2}&1\end{pmatrix}.$$

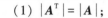

三、逆矩阵与伴随矩阵

1. 逆矩阵的定义

定义 2 对于 n 阶矩阵 $\boldsymbol{A}$, 若存在一个 n 阶矩阵 $\boldsymbol{B}$, 使

$$\boldsymbol{AB}=\boldsymbol{BA}=\boldsymbol{E},$$

则称矩阵 $\boldsymbol{A}$ 为**可逆矩阵**,简称 $\boldsymbol{A}$ 可逆,称 $\boldsymbol{B}$ 为 $\boldsymbol{A}$ 的**逆矩阵**,记为 $\boldsymbol{A}^{-1}$, 即 $\boldsymbol{A}^{-1}=\boldsymbol{B}$.

提示

(1) 可逆矩阵及其逆矩阵是同阶方阵;(2) 单位矩阵的逆矩阵是其自身;(3) 若 $\boldsymbol{A}$ 可逆,则 $\boldsymbol{A}$ 的逆矩阵唯一.

【例 17】 设 n 阶矩阵 $\boldsymbol{A}$ 满足方程 $\boldsymbol{A}^2-\boldsymbol{A}-2\boldsymbol{E}=\boldsymbol{O}$, 证明: $\boldsymbol{A}$, $\boldsymbol{A}+2\boldsymbol{E}$ 都可逆,并求其逆矩阵.

证明: 由 $\boldsymbol{A}^2-\boldsymbol{A}-2\boldsymbol{E}=\boldsymbol{O}$ 得 $\boldsymbol{A}(\boldsymbol{A}-\boldsymbol{E})=2\boldsymbol{E}\Rightarrow\boldsymbol{A}\left[\frac{1}{2}(\boldsymbol{A}-\boldsymbol{E})\right]=\boldsymbol{E}$.

由推论可知, $\boldsymbol{A}$ 可逆,且 $\boldsymbol{A}^{-1}=\frac{1}{2}(\boldsymbol{A}-\boldsymbol{E})$.

又由 $\boldsymbol{A}^2-\boldsymbol{A}-2\boldsymbol{E}=\boldsymbol{O}$ 得

$$(\boldsymbol{A}+2\boldsymbol{E})(\boldsymbol{A}-3\boldsymbol{E})+4\boldsymbol{E}=\boldsymbol{O}\Rightarrow(\boldsymbol{A}+2\boldsymbol{E})(\boldsymbol{A}-3\boldsymbol{E})=-4\boldsymbol{E}\Rightarrow(\boldsymbol{A}+2\boldsymbol{E})\left[-\frac{1}{4}(\boldsymbol{A}-3\boldsymbol{E})\right]=\boldsymbol{E},$$

故 $\boldsymbol{A}+2\boldsymbol{E}$ 可逆,且 $(\boldsymbol{A}+2\boldsymbol{E})^{-1}=-\frac{1}{4}(\boldsymbol{A}-3\boldsymbol{E})$.

名师指点

求抽象矩阵的逆矩阵,利用定义 $\boldsymbol{AB}=\boldsymbol{BA}=\boldsymbol{E}$ 来求.

2. 可逆矩阵的性质

(1) 若 $\boldsymbol{A}$ 可逆,则 $\boldsymbol{A}^{-1}$ 也可逆,且 $(\boldsymbol{A}^{-1})^{-1}=\boldsymbol{A}$;

(2) 若 $\boldsymbol{A}$ 可逆,则 $k\boldsymbol{A}$ 也可逆,且 $(k\boldsymbol{A})^{-1}=\frac{1}{k}\boldsymbol{A}^{-1}$($k$ 为非零常数);

(3) 若 $\boldsymbol{A}$, $\boldsymbol{B}$ 为同阶可逆矩阵,则 $\boldsymbol{AB}$ 也可逆,且 $(\boldsymbol{AB})^{-1}=\boldsymbol{B}^{-1}\boldsymbol{A}^{-1}$;

推广: $(\boldsymbol{A}_1\boldsymbol{A}_2\cdots\boldsymbol{A}_s)^{-1}=\boldsymbol{A}_s^{-1}\cdots\boldsymbol{A}_2^{-1}\boldsymbol{A}_1^{-1}$, $(\boldsymbol{A}^n)^{-1}=(\boldsymbol{A}^{-1})^n$;

(4) $(\boldsymbol{A}^{\mathrm{T}})^{-1}=(\boldsymbol{A}^{-1})^{\mathrm{T}}$;

(5) $|\boldsymbol{A}^{-1}|=|\boldsymbol{A}|^{-1}$.

3. 伴随矩阵

设 $\boldsymbol{A}=(a_{ij})_{n\times n}$ 为 n 阶矩阵, $|\boldsymbol{A}|$ 为矩阵 $\boldsymbol{A}$ 对应的行列式,设 $|\boldsymbol{A}|$ 中元素 a_{ij} 的代数余子式为 A_{ij}, 令 $\boldsymbol{A}^*=\begin{pmatrix}A_{11}&A_{21}&\cdots&A_{n1}\\A_{12}&A_{22}&\cdots&A_{n2}\\\vdots&\vdots&&\vdots\\A_{1n}&A_{2n}&\cdots&A_{nn}\end{pmatrix}$, $\boldsymbol{A}^*$ 为矩阵 $\boldsymbol{A}$ 的**伴随矩阵**.

提示

从定义可以直接得到二阶矩阵 $A=\begin{pmatrix} a & b \\ c & d \end{pmatrix}$ 的伴随矩阵为 $A^*=\begin{pmatrix} d & -b \\ -c & a \end{pmatrix}$.

关于 A^*，有一些常用公式如下表所示：

关于 A^* 的公式	关于 A 的公式
(1) $AA^*=A^*A=\|A\|E$	(1) $\|A^{-1}\|=\dfrac{1}{\|A\|}$
(2) $A^*=\|A\|A^{-1}$	(2) $(A^{-1})^{-1}=A$
(3) $A^{-1}=\dfrac{A^*}{\|A\|}$	(3) $(kA)^{-1}=\dfrac{1}{k}A^{-1}$
(4) $\|A^*\|=\|A\|^{n-1}$	
(5) $(A^*)^*=\|A\|^{n-2}A$	

4. 矩阵可逆的充要条件

★ **定理 1**　方阵 A 可逆的充要条件是 $|A|\neq 0$，且 $A^{-1}=\dfrac{1}{|A|}A^*$.

推论　若 A 和 B 都是 n 阶矩阵，且 $AB=E$，则 $BA=E$，且 A 与 B 互为逆矩阵.

【例 18】　设 $A=\begin{pmatrix} 1 & 2 & 3 \\ 2 & 2 & 1 \\ 3 & 4 & 3 \end{pmatrix}$，判断 A 是否可逆，若可逆，求其逆矩阵.

【精析】　因 $|A|=\begin{vmatrix} 1 & 2 & 3 \\ 2 & 2 & 1 \\ 3 & 4 & 3 \end{vmatrix}=2\neq 0$，故 A 可逆，又由于其余子式为

$$M_{11}=\begin{vmatrix} 2 & 1 \\ 4 & 3 \end{vmatrix}=2,\ M_{12}=\begin{vmatrix} 2 & 1 \\ 3 & 3 \end{vmatrix}=3,\ M_{13}=\begin{vmatrix} 2 & 2 \\ 3 & 4 \end{vmatrix}=2,$$

$$M_{21}=\begin{vmatrix} 2 & 3 \\ 4 & 3 \end{vmatrix}=-6,\ M_{22}=\begin{vmatrix} 1 & 3 \\ 3 & 3 \end{vmatrix}=-6,\ M_{23}=\begin{vmatrix} 1 & 2 \\ 3 & 4 \end{vmatrix}=-2,$$

$$M_{31}=\begin{vmatrix} 2 & 3 \\ 2 & 1 \end{vmatrix}=-4,\ M_{32}=\begin{vmatrix} 1 & 3 \\ 2 & 1 \end{vmatrix}=-5,\ M_{33}=\begin{vmatrix} 1 & 2 \\ 2 & 2 \end{vmatrix}=-2,$$

故 $A^*=\begin{pmatrix} M_{11} & -M_{21} & M_{31} \\ -M_{12} & M_{22} & -M_{32} \\ M_{13} & -M_{23} & M_{33} \end{pmatrix}=\begin{pmatrix} 2 & 6 & -4 \\ -3 & -6 & 5 \\ 2 & 2 & -2 \end{pmatrix}$，$A^{-1}=\dfrac{A^*}{|A|}=\begin{pmatrix} 1 & 3 & -2 \\ -\dfrac{3}{2} & -3 & \dfrac{5}{2} \\ 1 & 1 & -1 \end{pmatrix}$.

【例 19】　求矩阵 $\begin{pmatrix} a & b \\ c & d \end{pmatrix}$ 的逆矩阵（其中 $ad-bc\neq 0$）.

【精析】　它的伴随矩阵为 $\begin{pmatrix} d & -b \\ -c & a \end{pmatrix}$，故由公式可得

$$\begin{pmatrix} a & b \\ c & d \end{pmatrix}^{-1}=\frac{\begin{pmatrix} d & -b \\ -c & a \end{pmatrix}}{\begin{vmatrix} a & b \\ c & d \end{vmatrix}}=\frac{\begin{pmatrix} d & -b \\ -c & a \end{pmatrix}}{ad-bc}.$$

【例 20】　求 $\boldsymbol{A}=\begin{pmatrix} 2 & 2 & 3 \\ 1 & -1 & 0 \\ -1 & 2 & 1 \end{pmatrix}$ 的逆矩阵.

【精析】　$\boldsymbol{A}$ 的伴随矩阵 $\boldsymbol{A}^*=\begin{pmatrix} -1 & 4 & 3 \\ -1 & 5 & 3 \\ 1 & -6 & -4 \end{pmatrix}$,

由行列式展开定理,可选择 0 元素较多的第 3 列进行展开:

$$|\boldsymbol{A}|=a_{13}A_{13}+a_{23}A_{23}+a_{33}A_{33}=3\times(-1)^{1+3}\cdot\begin{vmatrix} 1 & -1 \\ -1 & 2 \end{vmatrix}+1\times(-1)^{3+3}\cdot\begin{vmatrix} 2 & 2 \\ 1 & -1 \end{vmatrix}$$

$$=3\times1+1\times(-4)=-1.$$

所以矩阵 $\boldsymbol{A}$ 是可逆的,故可得

$$\boldsymbol{A}^{-1}=\frac{\boldsymbol{A}^*}{|\boldsymbol{A}|}=\frac{\begin{pmatrix} -1 & 4 & 3 \\ -1 & 5 & 3 \\ 1 & -6 & -4 \end{pmatrix}}{-1}=\begin{pmatrix} 1 & -4 & -3 \\ 1 & -5 & -3 \\ -1 & 6 & 4 \end{pmatrix}.$$

【例 21】　设 $\boldsymbol{A}$ 为三阶矩阵, $|\boldsymbol{A}|=\frac{1}{3}$,则 $|4\boldsymbol{A}-(3\boldsymbol{A}^*)^{-1}|=$____________.

【精析】　$|4\boldsymbol{A}-(3\boldsymbol{A}^*)^{-1}|=|4\boldsymbol{A}-(3|\boldsymbol{A}|\boldsymbol{A}^{-1})^{-1}|=|4\boldsymbol{A}-(\boldsymbol{A}^{-1})^{-1}|=|4\boldsymbol{A}-\boldsymbol{A}|=|3\boldsymbol{A}|=3^3\times\frac{1}{3}$
$=9$.

【例 22】　已知 $\boldsymbol{A}$ 为三阶方阵且 $|\boldsymbol{A}|=\frac{1}{2}$, 求 $|(2\boldsymbol{A})^{-1}+(2\boldsymbol{A})^*|$.

【精析】　$|(2\boldsymbol{A})^{-1}+(2\boldsymbol{A})^*|=\left|\frac{1}{2}\boldsymbol{A}^{-1}+2^2\boldsymbol{A}^*\right|=\left|\frac{1}{2}\boldsymbol{A}^{-1}+2^2|\boldsymbol{A}|\boldsymbol{A}^{-1}\right|=\left|\frac{5}{2}\boldsymbol{A}^{-1}\right|$

$$=\left(\frac{5}{2}\right)^3|\boldsymbol{A}^{-1}|=\frac{125}{4}.$$

【例 23】　设矩阵 $\boldsymbol{A}=\begin{pmatrix} 1 & 2 & 3 \\ 2 & 2 & 1 \\ 3 & 4 & 3 \end{pmatrix}$, $\boldsymbol{B}=\begin{pmatrix} 1 & 4 & -1 \\ -1 & 1 & -1 \\ 1 & -2 & -1 \end{pmatrix}$, 求矩阵 $\boldsymbol{X}$, 使之满足 $\boldsymbol{AX}=\boldsymbol{B}$.

【精析】　因为 $|\boldsymbol{A}|=2\neq0$, 所以 $\boldsymbol{A}$ 可逆,所以 $\boldsymbol{A}^{-1}\boldsymbol{AX}=\boldsymbol{A}^{-1}\boldsymbol{B}$, 从而 $\boldsymbol{X}=\boldsymbol{A}^{-1}\boldsymbol{B}$. 因为

$$A_{11}=2,\ A_{21}=6,\ A_{31}=-4,$$
$$A_{12}=-3,\ A_{22}=-6,\ A_{32}=5,$$
$$A_{13}=2,\ A_{23}=2,\ A_{33}=-2,$$

所以 $A^*=\begin{pmatrix}2&6&-4\\-3&-6&5\\2&2&-2\end{pmatrix}$，故 $A^{-1}=\dfrac{A^*}{|A|}=\begin{pmatrix}1&3&-2\\-\dfrac{3}{2}&-3&\dfrac{5}{2}\\1&1&-1\end{pmatrix}$，

故 $X=A^{-1}B=\begin{pmatrix}1&3&-2\\-\dfrac{3}{2}&-3&\dfrac{5}{2}\\1&1&-1\end{pmatrix}\begin{pmatrix}1&4&-1\\-1&1&-1\\1&-2&-1\end{pmatrix}=\begin{pmatrix}-4&11&-2\\4&-14&2\\-1&7&-1\end{pmatrix}$.

【例 24】 设 $A=\begin{pmatrix}1&0&1\\0&2&6\\1&6&1\end{pmatrix}$，且有 $AX+E=A^2+X$，求 X.

【精析】 化简矩阵方程得 $(A-E)X=A^2-E$，由 $A^2-E=(A-E)(A+E)$，且

$$|A-E|=\begin{vmatrix}0&0&1\\0&1&6\\1&6&0\end{vmatrix}=-1\neq0,$$

可知 $A-E$ 可逆，所以 $(A-E)^{-1}(A-E)X=(A-E)^{-1}(A-E)(A+E)$.

又因为 $(A-E)^{-1}(A-E)=E$，故矩阵方程化为 $X=A+E$，得矩阵方程的解为

$$X=A+E=\begin{pmatrix}2&0&1\\0&3&6\\1&6&2\end{pmatrix}.$$

四、初等变换与初等矩阵

1. 矩阵的初等变换

对于矩阵的初等变换，专转本考试中要求学会矩阵的初等行变换，其包含如下三种变换.

(1) **对换变换**：矩阵的两行互换(第 i 行与第 j 行互换，记作 $r_i\leftrightarrow r_j$)；

(2) **倍乘变换**：用非零数 k 乘矩阵的某一行 (k 乘第 i 行，记作 kr_i)；

(3) **倍加变换**：把矩阵的某行元素的 k 倍加到另一行对应元素上(第 j 行的 k 倍加到第 i 行上去，记作 r_i+kr_j).

当然，在上述定义中，把对矩阵实施的三种“行”的变换，改为关于“列”的变换，就变成了三种列变换. 在专转本考试中，我们只要掌握行变换即可.

矩阵的初等行变换与初等列变换统称为**矩阵的初等变换**.

设矩阵 $A=\begin{pmatrix}a_1&a_2&a_3\\b_1&b_2&b_3\\c_1&c_2&c_3\end{pmatrix}$，其初等行变换如下：

(1) 对换矩阵 A 的第一行和第二行的位置

$$A=\begin{pmatrix}a_1&a_2&a_3\\b_1&b_2&b_3\\c_1&c_2&c_3\end{pmatrix}\xrightarrow{r_1\leftrightarrow r_2}\begin{pmatrix}b_1&b_2&b_3\\a_1&a_2&a_3\\c_1&c_2&c_3\end{pmatrix}=B.$$

（2）用一个非零数 k 乘矩阵 $\boldsymbol{A}$ 的第三行

$$\boldsymbol{A}=\begin{pmatrix} a_1 & a_2 & a_3 \\ b_1 & b_2 & b_3 \\ c_1 & c_2 & c_3 \end{pmatrix} \xrightarrow{r_3\times k} \begin{pmatrix} a_1 & a_2 & a_3 \\ b_1 & b_2 & b_3 \\ kc_1 & kc_2 & kc_3 \end{pmatrix}=\boldsymbol{B}.$$

（3）用一个数 k 乘矩阵 $\boldsymbol{A}$ 的第一行加到第二行

$$\boldsymbol{A}=\begin{pmatrix} a_1 & a_2 & a_3 \\ b_1 & b_2 & b_3 \\ c_1 & c_2 & c_3 \end{pmatrix} \xrightarrow{r_2+r_1\times k} \begin{pmatrix} a_1 & a_2 & a_3 \\ b_1+ka_1 & b_2+ka_2 & b_3+ka_3 \\ c_1 & c_2 & c_3 \end{pmatrix}=\boldsymbol{B}.$$

矩阵在经过若干次初等变换之后，其元素固然发生了很大变化，但是其本身所具有的很多特性是保持不变的.

下面给出两个矩阵等价的概念.

设 $\boldsymbol{A}$ 和 $\boldsymbol{B}$ 均为 $m\times n$ 矩阵，若矩阵 $\boldsymbol{A}$ 经过有限次初等变换变成矩阵 $\boldsymbol{B}$，则称**矩阵 $\boldsymbol{A}$ 与 $\boldsymbol{B}$ 等价**，记为

$$\boldsymbol{A}\sim\boldsymbol{B}.$$

等价矩阵具有如下性质：

（1）反身性：$\boldsymbol{A}\sim\boldsymbol{A}$；

（2）对称性：若 $\boldsymbol{A}\sim\boldsymbol{B}$，则 $\boldsymbol{B}\sim\boldsymbol{A}$；

（3）传递性：若 $\boldsymbol{A}\sim\boldsymbol{B}$，$\boldsymbol{B}\sim\boldsymbol{C}$，则 $\boldsymbol{A}\sim\boldsymbol{C}$.

利用初等变换，可以将矩阵化简为下面定义的有用形式.

定义 3 满足下列两个条件的矩阵称为**行阶梯形矩阵**：

（1）若矩阵有零行（元素全部为零的行），零行全部在下方；

（2）各非零行的第一个不为零的元素的列标随着行标的递增而严格增大.

定义 4 满足下列两个条件的行阶梯形矩阵称为**行最简形矩阵**：

（1）各非零行的首非零元（称为主元）都是 1；

（2）所有首非零元所在列的其余元素都是 0.

提示

任何一个矩阵都可以通过若干次的初等行变换化为行阶梯形矩阵和行最简形矩阵.

例如：下面两个矩阵是行阶梯形矩阵：

$$\boldsymbol{A}=\begin{pmatrix} 1 & 2 & -1 & 0 \\ 0 & 2 & 2 & 2 \\ 0 & 0 & 3 & 1 \\ 0 & 0 & 0 & 0 \end{pmatrix},\ \boldsymbol{B}=\begin{pmatrix} 1 & 0 & -2 & 0 & 4 \\ 0 & 1 & -1 & 0 & 1 \\ 0 & 0 & 0 & 1 & -3 \\ 0 & 0 & 0 & 0 & 0 \end{pmatrix},$$

其中矩阵 $\boldsymbol{B}$ 也是行最简形矩阵.

【例 25】 将 $\boldsymbol{A}=\begin{pmatrix}2&0&5&2\\-2&4&1&0\end{pmatrix}$ 化成行阶梯形矩阵与行最简形矩阵.

【精析】 $\boldsymbol{A}=\begin{pmatrix}2&0&5&2\\-2&4&1&0\end{pmatrix}\xrightarrow{r_2+r_1}\begin{pmatrix}2&0&5&2\\0&4&6&2\end{pmatrix}$,行阶梯形矩阵.

$\begin{pmatrix}2&0&5&2\\0&4&6&2\end{pmatrix}\xrightarrow[r_2\times\frac{1}{4}]{r_1\times\frac{1}{2}}\begin{pmatrix}1&0&\frac{5}{2}&1\\0&1&\frac{3}{2}&\frac{1}{2}\end{pmatrix}$,行最简形矩阵.

2. 初等矩阵

引例:设矩阵

$$\boldsymbol{A}=\begin{pmatrix}1&2&3&4\\5&6&7&8\\9&10&11&12\end{pmatrix},$$

则有

$$\begin{pmatrix}0&1&0\\1&0&0\\0&0&1\end{pmatrix}\begin{pmatrix}1&2&3&4\\5&6&7&8\\9&10&11&12\end{pmatrix}=\begin{pmatrix}5&6&7&8\\1&2&3&4\\9&10&11&12\end{pmatrix}\cdots\cdots(a)$$

$\because \boldsymbol{E}=\begin{pmatrix}1&0&0\\0&1&0\\0&0&1\end{pmatrix}\begin{matrix}r_1\\ \updownarrow\\ r_2\end{matrix}$ $\quad\therefore \boldsymbol{A}=\begin{pmatrix}1&2&3&4\\5&6&7&8\\9&10&11&12\end{pmatrix}\begin{matrix}r_1\\ \updownarrow\\ r_2\end{matrix}$

$$\begin{pmatrix}1&0&0\\0&1&0\\0&0&k\end{pmatrix}\begin{pmatrix}1&2&3&4\\5&6&7&8\\9&10&11&12\end{pmatrix}=\begin{pmatrix}1&2&3&4\\5&6&7&8\\9k&10k&11k&12k\end{pmatrix}\cdots\cdots(b)$$

$\because \boldsymbol{E}=\begin{pmatrix}1&0&0\\0&1&0\\0&0&1\end{pmatrix}_{kr_3}$ $\quad\therefore \boldsymbol{A}=\begin{pmatrix}1&2&3&4\\5&6&7&8\\9&10&11&12\end{pmatrix}_{kr_3}$

$$\begin{pmatrix}1&0&0\\k&1&0\\0&0&1\end{pmatrix}\begin{pmatrix}1&2&3&4\\5&6&7&8\\9&10&11&12\end{pmatrix}=\begin{pmatrix}1&2&3&4\\5+k&6+2k&7+3k&8+4k\\9&10&11&12\end{pmatrix}\cdots\cdots(c)$$

$\because \boldsymbol{E}=\begin{pmatrix}1&0&0\\0&1&0\\0&0&1\end{pmatrix}_{r_2+kr_1}$ $\quad\therefore \boldsymbol{A}=\begin{pmatrix}1&2&3&4\\5&6&7&8\\9&10&11&12\end{pmatrix}_{r_2+kr_1}$

由此可见，矩阵 $\boldsymbol{A}$ 左乘以上三种矩阵，相当于分别使 $\boldsymbol{A}$ 做了第1、2行互换（a）、第3行乘数 k（b）、第1行乘数 k 加到第2行（c）三种初等行变换，这三种矩阵恰好是对单位矩阵 $\boldsymbol{E}$ 做同样的初等行变换得到的，被称为**初等矩阵**.

3. 利用初等行变换求逆矩阵

对于任意一个 n 阶可逆矩阵 $\boldsymbol{A}$，一定存在一组初等矩阵 $\boldsymbol{P}_1, \boldsymbol{P}_2, \cdots, \boldsymbol{P}_m$，使得

$$\boldsymbol{P}_m \cdots \boldsymbol{P}_2 \boldsymbol{P}_1 \boldsymbol{A} = \boldsymbol{E}.$$

对上式两边右乘 $\boldsymbol{A}^{-1}$，得

$$\boldsymbol{P}_m \cdots \boldsymbol{P}_2 \boldsymbol{P}_1 \boldsymbol{A}\boldsymbol{A}^{-1} = \boldsymbol{E}\boldsymbol{A}^{-1} = \boldsymbol{A}^{-1},$$

即

$$\boldsymbol{A}^{-1} = \boldsymbol{P}_m \cdots \boldsymbol{P}_2 \boldsymbol{P}_1 \boldsymbol{E}.$$

即若经过一系列的初等变换可以把可逆矩阵 $\boldsymbol{A}$ 化成单位矩阵 $\boldsymbol{E}$，则将一系列同样的初等变换作用到 $\boldsymbol{E}$ 上，就可以把 $\boldsymbol{E}$ 化成 $\boldsymbol{A}^{-1}$. 这样就得到了用初等行变换求逆矩阵的方法：在矩阵 $\boldsymbol{A}$ 的右边写一个同阶的单位矩阵 $\boldsymbol{E}$，构成一个 $n \times 2n$ 矩阵 $(\boldsymbol{A} \mid \boldsymbol{E})$，用初等行变换将左半部分的 $\boldsymbol{A}$ 化成单位矩阵 $\boldsymbol{E}$，与此同时，右半部分的 $\boldsymbol{E}$ 就被化成了 $\boldsymbol{A}^{-1}$. 即

$$(\boldsymbol{A} \mid \boldsymbol{E}) \xrightarrow{\text{初等行变换}} (\boldsymbol{E} \mid \boldsymbol{A}^{-1}).$$

重点识记

【例 26】　设矩阵 $\boldsymbol{A} = \begin{pmatrix} 1 & -1 & 1 \\ 1 & 1 & 3 \\ 2 & -3 & 2 \end{pmatrix}$，求逆矩阵 $\boldsymbol{A}^{-1}$.

【精析】　因为

$$(\boldsymbol{A}, \boldsymbol{E}) = \left(\begin{array}{ccc:ccc} 1 & -1 & 1 & 1 & 0 & 0 \\ 1 & 1 & 3 & 0 & 1 & 0 \\ 2 & -3 & 2 & 0 & 0 & 1 \end{array}\right) \longrightarrow \left(\begin{array}{ccc:ccc} 1 & -1 & 1 & 1 & 0 & 0 \\ 0 & 2 & 2 & -1 & 1 & 0 \\ 0 & -1 & 0 & -2 & 0 & 1 \end{array}\right)$$

$$\longrightarrow \left(\begin{array}{ccc:ccc} 1 & -1 & 1 & 1 & 0 & 0 \\ 0 & 1 & 1 & -\frac{1}{2} & \frac{1}{2} & 0 \\ 0 & 0 & 1 & -\frac{5}{2} & \frac{1}{2} & 1 \end{array}\right) \longrightarrow \left(\begin{array}{ccc:ccc} 1 & -1 & 0 & \frac{7}{2} & -\frac{1}{2} & -1 \\ 0 & 1 & 0 & 2 & 0 & -1 \\ 0 & 0 & 1 & -\frac{5}{2} & \frac{1}{2} & 1 \end{array}\right)$$

$$\longrightarrow \left(\begin{array}{ccc:ccc} 1 & 0 & 0 & \frac{11}{2} & -\frac{1}{2} & -2 \\ 0 & 1 & 0 & 2 & 0 & -1 \\ 0 & 0 & 1 & -\frac{5}{2} & \frac{1}{2} & 1 \end{array}\right),$$

所以 $\boldsymbol{A}^{-1} = \begin{pmatrix} \frac{11}{2} & -\frac{1}{2} & -2 \\ 2 & 0 & -1 \\ -\frac{5}{2} & \frac{1}{2} & 1 \end{pmatrix}$.

【例 27】 设矩阵 $A=\begin{pmatrix}-2&-1&6\\4&0&5\\-6&-1&1\end{pmatrix}$，问 A 是否可逆？若可逆，求逆矩阵 A^{-1}.

【精析】 因为

$$(A,E)=\left(\begin{array}{ccc:ccc}-2&-1&6&1&0&0\\4&0&5&0&1&0\\-6&-1&1&0&0&1\end{array}\right)\longrightarrow\left(\begin{array}{ccc:ccc}-2&-1&6&1&0&0\\0&-2&17&2&1&0\\0&2&-17&-3&0&1\end{array}\right)$$

$$\longrightarrow\left(\begin{array}{ccc:ccc}-2&-1&6&1&0&0\\0&-2&17&2&1&0\\0&0&0&-1&1&1\end{array}\right),$$

所以 A 不可逆.

【例 28】 解矩阵方程 $AX=B$，其中 $A=\begin{pmatrix}1&-1&2\\2&-3&5\\3&-2&4\end{pmatrix}$，$B=\begin{pmatrix}1&-1\\-2&3\\5&-4\end{pmatrix}$.

【精析】 ▶ **方法一** $(A,E)\xrightarrow{\text{初等行变换}}(E,A^{-1})$

因为 $$(A,E)=\left(\begin{array}{ccc:ccc}1&-1&2&1&0&0\\2&-3&5&0&1&0\\3&-2&4&0&0&1\end{array}\right)\longrightarrow\left(\begin{array}{ccc:ccc}1&-1&2&1&0&0\\0&-1&1&-2&1&0\\0&1&-2&-3&0&1\end{array}\right)$$

$$\longrightarrow\left(\begin{array}{ccc:ccc}1&0&0&-2&0&1\\0&-1&0&-7&2&1\\0&0&-1&-5&1&1\end{array}\right)\longrightarrow\left(\begin{array}{ccc:ccc}1&0&0&-2&0&1\\0&1&0&7&-2&-1\\0&0&1&5&-1&-1\end{array}\right),$$

所以 $X=A^{-1}B=\begin{pmatrix}-2&0&1\\7&-2&-1\\5&-1&-1\end{pmatrix}\begin{pmatrix}1&-1\\-2&3\\5&-4\end{pmatrix}=\begin{pmatrix}3&-2\\6&-9\\2&-4\end{pmatrix}$.

▶ **方法二** $(A,B)\xrightarrow{\text{初等行变换}}(E,A^{-1}B)=(E,X)$

因为 $$(A,B)=\left(\begin{array}{ccc:cc}1&-1&2&1&-1\\2&-3&5&-2&3\\3&-2&4&5&-4\end{array}\right)\longrightarrow\left(\begin{array}{ccc:cc}1&-1&2&1&-1\\0&-1&1&-4&5\\0&1&-2&2&-1\end{array}\right)$$

$$\longrightarrow\left(\begin{array}{ccc:cc}1&-1&2&1&-1\\0&-1&1&-4&5\\0&0&-1&-2&4\end{array}\right)\longrightarrow\left(\begin{array}{ccc:cc}1&-1&0&-3&7\\0&-1&0&-6&9\\0&1&-1&-2&4\end{array}\right)$$

$$\longrightarrow\left(\begin{array}{ccc:cc}1&0&0&3&-2\\0&-1&0&-6&9\\0&0&-1&-2&4\end{array}\right)\longrightarrow\left(\begin{array}{ccc:cc}1&0&0&3&-2\\0&1&0&6&-9\\0&0&1&2&-4\end{array}\right),$$

所以 $X=\begin{pmatrix}3&-2\\6&-9\\2&-4\end{pmatrix}$.

名师指点

从例 27 和例 28 中可以看出，无论 n 阶矩阵 $\boldsymbol{A}$ 是否可逆，我们都可按上述方法直接进行初等行变换. 若结果中左边部分能够化为单位矩阵 $\boldsymbol{E}$，则 $\boldsymbol{A}$ 可逆，且右边部分为 $\boldsymbol{A}$ 的逆；若结果中左边部分出现零行，则说明 $\boldsymbol{A}$ 为降秩矩阵，所以 $\boldsymbol{A}$ 不可逆.

五、矩阵的秩

1. 矩阵的秩的概念

定义 5 设 $\boldsymbol{A}$ 是一个 $m\times n$ 矩阵，在 $\boldsymbol{A}$ 中任意选取 k 行 k 列交点上的 k^2 个元素，按原来次序组成的 k 阶行列式，称为矩阵 $\boldsymbol{A}$ 的一个 k 阶子式，记为 $D_k(\boldsymbol{A})$，其中 $1\leqslant k\leqslant \min\{m,\ n\}$.

矩阵 $\boldsymbol{A}_{m\times n}$ 的 k 阶子式 $D_k(\boldsymbol{A})$ 共有 $\mathrm{C}_m^k\cdot\mathrm{C}_n^k$ 个.

例如：$\boldsymbol{A}=\begin{pmatrix}0&2&1&3\\3&4&2&0\\5&5&0&2\end{pmatrix}$.

取 1、3 行与 1、2 列，得到一个二阶子式

$$\begin{vmatrix}0&2\\5&5\end{vmatrix}.$$

取 1、2、3 行与 1、2、4 列，得到一个三阶子式

$$\begin{vmatrix}0&2&3\\3&4&0\\5&5&2\end{vmatrix}.$$

【例 29】 设 $\boldsymbol{A}=\begin{pmatrix}1&2&3\\2&3&-5\\4&7&1\end{pmatrix}$，求 $\boldsymbol{A}$ 的二阶和三阶子式.

【精析】 $\boldsymbol{A}$ 的二阶子式：$\begin{vmatrix}1&2\\2&3\end{vmatrix}$，$\begin{vmatrix}1&3\\2&-5\end{vmatrix}$，$\begin{vmatrix}1&2\\4&7\end{vmatrix}$……这些都是 $\boldsymbol{A}$ 的二阶子式，且共有 $\mathrm{C}_3^2\mathrm{C}_3^2=9$ 个.

$\boldsymbol{A}$ 的三阶子式：$\begin{vmatrix}1&2&3\\2&3&-5\\4&7&1\end{vmatrix}=0$，它是 $\boldsymbol{A}$ 唯一的三阶子式，且行列式的值为 0.

定义 6 设在矩阵 $\boldsymbol{A}$ 中

(1) 若存在一个 r 阶非零子式，即存在 $D_r\neq 0$；

(2) 所有 $r+1$ 阶子式全为 0，即任意的 $D_{r+1}=0$，

则称 D_r 为 $\boldsymbol{A}$ 的最高阶非零子式，称 r 为矩阵 $\boldsymbol{A}$ 的秩，记为 $r(\boldsymbol{A})=r$.

提示

(1) 规定 $R(\boldsymbol{O})=0$;

(2) 最高阶非零子式不唯一;

(3) 若 $\boldsymbol{A}$ 为行阶梯形矩阵,则 $R(\boldsymbol{A})=\boldsymbol{A}$ 的非零行数.

【例 30】 求矩阵 $\boldsymbol{A}=\begin{pmatrix}1&2&-1&-2\\2&-1&2&3\\3&2&1&1\end{pmatrix}$ 的秩.

【精析】 $\boldsymbol{A}$ 的二阶子式 $\begin{vmatrix}1&2\\2&-1\end{vmatrix}\neq 0$, $\boldsymbol{A}$ 的三阶子式有 4 个,且都等于 0,即

$$\begin{vmatrix}1&2&-1\\2&-1&2\\3&2&1\end{vmatrix}=0,\quad \begin{vmatrix}1&2&-2\\2&-1&3\\3&2&1\end{vmatrix}=0,\quad \begin{vmatrix}1&-1&-2\\2&2&3\\3&1&1\end{vmatrix}=0,\quad \begin{vmatrix}2&-1&-2\\-1&2&3\\2&1&1\end{vmatrix}=0,$$

所以 $\boldsymbol{A}$ 的秩 $R(\boldsymbol{A})=2$.

2. 利用初等行变换求矩阵的秩

定理 4 矩阵的初等变换不改变矩阵的秩. 即若 $\boldsymbol{A}\sim\boldsymbol{B}$,则 $R(\boldsymbol{A})=R(\boldsymbol{B})$.

名师指点

对于一个普通的矩阵而言,我们有两种方法求解矩阵的秩:一种是通过定义,直接寻求最高阶非零子式;另一种是通过初等行变换将它化为行阶梯形矩阵来求得矩阵的秩. 在求高阶矩阵 $(n\geqslant 3)$ 的秩时,我们推荐使用第二种方法.

【例 31】 求矩阵 $\boldsymbol{A}=\begin{pmatrix}3&2&0&5&0\\3&-2&3&6&-1\\2&0&1&5&-3\\1&6&-4&-1&4\end{pmatrix}$ 的秩,并求 $\boldsymbol{A}$ 的一个最高阶非零子式.

【精析】 $\because\ \boldsymbol{A}\overset{r}{\sim}\begin{pmatrix}1&6&-4&-1&4\\0&-4&3&1&-1\\0&0&0&4&-8\\0&0&0&0&0\end{pmatrix}=\boldsymbol{A}_1$, $\therefore\ R(\boldsymbol{A})=3$.

通过观察 $\boldsymbol{A}_1$,我们发现

$\begin{vmatrix}1&6&-1\\0&-4&1\\0&0&4\end{vmatrix}$ 为 $\boldsymbol{A}_1=\begin{pmatrix}1&6&-4&-1&4\\0&-4&3&1&-1\\0&0&0&4&-8\\0&0&0&0&0\end{pmatrix}$ 的一个三阶(最高阶)非零子式,因为 $\boldsymbol{A}$ 与 $\boldsymbol{A}_1$ 等价,所以 $\boldsymbol{A}$ 的最高阶非零子式的选取只要与 $\boldsymbol{A}_1$ 中选取方式相同即可:

$$\boldsymbol{A}=\begin{pmatrix}3&2&0&5&0\\3&-2&3&6&-1\\2&0&1&5&-3\\1&6&-4&-1&4\end{pmatrix}\text{ 的最高阶非零子式为 }\begin{vmatrix}3&2&5\\3&-2&6\\2&0&5\end{vmatrix}.$$

此题根据行阶梯形中列的选择不同,最终结果不唯一.

【例 32】　设矩阵 $A = \begin{pmatrix} 1 & 1 & 2 & 2 & 1 \\ 0 & 2 & 1 & 5 & -1 \\ 2 & 0 & 3 & -1 & 3 \\ 1 & 1 & 0 & 4 & -1 \end{pmatrix}$,求 A 的秩,并写出 A 的一个最高阶非零子式.

【精析】　$A \xrightarrow[r_4 - r_1]{r_3 - 2r_1} \begin{pmatrix} 1 & 1 & 2 & 2 & 1 \\ 0 & 2 & 1 & 5 & -1 \\ 0 & -2 & -1 & -5 & 1 \\ 0 & 0 & -2 & 2 & -2 \end{pmatrix} \xrightarrow{r_3 + r_2} \begin{pmatrix} 1 & 1 & 2 & 2 & 1 \\ 0 & 2 & 1 & 5 & -1 \\ 0 & 0 & 0 & 0 & 0 \\ 0 & 0 & -2 & 2 & -2 \end{pmatrix}$

$\xrightarrow{r_3 \leftrightarrow r_4} \begin{pmatrix} 1 & 1 & 2 & 2 & 1 \\ 0 & 2 & 1 & 5 & -1 \\ 0 & 0 & -2 & 2 & -2 \\ 0 & 0 & 0 & 0 & 0 \end{pmatrix}$(行阶梯形矩阵),

由此可看出 $R(A) = 3$, 且 $\begin{vmatrix} 1 & 1 & 2 \\ 0 & 2 & 1 \\ 1 & 1 & 0 \end{vmatrix} = -4 \neq 0$.

【例 33】　求矩阵 $A = \begin{pmatrix} 2 & -4 & 4 & 10 & -4 \\ 0 & 1 & -1 & 3 & 1 \\ 1 & -2 & 1 & -4 & 2 \\ 4 & -7 & 4 & -4 & 5 \end{pmatrix}$ 的秩.

【精析】　因为

$$A = \begin{pmatrix} 2 & -4 & 4 & 10 & -4 \\ 0 & 1 & -1 & 3 & 1 \\ 1 & -2 & 1 & -4 & 2 \\ 4 & -7 & 4 & -4 & 5 \end{pmatrix} \xrightarrow{r_1 \leftrightarrow r_3} \begin{pmatrix} 1 & -2 & 1 & -4 & 2 \\ 0 & 1 & -1 & 3 & 1 \\ 2 & -4 & 4 & 10 & -4 \\ 4 & -7 & 4 & -4 & 5 \end{pmatrix}$$

$$\xrightarrow{\substack{r_3 + r_1 \times (-2) \\ r_4 + r_1 \times (-4)}} \begin{pmatrix} 1 & -2 & 1 & -4 & 2 \\ 0 & 1 & -1 & 3 & 1 \\ 0 & 0 & 2 & 18 & -8 \\ 0 & 1 & 0 & 12 & -3 \end{pmatrix}$$

$$\xrightarrow{r_4 + r_2 \times (-1)} \begin{pmatrix} 1 & -2 & 1 & -4 & 2 \\ 0 & 1 & -1 & 3 & 1 \\ 0 & 0 & 2 & 18 & -8 \\ 0 & 0 & 1 & 9 & -4 \end{pmatrix}$$

$$\xrightarrow{r_4 + r_3 \times \left(-\frac{1}{2}\right)} \begin{pmatrix} 1 & -2 & 1 & -4 & 2 \\ 0 & 1 & -1 & 3 & 1 \\ 0 & 0 & 2 & 18 & -8 \\ 0 & 0 & 0 & 0 & 0 \end{pmatrix},$$

所以 $R(A) = 3$.

3. 秩的结论

(1) $0 \leqslant R(A_{m\times n}) \leqslant \min(m, n)$.

(2) $A \sim B \Rightarrow R(A) = R(B)$.

(3) $R(A) = R(PA) = R(AQ) = R(PAQ)$，其中 P，Q 均为可逆矩阵.

(4) 若 $A_{m\times n}B_{n\times s} = O$，则 $R(A) + R(B) \leqslant n$.

(5) 行列式与秩的关系：

$$R(A)\begin{cases} = n, & A_{n\times n} \text{ 为满秩矩阵} \Leftrightarrow |A| \neq 0, \\ < n, & A_{n\times n} \text{ 为降秩矩阵} \Leftrightarrow |A| = 0. \end{cases}$$

(6) $R(A^*) = \begin{cases} n, & R(A) = n, \\ 1, & R(A) = n-1, \\ 0, & R(A) < n-1, \end{cases}$ 其中 A 为 n 阶方阵，且 $n \geqslant 2$.

【例 34】 设 $A = \begin{pmatrix} k & 1 & 1 & 1 \\ 1 & k & 1 & 1 \\ 1 & 1 & k & 1 \\ 1 & 1 & 1 & k \end{pmatrix}$，且 $R(A) = 3$，则 $k =$________.

【精析】 由行列式与秩之间的关系可知：$R(A) = 3 < 4 \Leftrightarrow |A| = 0$.

故有

$$|A| = \begin{vmatrix} k & 1 & 1 & 1 \\ 1 & k & 1 & 1 \\ 1 & 1 & k & 1 \\ 1 & 1 & 1 & k \end{vmatrix} = (k+3)\begin{vmatrix} 1 & 1 & 1 & 1 \\ 0 & k-1 & 0 & 0 \\ 0 & 0 & k-1 & 0 \\ 0 & 0 & 0 & k-1 \end{vmatrix} = (k+3)(k-1)^3 = 0,$$

解得 $k = 1$ 或 -3.

若 $k = 1$ 时，$A = \begin{pmatrix} 1 & 1 & 1 & 1 \\ 1 & 1 & 1 & 1 \\ 1 & 1 & 1 & 1 \\ 1 & 1 & 1 & 1 \end{pmatrix} \Rightarrow R(A) = 1$，从而 $k = 1$ 舍去. 故 $k = -3$.

【例 35】 证明结论(6).

证明：(1) 由结论(5)，当 $R(A) = n$ 时，A 为满秩矩阵，即 $|A| \neq 0$.

$|A^*| = |A|^{n-1} \neq 0 \Rightarrow R(A^*) = n$.

(2) 当 $R(A) = n-1$ 时，说明 A 至少有一个 $n-1$ 阶非零子式，

$$A^* = \begin{pmatrix} A_{11} & A_{21} & \cdots & A_{n1} \\ A_{12} & A_{22} & \cdots & A_{n2} \\ \vdots & \vdots & & \vdots \\ A_{1n} & A_{2n} & \cdots & A_{nn} \end{pmatrix}.$$

即 A^* 中至少有一个元素不为 0，故有 $R(A^*) \geqslant 1$.

又 $\because AA^* = |A|E = O$，$\therefore R(A) + R(A^*) \leqslant n$.

由结论(4)可知：$R(\boldsymbol{A}^{*}) \leqslant n - R(\boldsymbol{A}) = 1$.

从而 $R(\boldsymbol{A}^{*}) = 1$.

(3) 当 $R(\boldsymbol{A}) < n - 1$ 时，说明 $\boldsymbol{A}$ 的所有 $n-1$ 阶子式均为 0，故有 $\boldsymbol{A}^{*}$ 为零矩阵，从而 $R(\boldsymbol{A}^{*}) = 0$.

考点聚焦

考点一　具体型行列式的计算

思路点拨

首先需掌握几个重要的行列式，如：主对角线行列式、副对角线行列式、拉普拉斯展开式及范德蒙德行列式.

★常用技巧：

(1) 直接按行(列)展开；

(2) 把第 1 行(列)的 k 倍加到第 i 行(列)上；

(3) 把每行(列)都加到第一行(列)；

(4) 逐行(列)相加.

例 1　$D = \begin{vmatrix} 2 & -1 & 0 & 0 \\ 0 & 2 & -1 & 0 \\ 0 & 0 & 2 & -1 \\ -1 & 0 & 0 & 2 \end{vmatrix} = $________.

A. 17　　B. 15　　C. 13　　D. 11

解　本题选 B.

按第一列展开，$D = 2\begin{vmatrix} 2 & -1 & 0 \\ 0 & 2 & -1 \\ 0 & 0 & 2 \end{vmatrix} - 1 \times (-1)^{(4+1)} \begin{vmatrix} -1 & 0 & 0 \\ 2 & -1 & 0 \\ 0 & 2 & -1 \end{vmatrix} = 16 - 1 = 15.$

例 2　计算 $\begin{vmatrix} 1 & 2 & 3 & 4 \\ -2 & 1 & -4 & 3 \\ 3 & -4 & -1 & 2 \\ 4 & 3 & -2 & 1 \end{vmatrix} = $________.

解　840.

用展开公式，先用“倍加”消 0，方法不唯一，如：

$$\begin{vmatrix} 1 & 2 & 3 & 4 \\ -2 & 1 & -4 & 3 \\ 3 & -4 & -1 & 2 \\ 4 & 3 & -2 & 1 \end{vmatrix} \xlongequal[\substack{r_3 - 3r_1 \\ r_4 - 4r_1}]{r_2 + 2r_1} \begin{vmatrix} 1 & 2 & 3 & 4 \\ 0 & 5 & 2 & 11 \\ 0 & -10 & -10 & -10 \\ 0 & -5 & -14 & -15 \end{vmatrix} = \begin{vmatrix} 5 & 2 & 11 \\ -10 & -10 & -10 \\ -5 & -14 & -15 \end{vmatrix}$$

$$\xlongequal[r_3 + r_1]{r_2 + 2r_1} \begin{vmatrix} 5 & 2 & 11 \\ 0 & -6 & 12 \\ 0 & -12 & -4 \end{vmatrix} = 5\begin{vmatrix} -6 & 12 \\ -12 & -4 \end{vmatrix} = 840.$$

例 3 行列式 $\begin{vmatrix} 0 & a & b & 0 \\ a & 0 & 0 & b \\ 0 & c & d & 0 \\ c & 0 & 0 & d \end{vmatrix}=$________.

A. $(ad-bc)^2$　　B. $-(ad-bc)^2$　　C. $a^2d^2-b^2c^2$　　D. $b^2c^2-a^2d^2$

解 本题选 B.

▶ **方法一** 本题有较多的 0,可考虑直接按行(列)展开,如按第一行展开.

$$原式=-a\begin{vmatrix} a & 0 & b \\ 0 & d & 0 \\ c & 0 & d \end{vmatrix}+b\begin{vmatrix} a & 0 & b \\ 0 & c & 0 \\ c & 0 & d \end{vmatrix}=-ad\begin{vmatrix} a & b \\ c & d \end{vmatrix}+bc\begin{vmatrix} a & b \\ c & d \end{vmatrix}=(ad-bc)(-ad+bc)$$

$$=-(ad-bc)^2.$$

▶ **方法二** 本题 D 的位置很规则,也可考虑用拉普拉斯展开式.

$$原式\xlongequal{r_1\leftrightarrow r_4}-\begin{vmatrix} c & 0 & 0 & d \\ a & 0 & 0 & b \\ 0 & c & d & 0 \\ 0 & a & b & 0 \end{vmatrix}\xlongequal{c_2\leftrightarrow c_4}\begin{vmatrix} c & d & 0 & 0 \\ a & b & 0 & 0 \\ 0 & 0 & d & c \\ 0 & 0 & b & a \end{vmatrix}=\begin{vmatrix} c & d \\ a & b \end{vmatrix}\cdot\begin{vmatrix} d & c \\ b & a \end{vmatrix}=-(ad-bc)^2.$$

例 4 计算行列式 $\begin{vmatrix} 1 & 1 & 1 & 1 \\ 1 & 2 & 0 & 0 \\ 1 & 0 & 3 & 0 \\ 1 & 0 & 0 & 4 \end{vmatrix}=$________.

解

$$\begin{vmatrix} 1 & 1 & 1 & 1 \\ 1 & 2 & 0 & 0 \\ 1 & 0 & 3 & 0 \\ 1 & 0 & 0 & 4 \end{vmatrix}=2\times3\times4\begin{vmatrix} 1 & 1 & 1 & 1 \\ \frac{1}{2} & 1 & 0 & 0 \\ \frac{1}{3} & 0 & 1 & 0 \\ \frac{1}{4} & 0 & 0 & 1 \end{vmatrix}\xlongequal[c_1-c_3]{c_1-c_2}{}_{c_1-c_4}\,24\begin{vmatrix} 1-\frac{1}{2}-\frac{1}{3}-\frac{1}{4} & 0 & 0 & 0 \\ \frac{1}{2} & 1 & 0 & 0 \\ \frac{1}{3} & 0 & 1 & 0 \\ \frac{1}{4} & 0 & 0 & 1 \end{vmatrix}$$

$$=24\times\left(1-\frac{1}{2}-\frac{1}{3}-\frac{1}{4}\right)=-2.$$

例 5 计算 $\begin{vmatrix} a & b & c \\ a^2 & b^2 & c^2 \\ b+c & a+c & a+b \end{vmatrix}=$________.

解 $$\begin{vmatrix} a & b & c \\ a^2 & b^2 & c^2 \\ b+c & a+c & a+b \end{vmatrix}\xlongequal{r_4+r_1}\begin{vmatrix} a & b & c \\ a^2 & b^2 & c^2 \\ a+b+c & a+b+c & a+b+c \end{vmatrix}=(a+b+c)\begin{vmatrix} a & b & c \\ a^2 & b^2 & c^2 \\ 1 & 1 & 1 \end{vmatrix}$$

$$=(a+b+c)\begin{vmatrix} 1 & 1 & 1 \\ a & b & c \\ a^2 & b^2 & c^2 \end{vmatrix}=(a+b+c)(b-a)(c-b)(c-a).$$

例 6　设$f(x)=\begin{vmatrix}1&0&x\\1&2&x^2\\1&3&x^3\end{vmatrix}$，求$f(x+1)-f(x)$.

解　$$f(x+1)-f(x)=\begin{vmatrix}1&0&x+1\\1&2&(x+1)^2\\1&3&(x+1)^3\end{vmatrix}-\begin{vmatrix}1&0&x\\1&2&x^2\\1&3&x^3\end{vmatrix}=\begin{vmatrix}1&0&x+1-x\\1&2&(x+1)^2-x^2\\1&3&(x+1)^3-x^3\end{vmatrix}$$

$$=\begin{vmatrix}1&0&1\\1&2&2x+1\\1&3&3x^2+3x+1\end{vmatrix}\xlongequal{c_3-c_1}\begin{vmatrix}1&0&0\\1&2&2x\\1&3&3x^2+3x\end{vmatrix}$$

$$\xlongequal{c_3-xc_2}\begin{vmatrix}1&0&0\\1&2&0\\1&3&3x^2\end{vmatrix}=6x^2.$$

例 7　若$\begin{vmatrix}\lambda-1&-1&-a\\-1&\lambda+a&1\\-a&1&\lambda-1\end{vmatrix}=0$，则$\lambda=$________.

解　原式$$\xlongequal{r_1+r_3}\begin{vmatrix}\lambda-1-a&0&\lambda-1-a\\-1&\lambda+a&1\\-a&1&\lambda-1\end{vmatrix}=(\lambda-a-1)\begin{vmatrix}1&0&1\\-1&\lambda+a&1\\-a&1&\lambda-1\end{vmatrix}\xlongequal{c_3-c_1}$$

$$(\lambda-a-1)\begin{vmatrix}1&0&0\\-1&\lambda+a&2\\-a&1&\lambda-1+a\end{vmatrix}=(\lambda-a-1)\begin{vmatrix}\lambda+a&2\\1&\lambda-1+a\end{vmatrix}$$

$$=(\lambda-a-1)(\lambda+a-2)(\lambda+a+1),$$

所以λ为$a+1,\ 2-a,\ -a-1$.

考点二　抽象型行列式的计算

思路点拨

抽象型行列式的特点为a_{ij}未给出，抽象的带字母的行列式计算，需通过行列式七大性质进行简化分离，最终表示为已知行列式的运算形式.

例 1　设 4 阶矩阵$\boldsymbol{A}=(\boldsymbol{\alpha},\boldsymbol{\gamma}_1,\boldsymbol{\gamma}_2,\boldsymbol{\gamma}_3)$，$\boldsymbol{B}=(\boldsymbol{\beta},\boldsymbol{\gamma}_1,\boldsymbol{\gamma}_2,\boldsymbol{\gamma}_3)$，其中$\boldsymbol{\alpha},\boldsymbol{\beta},\boldsymbol{\gamma}_1,\boldsymbol{\gamma}_2,\boldsymbol{\gamma}_3$是 4 维列向量，且$|\boldsymbol{A}|=3$，$|\boldsymbol{B}|=-1$，则$|\boldsymbol{A}+2\boldsymbol{B}|=$________.

解　$\boldsymbol{A}+2\boldsymbol{B}=(\boldsymbol{\alpha}+2\boldsymbol{\beta},3\boldsymbol{\gamma}_1,3\boldsymbol{\gamma}_2,3\boldsymbol{\gamma}_3)$

$$\begin{aligned}|\boldsymbol{A}+2\boldsymbol{B}|&=|\boldsymbol{\alpha}+2\boldsymbol{\beta},3\boldsymbol{\gamma}_1,3\boldsymbol{\gamma}_2,3\boldsymbol{\gamma}_3|=3^3|\boldsymbol{\alpha}+2\boldsymbol{\beta},\boldsymbol{\gamma}_1,\boldsymbol{\gamma}_2,\boldsymbol{\gamma}_3|\\&=27(|\boldsymbol{\alpha}_1,\boldsymbol{\gamma}_1,\boldsymbol{\gamma}_2,\boldsymbol{\gamma}_3|+2|\boldsymbol{\beta},\boldsymbol{\gamma}_1,\boldsymbol{\gamma}_2,\boldsymbol{\gamma}_3|)\\&=27[3+2\times(-1)]=27.\end{aligned}$$

例 2 若 $\begin{vmatrix} a_1 & a_2 & a_3 \\ b_1 & b_2 & b_3 \\ c_1 & c_2 & c_3 \end{vmatrix} = m$,则 $\begin{vmatrix} a_1 & 2c_1-5b_1 & 3b_1 \\ a_2 & 2c_2-5b_2 & 3b_2 \\ a_3 & 2c_3-5b_3 & 3b_3 \end{vmatrix} = ($ $)$.

A. $30m$　　B. $-15m$　　C. $6m$　　D. $-6m$

解 本题选 D.

$$\begin{vmatrix} a_1 & 2c_1-5b_1 & 3b_1 \\ a_2 & 2c_2-5b_2 & 3b_2 \\ a_3 & 2c_3-5b_3 & 3b_3 \end{vmatrix} = 3\begin{vmatrix} a_1 & 2c_1-5b_1 & b_1 \\ a_2 & 2c_2-5b_2 & b_2 \\ a_3 & 2c_3-5b_3 & b_3 \end{vmatrix} \xlongequal{c_2+5c_3} 3\begin{vmatrix} a_1 & 2c_1 & b_1 \\ a_2 & 2c_2 & b_2 \\ a_3 & 2c_3 & b_3 \end{vmatrix} = 6\begin{vmatrix} a_1 & c_1 & b_1 \\ a_2 & c_2 & b_2 \\ a_3 & c_3 & b_3 \end{vmatrix}$$

$$\xlongequal{c_2 \leftrightarrow c_3} -6\begin{vmatrix} a_1 & b_1 & c_1 \\ a_2 & b_2 & c_2 \\ a_3 & b_3 & c_3 \end{vmatrix} = -6\begin{vmatrix} a_1 & a_2 & a_3 \\ b_1 & b_2 & b_3 \\ c_1 & c_2 & c_3 \end{vmatrix} = -6m.$$

例 3 设 $\boldsymbol{A}$ 是 n 阶方阵,则 $||\boldsymbol{A}^*|\boldsymbol{A}| = ($ $)$.

A. $|\boldsymbol{A}|^{n^2}$　　B. $|\boldsymbol{A}|^{n^2-n}$　　C. $|\boldsymbol{A}|^{n^2-n+1}$　　D. $|\boldsymbol{A}|^{n^2+n}$

解 本题选 C.

$\boldsymbol{AA}^* = |\boldsymbol{A}|\boldsymbol{E}$, $|\boldsymbol{AA}^*| = ||\boldsymbol{A}|\boldsymbol{E}|$,则 $|\boldsymbol{A}|\ |\boldsymbol{A}^*| = |\boldsymbol{A}|^n$, $|\boldsymbol{A}^*| = |\boldsymbol{A}|^{n-1}$, $|\boldsymbol{A}^*|\boldsymbol{A} = |\boldsymbol{A}|^{n-1}\boldsymbol{A}$,

$||\boldsymbol{A}^*|\boldsymbol{A}| = ||\boldsymbol{A}|^{n-1}\boldsymbol{A}| = (|\boldsymbol{A}|^{n-1})^n \cdot |\boldsymbol{A}| = |\boldsymbol{A}|^{n^2-n+1}$.

例 4 已知 $\boldsymbol{A}$ 是 3 阶矩阵, $\boldsymbol{A}^{\mathrm{T}}$ 是 $\boldsymbol{A}$ 的转置矩阵, $\boldsymbol{A}^*$ 是 $\boldsymbol{A}$ 的伴随矩阵,如果 $|\boldsymbol{A}| = \frac{1}{4}$,则 $\left|\left(\frac{2}{3}\boldsymbol{A}\right)^{-1} - 8\boldsymbol{A}^*\right| =$________.

解 $\left(\frac{2}{3}\boldsymbol{A}\right)^{-1} - 8\boldsymbol{A}^* = \frac{3}{2}\boldsymbol{A}^{-1} - 8|\boldsymbol{A}|\boldsymbol{A}^{-1} = \frac{3}{2}\boldsymbol{A}^{-1} - 2\boldsymbol{A}^{-1} = -\frac{1}{2}\boldsymbol{A}^{-1}$,

$\left|\left(\frac{3}{2}\boldsymbol{A}\right)^{-1} - 8\boldsymbol{A}^*\right| = \left|-\frac{1}{2}\boldsymbol{A}^{-1}\right| = \left(-\frac{1}{2}\right)^3 |\boldsymbol{A}^{-1}| = \left(-\frac{1}{2}\right)^3 \cdot \frac{1}{|\boldsymbol{A}|} = -\frac{1}{2}$.

例 5 已知 $\boldsymbol{A}$ 是 3 阶矩阵,且 $|\boldsymbol{A}| = 2$, 求 $|(2\boldsymbol{A})^{-1} - \boldsymbol{A}^*| =$________.

解 $(2\boldsymbol{A})^{-1} - \boldsymbol{A}^* = \frac{1}{2}\boldsymbol{A}^{-1} - |\boldsymbol{A}|\boldsymbol{A}^{-1} = \frac{1}{2}\boldsymbol{A}^{-1} - 2\boldsymbol{A}^{-1} = -\frac{3}{2}\boldsymbol{A}^{-1}$,

$|(2\boldsymbol{A})^{-1} - \boldsymbol{A}^*| = \left|-\frac{3}{2}\boldsymbol{A}^{-1}\right| = \left(-\frac{3}{2}\right)^3 |\boldsymbol{A}^{-1}| = -\frac{27}{8} \cdot \frac{1}{|\boldsymbol{A}|} = -\frac{27}{16}$.

考点三　余子式和代数余子式的求和计算

思路点拨

除了按代数余子式的定义直接计算求和外,还可用行列式的按行或按列展开公式,由于 A_{ij} 的值与 a_{ij} 值无关,因此可构造一个新的行列式 $|\boldsymbol{B}|$,通过求新行列式的代数余子式间接求出原行列式的代数余子式.

余子式与代数余子式之间的转换,需注意符号的变换 $A_{ij} = (-1)^{i+j}M_{ij}$.

例 1　设 $|\boldsymbol{A}|=\begin{vmatrix}1&1&2&-1\\-2&3&4&1\\3&4&1&2\\-4&2&0&6\end{vmatrix}$，计算：(1) $A_{12}-2A_{22}+3A_{32}-4A_{42}$；(2) $A_{31}+2A_{32}+A_{34}$.

解　(1) 本题计算 $A_{12}-2A_{22}+3A_{32}-4A_{42}$，即将 $|\boldsymbol{A}|$ 中第 2 列元素换为 $a_{12}=1$，$a_{22}=-2$，$a_{32}=3$，$a_{42}=-4$.

$$A_{12}-2A_{22}+3A_{32}-4A_{42}=\begin{vmatrix}1&1&2&-1\\-2&-2&4&1\\3&3&1&2\\-4&-4&0&6\end{vmatrix}=0.$$

(2) $A_{31}+2A_{32}+A_{34}$，即将 $|\boldsymbol{A}|$ 中第 3 行元素换为 $a_{31}=1$，$a_{32}=2$，$a_{33}=0$，$a_{34}=1$.

$$A_{31}+2A_{32}+A_{34}=\begin{vmatrix}1&1&2&-1\\-2&3&4&1\\1&2&0&1\\-4&2&0&6\end{vmatrix}\xlongequal{r_2-2r_1}\begin{vmatrix}1&1&2&-1\\-4&1&0&3\\1&2&0&1\\-4&2&0&6\end{vmatrix}$$

$$=(-1)^{1+3}\times 2\begin{vmatrix}-4&1&3\\1&2&1\\-4&2&6\end{vmatrix}\xlongequal{r_3-2r_1}2\begin{vmatrix}-4&1&3\\1&2&1\\4&0&0\end{vmatrix}$$

$$=2\times(-1)^{3+1}\times 4\begin{vmatrix}1&3\\2&1\end{vmatrix}=8\times(1-6)=-40.$$

例 2　若 $D=\begin{vmatrix}1&1&0&0\\0&0&1&1\\1&-1&1&-1\\1&2&3&4\end{vmatrix}$，$M_{ij}$ 是 D 中元素 a_{ij} 的余子式，则 $M_{41}+M_{42}+M_{43}+M_{44}=$ (　　).

A. −2　　　　B. 0　　　　C. 1　　　　D. 2

解　本题选 B.

$$M_{41}+M_{42}+M_{43}+M_{44}=-A_{41}+A_{42}-A_{43}+A_{44}=\begin{vmatrix}1&1&0&0\\0&0&1&1\\1&-1&1&-1\\-1&1&-1&1\end{vmatrix}=0.$$

例 3　设 $|\boldsymbol{A}|=\begin{vmatrix}-2&2&-2&2\\1&2&3&4\\1&1&1&1\\2&-1&3&5\end{vmatrix}$，计算：(1) $A_{41}+A_{42}+A_{43}+A_{44}$；(2) $M_{31}+M_{32}+M_{33}+M_{34}$.

解　(1) $A_{41}+A_{42}+A_{43}+A_{44}=\begin{vmatrix}-2&2&-2&2\\1&2&3&4\\1&1&1&1\\1&1&1&1\end{vmatrix}=0.$

(2) $M_{31}+M_{32}+M_{33}+M_{34}=A_{31}-A_{32}+A_{33}-A_{34}=\begin{vmatrix} -2 & 2 & -2 & 2 \\ 1 & 2 & 3 & 4 \\ 1 & -1 & 1 & -1 \\ 2 & -1 & 3 & 5 \end{vmatrix}=0.$

考点四　矩阵的基本运算

思路点拨

(1) 矩阵的线性运算包括转置、矩阵的加法和数乘，只有同型矩阵才能进行矩阵的加减运算.

(2) 矩阵的乘法具有结合律，没有交换律和消去律，即一般情况下 $\boldsymbol{AB}\neq\boldsymbol{BA}$

且 $\boldsymbol{AB}=\boldsymbol{O},\ \boldsymbol{B}\neq\boldsymbol{O}\nRightarrow\boldsymbol{A}=\boldsymbol{O}$,

$\boldsymbol{AB}=\boldsymbol{AC},\ \boldsymbol{A}\neq\boldsymbol{O}\nRightarrow\boldsymbol{B}=\boldsymbol{C}$.

但有 $\boldsymbol{A}^2-\boldsymbol{E}=(\boldsymbol{A}+\boldsymbol{E})(\boldsymbol{A}-\boldsymbol{E}),\ (\boldsymbol{A}\pm\boldsymbol{E})^2=\boldsymbol{A}^2\pm2\boldsymbol{A}+\boldsymbol{E}$.

例 1　设 $\boldsymbol{\alpha},\boldsymbol{\beta}$ 是三维列向量，$\boldsymbol{\beta}^{\mathrm{T}}$ 是 $\boldsymbol{\beta}$ 的转置，如果 $\boldsymbol{\alpha}\boldsymbol{\beta}^{\mathrm{T}}=\begin{pmatrix} 1 & -1 & 2 \\ -2 & 2 & -4 \\ 3 & -3 & 6 \end{pmatrix}$，则 $\boldsymbol{\alpha}^{\mathrm{T}}\boldsymbol{\beta}=$______.

解　设 $\boldsymbol{\alpha}=(x_1,x_2,x_3)^{\mathrm{T}},\ \boldsymbol{\beta}=(y_1,y_2,y_3)^{\mathrm{T}}$，则

$$\boldsymbol{\alpha}\boldsymbol{\beta}^{\mathrm{T}}=\begin{pmatrix} x_1 \\ x_2 \\ x_3 \end{pmatrix}(y_1,y_2,y_3)=\begin{pmatrix} x_1y_1 & x_1y_2 & x_1y_3 \\ x_2y_1 & x_2y_2 & x_2y_3 \\ x_3y_1 & x_3y_2 & x_3y_3 \end{pmatrix},$$

$\boldsymbol{\alpha}^{\mathrm{T}}\boldsymbol{\beta}=(x_1,x_2,x_3)\begin{pmatrix} y_1 \\ y_2 \\ y_3 \end{pmatrix}=x_1y_1+x_2y_2+x_3y_3$. $\boldsymbol{\alpha}^{\mathrm{T}}\boldsymbol{\beta}$ 是矩阵 $\boldsymbol{\alpha}\boldsymbol{\beta}^{\mathrm{T}}$ 的主对角线元素之和.

所以 $\boldsymbol{\alpha}^{\mathrm{T}}\boldsymbol{\beta}=1+2+6=9$.

例 2　设 $\boldsymbol{\alpha}=(1,2,3)^{\mathrm{T}},\ \boldsymbol{\beta}=\left(1,\dfrac{1}{2},0\right)^{\mathrm{T}},\ \boldsymbol{A}=\boldsymbol{\alpha}\boldsymbol{\beta}^{\mathrm{T}}$，求 $\boldsymbol{A}^3$.

解　$\boldsymbol{A}=\boldsymbol{\alpha}\boldsymbol{\beta}^{\mathrm{T}}=\begin{pmatrix} 1 \\ 2 \\ 3 \end{pmatrix}\left(1,\dfrac{1}{2},0\right)=\begin{pmatrix} 1 & \dfrac{1}{2} & 0 \\ 2 & 1 & 0 \\ 3 & \dfrac{3}{2} & 0 \end{pmatrix},$

$\boldsymbol{A}^3=(\boldsymbol{\alpha}\boldsymbol{\beta}^{\mathrm{T}})(\boldsymbol{\alpha}\boldsymbol{\beta}^{\mathrm{T}})(\boldsymbol{\alpha}\boldsymbol{\beta}^{\mathrm{T}})=\boldsymbol{\alpha}(\boldsymbol{\beta}^{\mathrm{T}}\boldsymbol{\alpha})(\boldsymbol{\beta}^{\mathrm{T}}\boldsymbol{\alpha})\boldsymbol{\beta}^{\mathrm{T}},$

$\boldsymbol{\beta}^{\mathrm{T}}\boldsymbol{\alpha}=1+1+0=2,$

$$A^3 = 4\alpha\beta^T = 4A = \begin{pmatrix} 4 & 2 & 0 \\ 8 & 4 & 0 \\ 12 & 6 & 0 \end{pmatrix}.$$

例 3　设$f(x) = x^2 - 5x + 3$, $A = \begin{pmatrix} 2 & -1 \\ -3 & 3 \end{pmatrix}$,定义$f(A) = A^2 - 5A + 3E$,则$f(A) =$ (　　).

A. $\begin{pmatrix} 3 & 0 \\ 0 & 2 \end{pmatrix}$　　B. $\begin{pmatrix} 0 & 0 \\ 0 & 0 \end{pmatrix}$　　C. $\begin{pmatrix} 2 & 0 \\ 3 & 3 \end{pmatrix}$　　D. $\begin{pmatrix} 2 & 3 \\ -1 & 0 \end{pmatrix}$

解　本题选 B.

$$f(A) = A^2 - 5A + 3E = \begin{pmatrix} 2 & -1 \\ -3 & 3 \end{pmatrix}\begin{pmatrix} 2 & -1 \\ -3 & 3 \end{pmatrix} - 5\begin{pmatrix} 2 & -1 \\ -3 & 3 \end{pmatrix} + 3\begin{pmatrix} 1 & 0 \\ 0 & 1 \end{pmatrix}$$

$$= \begin{pmatrix} 7 & -5 \\ -15 & 12 \end{pmatrix} - \begin{pmatrix} 10 & -5 \\ -15 & 15 \end{pmatrix} + \begin{pmatrix} 3 & 0 \\ 0 & 3 \end{pmatrix} = \begin{pmatrix} 0 & 0 \\ 0 & 0 \end{pmatrix}.$$

例 4　计算AB,其中$A = \begin{pmatrix} 1 & 2 & -1 \\ -1 & 3 & 4 \\ 1 & 1 & 1 \end{pmatrix}$, $B = \begin{pmatrix} 5 & 6 \\ -5 & -6 \\ 6 & 0 \end{pmatrix}$.

解　$AB = \begin{pmatrix} 1 & 2 & -1 \\ -1 & 3 & 4 \\ 1 & 1 & 1 \end{pmatrix}\begin{pmatrix} 5 & 6 \\ -5 & -6 \\ 6 & 0 \end{pmatrix} = \begin{pmatrix} -11 & -6 \\ 4 & -24 \\ 6 & 0 \end{pmatrix}$.

考点五　求逆矩阵相关计算和矩阵方程

思路点拨

1. 求逆矩阵相关计算

可逆是矩阵中的一个重要知识点,也是考试中的必考知识点. 重点掌握求逆矩阵的方法:

(1) 定义法:利用定义求逆矩阵,根据题目条件,找出一个矩阵B,使$AB = E$,则A可逆,且$A^{-1} = B$;

(2) 伴随矩阵法:$A^{-1} = \frac{1}{|A|}A^*$;

(3) 初等行变换法:$(A \mid E) \xrightarrow{\text{行变换}} (E \mid A^{-1})$.

(1) 求抽象矩阵的逆矩阵

例 1　设A, B是n阶矩阵,且$AB = A + B$,则(　　).

A. $A - E$为可逆矩阵　　B. $A + E$为可逆矩阵

C. $A - 2E$为可逆矩阵　　D. $B + E$为可逆矩阵

解　本题选 A.

$AB = A + B$ 即 $AB - A - B = O \Rightarrow AB - A - B + E = E \Rightarrow (A - E)(B - E) = E$,
因此 $A - E$ 可逆,且 $(A - E)^{-1} = B - E$.

例 2 若 A 是 n 阶矩阵,满足 $A^2 + 3A - 2E = O$,则 $(A + E)^{-1} =$________.

解 $A^2 + 3A - 2E = O \Rightarrow (A + E)(A + 2E) - 4E = O \Rightarrow (A + E)(A + 2E) = 4E$

$$\Rightarrow (A + E) \cdot \frac{1}{4}(A + 2E) = E,$$

所以 $(A + E)^{-1} = \frac{1}{4}(A + 2E)$.

例 3 设 A 是 n 阶矩阵,满足 $(A - E)^3 = (A + E)^3$,则 $(A - 2E)^{-1} =$________.

解 $(A - E)^3 = (A + E)^3 \Rightarrow A^3 - 3A^2 + 3A - E = A^3 + 3A^2 + 3A + E \Rightarrow 6A^2 + 2E = O \Rightarrow$

$$3A^2 + E = O \Rightarrow (A - 2E)(3A + 6E) + 13E = O \Rightarrow (A - 2E) \cdot \frac{-1}{13}(3A + 6E) = E,$$

所以 $(A - 2E)^{-1} = -\frac{1}{13}(3A + 6E) = -\frac{3}{13}(A + 2E)$.

(2) 求数值矩阵的逆矩阵

例 4 若 $A = \begin{pmatrix} 0 & 1 & 3 \\ 1 & -1 & 0 \\ -1 & 2 & 1 \end{pmatrix}$,求 A^{-1}.

解 ▶ **方法一** 用伴随矩阵

$$A_{11} = \begin{vmatrix} -1 & 0 \\ 2 & 1 \end{vmatrix} = -1,\ A_{12} = -\begin{vmatrix} 1 & 0 \\ -1 & 1 \end{vmatrix} = -1,\ A_{13} = \begin{vmatrix} 1 & -1 \\ -1 & 2 \end{vmatrix} = 1,$$

$$A_{21} = -\begin{vmatrix} 1 & 3 \\ 2 & 1 \end{vmatrix} = 5,\ A_{22} = \begin{vmatrix} 0 & 3 \\ -1 & 1 \end{vmatrix} = 3,\ A_{23} = -\begin{vmatrix} 0 & 1 \\ -1 & 2 \end{vmatrix} = -1,$$

$$A_{31} = \begin{vmatrix} 1 & 3 \\ -1 & 0 \end{vmatrix} = 3,\ A_{32} = -\begin{vmatrix} 0 & 3 \\ 1 & 0 \end{vmatrix} = 3,\ A_{33} = \begin{vmatrix} 0 & 1 \\ 1 & -1 \end{vmatrix} = -1,$$

$$A^* = \begin{pmatrix} -1 & 5 & 3 \\ -1 & 3 & 3 \\ 1 & -1 & -1 \end{pmatrix},$$

$$|A| = \begin{vmatrix} 0 & 1 & 3 \\ 1 & -1 & 0 \\ -1 & 2 & 1 \end{vmatrix} \xlongequal{r_3 + r_2} \begin{vmatrix} 0 & 1 & 3 \\ 1 & -1 & 0 \\ 0 & 1 & 1 \end{vmatrix} = (-1)^{2+1}\begin{vmatrix} 1 & 3 \\ 1 & 1 \end{vmatrix} = 2,$$

$$A^{-1} = \frac{1}{|A|}A^* = \frac{1}{2}\begin{pmatrix} -1 & 5 & 3 \\ -1 & 3 & 3 \\ 1 & -1 & -1 \end{pmatrix}.$$

▶ **方法二**　用初等行变换求 A^{-1}

$$(A \vdots E)=\left(\begin{array}{ccc:ccc}0&1&3&1&0&0\\1&-1&0&0&1&0\\-1&2&1&0&0&1\end{array}\right)\xrightarrow{r_1\leftrightarrow r_2}\left(\begin{array}{ccc:ccc}1&-1&0&0&1&0\\0&1&3&1&0&0\\-1&2&1&0&0&1\end{array}\right)$$

$$\xrightarrow{r_3+r_1}\left(\begin{array}{ccc:ccc}1&-1&0&0&1&0\\0&1&3&1&0&0\\0&1&1&0&1&1\end{array}\right)\xrightarrow{r_3-r_2}\left(\begin{array}{ccc:ccc}1&-1&0&0&1&0\\0&1&3&1&0&0\\0&0&-2&-1&1&1\end{array}\right)$$

$$\xrightarrow{r_3\div(-2)}\left(\begin{array}{ccc:ccc}1&-1&0&0&1&0\\0&1&3&1&0&0\\0&0&1&\frac{1}{2}&-\frac{1}{2}&-\frac{1}{2}\end{array}\right)\xrightarrow{r_2-3r_3}\left(\begin{array}{ccc:ccc}1&-1&0&0&1&0\\0&1&0&-\frac{1}{2}&\frac{3}{2}&\frac{3}{2}\\0&0&1&\frac{1}{2}&-\frac{1}{2}&-\frac{1}{2}\end{array}\right)$$

$$\xrightarrow{r_1+r_2}\left(\begin{array}{ccc:ccc}1&0&0&-\frac{1}{2}&\frac{5}{2}&\frac{3}{2}\\0&1&0&-\frac{1}{2}&\frac{3}{2}&\frac{3}{2}\\0&0&1&\frac{1}{2}&-\frac{1}{2}&-\frac{1}{2}\end{array}\right),\text{故 } A^{-1}=\begin{pmatrix}-\frac{1}{2}&\frac{5}{2}&\frac{3}{2}\\-\frac{1}{2}&\frac{3}{2}&\frac{3}{2}\\\frac{1}{2}&-\frac{1}{2}&-\frac{1}{2}\end{pmatrix}.$$

例 5　设 $A=\begin{pmatrix}0&2&-1\\1&1&2\\-1&-1&-1\end{pmatrix}$，求 A^{-1}.

解　$$(A \vdots E)=\left(\begin{array}{ccc:ccc}0&2&-1&1&0&0\\1&1&2&0&1&0\\-1&-1&-1&0&0&1\end{array}\right)\xrightarrow{r_1\leftrightarrow r_2}\left(\begin{array}{ccc:ccc}1&1&2&0&1&0\\0&2&-1&1&0&0\\-1&-1&-1&0&0&1\end{array}\right)$$

$$\xrightarrow{r_3+r_1}\left(\begin{array}{ccc:ccc}1&1&2&0&1&0\\0&2&-1&1&0&0\\0&0&1&0&1&1\end{array}\right)\xrightarrow{r_2+r_3}\left(\begin{array}{ccc:ccc}1&1&2&0&1&0\\0&2&0&1&1&1\\0&0&1&0&1&1\end{array}\right)$$

$$\xrightarrow{r_2\div 2}\left(\begin{array}{ccc:ccc}1&1&2&0&1&0\\0&1&0&\frac{1}{2}&\frac{1}{2}&\frac{1}{2}\\0&0&1&0&1&1\end{array}\right)\xrightarrow{r_1-r_2}\left(\begin{array}{ccc:ccc}1&0&2&-\frac{1}{2}&\frac{1}{2}&-\frac{1}{2}\\0&1&0&\frac{1}{2}&\frac{1}{2}&\frac{1}{2}\\0&0&1&0&1&1\end{array}\right)$$

$$\xrightarrow{r_1-2r_3}\left(\begin{array}{ccc:ccc}1&0&0&-\frac{1}{2}&-\frac{3}{2}&-\frac{5}{2}\\0&1&0&\frac{1}{2}&\frac{1}{2}&\frac{1}{2}\\0&0&1&0&1&1\end{array}\right),\text{故 } A^{-1}=\begin{pmatrix}-\frac{1}{2}&-\frac{3}{2}&-\frac{5}{2}\\\frac{1}{2}&\frac{1}{2}&\frac{1}{2}\\0&1&1\end{pmatrix}.$$

例 6 设 $A=\begin{pmatrix}0&0&1&-1&0\\0&0&0&1&-1\\0&0&0&0&1\\1&3&0&0&0\\-1&2&0&0&0\end{pmatrix}$，求 A^{-1}.

解 分块如下：$A=\left(\begin{array}{cc|ccc}0&0&1&-1&0\\0&0&0&1&-1\\0&0&0&0&1\\ \hline 1&3&0&0&0\\-1&2&0&0&0\end{array}\right)$.

记 $A=\begin{pmatrix}O&B\\C&O\end{pmatrix}$，$B=\begin{pmatrix}1&-1&0\\0&1&-1\\0&0&1\end{pmatrix}$，$C=\begin{pmatrix}1&3\\-1&2\end{pmatrix}$，则

$$(B\vdots E)=\left(\begin{array}{ccc|ccc}1&-1&0&1&0&0\\0&1&-1&0&1&0\\0&0&1&0&0&1\end{array}\right)\xrightarrow{r_2+r_3}\left(\begin{array}{ccc|ccc}1&-1&0&1&0&0\\0&1&0&0&1&1\\0&0&1&0&0&1\end{array}\right)$$

$$\xrightarrow{r_1+r_2}\left(\begin{array}{ccc|ccc}1&0&0&1&1&1\\0&1&0&0&1&1\\0&0&1&0&0&1\end{array}\right)，故 B^{-1}=\begin{pmatrix}1&1&1\\0&1&1\\0&0&1\end{pmatrix}.$$

$$C^{-1}=\frac{1}{|C|}C^{*}=\frac{1}{5}\begin{pmatrix}2&-3\\1&1\end{pmatrix}=\begin{pmatrix}\frac{2}{5}&-\frac{3}{5}\\\frac{1}{5}&\frac{1}{5}\end{pmatrix},$$

$$A^{-1}=\begin{pmatrix}O&C^{-1}\\B^{-1}&O\end{pmatrix}=\begin{pmatrix}0&0&0&\frac{2}{5}&-\frac{3}{5}\\0&0&0&\frac{1}{5}&\frac{1}{5}\\1&1&1&0&0\\0&1&1&0&0\\0&0&1&0&0\end{pmatrix}.$$

例 7 设 $A=\begin{pmatrix}1&2&0\\2&2&0\\3&4&5\end{pmatrix}$，$A^{*}$ 是 A 的伴随矩阵，则 $(A^{*})^{-1}=$________.

解 $$|A|=\begin{vmatrix}1&2&0\\2&2&0\\3&4&5\end{vmatrix}\xlongequal{c_2-c_1}\begin{vmatrix}1&1&0\\2&0&0\\3&1&5\end{vmatrix}=(-1)^{2+1}\cdot 2\begin{vmatrix}1&0\\1&5\end{vmatrix}=-10\neq 0,$$

所以 A 可逆.

$AA^* = |A|E$,则$\frac{A}{|A|}\cdot A^* = E$, $(A^*)^{-1} = \frac{A}{|A|} = -\frac{1}{10}\begin{pmatrix}1&2&0\\2&2&0\\3&4&5\end{pmatrix}$.

例 8　设A, B是n阶方阵,$|A| = 2$, $|B| = -4$,则$|2B^*A^{-1}| =$________.

解　$|2B^*A^{-1}| = 2^n|B^*||A^{-1}| = 2^n|B|^{n-1}\cdot\frac{1}{|A|}$

$$= 2^n\cdot(-4)^{n-1}\cdot\frac{1}{2} = (-8)^{n-1}.$$

思路点拨

2. 矩阵方程

应根据题目条件和矩阵的运算规则,将方程进行恒等变形.

若A可逆,则$AX = B$可化为$X = A^{-1}B$,$XA = B$可化为$X = BA^{-1}$;

若A, B可逆,则$AXB = C$可化为$X = A^{-1}CB^{-1}$.

例 1　(2022 年)已知$A = \begin{pmatrix}-1&1&0\\-1&2&0\\1&1&-1\end{pmatrix}$, $B = \begin{pmatrix}2&2\\5&6\\-1&0\end{pmatrix}$,求矩阵$X$使$AX = B$.

解　$|A| = \begin{vmatrix}-1&1&0\\-1&2&0\\1&1&-1\end{vmatrix} = (-1)\cdot\begin{vmatrix}-1&1\\-1&2\end{vmatrix} = 1 \neq 0$,

所以A可逆.

$$(A\vdots E) = \left(\begin{array}{ccc:ccc}-1&1&0&1&0&0\\-1&2&0&0&1&0\\1&1&-1&0&0&1\end{array}\right)\xrightarrow[r_2-r_1]{r_3+r_1}\left(\begin{array}{ccc:ccc}-1&1&0&1&0&0\\0&1&0&-1&1&0\\0&2&-1&1&0&1\end{array}\right)$$

$$\xrightarrow[r_3-2r_2]{r_1\div(-1)}\left(\begin{array}{ccc:ccc}1&-1&0&-1&0&0\\0&1&0&-1&1&0\\0&0&-1&3&-2&1\end{array}\right)\xrightarrow[r_1+r_2]{r_3\div(-1)}\left(\begin{array}{ccc:ccc}1&0&0&-2&1&0\\0&1&0&-1&1&0\\0&0&1&-3&2&-1\end{array}\right),$$

故$A^{-1} = \begin{pmatrix}-2&1&0\\-1&1&0\\-3&2&-1\end{pmatrix}$.

$$X = A^{-1}B = \begin{pmatrix}-2&1&0\\-1&1&0\\-3&2&-1\end{pmatrix}\begin{pmatrix}2&2\\5&6\\-1&0\end{pmatrix} = \begin{pmatrix}1&2\\3&4\\5&6\end{pmatrix}.$$

例 2 设 3 阶方阵 $\boldsymbol{A}$, $\boldsymbol{B}$ 满足 $\boldsymbol{A}^{-1}\boldsymbol{B}\boldsymbol{A}=6\boldsymbol{A}+\boldsymbol{B}\boldsymbol{A}$, 且 $\boldsymbol{A}=\begin{pmatrix}\frac{1}{3}&0&0\\0&\frac{1}{4}&0\\0&0&\frac{1}{5}\end{pmatrix}$, 求 $\boldsymbol{B}$.

解 $\boldsymbol{A}^{-1}\boldsymbol{B}\boldsymbol{A}=6\boldsymbol{A}+\boldsymbol{B}\boldsymbol{A}\Rightarrow(\boldsymbol{A}^{-1}\boldsymbol{B}\boldsymbol{A})\cdot\boldsymbol{A}^{-1}=6\boldsymbol{A}\boldsymbol{A}^{-1}+\boldsymbol{B}\boldsymbol{A}\boldsymbol{A}^{-1}\Rightarrow\boldsymbol{A}^{-1}\boldsymbol{B}=6\boldsymbol{E}+\boldsymbol{B}\Rightarrow\boldsymbol{A}^{-1}\boldsymbol{B}-\boldsymbol{B}=6\boldsymbol{E}\Rightarrow(\boldsymbol{A}^{-1}-\boldsymbol{E})\boldsymbol{B}=6\boldsymbol{E}\Rightarrow\boldsymbol{B}=6(\boldsymbol{A}^{-1}-\boldsymbol{E})^{-1}$.

$\boldsymbol{A}^{-1}=\begin{pmatrix}3&0&0\\0&4&0\\0&0&5\end{pmatrix}$, $\boldsymbol{A}^{-1}-\boldsymbol{E}=\begin{pmatrix}2&0&0\\0&3&0\\0&0&4\end{pmatrix}$,

则 $(\boldsymbol{A}^{-1}-\boldsymbol{E})^{-1}=\begin{pmatrix}\frac{1}{2}&0&0\\0&\frac{1}{3}&0\\0&0&\frac{1}{4}\end{pmatrix}$, $\boldsymbol{B}=6(\boldsymbol{A}^{-1}-\boldsymbol{E})^{-1}=\begin{pmatrix}3&0&0\\0&2&0\\0&0&\frac{3}{2}\end{pmatrix}$.

例 3 已知 $\boldsymbol{A}=\begin{pmatrix}2&0&1\\0&3&0\\2&0&2\end{pmatrix}$, $\boldsymbol{B}=\begin{pmatrix}1&0&0\\0&-1&0\\0&0&0\end{pmatrix}$, 若 $\boldsymbol{X}$ 满足 $\boldsymbol{A}\boldsymbol{X}+2\boldsymbol{B}=\boldsymbol{B}\boldsymbol{A}+2\boldsymbol{X}$, 则 $\boldsymbol{X}^4=$ ________.

解 由 $\boldsymbol{A}\boldsymbol{X}+2\boldsymbol{B}=\boldsymbol{B}\boldsymbol{A}+2\boldsymbol{X}$ 得 $\boldsymbol{A}\boldsymbol{X}-2\boldsymbol{X}=\boldsymbol{B}\boldsymbol{A}-2\boldsymbol{B}\Rightarrow(\boldsymbol{A}-2\boldsymbol{E})\boldsymbol{X}=\boldsymbol{B}(\boldsymbol{A}-2\boldsymbol{E})$.

因为 $|\boldsymbol{A}-2\boldsymbol{E}|=\begin{vmatrix}0&0&1\\0&1&0\\2&0&0\end{vmatrix}\neq 0$, 所以 $\boldsymbol{A}-2\boldsymbol{E}$ 可逆.

则 $(\boldsymbol{A}-2\boldsymbol{E})^{-1}=\begin{pmatrix}0&0&\frac{1}{2}\\0&1&0\\1&0&0\end{pmatrix}$.

$\boldsymbol{X}=(\boldsymbol{A}-2\boldsymbol{E})^{-1}\boldsymbol{B}(\boldsymbol{A}-2\boldsymbol{E})$,

$$\boldsymbol{X}^4=(\boldsymbol{A}-2\boldsymbol{E})^{-1}\boldsymbol{B}^4(\boldsymbol{A}-2\boldsymbol{E})=\begin{pmatrix}0&0&\frac{1}{2}\\0&1&0\\1&0&0\end{pmatrix}\begin{pmatrix}1&0&0\\0&-1&0\\0&0&0\end{pmatrix}^4\begin{pmatrix}0&0&1\\0&1&0\\2&0&0\end{pmatrix}$$

$$=\begin{pmatrix}0&0&\frac{1}{2}\\0&1&0\\1&0&0\end{pmatrix}\begin{pmatrix}1&0&0\\0&1&0\\0&0&0\end{pmatrix}\begin{pmatrix}0&0&1\\0&1&0\\2&0&0\end{pmatrix}=\begin{pmatrix}0&0&0\\0&1&0\\0&0&1\end{pmatrix}.$$

考点六 矩阵秩的计算

思路点拨

(1) 求矩阵的秩：常常通过初等变换将矩阵化成行(列)阶梯形，从而判断矩阵的秩，也可以利用矩阵的秩的定义求解.

(2) 已知矩阵的秩求参数：将矩阵经过初等变换化简为行阶梯形或行最简形，其中至少有一个含参数的元素，利用矩阵的秩得到相关的等式，从而解出参数. 当方阵的秩小于方阵的阶数时，也可以利用方阵的行列式为 0 求解.

例 1 (2022 年)若矩阵 $\boldsymbol{A}=\begin{pmatrix}-1&-1&3\\1&a&2\\-1&0&2\end{pmatrix}$ 的秩为 2，则常数 a 的值为( ).

A. −4　　B. −2　　C. 2　　D. 4

解 本题选 A.

▶ **方法一** $r(\boldsymbol{A})=2\Leftrightarrow|\boldsymbol{A}|=0.$

$$|\boldsymbol{A}|=\begin{vmatrix}-1&-1&3\\1&a&2\\-1&0&2\end{vmatrix}\xlongequal[r_3+r_2]{r_1+r_2}\begin{vmatrix}0&a-1&5\\1&a&2\\0&a&4\end{vmatrix}=-\begin{vmatrix}a-1&5\\a&4\end{vmatrix}=-[4(a-1)-5a]=a+4,$$

因为 $|\boldsymbol{A}|=0$, 所以 $a=-4$.

▶ **方法二** $\boldsymbol{A}=\begin{pmatrix}-1&-1&3\\1&a&2\\-1&0&2\end{pmatrix}\xrightarrow[r_3-r_1]{r_2+r_1}\begin{pmatrix}-1&-1&3\\0&a-1&5\\0&1&-1\end{pmatrix}\xrightarrow{r_2\leftrightarrow r_3}\begin{pmatrix}-1&-1&3\\0&1&-1\\0&a-1&5\end{pmatrix}$

$$\xrightarrow{r_3-(a-1)r_2}\begin{pmatrix}-1&-1&3\\0&1&-1\\0&0&a+4\end{pmatrix}.$$

因为 $r(\boldsymbol{A})=2$, 所以 $a+4=0$, $a=-4$.

例 2 求矩阵 $\boldsymbol{A}$ 和 $\boldsymbol{B}$ 的秩.

$$\boldsymbol{A}=\begin{pmatrix}1&2&3\\2&3&-5\\4&7&1\end{pmatrix},\ \boldsymbol{B}=\begin{pmatrix}3&2&0&5&0\\3&-2&3&6&-1\\2&0&1&5&-3\\1&6&-4&-1&4\end{pmatrix}.$$

解 因为 $\boldsymbol{A}=\begin{pmatrix}1&2&3\\2&3&-5\\4&7&1\end{pmatrix}\xrightarrow[r_3-4r_1]{r_2-2r_1}\begin{pmatrix}1&2&3\\0&-1&-11\\0&-1&-11\end{pmatrix}\xrightarrow{r_3-r_2}\begin{pmatrix}1&2&3\\0&-1&-11\\0&0&0\end{pmatrix}$,

所以 $r(\boldsymbol{A})=2$.

因为 $\boldsymbol{B}=\begin{pmatrix}3&2&0&5&0\\3&-2&3&6&-1\\2&0&1&5&-3\\1&6&-4&-1&4\end{pmatrix}\xrightarrow{r_1\leftrightarrow r_4}\begin{pmatrix}1&6&-4&-1&4\\3&-2&3&6&-1\\2&0&1&5&-3\\3&2&0&5&0\end{pmatrix}$

$\xrightarrow{r_2-r_4}\begin{pmatrix}1&6&-4&-1&4\\0&-4&3&1&-1\\2&0&1&5&-3\\3&2&0&5&0\end{pmatrix}\xrightarrow[r_4-3r_1]{r_3-2r_1}\begin{pmatrix}1&6&-4&-1&4\\0&-4&3&1&-1\\0&-12&9&7&-11\\0&-16&12&8&-12\end{pmatrix}$

$\xrightarrow[r_3-3r_2]{r_4-4r_2}\begin{pmatrix}1&6&-4&-1&4\\0&-4&3&1&-1\\0&0&0&4&-8\\0&0&0&4&-8\end{pmatrix}\xrightarrow{r_4-r_3}\begin{pmatrix}1&6&-4&-1&4\\0&-4&3&1&-1\\0&0&0&4&-8\\0&0&0&0&0\end{pmatrix}$,

所以 $r(\boldsymbol{B})=3$.

例 3 设 $\boldsymbol{A}=\begin{pmatrix}1&-2&2&-1\\2&-4&8&0\\-2&4&-2&3\\3&-6&0&-6\end{pmatrix}$, $\boldsymbol{b}=\begin{pmatrix}1\\2\\3\\4\end{pmatrix}$, 求矩阵 $\boldsymbol{A}$ 及矩阵 $\boldsymbol{B}=(\boldsymbol{A},\boldsymbol{b})$ 的秩.

解 $(\boldsymbol{A},\boldsymbol{b})=\begin{pmatrix}1&-2&2&-1&1\\2&-4&8&0&2\\-2&4&-2&3&3\\3&-6&0&-6&4\end{pmatrix}\xrightarrow[\substack{r_3+2r_1\\r_4-3r_1}]{r_2-2r_1}\begin{pmatrix}1&-2&2&-1&1\\0&0&4&2&0\\0&0&2&1&5\\0&0&-6&-3&1\end{pmatrix}$

$\xrightarrow{r_2\div 2}\begin{pmatrix}1&-2&2&-1&1\\0&0&2&1&0\\0&0&2&1&5\\0&0&-6&-3&1\end{pmatrix}\xrightarrow[r_4+3r_2]{r_3-r_2}\begin{pmatrix}1&-2&2&-1&1\\0&0&2&1&0\\0&0&0&0&5\\0&0&0&0&1\end{pmatrix}$

$\xrightarrow{r_4-\frac{1}{5}r_3}\begin{pmatrix}1&-2&2&-1&1\\0&0&2&1&0\\0&0&0&0&5\\0&0&0&0&0\end{pmatrix}$, 故 $r(\boldsymbol{A})=2$, $r(\boldsymbol{A},\boldsymbol{b})=3$.

例 4 设 $\boldsymbol{A}=\begin{pmatrix}2&3&4\\6&t&2\\4&6&3\end{pmatrix}$, $\boldsymbol{B}=\begin{pmatrix}1\\3\\0\end{pmatrix}(2,3,4)$, 若秩 $r(\boldsymbol{A}+\boldsymbol{AB})=2$,则 $t=$________.

解 $\boldsymbol{A}+\boldsymbol{AB}=\boldsymbol{A}(\boldsymbol{E}+\boldsymbol{B})$, 即 $r(\boldsymbol{A}+\boldsymbol{AB})=r[\boldsymbol{A}(\boldsymbol{E}+\boldsymbol{B})]$.

$$E+B=\begin{pmatrix}1&0&0\\0&1&0\\0&0&1\end{pmatrix}+\begin{pmatrix}1\\3\\0\end{pmatrix}(2,3,4)=\begin{pmatrix}3&3&4\\6&10&12\\0&0&1\end{pmatrix},$$

因为 $|E+B|\neq 0$, 所以 $E+B$ 为可逆矩阵.

$r(A+AB)=r[A(E+B)]=r(A)=2.$

$$A=\begin{pmatrix}2&3&4\\6&t&2\\4&6&3\end{pmatrix}\xrightarrow[r_3-2r_1]{r_2-3r_1}\begin{pmatrix}2&3&4\\0&t-9&-10\\0&0&-5\end{pmatrix},$$

因为 $r(A)=2$, 所以 $t-9=0$, $t=9$.

第八章　向量组与线性方程组

知识框架

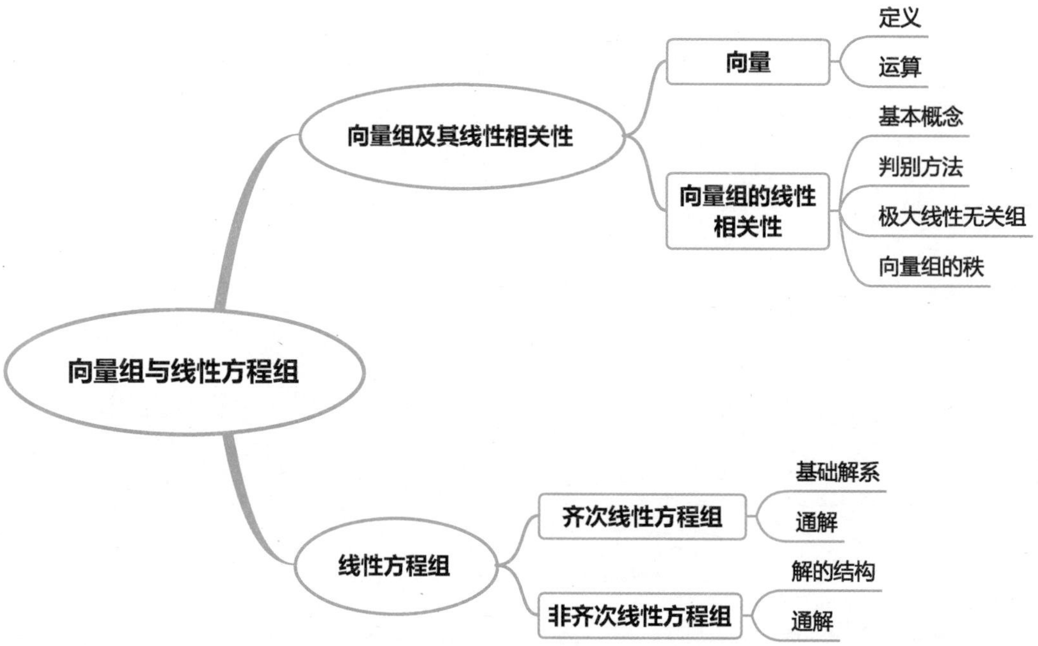

考情综述

一、考查内容及要求

考查内容		考查要求
1. 向量组	(1) n 维向量的概念、向量的线性组合与线性表示; (2) 向量组的等价; (3) 向量组的线性相关与线性无关; (4) 向量组的极大线性无关组与向量组的秩; (5) 向量组的秩与矩阵的秩之间的关系	(1) 理解 n 维向量、向量的线性组合与线性表示的概念;理解向量组线性相关、线性无关的概念,会判定向量组的线性相关性; (2) 理解向量组的极大线性无关组和向量组的秩的概念,会求向量组的极大线性无关组及向量组的秩;了解矩阵的秩与其行(列)向量组的秩之间的关系
2. 线性方程组	(1) 齐次线性方程组有非零解的充分必要条件; (2) 非齐次线性方程组有解的充分必要条件; (3) 线性方程组解的性质和解的结构; (4) 齐次线性方程组的基础解系和通解; (5) 非齐次线性方程组的通解	(1) 理解齐次线性方程组有非零解的充分必要条件及非齐次线性方程组有解的充分必要条件; (2) 理解齐次线性方程组的基础解系及通解的概念,掌握齐次线性方程组的基础解系和通解的求法;理解非齐次线性方程组解的结构及通解的概念,掌握用初等行变换求解线性方程组的方法

二、考查重难点

内容		重要性
1. 重点	(1) 向量组的线性相关与线性无关	☆☆☆☆☆
	(2) 齐次线性方程组有非零解的充分必要条件	☆☆☆☆
	(3) 非齐次线性方程组有解的充分必要条件	☆☆☆☆
	(4) 非齐次线性方程组的通解	☆☆☆☆☆
2. 难点	(1) 向量组的线性相关与线性无关	☆☆☆☆☆
	(2) 非齐次线性方程组的通解	☆☆☆☆☆

三、近五年真题分析

年份	考点内容	占比
2024 年	向量组的线性相关与线性无关、非齐次线性方程组的通解	8%
2023 年	向量组的线性相关与线性无关、向量组的秩与矩阵的秩之间的关系、非齐次线性方程组的通解	8%
2022 年	向量组的线性相关与线性无关、非齐次线性方程组的通解	8%
总结：本章是新增考点，2022 年首次加入专转本考试中，是比较重要的考查内容，基本上属于中等难度题，约占 8%. 一般以填空题和计算题的形式出现		

基础精讲

第一节　向　　量

一、向量的概念与运算

1. 基本概念

1）向量的定义

定义 1　n 个数 $a_1, a_2, \cdots, a_n$ 所组成的有序数组

$$\boldsymbol{\alpha} = (a_1, a_2, \cdots, a_n) \text{ 或 } \boldsymbol{\alpha} = (a_1, a_2, \cdots, a_n)^{\mathrm{T}}$$

称为 n **维行或列向量**. 构成向量的所有元素皆为零的向量称为**零向量**.

2）向量组与矩阵的关系

若干个同维数的列向量（或行向量）所组成的集合称为**向量组**.

设矩阵 $\boldsymbol{A}=(a_{ij})_{m\times n}$，则 $\boldsymbol{A}$ 可以看成是由 n 个 m 维列向量组 $\boldsymbol{\alpha}_1, \boldsymbol{\alpha}_2, \cdots, \boldsymbol{\alpha}_n$ 构成的矩阵，记作 $\boldsymbol{A}=(\boldsymbol{\alpha}_1, \boldsymbol{\alpha}_2, \cdots, \boldsymbol{\alpha}_n)$；也可以看成是由 m 个 n 维行向量组 $\boldsymbol{\beta}_1, \boldsymbol{\beta}_2, \cdots, \boldsymbol{\beta}_m$ 构成的矩阵，记作 $\boldsymbol{A}=\begin{pmatrix}\boldsymbol{\beta}_1\\ \boldsymbol{\beta}_2\\ \vdots\\ \boldsymbol{\beta}_m\end{pmatrix}$. 反之，一个含有有限个同维数的向量组也可以构成一个矩阵.

2. 基本运算

设 n 维向量 $\boldsymbol{\alpha}=(a_1, a_2, \cdots, a_n)^{\mathrm{T}}$，$\boldsymbol{\beta}=(b_1, b_2, \cdots, b_n)^{\mathrm{T}}$，则满足以下基本运算：

(1) 向量的加法：$\boldsymbol{\alpha}+\boldsymbol{\beta}=(a_1+b_1, a_2+b_2, \cdots, a_n+b_n)^{\mathrm{T}}$；

(2) 向量的数乘：$k\boldsymbol{\alpha}=(ka_1, ka_2, \cdots, ka_n)^{\mathrm{T}}$；

(3) 向量的内积：$(\boldsymbol{\alpha}, \boldsymbol{\beta})=\boldsymbol{\alpha}^{\mathrm{T}}\boldsymbol{\beta}=\boldsymbol{\beta}^{\mathrm{T}}\boldsymbol{\alpha}=a_1b_1+a_2b_2+\cdots+a_nb_n$.

提示

(1) $(\boldsymbol{\alpha}, \boldsymbol{\beta})=\boldsymbol{\alpha}^{\mathrm{T}}\boldsymbol{\beta}=\boldsymbol{\beta}^{\mathrm{T}}\boldsymbol{\alpha}$；

(2) $|\boldsymbol{\alpha}|=\sqrt{(\boldsymbol{\alpha}, \boldsymbol{\alpha})}=\sqrt{a_1^2+a_2^2+\cdots+a_n^2}$ 称为向量 $\boldsymbol{\alpha}$ 的模长. 模长为 1 的向量称为**单位向量**；

(3) 若 $(\boldsymbol{\alpha}, \boldsymbol{\beta})=0$，则称 $\boldsymbol{\alpha}, \boldsymbol{\beta}$ 正交. 其中零向量与任何向量正交.

(4) 向量内积的性质：

性质 1 $(\boldsymbol{\alpha}, \boldsymbol{\beta})=(\boldsymbol{\beta}, \boldsymbol{\alpha})$.

性质 2 $(k\boldsymbol{\alpha}, \boldsymbol{\beta})=(\boldsymbol{\alpha}, k\boldsymbol{\beta})=k(\boldsymbol{\alpha}, \boldsymbol{\beta})$.

性质 3 $(\boldsymbol{\alpha}+\boldsymbol{\beta}, \boldsymbol{\gamma})=(\boldsymbol{\alpha}, \boldsymbol{\gamma})+(\boldsymbol{\beta}, \boldsymbol{\gamma})$.

二、线性组合与表示

1. 线性组合

对于向量组 $\boldsymbol{\alpha}_1, \boldsymbol{\alpha}_2, \cdots, \boldsymbol{\alpha}_s$，表达式 $k_1\boldsymbol{\alpha}_1+k_2\boldsymbol{\alpha}_2+\cdots+k_s\boldsymbol{\alpha}_s$ 称为向量组 $\boldsymbol{\alpha}_1, \boldsymbol{\alpha}_2, \cdots, \boldsymbol{\alpha}_s$ 的一个**线性组合**，$k_1, k_2, \cdots, k_s$ 称为这个线性组合的系数.

2. 线性表示

对于向量组 $\boldsymbol{\alpha}_1, \boldsymbol{\alpha}_2, \cdots, \boldsymbol{\alpha}_s$ 和向量 $\boldsymbol{\beta}$，如果存在一组数 $k_1, k_2, \cdots, k_s$，使得

$$\boldsymbol{\beta}=k_1\boldsymbol{\alpha}_1+k_2\boldsymbol{\alpha}_2+\cdots+k_s\boldsymbol{\alpha}_s,$$

则向量 $\boldsymbol{\beta}$ 是向量组 $\boldsymbol{\alpha}_1, \boldsymbol{\alpha}_2, \cdots, \boldsymbol{\alpha}_s$ 的线性组合，称向量 $\boldsymbol{\beta}$ 可由向量组 $\boldsymbol{\alpha}_1, \boldsymbol{\alpha}_2, \cdots, \boldsymbol{\alpha}_s$ **线性表示**.

提示

显然：n 维零向量 $\boldsymbol{O}=(0, 0, \cdots, 0)^{\mathrm{T}}$ 是任一 n 维向量组 $\boldsymbol{A}$：$\boldsymbol{\alpha}_1, \boldsymbol{\alpha}_2, \cdots, \boldsymbol{\alpha}_m$ 的线性组合.

3. 向量组等价

若向量组 $\boldsymbol{A}$：$\boldsymbol{\alpha}_1, \boldsymbol{\alpha}_2, \cdots, \boldsymbol{\alpha}_s$ 中的每个向量都可由向量组 $\boldsymbol{B}$：$\boldsymbol{\beta}_1, \boldsymbol{\beta}_2, \cdots, \boldsymbol{\beta}_t$ 线性表示，则称向量组 $\boldsymbol{A}$ 可由向量组 $\boldsymbol{B}$ 线性表示. 若向量组 $\boldsymbol{A}$ 与向量组 $\boldsymbol{B}$ 可以相互线性表示，则称这两个向量组等价，记为 $\boldsymbol{A}\sim\boldsymbol{B}$.

向量组等价具有以下性质：

（1）自身性：向量组与其本身等价，即 $\boldsymbol{A} \sim \boldsymbol{A}$；

（2）对称性：向量组 $\boldsymbol{A}$ 与 $\boldsymbol{B}$ 等价，向量组 $\boldsymbol{B}$ 也与 $\boldsymbol{A}$ 等价，即若 $\boldsymbol{A} \sim \boldsymbol{B}$，则 $\boldsymbol{B} \sim \boldsymbol{A}$；

（3）传递性：若向量组 $\boldsymbol{A}$ 与 $\boldsymbol{B}$ 等价，$\boldsymbol{B}$ 与 $\boldsymbol{C}$ 等价，则 $\boldsymbol{A}$ 与 $\boldsymbol{C}$ 等价，即若 $\boldsymbol{A} \sim \boldsymbol{B}$ 且 $\boldsymbol{B} \sim \boldsymbol{C}$，则 $\boldsymbol{A} \sim \boldsymbol{C}$.

三、向量组的线性相关性

1. 线性相关性的概念

定义 2　设向量组 $\boldsymbol{A}$：$\boldsymbol{\alpha}_1, \boldsymbol{\alpha}_2, \cdots, \boldsymbol{\alpha}_s \in \mathbf{R}^n$，对于

$$k_1\boldsymbol{\alpha}_1 + k_2\boldsymbol{\alpha}_2 + \cdots + k_s\boldsymbol{\alpha}_s = \mathbf{0}$$

$$\begin{cases}\text{存在不全为零的 } k_1, k_2, \cdots, k_s \in \mathbf{R} \text{ 满足上式} \Rightarrow \text{向量组 } \boldsymbol{A} \text{ 线性相关；} \\ \text{当且仅当 } k_1 = k_2 = \cdots = k_s = 0 \text{ 时上式成立} \Rightarrow \text{向量组 } \boldsymbol{A} \text{ 线性无关.}\end{cases}$$

2. 线性相关性的判别

（1）线性相关 $\Leftrightarrow$ 至少有一个向量可由其余向量线性表示；

线性无关 $\Leftrightarrow$ 任意一个向量不能由其余向量线性表示.

（2）将向量组线性相关性的讨论看成齐次线性方程组的求解问题

$$x_1\boldsymbol{\alpha}_1 + x_2\boldsymbol{\alpha}_2 + \cdots + x_s\boldsymbol{\alpha}_s = \mathbf{0}$$

$$\Downarrow$$

$$\boldsymbol{\alpha}_1, \boldsymbol{\alpha}_2, \cdots, \boldsymbol{\alpha}_s \text{ 线性相关} \Leftrightarrow \text{方程存在非零解} \Leftrightarrow R(\boldsymbol{\alpha}_1, \boldsymbol{\alpha}_2, \cdots, \boldsymbol{\alpha}_s) < s;$$

$$\boldsymbol{\alpha}_1, \boldsymbol{\alpha}_2, \cdots, \boldsymbol{\alpha}_s \text{ 线性无关} \Leftrightarrow \text{方程只有唯一零解} \Leftrightarrow R(\boldsymbol{\alpha}_1, \boldsymbol{\alpha}_2, \cdots, \boldsymbol{\alpha}_s) = s.$$

【例 1】　设 $\boldsymbol{\alpha}_1 = \begin{pmatrix}1\\2\\3\end{pmatrix}$，$\boldsymbol{\alpha}_2 = \begin{pmatrix}4\\5\\6\end{pmatrix}$，判断下面向量组的线性相关性：（1）$\boldsymbol{\alpha}_1$；（2）$\boldsymbol{\alpha}_1, \boldsymbol{\alpha}_2$.

【精析】　（1）$\because k\boldsymbol{\alpha}_1 = k\begin{pmatrix}1\\2\\3\end{pmatrix} = \begin{pmatrix}0\\0\\0\end{pmatrix} \Rightarrow k = 0$ 时成立，$\therefore \boldsymbol{\alpha}_1$ 线性无关.

（2）$k_1\boldsymbol{\alpha}_1 + k_2\boldsymbol{\alpha}_2 = k_1\begin{pmatrix}1\\2\\3\end{pmatrix} + k_2\begin{pmatrix}4\\5\\6\end{pmatrix} = \begin{pmatrix}0\\0\\0\end{pmatrix} \Leftrightarrow \begin{cases}k_1 + 4k_2 = 0, \\ 2k_1 + 5k_2 = 0, \\ 3k_1 + 6k_2 = 0,\end{cases}$

其系数矩阵 $\boldsymbol{A} = \begin{pmatrix}1 & 4\\2 & 5\\3 & 6\end{pmatrix} \longrightarrow \begin{pmatrix}1 & 4\\0 & 3\\0 & 6\end{pmatrix} \longrightarrow \begin{pmatrix}1 & 4\\0 & 1\\0 & 0\end{pmatrix}$

可得其同解方程组为 $\begin{cases}k_1 + 4k_2 = 0, \\ \qquad\ \ k_2 = 0\end{cases} \Rightarrow k_1 = k_2 = 0$，故 $\boldsymbol{\alpha}_1, \boldsymbol{\alpha}_2$ 线性无关.

由例 1 可知：

（1）单个非零向量线性无关；单个零向量线性相关.

（2）两个向量不成比例则线性无关；两个向量成比例则线性相关.

另外，还有几个常用结论需要大家记住：

（1）若 $\boldsymbol{\alpha}_1, \boldsymbol{\alpha}_2, \cdots, \boldsymbol{\alpha}_n \in \mathbf{R}^n$，则

$\boldsymbol{\alpha}_1, \boldsymbol{\alpha}_2, \cdots, \boldsymbol{\alpha}_n$ 线性相关 $\Leftrightarrow R(\boldsymbol{\alpha}_1, \boldsymbol{\alpha}_2, \cdots, \boldsymbol{\alpha}_n) < n \Leftrightarrow |\boldsymbol{\alpha}_1, \boldsymbol{\alpha}_2, \cdots, \boldsymbol{\alpha}_n| = 0$；

$\boldsymbol{\alpha}_1, \boldsymbol{\alpha}_2, \cdots, \boldsymbol{\alpha}_n$ 线性无关 $\Leftrightarrow R(\boldsymbol{\alpha}_1, \boldsymbol{\alpha}_2, \cdots, \boldsymbol{\alpha}_n) = n \Leftrightarrow |\boldsymbol{\alpha}_1, \boldsymbol{\alpha}_2, \cdots, \boldsymbol{\alpha}_n| \neq 0$.

（2）整体无关 $\Rightarrow$ 部分无关；部分相关 $\Rightarrow$ 整体相关.

（3）低维无关 $\Rightarrow$ 高维无关；高维相关 $\Rightarrow$ 低维相关.

【例 2】 判断下列向量组的线性相关性：

（1）3 维单位向量组 $\boldsymbol{e}_1 = \begin{pmatrix}1\\0\\0\end{pmatrix}, \boldsymbol{e}_2 = \begin{pmatrix}0\\1\\0\end{pmatrix}, \boldsymbol{e}_3 = \begin{pmatrix}0\\0\\1\end{pmatrix}$；（2）$\begin{pmatrix}1\\0\\0\\-1\end{pmatrix}, \begin{pmatrix}0\\1\\0\\2\end{pmatrix}, \begin{pmatrix}0\\0\\1\\3\end{pmatrix}$；

（3）$\begin{pmatrix}1\\2\\3\\4\end{pmatrix}, \begin{pmatrix}2\\4\\6\\8\end{pmatrix}$.

【精析】（1）对应的矩阵 $\boldsymbol{E}_3 = \begin{pmatrix}1&0&0\\0&1&0\\0&0&1\end{pmatrix}$，它的行列式 $|\boldsymbol{E}_3| \neq 0$，所以该向量组线性无关，且从中任取少于 3 个向量的向量组均线性无关.

（2）因为向量组 $\begin{pmatrix}1\\0\\0\end{pmatrix}, \begin{pmatrix}0\\1\\0\end{pmatrix}, \begin{pmatrix}0\\0\\1\end{pmatrix}$ 线性无关，所以由低维无关可推知该向量组也是线性无关的.

（3）因为 $\begin{pmatrix}1\\2\\3\\4\end{pmatrix}, \begin{pmatrix}2\\4\\6\\8\end{pmatrix}$ 成比例，所以该向量组线性相关，且任意选取的低维向量组 $\begin{pmatrix}1\\2\\3\end{pmatrix}, \begin{pmatrix}2\\4\\6\end{pmatrix}$ 和 $\begin{pmatrix}3\\4\end{pmatrix}, \begin{pmatrix}6\\8\end{pmatrix}$ 均线性相关.

【例 3】 已知 $\boldsymbol{\alpha}_1 = (1, 2, 3)^{\mathrm{T}}, \boldsymbol{\alpha}_2 = (2, -1, 1)^{\mathrm{T}}, \boldsymbol{\alpha}_3 = (-2, a, 4)^{\mathrm{T}}$ 线性相关，则 $a =$________.

【精析】 $\because \boldsymbol{\alpha}_1, \boldsymbol{\alpha}_2, \boldsymbol{\alpha}_3$ 线性相关，

$\therefore R(\boldsymbol{\alpha}_1, \boldsymbol{\alpha}_2, \boldsymbol{\alpha}_3) < 3 \Leftrightarrow |\boldsymbol{\alpha}_1, \boldsymbol{\alpha}_2, \boldsymbol{\alpha}_3| = 0$，

$$\therefore \begin{vmatrix} 1 & 2 & -2 \\ 2 & -1 & a \\ 3 & 1 & 4 \end{vmatrix} = -5(6-a) = 0 \Rightarrow a = 6.$$

四、向量组的极大线性无关组和秩

1. 极大线性无关组

定义 3　设向量组 $\boldsymbol{A}$：$\boldsymbol{\alpha}_1, \boldsymbol{\alpha}_2, \cdots, \boldsymbol{\alpha}_m$. 若在 $\boldsymbol{A}$ 中能选出 r 个向量 $\boldsymbol{\alpha}_{i1}, \boldsymbol{\alpha}_{i2}, \cdots, \boldsymbol{\alpha}_{ir}$，满足下列条件：

(1) $\boldsymbol{\alpha}_{i1}, \boldsymbol{\alpha}_{i2}, \cdots, \boldsymbol{\alpha}_{ir}$ 线性无关；

(2) $\boldsymbol{A}$ 中任意 $(r+1)$ 个向量都线性相关.

则 $\boldsymbol{\alpha}_{i1}, \boldsymbol{\alpha}_{i2}, \cdots, \boldsymbol{\alpha}_{ir}$ 称为向量组 $\boldsymbol{A}$ 的一个**极大无关组**.

提示

(1) 特别地，若向量组本身线性无关，则该向量组就是极大无关组.

(2) 一般而言，一个向量组的极大无关组可能不是唯一的.

★ **定理 1**　向量组中若有多个极大线性无关组，则所有极大线性无关组含有向量的个数相同.

注：极大线性无关组所含向量个数是一确定的数，与极大线性无关组的选择无关.

★ **定理 2**　向量组与其任何一个极大线性无关组等价，从而一个向量组的任意两个极大线性无关组等价.

2. 向量组的秩

定义 4　向量组 $\boldsymbol{A}$：$\boldsymbol{\alpha}_1, \boldsymbol{\alpha}_2, \cdots, \boldsymbol{\alpha}_m$ 的极大线性无关组所含向量的个数 r 称为**向量组的秩**，记为 $R(\boldsymbol{\alpha}_1, \boldsymbol{\alpha}_2, \cdots, \boldsymbol{\alpha}_m) = r$ 或 $R(\boldsymbol{A}) = r$.

提示

(1) 若一个向量组中只含有零向量，则它的秩为零.

(2) 若一个向量组 $\boldsymbol{A}$：$\boldsymbol{\alpha}_1, \boldsymbol{\alpha}_2, \cdots, \boldsymbol{\alpha}_m$ 线性无关，则 $R(\boldsymbol{A}) = m$；反之，若向量组的秩 $R(\boldsymbol{A}) = m$，则向量组 $\boldsymbol{A}$ 一定线性无关.

★ **定理 3**　矩阵的秩等于它的列向量组的秩，也等于它的行向量组的秩.

3. 计算向量组的极大线性无关组的步骤

▶第一步：将向量组作为列向量组成矩阵 $\boldsymbol{A}$（如果是行向量，则取转置后再计算）；

▶第二步：对矩阵 $\boldsymbol{A}$ 进行初等行变换，化为阶梯形矩阵（阶梯形矩阵中非零行的个数实际上就是向量组的秩）；

▶第三步：在阶梯形矩阵中标出每个非零行的主元（第一个非零元），主元所在列即对应原向量组的一个极大线性无关组.

【例 4】 求 $\boldsymbol{A}$：$\begin{pmatrix}1\\0\\0\end{pmatrix}, \begin{pmatrix}0\\1\\0\end{pmatrix}, \begin{pmatrix}0\\0\\1\end{pmatrix}, \begin{pmatrix}1\\2\\3\end{pmatrix}$ 的极大无关组.

【精析】 ∵ 向量组 $\boldsymbol{A}_0$：$\begin{pmatrix}1\\0\\0\end{pmatrix}, \begin{pmatrix}0\\1\\0\end{pmatrix}, \begin{pmatrix}0\\0\\1\end{pmatrix}$ 是 3 维单位向量组，∴ 它是线性无关的.

∵ 向量组 $\boldsymbol{A}_1$：$\begin{pmatrix}1\\0\\0\end{pmatrix}, \begin{pmatrix}0\\1\\0\end{pmatrix}, \begin{pmatrix}1\\2\\3\end{pmatrix}$，它所对应的矩阵行列式 $|\boldsymbol{A}_1| \neq 0$，∴ 它也是线性无关的.

又 ∵ $-1 \cdot \begin{pmatrix}1\\0\\0\end{pmatrix} - 2 \cdot \begin{pmatrix}0\\1\\0\end{pmatrix} - 3 \cdot \begin{pmatrix}0\\0\\1\end{pmatrix} + \begin{pmatrix}1\\2\\3\end{pmatrix} = \begin{pmatrix}0\\0\\0\end{pmatrix}$，∴ 由定义可知向量组 $\boldsymbol{A}$ 是线性相关的，故 $\boldsymbol{A}_0$ 和 $\boldsymbol{A}_1$ 均为 A 的极大无关组.

【例 5】 求向量组 $\boldsymbol{\alpha}_1 = (1, 0, -1, 0)$，$\boldsymbol{\alpha}_2 = (0, 1, 1, 2)$，$\boldsymbol{\alpha}_3 = (2, 3, 5, 8)$，$\boldsymbol{\alpha}_4 = (1, 1, -2, 1)$ 的秩和一个极大无关组.

【精析】 将向量组写成列形式构成的矩阵为

$$\boldsymbol{A} = (\boldsymbol{\alpha}_1^{\mathrm{T}}, \boldsymbol{\alpha}_2^{\mathrm{T}}, \boldsymbol{\alpha}_3^{\mathrm{T}}, \boldsymbol{\alpha}_4^{\mathrm{T}}) = \begin{pmatrix}1 & 0 & 2 & 1\\0 & 1 & 3 & 1\\-1 & 1 & 5 & -2\\0 & 2 & 8 & 1\end{pmatrix} \xrightarrow{r_3 + r_1} \begin{pmatrix}1 & 0 & 2 & 1\\0 & 1 & 3 & 1\\0 & 1 & 7 & -1\\0 & 2 & 8 & 1\end{pmatrix}$$

$$\xrightarrow[r_4 - 2r_2]{r_3 - r_2} \begin{pmatrix}1 & 0 & 2 & 1\\0 & 1 & 3 & 1\\0 & 0 & 4 & -2\\0 & 0 & 2 & -1\end{pmatrix} \xrightarrow{r_4 - \frac{1}{2}r_3} \begin{pmatrix}1 & 0 & 2 & 1\\0 & 1 & 3 & 1\\0 & 0 & 4 & -2\\0 & 0 & 0 & 0\end{pmatrix} = \boldsymbol{B} = (\boldsymbol{\beta}_1, \boldsymbol{\beta}_2, \boldsymbol{\beta}_3, \boldsymbol{\beta}_4)$$

$\boldsymbol{B}$ 的列秩为 3，所以 $\boldsymbol{A}$ 的列秩为 3，即 $\boldsymbol{\alpha}_1, \boldsymbol{\alpha}_2, \boldsymbol{\alpha}_3, \boldsymbol{\alpha}_4$ 的秩为 3，且由行阶梯形矩阵的特点可知 $\boldsymbol{\beta}_1, \boldsymbol{\beta}_2, \boldsymbol{\beta}_3$ 或 $\boldsymbol{\beta}_1, \boldsymbol{\beta}_2, \boldsymbol{\beta}_4$ 是 $\boldsymbol{\beta}_1, \boldsymbol{\beta}_2, \boldsymbol{\beta}_3, \boldsymbol{\beta}_4$ 的一个极大无关组，可验证 $\boldsymbol{\beta}_2, \boldsymbol{\beta}_3, \boldsymbol{\beta}_4$ 或 $\boldsymbol{\beta}_1, \boldsymbol{\beta}_3, \boldsymbol{\beta}_4$ 也为一组极大无关组，所以 $\boldsymbol{A}$ 的一个极大无关组为 $\boldsymbol{\alpha}_1, \boldsymbol{\alpha}_2, \boldsymbol{\alpha}_3$（或 $\boldsymbol{\alpha}_1, \boldsymbol{\alpha}_2, \boldsymbol{\alpha}_4$ 或 $\boldsymbol{\alpha}_2, \boldsymbol{\alpha}_3, \boldsymbol{\alpha}_4$ 或 $\boldsymbol{\alpha}_1, \boldsymbol{\alpha}_3, \boldsymbol{\alpha}_4$）.

【例 6】 求向量组 $\boldsymbol{A}$：$\boldsymbol{\alpha}_1 = (1, -1, 5, -1)^{\mathrm{T}}$，$\boldsymbol{\alpha}_2 = (1, 1, -1, 3)^{\mathrm{T}}$，$\boldsymbol{\alpha}_3 = (3, -1, -2, 1)^{\mathrm{T}}$，$\boldsymbol{\alpha}_4 = (1, 3, 4, 7)^{\mathrm{T}}$ 的秩及一个极大线性无关组，并写出其余向量由这组极大线性无关组的线性表示.

【精析】

$$\boldsymbol{B} = \begin{pmatrix}1 & 1 & 3 & 1\\-1 & 1 & -1 & 3\\5 & -1 & -2 & 4\\-1 & 3 & 1 & 7\end{pmatrix} \xrightarrow{\substack{r_2 + r_1\\ r_3 - 5r_1\\ r_4 + r_1}} \begin{pmatrix}1 & 1 & 3 & 1\\0 & 2 & 2 & 4\\0 & -6 & -17 & -1\\0 & 4 & 4 & 8\end{pmatrix} \xrightarrow{\substack{r_3 + 3r_2\\ r_4 - 2r_2}} \begin{pmatrix}1 & 1 & 3 & 1\\0 & 2 & 2 & 4\\0 & 0 & -11 & 11\\0 & 0 & 0 & 0\end{pmatrix}$$

$$\xrightarrow{\substack{\frac{1}{2}r_2\\ -\frac{1}{11}r_3}} \begin{pmatrix}1 & 1 & 3 & 1\\0 & 1 & 1 & 2\\0 & 0 & 1 & -1\\0 & 0 & 0 & 0\end{pmatrix} \xrightarrow{\substack{r_1 - 3r_3\\ r_2 - r_3}} \begin{pmatrix}1 & 1 & 0 & 4\\0 & 1 & 0 & 3\\0 & 0 & 1 & -1\\0 & 0 & 0 & 0\end{pmatrix} \xrightarrow{r_1 - r_2} \begin{pmatrix}1 & 0 & 0 & 1\\0 & 1 & 0 & 3\\0 & 0 & 1 & -1\\0 & 0 & 0 & 0\end{pmatrix}$$

从而有向量组 $\boldsymbol{B}$ 的秩为 3，$\boldsymbol{\alpha}_1$，$\boldsymbol{\alpha}_2$，$\boldsymbol{\alpha}_3$ 为其一组极大线性无关组且 $\boldsymbol{\alpha}_4=\boldsymbol{\alpha}_1+3\boldsymbol{\alpha}_2-\boldsymbol{\alpha}_3$.

第二节 线性方程组

一、线性方程组相关概念

定义 1 设含有 n 个未知量 x_1，x_2，…，x_n 的线性方程组

$$\begin{cases} a_{11}x_1+a_{12}x_2+\cdots+a_{1n}x_n=b_1, \\ a_{21}x_1+a_{22}x_2+\cdots+a_{2n}x_n=b_2, \\ \cdots\cdots\cdots\cdots \\ a_{n1}x_1+a_{n2}x_2+\cdots+a_{nn}x_n=b_n \end{cases} \tag{8-1}$$

称为 n **元线性方程组**，其中系数 a_{ij} 和常数 b_i 都是已知数 $(i, j=1, 2, \cdots, n)$.

当方程右端常数项 b_1，b_2，…，b_n 不全为 0 时，称方程组(8-1)为**非齐次线性方程组**；

当 $b_1=b_2=\cdots=b_n=0$ 时，即

$$\begin{cases} a_{11}x_1+a_{12}x_2+\cdots+a_{1n}x_n=0, \\ a_{21}x_1+a_{22}x_2+\cdots+a_{2n}x_n=0, \\ \cdots\cdots\cdots\cdots \\ a_{n1}x_1+a_{n2}x_2+\cdots+a_{nn}x_n=0, \end{cases} \tag{8-2}$$

称方程组(8-2)为**齐次线性方程组**.

为了记法上的简明，我们将方程组(8-1)和(8-2)分别记为：

$$\boldsymbol{Ax}=\boldsymbol{b} \text{ 和 } \boldsymbol{Ax}=\boldsymbol{0},$$

其中

$$\boldsymbol{A}=\begin{pmatrix} a_{11} & a_{12} & \cdots & a_{1n} \\ a_{21} & a_{22} & \cdots & a_{2n} \\ \vdots & \vdots & & \vdots \\ a_{n1} & a_{n2} & \cdots & a_{nn} \end{pmatrix}, \quad \boldsymbol{x}=\begin{pmatrix} x_1 \\ x_2 \\ \vdots \\ x_n \end{pmatrix}, \quad \boldsymbol{b}=\begin{pmatrix} b_1 \\ b_2 \\ \vdots \\ b_n \end{pmatrix}, \quad \boldsymbol{0}=\begin{pmatrix} 0 \\ 0 \\ \vdots \\ 0 \end{pmatrix},$$

称 $\boldsymbol{A}$ 为线性方程组的系数矩阵，$\boldsymbol{x}$ 为未知量矩阵，$\boldsymbol{b}$ 为常数项矩阵. 将系数矩阵 $\boldsymbol{A}$ 和常数项矩阵 $\boldsymbol{b}$ 合并构成的矩阵

$$(\boldsymbol{A} \mid \boldsymbol{b})=\begin{pmatrix} a_{11} & a_{12} & \cdots & a_{1n} & b_1 \\ a_{21} & a_{22} & \cdots & a_{2n} & b_2 \\ \vdots & \vdots & & \vdots & \vdots \\ a_{n1} & a_{n2} & \cdots & a_{nn} & b_n \end{pmatrix}$$

称为线性方程组的**增广矩阵**,增广矩阵与非齐次线性方程组一一对应.

★ **定理 1** $\boldsymbol{A}_{n\times n}\boldsymbol{x}=\boldsymbol{b}\mapsto\begin{cases}|\boldsymbol{A}|\neq 0\Leftrightarrow 唯一解;\\ |\boldsymbol{A}|=0\Leftrightarrow 无解或无穷多解.\end{cases}$

★ **定理 2** $\boldsymbol{A}_{n\times n}\boldsymbol{x}=\boldsymbol{0}\mapsto\begin{cases}|\boldsymbol{A}|\neq 0\Leftrightarrow 唯一解(只有零解);\\ |\boldsymbol{A}|=0\Leftrightarrow 无穷多解(存在非零解).\end{cases}$

【例 1】 当 λ, μ 取何值时,齐次线性方程组 $\begin{cases}\lambda x_1+x_2+x_3=0,\\ x_1+\mu x_2+x_3=0,\\ x_1+2\mu x_2+x_3=0\end{cases}$ 有非零解?

【精析】 由定理 2 可知,齐次线性方程组存在非零解的充分必要条件是系数行列式为零,即

$$|\boldsymbol{A}|=\begin{vmatrix}\lambda & 1 & 1\\ 1 & \mu & 1\\ 1 & 2\mu & 1\end{vmatrix}\xlongequal{c_3-c_1}\begin{vmatrix}\lambda & 1 & 1-\lambda\\ 1 & \mu & 0\\ 1 & 2\mu & 0\end{vmatrix},$$

$$\begin{vmatrix}\lambda & 1 & 1-\lambda\\ 1 & \mu & 0\\ 1 & 2\mu & 0\end{vmatrix}\xlongequal{按 c_3 展开}(-1)^{1+3}(1-\lambda)\begin{vmatrix}1 & \mu\\ 1 & 2\mu\end{vmatrix}$$

$$\xlongequal{r_2-r_1}(1-\lambda)\begin{vmatrix}1 & \mu\\ 0 & \mu\end{vmatrix}=\mu(1-\lambda)=0,\ 故\ \lambda=1,\ \mu=0.$$

二、齐次方程组的解及其解结构

设齐次线性方程组 $\boldsymbol{Ax}=\boldsymbol{0}$, 其中 $\boldsymbol{A}=(a_{ij})_{m\times n}$, $\boldsymbol{x}=\begin{pmatrix}x_1\\ x_2\\ \vdots\\ x_n\end{pmatrix}$.

1. $Ax=0$ 的解

若将有序数组 $c_1, c_2, \cdots, c_n$ 代入齐次线性方程组的未知量 $x_1, x_2, \cdots, x_n$ 中,能够使得每个方程成立,则称向量 $(c_1, c_2, \cdots, c_n)^{\mathrm{T}}$ 是该齐次线性方程组的**一个解向量**.

2. $Ax=0$ 的解的性质

设 $\boldsymbol{\eta}_1, \boldsymbol{\eta}_2, \cdots, \boldsymbol{\eta}_t$ 是齐次线性方程组 $\boldsymbol{Ax}=\boldsymbol{0}$ 的解,则 $\boldsymbol{x}=c_1\boldsymbol{\eta}_1+c_2\boldsymbol{\eta}_2+\cdots+c_t\boldsymbol{\eta}_t$ 仍是 $\boldsymbol{Ax}=\boldsymbol{0}$ 的解,其中 $c_1, c_2, \cdots, c_t$ 是任意常数.

★3. $Ax=0$ 的解的判定

$\boldsymbol{A}_{m\times n}\boldsymbol{x}=\boldsymbol{0}$ 只有零解 $\Leftrightarrow R(\boldsymbol{A})=n$ (矩阵 $\boldsymbol{A}$ 列满秩) $\Leftrightarrow\boldsymbol{A}$ 的列向量组线性无关;

$\boldsymbol{A}_{m\times n}\boldsymbol{x}=\boldsymbol{0}$ 有非零解 $\Leftrightarrow R(\boldsymbol{A})<n\Leftrightarrow\boldsymbol{A}$ 的列向量组线性相关.

4. $Ax=0$ 的基础解系

向量组 $\boldsymbol{\eta}_1, \boldsymbol{\eta}_2, \cdots, \boldsymbol{\eta}_{n-r}$ 称为齐次线性方程组 $\boldsymbol{Ax}=\boldsymbol{0}$ 的基础解系,它满足:

(1) $\boldsymbol{\eta}_1, \boldsymbol{\eta}_2, \cdots, \boldsymbol{\eta}_{n-r}$ 是方程组 $\boldsymbol{Ax}=\boldsymbol{0}$ 的解向量;

(2) $\boldsymbol{\eta}_1, \boldsymbol{\eta}_2, \cdots, \boldsymbol{\eta}_{n-r}$ 线性无关;

(3) $\boldsymbol{Ax}=\boldsymbol{0}$ 的任何一个解都可由 $\boldsymbol{\eta}_1, \boldsymbol{\eta}_2, \cdots, \boldsymbol{\eta}_{n-r}$ 线性表示.

注:$\boldsymbol{Ax}=\boldsymbol{0}$ 的基础解系中所含向量的个数等于 $n-R(\boldsymbol{A})$. 事实上,$\boldsymbol{Ax}=\boldsymbol{0}$ 的基础解系就是 $\boldsymbol{Ax}=\boldsymbol{0}$ 的解向量的一个极大线性无关组.

5. $Ax=0$ 的通解

若向量组 $\boldsymbol{\eta}_1, \boldsymbol{\eta}_2, \cdots, \boldsymbol{\eta}_{n-r}$ 为齐次线性方程组 $\boldsymbol{Ax}=\boldsymbol{0}$ 的基础解系,则 $\boldsymbol{x}=c_1\boldsymbol{\eta}_1+c_2\boldsymbol{\eta}_2+\cdots+c_{n-r}\boldsymbol{\eta}_{n-r}$ 是 $\boldsymbol{Ax}=\boldsymbol{0}$ 的通解,其中 $c_1, c_2, \cdots, c_{n-r}$ 是任意常数.

★6. $Ax=0$ 的基础解系和通解的求法

▶第一步:用初等行变换化系数矩阵 $\boldsymbol{A}$ 为行阶梯形矩阵,求 $R(\boldsymbol{A})$.

▶第二步:① 若 $R(\boldsymbol{A})=n$,则方程组 $\boldsymbol{Ax}=\boldsymbol{0}$ 没有基础解系,只有零解;

② 若 $R(\boldsymbol{A})<n$,则方程组 $\boldsymbol{Ax}=\boldsymbol{0}$ 有基础解系,有非零解. 进一步将 $\boldsymbol{A}$ 进行初等行变换化为行最简形 $\boldsymbol{B}$,写出同解方程组 $\boldsymbol{Bx}=\boldsymbol{0}$,$\boldsymbol{Bx}=\boldsymbol{0}$ 中每行第一个系数不为零的 r 个变量 $x_1, x_2, \cdots, x_r$ 称为独立变量,其余的 $n-r$ 个变量 $x_{r+1}, x_{r+2}, \cdots, x_n$ 称为自由变量,对自由变量进行赋值[一般为了方便计算,将 $n-r$ 个自由变量分别赋值为 $(1, 0, \cdots, 0)^{\mathrm{T}}, (0, 1, \cdots, 0)^{\mathrm{T}}, (0, 0, \cdots, 1)^{\mathrm{T}}$]后依次代入同解方程组 $\boldsymbol{Bx}=\boldsymbol{0}$ 中解出独立变量,即可得基础解系 $\boldsymbol{\eta}_1, \boldsymbol{\eta}_2, \cdots, \boldsymbol{\eta}_{n-r}$ $[R(\boldsymbol{A})=r]$.

▶第三步:$\boldsymbol{Ax}=\boldsymbol{0}$ 的通解 $\boldsymbol{x}=c_1\boldsymbol{\eta}_1+c_2\boldsymbol{\eta}_2+\cdots+c_{n-r}\boldsymbol{\eta}_{n-r}$,其中 $c_1, c_2, \cdots, c_{n-r}$ 是任意常数.

【例 2】 求齐次线性方程组 $\begin{cases} x_1+x_2+3x_4-x_5=0, \\ 2x_2+x_3+2x_4+x_5=0, \\ x_4+3x_5=0 \end{cases}$ 的通解.

【精析】 $\boldsymbol{A}=\begin{pmatrix} 1 & 1 & 0 & 3 & -1 \\ 0 & 2 & 1 & 2 & 1 \\ 0 & 0 & 0 & 1 & 3 \end{pmatrix} \longrightarrow \begin{pmatrix} 1 & 1 & 0 & 0 & -10 \\ 0 & 2 & 1 & 0 & -5 \\ 0 & 0 & 0 & 1 & 3 \end{pmatrix} \longrightarrow \begin{pmatrix} 1 & 0 & -\frac{1}{2} & 0 & -\frac{15}{2} \\ 0 & 1 & \frac{1}{2} & 0 & -\frac{5}{2} \\ 0 & 0 & 0 & 1 & 3 \end{pmatrix}$,

所以 $R(\boldsymbol{A})=3$,基础解系中含有 $5-3=2$ 个向量,独立变量为 x_1, x_2, x_4,自由变量为 x_3, x_5.

令 $\begin{pmatrix} x_3 \\ x_5 \end{pmatrix}=\begin{pmatrix} 1 \\ 0 \end{pmatrix}$ 及 $\begin{pmatrix} 0 \\ 1 \end{pmatrix}$,代入方程 $\begin{cases} x_1-\frac{1}{2}x_3-\frac{15}{2}x_5=0, \\ x_2+\frac{1}{2}x_3-\frac{5}{2}x_5=0, \\ x_4+3x_5=0 \end{cases}$ 中得基础解系 $\boldsymbol{\eta}_1=\begin{pmatrix} \frac{1}{2} \\ -\frac{1}{2} \\ 1 \\ 0 \\ 0 \end{pmatrix}$,

$$\boldsymbol{\eta}_2=\begin{pmatrix}\frac{15}{2}\\ \frac{5}{2}\\ 0\\ -3\\ 1\end{pmatrix},$$

通解为 $\boldsymbol{x}=c_1\begin{pmatrix}\frac{1}{2}\\ -\frac{1}{2}\\ 1\\ 0\\ 0\end{pmatrix}+c_2\begin{pmatrix}\frac{15}{2}\\ \frac{5}{2}\\ 0\\ -3\\ 1\end{pmatrix}$（$c_1$, c_2 为任意常数）.

注：本题中基础解系也可写成 $\boldsymbol{\xi}_1=\begin{pmatrix}1\\ -1\\ 2\\ 0\\ 0\end{pmatrix}$, $\boldsymbol{\xi}_2=\begin{pmatrix}15\\ 5\\ 0\\ -6\\ 2\end{pmatrix}$.

三、非齐次方程组的解及其解结构

设非齐次线性方程组 $\boldsymbol{Ax}=\boldsymbol{b}$, 其中

$$\boldsymbol{A}=(a_{ij})_{m\times n},\ \boldsymbol{x}=\begin{pmatrix}x_1\\ x_2\\ \vdots\\ x_n\end{pmatrix},\ \boldsymbol{b}=\begin{pmatrix}b_1\\ b_2\\ \vdots\\ b_m\end{pmatrix}.$$

1. $Ax=b$ 的解

若将有序数组 c_1, c_2, …, c_n 代入非齐次线性方程组的未知量 x_1, x_2, …, x_n 中,能够使得每个方程成立,则称向量 $(c_1, c_2, \cdots, c_n)^{\mathrm{T}}$ 是该非齐次线性方程组的**一个解向量**.

2. $Ax=b$ 的解的性质

性质 1 设 $\boldsymbol{\eta}_1$, $\boldsymbol{\eta}_2$ 是非齐次线性方程组 $\boldsymbol{Ax}=\boldsymbol{b}$ 的解,则 $\boldsymbol{x}=c(\boldsymbol{\eta}_1-\boldsymbol{\eta}_2)$ 是 $\boldsymbol{Ax}=\boldsymbol{0}$ 的解,其中 c 是任意常数.

性质 2 设 $\boldsymbol{\eta}$ 是齐次线性方程组 $\boldsymbol{Ax}=\boldsymbol{0}$ 的解, $\boldsymbol{\eta}^*$ 是非齐次线性方程组 $\boldsymbol{Ax}=\boldsymbol{b}$ 的解,则 $\boldsymbol{\eta}+\boldsymbol{\eta}^*$ 是非齐次线性方程组 $\boldsymbol{Ax}=\boldsymbol{b}$ 的解.

性质 3 若 $\boldsymbol{\eta}_1$, $\boldsymbol{\eta}_2$, …, $\boldsymbol{\eta}_t$ 是非齐次线性方程组 $\boldsymbol{Ax}=\boldsymbol{b}$ 的解,则

(1) $c_1\boldsymbol{\eta}_1+c_2\boldsymbol{\eta}_2+\cdots+c_t\boldsymbol{\eta}_t$ 是 $\boldsymbol{Ax}=\boldsymbol{b}$ 的解 $\Leftrightarrow c_1+c_2+\cdots+c_t=1$;

(2) $c_1\boldsymbol{\eta}_1+c_2\boldsymbol{\eta}_2+\cdots+c_t\boldsymbol{\eta}_t$ 是 $\boldsymbol{Ax}=\boldsymbol{0}$ 的解 $\Leftrightarrow c_1+c_2+\cdots+c_t=0$.

3. $Ax=b$ 的解的判定

$A_{m\times n}x=b$ 有唯一解 $\Leftrightarrow R(A)=R(\bar{A})=n\Leftrightarrow b$ 可由 A 的列向量组唯一线性表示；

$A_{m\times n}x=b$ 有无穷多解 $\Leftrightarrow R(A)=R(\bar{A})<n\Leftrightarrow b$ 可由 A 的列向量组线性表示，且表示方法不唯一；

$A_{m\times n}x=b$ 无解 $\Leftrightarrow R(A)<R(\bar{A})\Leftrightarrow b$ 不可由 A 的列向量组线性表示.

4. $Ax=b$ 的通解

对非齐次线性方程组 $Ax=b$，若 $R(A)=R(A,b)=r$，且 $\eta_1,\eta_2,\cdots,\eta_{n-r}$ 是齐次线性方程组 $Ax=0$ 的基础解系，η^* 是非齐次线性方程组 $Ax=b$ 的解，则 $Ax=b$ 的通解为 $x=c_1\eta_1+c_2\eta_2+\cdots+c_{n-r}\eta_{n-r}+\eta^*$，其中 $c_1,c_2,\cdots,c_{n-r}$ 是任意常数.

5. $Ax=b$ 的通解的求法

▶第一步：用初等行变换化增广矩阵 (A,b) 为行最简形矩阵，判断 $R(A)$ 与 $R(A,b)$ 是否相等.

▶第二步：① 若 $R(A)=R(A,b)=n$，则方程组 $Ax=b$ 有唯一解，此时行最简形矩阵的最后一列即为方程组的唯一解；

② 若 $R(A)=R(A,b)<n$，则方程组 $Ax=b$ 有无穷多解，根据行最简形矩阵先求出对应齐次线性方程组 $Ax=0$ 的基础解系 $\eta_1,\eta_2,\cdots,\eta_{n-r}$，再求出 $Ax=b$ 的一个特解 η^*（一般将自由变量均取为零，行最简形矩阵的最后一列依次取为独立变量的值），则 $Ax=b$ 的通解为

$$x=c_1\eta_1+c_2\eta_2+\cdots+c_{n-r}\eta_{n-r}+\eta^*,$$

其中 $c_1,c_2,\cdots,c_{n-r}$ 是任意常数；

③ 若 $R(A)<R(A,b)$，则方程组 $Ax=b$ 无解.

【例 3】 求非齐次线性方程组 $\begin{cases}x_1+x_2+3x_4-x_5=1,\\ 2x_2+x_3+2x_4+x_5=2,\\ x_4+3x_5=3\end{cases}$ 的通解.

名师指点

先将系数矩阵化成行最简形矩阵，得到系数矩阵的秩和基础解系中所含向量的个数，然后确定自由变量，并对自由变量进行赋值代入方程中得到独立变量的取值，即可得基础解系，再将基础解系写成线性组合的形式便得到对应的齐次线性方程组的通解. 再加上一个非齐次线性方程组的特解，可得非齐次线性方程组的通解.

【精析】 增广矩阵

$$(A\mid b)=\left(\begin{array}{ccccc:c}1&1&0&3&-1&1\\0&2&1&2&1&2\\0&0&0&1&3&3\end{array}\right)\longrightarrow\left(\begin{array}{ccccc:c}1&1&0&0&-10&-8\\0&2&1&0&-5&-4\\0&0&0&1&3&3\end{array}\right)$$

$$\longrightarrow\left(\begin{array}{ccccc:c}1&0&-\frac{1}{2}&0&-\frac{15}{2}&-6\\0&1&\frac{1}{2}&0&-\frac{5}{2}&-2\\0&0&0&1&3&3\end{array}\right),$$

所以 $R(\boldsymbol{A})=3$，基础解系中含有 $5-3=2$ 个向量，独立变量为 x_1, x_2, x_4，自由变量为 x_3, x_5.

令 $\begin{pmatrix} x_3 \\ x_5 \end{pmatrix}=\begin{pmatrix} 1 \\ 0 \end{pmatrix}$ 及 $\begin{pmatrix} 0 \\ 1 \end{pmatrix}$，代入方程 $\begin{cases} x_1 \quad -\frac{1}{2}x_3 \quad -\frac{15}{2}x_5=0, \\ x_2+\frac{1}{2}x_3 \quad -\frac{5}{2}x_5=0, \\ x_4+3x_5=0 \end{cases}$ 中得齐次线性方程组的基础解系

$$\boldsymbol{\eta}_1=\begin{pmatrix} \frac{1}{2} \\ -\frac{1}{2} \\ 1 \\ 0 \\ 0 \end{pmatrix}, \boldsymbol{\eta}_2=\begin{pmatrix} \frac{15}{2} \\ \frac{5}{2} \\ 0 \\ -3 \\ 1 \end{pmatrix},$$

非齐次线性方程组的一个解 $\boldsymbol{\eta}^*=\begin{pmatrix} -6 \\ -2 \\ 0 \\ 3 \\ 0 \end{pmatrix}$，故非齐次线性方程组的通解为

$$\boldsymbol{x}=c_1\begin{pmatrix} \frac{1}{2} \\ -\frac{1}{2} \\ 1 \\ 0 \\ 0 \end{pmatrix}+c_2\begin{pmatrix} \frac{15}{2} \\ \frac{5}{2} \\ 0 \\ -3 \\ 1 \end{pmatrix}+\begin{pmatrix} -6 \\ -2 \\ 0 \\ 3 \\ 0 \end{pmatrix}\ (c_1, c_2 \text{ 为任意常数}).$$

【例 4】 求下列线性方程组的通解.

(1) 设 $\boldsymbol{A}$ 为 n 阶矩阵，且 $\boldsymbol{A}$ 的各行元素之和为 0，$R(\boldsymbol{A})=n-1$，求 $\boldsymbol{Ax}=\boldsymbol{0}$ 的通解；

(2) 设 $\boldsymbol{Ax}=\boldsymbol{b}$ 为四元齐次线性方程组，且 $R(\boldsymbol{A})=3$，又 $\boldsymbol{\alpha}_1, \boldsymbol{\alpha}_2, \boldsymbol{\alpha}_3$ 为方程组 $\boldsymbol{Ax}=\boldsymbol{b}$ 的三个解向量，且 $\boldsymbol{\alpha}_1=(2, 1, -1, 3)^{\mathrm{T}}$，$\boldsymbol{\alpha}_2+\boldsymbol{\alpha}_3=(3, -3, 1, 5)^{\mathrm{T}}$，求 $\boldsymbol{Ax}=\boldsymbol{b}$ 的通解.

【精析】 (1) 因为 $R(\boldsymbol{A})=n-1$，所以方程组 $\boldsymbol{Ax}=\boldsymbol{0}$ 的基础解系只含一个线性无关的解向量，又因为 $\boldsymbol{A}$ 的各行元素之和为 0，所以

$$\boldsymbol{A}(1, 1, \cdots, 1)^{\mathrm{T}}=\boldsymbol{0},$$

于是 $(1, 1, \cdots, 1)^{\mathrm{T}}$ 为方程组 $\boldsymbol{Ax}=\boldsymbol{0}$ 的一个基础解系，故方程组 $\boldsymbol{Ax}=\boldsymbol{0}$ 的通解为

$$\boldsymbol{x}=k(1, 1, \cdots, 1)^{\mathrm{T}}(k \text{ 为任意常数}).$$

(2) 由 $R(\boldsymbol{A})=3$ 得方程组 $\boldsymbol{Ax}=\boldsymbol{0}$ 的基础解系的秩为 $n-R(\boldsymbol{A})=4-3=1$(个).

因为 $\boldsymbol{\alpha}_1, \boldsymbol{\alpha}_2, \boldsymbol{\alpha}_3$ 为方程组 $\boldsymbol{Ax}=\boldsymbol{b}$ 的三个解向量,所以

$$\boldsymbol{A\alpha}_1=\boldsymbol{b},\ \boldsymbol{A\alpha}_2=\boldsymbol{b},\ \boldsymbol{A\alpha}_3=\boldsymbol{b},$$

则 $\boldsymbol{A}[2\boldsymbol{\alpha}_1-(\boldsymbol{\alpha}_2+\boldsymbol{\alpha}_3)]=2\boldsymbol{b}-\boldsymbol{b}-\boldsymbol{b}=\boldsymbol{0}$,

所以 $\boldsymbol{Ax}=\boldsymbol{0}$ 的基础解系为

$$2\boldsymbol{\alpha}_1-(\boldsymbol{\alpha}_2+\boldsymbol{\alpha}_3)=(1,5,-3,1)^{\mathrm{T}}.$$

故方程组 $\boldsymbol{Ax}=\boldsymbol{b}$ 的通解为

$$\boldsymbol{x}=k(1,5,-3,1)^{\mathrm{T}}+(2,1,-1,3)^{\mathrm{T}}(k\text{ 为任意常数}).$$

【例 5】 设 $\boldsymbol{A}$ 为 4×3 矩阵, $\boldsymbol{\eta}_1, \boldsymbol{\eta}_2, \boldsymbol{\eta}_3$ 是非齐次线性方程组 $\boldsymbol{Ax}=\boldsymbol{b}$ 的三个线性无关的解, k_1, k_2 为任意常数,则 $\boldsymbol{Ax}=\boldsymbol{b}$ 的通解为__________.

【精析】 因为 $\boldsymbol{\eta}_1, \boldsymbol{\eta}_2, \boldsymbol{\eta}_3$ 是非齐次线性方程组 $\boldsymbol{Ax}=\boldsymbol{b}$ 的三个线性无关的解,所以 $\boldsymbol{\eta}_2-\boldsymbol{\eta}_1$, $\boldsymbol{\eta}_3-\boldsymbol{\eta}_2$, $\boldsymbol{\eta}_3-\boldsymbol{\eta}_1$ 是对应的齐次线性方程组的解,而 $\boldsymbol{\eta}_2-\boldsymbol{\eta}_1$, $\boldsymbol{\eta}_3-\boldsymbol{\eta}_2$, $\boldsymbol{\eta}_3-\boldsymbol{\eta}_1$ 线性相关,其中任意两个向量线性无关,因此 $\boldsymbol{\eta}_2-\boldsymbol{\eta}_1$, $\boldsymbol{\eta}_3-\boldsymbol{\eta}_1$ 可以作为齐次线性方程组的基础解系,而 $\dfrac{\boldsymbol{\eta}_2+\boldsymbol{\eta}_3}{2}$ 是 $\boldsymbol{Ax}=\boldsymbol{b}$ 的一个特解,所以 $\boldsymbol{Ax}=\boldsymbol{b}$ 的通解可以表示为

$$\frac{\boldsymbol{\eta}_2+\boldsymbol{\eta}_3}{2}+k_1(\boldsymbol{\eta}_2-\boldsymbol{\eta}_1)+k_2(\boldsymbol{\eta}_3-\boldsymbol{\eta}_1).$$

考点聚焦

考点一　向量组的线性相关性和线性表示

向量组主要有线性组合与线性相关(无关)两大问题,进而引出线性无关组个数及向量组的秩.

思路点拨

1. 向量组的线性相关性

(1) 定义:如果存在不全为 0 的数组 $k_1, k_2\cdots k_s$,使 $k_1\boldsymbol{\alpha}_1+k_2\boldsymbol{\alpha}_2+\cdots+k_s\boldsymbol{\alpha}_s=\boldsymbol{0}$ 成立,则称向量组 $\boldsymbol{\alpha}_1, \boldsymbol{\alpha}_2, \cdots, \boldsymbol{\alpha}_s$ 线性相关.

(2) $\boldsymbol{\alpha}_1, \boldsymbol{\alpha}_2, \cdots, \boldsymbol{\alpha}_s$ 线性相关 $\Leftrightarrow R(\boldsymbol{\alpha}_1, \boldsymbol{\alpha}_2, \cdots, \boldsymbol{\alpha}_s)<s\Leftrightarrow$ 齐次方程组 $(\boldsymbol{\alpha}_1, \boldsymbol{\alpha}_2, \cdots, \boldsymbol{\alpha}_s)\begin{pmatrix}x_1\\x_2\\\vdots\\x_s\end{pmatrix}=\boldsymbol{0}$ 有非零解;

$\boldsymbol{\alpha}_1, \boldsymbol{\alpha}_2, \cdots, \boldsymbol{\alpha}_s$ 线性无关 $\Leftrightarrow R(\boldsymbol{\alpha}_1, \boldsymbol{\alpha}_2, \cdots, \boldsymbol{\alpha}_s) = s \Leftrightarrow$ 齐次方程组 $(\boldsymbol{\alpha}_1, \boldsymbol{\alpha}_2, \cdots, \boldsymbol{\alpha}_s)\begin{pmatrix} x_1 \\ x_2 \\ \vdots \\ x_s \end{pmatrix} = \mathbf{0}$ 只有零解.

2. 向量组的线性表示

已知向量组 $\boldsymbol{\alpha}_1, \boldsymbol{\alpha}_2, \cdots, \boldsymbol{\alpha}_s, \boldsymbol{\beta}$,判断 $\boldsymbol{\beta}$ 能否由 $\boldsymbol{\alpha}_1, \boldsymbol{\alpha}_2, \cdots, \boldsymbol{\alpha}_s$ 线性表出 $\Rightarrow x_1\boldsymbol{\alpha}_1 + x_2\boldsymbol{\alpha}_2 + \cdots + x_s\boldsymbol{\alpha}_s = \boldsymbol{\beta}$ 是否有解.

例 1 若向量组 $\boldsymbol{\alpha}_1 = (1, 0, 2, 0)$, $\boldsymbol{\alpha}_2 = (1, 0, 0, 2)$, $\boldsymbol{\alpha}_3 = (0, 1, 1, 1)$, $\boldsymbol{\alpha}_4 = (2, 1, k, 2)$ 线性相关,则 $k =$________.

解 4 个四维向量可构造行列式为

$$\begin{vmatrix} 1 & 0 & 2 & 0 \\ 1 & 0 & 0 & 2 \\ 0 & 1 & 1 & 1 \\ 2 & 1 & k & 2 \end{vmatrix} \xlongequal{c_3 - 2c_1} \begin{vmatrix} 1 & 0 & 0 & 0 \\ 1 & 0 & -2 & 2 \\ 0 & 1 & 1 & 1 \\ 2 & 1 & k-4 & 2 \end{vmatrix} = \begin{vmatrix} 0 & -2 & 2 \\ 1 & 1 & 1 \\ 1 & k-4 & 2 \end{vmatrix} \xlongequal{c_2 + c_3} \begin{vmatrix} 0 & 0 & 2 \\ 1 & 2 & 1 \\ 1 & k-2 & 2 \end{vmatrix}$$

$$= 2\begin{vmatrix} 1 & 2 \\ 1 & k-2 \end{vmatrix} = 2(k-4).$$

因为 $\boldsymbol{\alpha}_1, \boldsymbol{\alpha}_2, \boldsymbol{\alpha}_3, \boldsymbol{\alpha}_4$ 线性相关,所以行列式为 0,即 $k = 4$.

例 2 下列向量组中,线性无关的是(　　).

A. $(1, 2, 3, 4)^{\mathrm{T}}, (2, 3, 4, 5)^{\mathrm{T}}, (0, 0, 0, 0)^{\mathrm{T}}$

B. $(1, 2, -1)^{\mathrm{T}}, (3, 5, 6)^{\mathrm{T}}, (0, 7, 9)^{\mathrm{T}}, (1, 0, 2)^{\mathrm{T}}$

C. $(a, 1, 2, 3)^{\mathrm{T}}, (b, 1, 2, 3)^{\mathrm{T}}, (c, 3, 4, 5)^{\mathrm{T}}, (d, 0, 0, 0)^{\mathrm{T}}$

D. $(a, 1, b, 0, 0)^{\mathrm{T}}, (c, 0, d, 6, 0)^{\mathrm{T}}, (a, 0, c, 5, 6)^{\mathrm{T}}$

解 本题选 D.

A 项,有零向量必线性相关.

B 项, 4 个 3 维向量必线性相关(运用定理: $n+1$ 个 n 维向量必线性相关).

C 项, 4 个 4 维向量可用行列式 $\begin{vmatrix} a & b & c & d \\ 1 & 1 & 3 & 0 \\ 2 & 2 & 4 & 0 \\ 3 & 3 & 5 & 0 \end{vmatrix} = -d\begin{vmatrix} 1 & 1 & 3 \\ 2 & 2 & 4 \\ 3 & 3 & 5 \end{vmatrix} = 0$ 判断,从而线性相关.

D 项, 3 个 5 维向量可构成矩阵 $\begin{pmatrix} a & c & a \\ 1 & 0 & 0 \\ b & d & c \\ 0 & 6 & 5 \\ 0 & 0 & 6 \end{pmatrix}$,其中 3 阶余子式 $\begin{vmatrix} 1 & 0 & 0 \\ 0 & 6 & 5 \\ 0 & 0 & 6 \end{vmatrix} = 36 \neq 0$, 则矩阵的

秩 $r \geqslant 3$. 又因为矩阵为 5×3 矩阵，所以 $r \leqslant 3$，因此 $r =$ 向量个数 $= 3$. 则向量组线性无关.

例 3　判断 $\boldsymbol{\alpha}_1 = (1, 0, 2, 3)^{\mathrm{T}}$，$\boldsymbol{\alpha}_2 = (1, 1, 3, 5)^{\mathrm{T}}$，$\boldsymbol{\alpha}_3 = (1, -1, a+2, 1)^{\mathrm{T}}$，$\boldsymbol{\alpha}_4 = (1, 2, 4, a+9)^{\mathrm{T}}$ 的线性相关性.

解　▶ **方法一**　4 个四维向量可构成行列式

$$D = \begin{vmatrix} 1 & 1 & 1 & 1 \\ 0 & 1 & -1 & 2 \\ 2 & 3 & a+2 & 4 \\ 3 & 5 & 1 & a+9 \end{vmatrix} \overset{\substack{c_2 - c_1 \\ c_3 - c_1 \\ c_4 - c_1}}{=\!=\!=} \begin{vmatrix} 1 & 0 & 0 & 0 \\ 0 & 1 & -1 & 2 \\ 2 & 1 & a & 2 \\ 3 & 2 & -2 & a+6 \end{vmatrix} = \begin{vmatrix} 1 & -1 & 2 \\ 1 & a & 2 \\ 2 & -2 & a+6 \end{vmatrix}$$

$$\overset{c_2 + c_1}{=\!=\!=} \begin{vmatrix} 1 & 0 & 2 \\ 1 & a+1 & 2 \\ 2 & 0 & a+6 \end{vmatrix} = (a+1)\begin{vmatrix} 1 & 2 \\ 2 & a+6 \end{vmatrix}$$

$$= (a+1)(a+2),$$

当 $a = -1$ 或 $a = -2$ 时，$D = 0$，向量组线性相关，否则线性无关.

▶ **方法二**　设 $x_1\boldsymbol{\alpha}_1 + x_2\boldsymbol{\alpha}_2 + x_3\boldsymbol{\alpha}_3 + x_4\boldsymbol{\alpha}_4 = \mathbf{0}$，则

$$\text{系数矩阵 } \boldsymbol{A} = (\boldsymbol{\alpha}_1, \boldsymbol{\alpha}_2, \boldsymbol{\alpha}_3, \boldsymbol{\alpha}_4) = \begin{pmatrix} 1 & 1 & 1 & 1 \\ 0 & 1 & -1 & 2 \\ 2 & 3 & a+2 & 4 \\ 3 & 5 & 1 & a+9 \end{pmatrix} \xrightarrow[r_4 - 3r_1]{r_3 - 2r_1}$$

$$\begin{pmatrix} 1 & 1 & 1 & 1 \\ 0 & 1 & -1 & 2 \\ 0 & 1 & a & 2 \\ 0 & 2 & -2 & a+6 \end{pmatrix} \xrightarrow[r_4 - 2r_2]{r_3 - r_2} \begin{pmatrix} 1 & 1 & 1 & 1 \\ 0 & 1 & -1 & 2 \\ 0 & 0 & a+1 & 0 \\ 0 & 0 & 0 & a+2 \end{pmatrix},$$

当 $a = -1$ 或-2 时，$R(\boldsymbol{A}) = 3 < 4$，齐次方程组有非零解，向量组线性相关，否则线性无关.

例 4　若 $\boldsymbol{\alpha}_1 = (1, 3, 4, -2)^{\mathrm{T}}$，$\boldsymbol{\alpha}_2 = (2, 1, 3, t)^{\mathrm{T}}$，$\boldsymbol{\alpha}_3 = (3, -1, 2, 0)^{\mathrm{T}}$ 线性相关，则 $t =$ ________.

解　由 $\boldsymbol{\alpha}_1, \boldsymbol{\alpha}_2, \boldsymbol{\alpha}_3$ 线性相关，得 $R(\boldsymbol{\alpha}_1, \boldsymbol{\alpha}_2, \boldsymbol{\alpha}_3) < 3$.

$$(\boldsymbol{\alpha}_1, \boldsymbol{\alpha}_2, \boldsymbol{\alpha}_3) = \begin{pmatrix} 1 & 2 & 3 \\ 3 & 1 & -1 \\ 4 & 3 & 2 \\ -2 & t & 0 \end{pmatrix} \xrightarrow[\substack{r_3 - 4r_1 \\ r_4 + 2r_1}]{r_2 - 3r_1} \begin{pmatrix} 1 & 2 & 3 \\ 0 & -5 & -10 \\ 0 & -5 & -10 \\ 0 & t+4 & 6 \end{pmatrix}$$

$$\to \begin{pmatrix} 1 & 2 & 3 \\ 0 & 1 & 2 \\ 0 & t+4 & 6 \\ 0 & 0 & 0 \end{pmatrix} \xrightarrow{r_3 - (t+4)r_2} \begin{pmatrix} 1 & 2 & 3 \\ 0 & 1 & 2 \\ 0 & 0 & 6 - 2(t+4) \\ 0 & 0 & 0 \end{pmatrix}, \text{所以 } 6 - 2(t+4) = 0,\ t = -1.$$

例 5　已知 n 维向量 $\boldsymbol{\alpha}_1, \boldsymbol{\alpha}_2, \boldsymbol{\alpha}_3$ 线性无关，证明 $3\boldsymbol{\alpha}_1 + 2\boldsymbol{\alpha}_2$，$\boldsymbol{\alpha}_2 - \boldsymbol{\alpha}_3$，$4\boldsymbol{\alpha}_3 - 5\boldsymbol{\alpha}_1$ 线性无关.

解　▶ **方法一**　**用定义**

设 $k_1(3\boldsymbol{\alpha}_1 + 2\boldsymbol{\alpha}_2) + k_2(\boldsymbol{\alpha}_2 - \boldsymbol{\alpha}_3) + k_3(4\boldsymbol{\alpha}_3 - 5\boldsymbol{\alpha}_1) = \mathbf{0}$,

即 $(3k_1-5k_3)\boldsymbol{\alpha}_1+(2k_1+k_2)\boldsymbol{\alpha}_2+(-k_2+4k_3)\boldsymbol{\alpha}_3=\mathbf{0}$.

因为 $\boldsymbol{\alpha}_1,\boldsymbol{\alpha}_2,\boldsymbol{\alpha}_3$ 线性无关,所以 $\begin{cases}3k_1-5k_3=0,\\2k_1+k_2=0,\\-k_2+4k_3=0,\end{cases}$ 即 $\begin{pmatrix}3&0&-5\\2&1&0\\0&-1&4\end{pmatrix}\begin{pmatrix}k_1\\k_2\\k_3\end{pmatrix}=\begin{pmatrix}0\\0\\0\end{pmatrix}$.

因为 $\begin{vmatrix}3&0&-5\\2&1&0\\0&-1&4\end{vmatrix}=22\neq 0$, 所以 $k_1=k_2=k_3=0$, 齐次方程组只有零解.

即 $3\boldsymbol{\alpha}_1+2\boldsymbol{\alpha}_2,\ \boldsymbol{\alpha}_2-\boldsymbol{\alpha}_3,\ 4\boldsymbol{\alpha}_3-5\boldsymbol{\alpha}_1$ 线性无关.

▶ **方法二　用向量组的秩**

令 $\boldsymbol{\beta}_1=3\boldsymbol{\alpha}_1+2\boldsymbol{\alpha}_2,\ \boldsymbol{\beta}_2=\boldsymbol{\alpha}_2-\boldsymbol{\alpha}_3,\ \boldsymbol{\beta}_3=4\boldsymbol{\alpha}_3-5\boldsymbol{\alpha}_1$,则

$$(\boldsymbol{\beta}_1,\boldsymbol{\beta}_2,\boldsymbol{\beta}_3)=(\boldsymbol{\alpha}_1,\boldsymbol{\alpha}_2,\boldsymbol{\alpha}_3)\begin{pmatrix}3&0&-5\\2&1&0\\0&-1&4\end{pmatrix}.$$

因为 $\begin{vmatrix}3&0&-5\\2&1&0\\0&-1&4\end{vmatrix}=22\neq 0$, 所以 $\begin{pmatrix}3&0&-5\\2&1&0\\0&-1&4\end{pmatrix}$ 可逆,

即 $R(\boldsymbol{\beta}_1,\boldsymbol{\beta}_2,\boldsymbol{\beta}_3)=R(\boldsymbol{\alpha}_1,\boldsymbol{\alpha}_2,\boldsymbol{\alpha}_3)=3$. 所以 $\boldsymbol{\beta}_1,\boldsymbol{\beta}_2,\boldsymbol{\beta}_3$ 线性无关.

亦即 $3\boldsymbol{\alpha}_1+2\boldsymbol{\alpha}_2,\ \boldsymbol{\alpha}_2-\boldsymbol{\alpha}_3,\ 4\boldsymbol{\alpha}_3-5\boldsymbol{\alpha}_1$ 线性无关.

例 6　设 $\boldsymbol{\alpha}_1=\begin{pmatrix}1\\2\\2\end{pmatrix},\boldsymbol{\alpha}_2=\begin{pmatrix}-3\\-1\\1\end{pmatrix},\boldsymbol{\alpha}_3=\begin{pmatrix}5\\-3\\-3\end{pmatrix},\boldsymbol{\beta}=\begin{pmatrix}0\\11\\5\end{pmatrix}$,问 $\boldsymbol{\beta}$ 是否可由 $\boldsymbol{\alpha}_1,\boldsymbol{\alpha}_2,\boldsymbol{\alpha}_3$ 线性表示?若能,求出表达式.

解　若 $\boldsymbol{\beta}$ 可由 $\boldsymbol{\alpha}_1,\boldsymbol{\alpha}_2,\boldsymbol{\alpha}_3$ 线性表示,则线性方程组 $x_1\boldsymbol{\alpha}_1+x_2\boldsymbol{\alpha}_2+x_3\boldsymbol{\alpha}_3=\boldsymbol{\beta}$ 有解,于是

$$(\boldsymbol{\alpha}_1,\boldsymbol{\alpha}_2,\boldsymbol{\alpha}_3\vdots\boldsymbol{\beta})=\left(\begin{array}{ccc:c}1&-3&5&0\\2&-1&-3&11\\2&1&-3&5\end{array}\right)\xrightarrow[r_3-2r_1]{r_2-2r_1}\left(\begin{array}{ccc:c}1&-3&5&0\\0&5&-13&11\\0&7&-13&5\end{array}\right)$$

$$\xrightarrow{r_3-r_2}\left(\begin{array}{ccc:c}1&-3&5&0\\0&5&-13&11\\0&2&0&-6\end{array}\right)\xrightarrow{r_3\times\frac{1}{2}}\left(\begin{array}{ccc:c}1&-3&5&0\\0&5&-13&11\\0&1&0&-3\end{array}\right)$$

$$\xrightarrow{r_2-5r_3}\left(\begin{array}{ccc:c}1&-3&5&0\\0&0&-13&26\\0&1&0&-3\end{array}\right)\xrightarrow[r_3\times\left(-\frac{1}{13}\right)]{r_2\leftrightarrow r_3}\left(\begin{array}{ccc:c}1&-3&5&0\\0&1&0&-3\\0&0&1&-2\end{array}\right)$$

$$\xrightarrow[r_1-5r_3]{r_1+3r_2}\left(\begin{array}{ccc:c}1&0&0&1\\0&1&0&-3\\0&0&1&-2\end{array}\right),$$

$R(\boldsymbol{\alpha}_1,\boldsymbol{\alpha}_2,\boldsymbol{\alpha}_3)=R(\boldsymbol{\alpha}_1,\boldsymbol{\alpha}_2,\boldsymbol{\alpha}_3,\boldsymbol{\beta})=3$,

所以 $\boldsymbol{\beta}$ 可由 $\boldsymbol{\alpha}_1,\boldsymbol{\alpha}_2,\boldsymbol{\alpha}_3$ 线性表示, $\boldsymbol{\beta}=\boldsymbol{\alpha}_1-3\boldsymbol{\alpha}_2-2\boldsymbol{\alpha}_3$.

例 7　若 $\boldsymbol{\beta}=(1,2,t)^{\mathrm{T}}$ 可由 $\boldsymbol{\alpha}_1=(2,1,1)^{\mathrm{T}}$, $\boldsymbol{\alpha}_2=(-1,2,7)^{\mathrm{T}}$, $\boldsymbol{\alpha}_3=(1,-1,-4)^{\mathrm{T}}$ 线性表出,则 $t=$________.

解　$\boldsymbol{\beta}$ 可由 $\boldsymbol{\alpha}_1,\boldsymbol{\alpha}_2,\boldsymbol{\alpha}_3$ 线性表示 $\Rightarrow$ 线性方程组 $x_1\boldsymbol{\alpha}_1+x_2\boldsymbol{\alpha}_2+x_3\boldsymbol{\alpha}_3=\boldsymbol{\beta}$ 有解.

$$(\boldsymbol{\alpha}_1,\boldsymbol{\alpha}_2,\boldsymbol{\alpha}_3\vdots\boldsymbol{\beta})=\left(\begin{array}{ccc:c}2&-1&1&1\\1&2&-1&2\\1&7&-4&t\end{array}\right)\xrightarrow{r_1\leftrightarrow r_2}\left(\begin{array}{ccc:c}1&2&-1&2\\2&-1&1&1\\1&7&-4&t\end{array}\right)$$

$$\xrightarrow[r_3-r_1]{r_2-2r_1}\left(\begin{array}{ccc:c}1&2&-1&2\\0&-5&3&-3\\0&5&-3&t-2\end{array}\right)\xrightarrow{r_3+r_2}\left(\begin{array}{ccc:c}1&2&-1&2\\0&-5&3&-3\\0&0&0&t-5\end{array}\right).$$

由方程组有解可知, $R(\boldsymbol{\alpha}_1,\boldsymbol{\alpha}_2,\boldsymbol{\alpha}_3)=R(\boldsymbol{\alpha}_1,\boldsymbol{\alpha}_2,\boldsymbol{\alpha}_3,\boldsymbol{\beta})=2$, 所以 $t=5$.

例 8　已知 $\boldsymbol{\alpha}_1=(2,3,3)^{\mathrm{T}}$, $\boldsymbol{\alpha}_2=(1,0,3)^{\mathrm{T}}$, $\boldsymbol{\alpha}_3=(3,5,a+2)^{\mathrm{T}}$, 若 $\boldsymbol{\beta}_1=(4,-3,15)^{\mathrm{T}}$ 可由 $\boldsymbol{\alpha}_1,\boldsymbol{\alpha}_2,\boldsymbol{\alpha}_3$ 线性表出, $\boldsymbol{\beta}_2=(-2,-5,a)^{\mathrm{T}}$ 不能由 $\boldsymbol{\alpha}_1,\boldsymbol{\alpha}_2,\boldsymbol{\alpha}_3$ 线性表出,则 $a=$________.

解　若 $\boldsymbol{\beta}_1$ 可由 $\boldsymbol{\alpha}_1,\boldsymbol{\alpha}_2,\boldsymbol{\alpha}_3$ 线性表示,则 $R(\boldsymbol{\alpha}_1,\boldsymbol{\alpha}_2,\boldsymbol{\alpha}_3)=R(\boldsymbol{\alpha}_1,\boldsymbol{\alpha}_2,\boldsymbol{\alpha}_3,\boldsymbol{\beta}_1)$;

若 $\boldsymbol{\beta}_2$ 不能由 $\boldsymbol{\alpha}_1,\boldsymbol{\alpha}_2,\boldsymbol{\alpha}_3$ 线性表示,则 $R(\boldsymbol{\alpha}_1,\boldsymbol{\alpha}_2,\boldsymbol{\alpha}_3)\neq R(\boldsymbol{\alpha}_1,\boldsymbol{\alpha}_2,\boldsymbol{\alpha}_3,\boldsymbol{\beta}_2)$.

$$(\boldsymbol{\alpha}_1,\boldsymbol{\alpha}_2,\boldsymbol{\alpha}_3\vdots\boldsymbol{\beta}_1,\boldsymbol{\beta}_2)=\left(\begin{array}{ccc:cc}2&1&3&4&-2\\3&0&5&-3&-5\\3&3&a+2&15&a\end{array}\right)\xrightarrow[r_2-r_1]{r_3-r_2}\left(\begin{array}{ccc:cc}2&1&3&4&-2\\1&-1&2&-7&-3\\0&3&a-3&18&a+5\end{array}\right)$$

$$\xrightarrow{r_1-2r_2}\left(\begin{array}{ccc:cc}0&3&-1&18&4\\1&-1&2&-7&-3\\0&3&a-3&18&a+5\end{array}\right)\xrightarrow{r_3-r_1}\left(\begin{array}{ccc:cc}0&3&-1&18&4\\1&-1&2&-7&-3\\0&0&a-2&0&a+1\end{array}\right)$$

$$\xrightarrow{r_1\leftrightarrow r_2}\left(\begin{array}{ccc:cc}1&-1&2&-7&-3\\0&3&-1&18&4\\0&0&a-2&0&a+1\end{array}\right),$$

a 为任意值都满足 $R(\boldsymbol{\alpha}_1,\boldsymbol{\alpha}_2,\boldsymbol{\alpha}_3)=R(\boldsymbol{\alpha}_1,\boldsymbol{\alpha}_2,\boldsymbol{\alpha}_3,\boldsymbol{\beta}_1)$.

由于 $R(\boldsymbol{\alpha}_1,\boldsymbol{\alpha}_2,\boldsymbol{\alpha}_3)\neq R(\boldsymbol{\alpha}_1,\boldsymbol{\alpha}_2,\boldsymbol{\alpha}_3,\boldsymbol{\beta}_2)$, 因此 $a-2=0$, $a=2$.

考点二　极大线性无关组及向量组的秩

思 路 点 拨

求向量组的极大线性无关组和向量组的秩时,可将向量组转化为矩阵,接着对矩阵进行初等行变换化成阶梯形矩阵,得到待求结果.

例 1　已知 $\boldsymbol{\alpha}_1=(2,3,4,5)^{\mathrm{T}}$, $\boldsymbol{\alpha}_2=(3,4,5,6)^{\mathrm{T}}$, $\boldsymbol{\alpha}_3=(4,5,6,7)^{\mathrm{T}}$, $\boldsymbol{\alpha}_4=(5,6,7,8)^{\mathrm{T}}$, 求向量组 $\boldsymbol{\alpha}_1,\boldsymbol{\alpha}_2,\boldsymbol{\alpha}_3,\boldsymbol{\alpha}_4$ 的秩.

解 $(\boldsymbol{\alpha}_1, \boldsymbol{\alpha}_2, \boldsymbol{\alpha}_3, \boldsymbol{\alpha}_4) = \begin{pmatrix} 2 & 3 & 4 & 5 \\ 3 & 4 & 5 & 6 \\ 4 & 5 & 6 & 7 \\ 5 & 6 & 7 & 8 \end{pmatrix} \xrightarrow[r_2 - r_1]{\substack{r_4 - r_3 \\ r_3 - r_2}} \begin{pmatrix} 2 & 3 & 4 & 5 \\ 1 & 1 & 1 & 1 \\ 1 & 1 & 1 & 1 \\ 1 & 1 & 1 & 1 \end{pmatrix}$

$$\xrightarrow[\substack{r_4 - r_2 \\ r_1 - 2r_2}]{r_3 - r_2} \begin{pmatrix} 0 & 1 & 2 & 3 \\ 1 & 1 & 1 & 1 \\ 0 & 0 & 0 & 0 \\ 0 & 0 & 0 & 0 \end{pmatrix} \xrightarrow{r_1 \leftrightarrow r_2} \begin{pmatrix} 1 & 1 & 1 & 1 \\ 0 & 1 & 2 & 3 \\ 0 & 0 & 0 & 0 \\ 0 & 0 & 0 & 0 \end{pmatrix},$$

故 $R(\boldsymbol{\alpha}_1, \boldsymbol{\alpha}_2, \boldsymbol{\alpha}_3, \boldsymbol{\alpha}_4) = 2$.

例 2 设向量组 $\boldsymbol{\alpha}_1 = (1, -1, 2, 4)^{\mathrm{T}}$, $\boldsymbol{\alpha}_2 = (0, 3, 1, 2)^{\mathrm{T}}$, $\boldsymbol{\alpha}_3 = (3, 0, 7, 14)^{\mathrm{T}}$, $\boldsymbol{\alpha}_4 = (1, -2, 2, 0)^{\mathrm{T}}$, $\boldsymbol{\alpha}_5 = (2, 1, 5, 10)^{\mathrm{T}}$, 则该向量组的极大线性无关组是(　　).

A. $\boldsymbol{\alpha}_1, \boldsymbol{\alpha}_2, \boldsymbol{\alpha}_3$　　B. $\boldsymbol{\alpha}_1, \boldsymbol{\alpha}_2, \boldsymbol{\alpha}_4$　　C. $\boldsymbol{\alpha}_1, \boldsymbol{\alpha}_2, \boldsymbol{\alpha}_5$　　D. $\boldsymbol{\alpha}_2, \boldsymbol{\alpha}_3, \boldsymbol{\alpha}_5$

解 本题选 B.

$$(\boldsymbol{\alpha}_1, \boldsymbol{\alpha}_2, \boldsymbol{\alpha}_3, \boldsymbol{\alpha}_4, \boldsymbol{\alpha}_5) = \begin{pmatrix} 1 & 0 & 3 & 1 & 2 \\ -1 & 3 & 0 & -2 & 1 \\ 2 & 1 & 7 & 2 & 5 \\ 4 & 2 & 14 & 0 & 10 \end{pmatrix} \xrightarrow[r_4 - 2r_3]{r_2 + r_1} \begin{pmatrix} 1 & 0 & 3 & 1 & 2 \\ 0 & 3 & 3 & -1 & 3 \\ 2 & 1 & 7 & 2 & 5 \\ 0 & 0 & 0 & -4 & 0 \end{pmatrix}$$

$$\xrightarrow{r_3 - 2r_1} \begin{pmatrix} 1 & 0 & 3 & 1 & 2 \\ 0 & 3 & 3 & -1 & 3 \\ 0 & 1 & 1 & 0 & 1 \\ 0 & 0 & 0 & -4 & 0 \end{pmatrix} \xrightarrow{r_2 - 3r_3} \begin{pmatrix} 1 & 0 & 3 & 1 & 2 \\ 0 & 0 & 0 & -1 & 0 \\ 0 & 1 & 1 & 0 & 1 \\ 0 & 0 & 0 & -4 & 0 \end{pmatrix}$$

$$\xrightarrow[r_2 \leftrightarrow r_3]{r_4 - 4r_2} \begin{pmatrix} 1 & 0 & 3 & 1 & 2 \\ 0 & 1 & 1 & 0 & 1 \\ 0 & 0 & 0 & -1 & 0 \\ 0 & 0 & 0 & 0 & 0 \end{pmatrix} \xrightarrow[r_3 \times (-1)]{r_1 + r_3} \begin{pmatrix} 1 & 0 & 3 & 0 & 2 \\ 0 & 1 & 1 & 0 & 1 \\ 0 & 0 & 0 & 1 & 0 \\ 0 & 0 & 0 & 0 & 0 \end{pmatrix}.$$

极大线性无关组为 $\boldsymbol{\alpha}_1, \boldsymbol{\alpha}_2, \boldsymbol{\alpha}_4$ 或 $\boldsymbol{\alpha}_1, \boldsymbol{\alpha}_3, \boldsymbol{\alpha}_4$ 或 $\boldsymbol{\alpha}_1, \boldsymbol{\alpha}_4, \boldsymbol{\alpha}_5$ 或 $\boldsymbol{\alpha}_2, \boldsymbol{\alpha}_3, \boldsymbol{\alpha}_4$ 或 $\boldsymbol{\alpha}_2, \boldsymbol{\alpha}_4, \boldsymbol{\alpha}_5$ 或 $\boldsymbol{\alpha}_3, \boldsymbol{\alpha}_4, \boldsymbol{\alpha}_5$, 对照选项,选 B.

例 3 已知 $\boldsymbol{\alpha}_1 = (1, 1, 4, 2)^{\mathrm{T}}$, $\boldsymbol{\alpha}_2 = (1, -1, -2, 4)^{\mathrm{T}}$, $\boldsymbol{\alpha}_3 = (-3, 1, a, -10)^{\mathrm{T}}$, $\boldsymbol{\alpha}_4 = (1, 3, 10, 0)^{\mathrm{T}}$, 求向量组 $\boldsymbol{\alpha}_1, \boldsymbol{\alpha}_2, \boldsymbol{\alpha}_3, \boldsymbol{\alpha}_4$ 的秩,求一个极大线性无关组,并将其余向量用该极大线性无关组线性表示.

解 $(\boldsymbol{\alpha}_1, \boldsymbol{\alpha}_2, \boldsymbol{\alpha}_3, \boldsymbol{\alpha}_4) = \begin{pmatrix} 1 & 1 & -3 & 1 \\ 1 & -1 & 1 & 3 \\ 4 & -2 & a & 10 \\ 2 & 4 & -10 & 0 \end{pmatrix} \xrightarrow[\substack{r_3 - 4r_1 \\ r_4 - 2r_1}]{r_2 - r_1} \begin{pmatrix} 1 & 1 & -3 & 1 \\ 0 & -2 & 4 & 2 \\ 0 & -6 & a+12 & 6 \\ 0 & 2 & -4 & -2 \end{pmatrix}$

$$\xrightarrow[r_4 + r_2]{r_3 - 3r_2} \begin{pmatrix} 1 & 1 & -3 & 1 \\ 0 & -2 & 4 & 2 \\ 0 & 0 & a & 0 \\ 0 & 0 & 0 & 0 \end{pmatrix} \rightarrow \begin{pmatrix} 1 & 0 & -1 & 2 \\ 0 & 1 & -2 & -1 \\ 0 & 0 & a & 0 \\ 0 & 0 & 0 & 0 \end{pmatrix}.$$

当 $a \neq 0$ 时，$R(\boldsymbol{\alpha}_1, \boldsymbol{\alpha}_2, \boldsymbol{\alpha}_3, \boldsymbol{\alpha}_4) = 3$，极大无关组为 $\boldsymbol{\alpha}_1, \boldsymbol{\alpha}_2, \boldsymbol{\alpha}_3$，则 $\boldsymbol{\alpha}_4 = 2\boldsymbol{\alpha}_1 - \boldsymbol{\alpha}_2$；

当 $a = 0$ 时，$R(\boldsymbol{\alpha}_1, \boldsymbol{\alpha}_2, \boldsymbol{\alpha}_3, \boldsymbol{\alpha}_4) = 2$，极大线性无关组为 $\boldsymbol{\alpha}_1, \boldsymbol{\alpha}_2$，则 $\boldsymbol{\alpha}_3 = -\boldsymbol{\alpha}_1 - 2\boldsymbol{\alpha}_2$，$\boldsymbol{\alpha}_4 = 2\boldsymbol{\alpha}_1 - \boldsymbol{\alpha}_2$.

例 4　求向量组 $\boldsymbol{\beta}_1 = (1, 2, 1, 3)^{\mathrm{T}}$，$\boldsymbol{\beta}_2 = (1, 1, -1, 1)^{\mathrm{T}}$，$\boldsymbol{\beta}_3 = (1, 3, 3, 5)^{\mathrm{T}}$，$\boldsymbol{\beta}_4 = (4, 5, -3, 6)^{\mathrm{T}}$，$\boldsymbol{\beta}_5 = (-3, -5, -2, -7)^{\mathrm{T}}$ 的秩和极大线性无关组，并将其余的向量用极大线性无关组表出.

解　$$(\boldsymbol{\beta}_1, \boldsymbol{\beta}_2, \boldsymbol{\beta}_3, \boldsymbol{\beta}_4, \boldsymbol{\beta}_5) = \begin{pmatrix} 1 & 1 & 1 & 4 & -3 \\ 2 & 1 & 3 & 5 & -5 \\ 1 & -1 & 3 & -3 & -2 \\ 3 & 1 & 5 & 6 & -7 \end{pmatrix} \xrightarrow[\substack{r_3 - r_1 \\ r_4 - 3r_1}]{r_2 - 2r_1}$$

$$\begin{pmatrix} 1 & 1 & 1 & 4 & -3 \\ 0 & -1 & 1 & -3 & 1 \\ 0 & -2 & 2 & -7 & 1 \\ 0 & -2 & 2 & -6 & 2 \end{pmatrix} \xrightarrow[r_4 - 2r_2]{r_3 - 2r_2} \begin{pmatrix} 1 & 1 & 1 & 4 & -3 \\ 0 & -1 & 1 & -3 & 1 \\ 0 & 0 & 0 & -1 & -1 \\ 0 & 0 & 0 & 0 & 0 \end{pmatrix} \rightarrow$$

$$\begin{pmatrix} 1 & 1 & 1 & 4 & -3 \\ 0 & 1 & -1 & 3 & -1 \\ 0 & 0 & 0 & 1 & 1 \\ 0 & 0 & 0 & 0 & 0 \end{pmatrix} \xrightarrow[\substack{r_1 - r_3 \\ r_2 - 3r_3}]{r_1 - r_2} \begin{pmatrix} 1 & 0 & 2 & 0 & -3 \\ 0 & 1 & -1 & 0 & -4 \\ 0 & 0 & 0 & 1 & 1 \\ 0 & 0 & 0 & 0 & 0 \end{pmatrix}.$$

$R(\boldsymbol{\beta}_1, \boldsymbol{\beta}_2, \boldsymbol{\beta}_3, \boldsymbol{\beta}_4, \boldsymbol{\beta}_5) = 3$，极大线性无关组为 $\boldsymbol{\beta}_1, \boldsymbol{\beta}_2, \boldsymbol{\beta}_4$，

则 $\boldsymbol{\beta}_3 = 2\boldsymbol{\beta}_1 - \boldsymbol{\beta}_2$，$\boldsymbol{\beta}_5 = -3\boldsymbol{\beta}_1 - 4\boldsymbol{\beta}_2 + \boldsymbol{\beta}_4$.

考点三　线性方程组

线性方程组在代数中的地位很重要，是考试热点之一，这一部分解题思路较清晰，但易忽视基本运算，出错率高. 常考题型为抽象型方程组，已知方程组有解或无解求参数或是常规题求线性方程组的通解、特解.

思路点拨

方程组有解及解的判别：

(1) $\boldsymbol{Ax} = \boldsymbol{0}$ 总有解，至少有零解.

(2) $\boldsymbol{A}_{m \times n}\boldsymbol{x} = \boldsymbol{0}$ $\begin{cases} R(\boldsymbol{A}) = n, \text{只有零解}; \\ R(\boldsymbol{A}) < n, \text{有无穷多解}. \end{cases}$

(3) $\boldsymbol{A}_{m \times n}\boldsymbol{x} = \boldsymbol{b}$ $\begin{cases} R(\boldsymbol{A}) \neq R(\boldsymbol{A}, \boldsymbol{b}), \text{无解}; \\ R(\boldsymbol{A}) = R(\boldsymbol{A}, \boldsymbol{b}) = n, \text{有唯一解}; \\ R(\boldsymbol{A}) = R(\boldsymbol{A}, \boldsymbol{b}) = r < n, \text{有无穷多解}. \end{cases}$

★题型一　抽象型线性方程组

例 1　设非齐次线性方程组为 $\boldsymbol{A}_{m\times n}\boldsymbol{x}=\boldsymbol{b}$，则(　　).

A. 当 $R(\boldsymbol{A})=m$ 时，方程组有解　　B. 当 $R(\boldsymbol{A})=n$ 时，方程组有唯一解

C. 当 $m=n$ 时，方程组有唯一解　　D. 当 $R(\boldsymbol{A})<n$ 时，方程组有无穷多解

解　本题选 A.

B、C、D 项未表明 $R(\boldsymbol{A})$ 与 $R(\boldsymbol{A},\boldsymbol{b})$ 的关系.

当 $R(\boldsymbol{A})=m$ 时，$\boldsymbol{A}$ 的行向量组线性无关，即在 $\boldsymbol{A}$ 上增加一列，仍线性无关，故有 $R(\boldsymbol{A},\boldsymbol{b})=m$，方程组有解.

例 2　设线性方程组 $\begin{cases}x_1+2x_2+\lambda x_3=\mu+1,\\x_1-4x_3=\mu-1,\\x_1+2x_2-2x_3=0\end{cases}$ 无解，则 λ,μ 应满足(　　).

A. $\lambda=-2$ 但 $\mu\neq-1$　　B. $\mu=0$ 但 $\lambda\neq0$

C. $\lambda=0$ 但 $\mu\neq1$　　D. $\lambda=0$ 但 $\mu=-1$

解　本题选 A.

$$(\boldsymbol{A}\vdots\boldsymbol{b})=\left(\begin{array}{ccc:c}1&2&\lambda&\mu+1\\1&0&-4&\mu-1\\1&2&-2&0\end{array}\right)\xrightarrow{r_2\leftrightarrow r_1}\left(\begin{array}{ccc:c}1&0&-4&\mu-1\\1&2&\lambda&\mu+1\\1&2&-2&0\end{array}\right)$$

$$\xrightarrow[r_2-r_1]{r_3-r_2}\left(\begin{array}{ccc:c}1&0&-4&\mu-1\\0&2&\lambda+4&2\\0&2&-2-\lambda&-(\mu+1)\end{array}\right)$$

因为方程组无解，所以 $R(\boldsymbol{A})\neq R(\boldsymbol{A},\boldsymbol{b})$，故 $\lambda=-2$，$\mu\neq-1$.

例 3　已知 $\boldsymbol{\eta}_1$，$\boldsymbol{\eta}_2$ 是 n 元齐次线性方程组 $\boldsymbol{Ax}=\boldsymbol{0}$ 的两个不同的解，若 $R(\boldsymbol{A})=n-1$，则 $\boldsymbol{Ax}=\boldsymbol{0}$ 的通解是(　　).

A. $k\boldsymbol{\eta}_1$　　B. $k\boldsymbol{\eta}_2$　　C. $k(\boldsymbol{\eta}_1+\boldsymbol{\eta}_2)$　　D. $k(\boldsymbol{\eta}_1-\boldsymbol{\eta}_2)$

解　本题选 D.

由 $R(\boldsymbol{A})=n-1$ 可知，基础解系个数为 $n-R(\boldsymbol{A})=1$，则 $\boldsymbol{Ax}=\boldsymbol{0}$ 的通解形式为 $k\boldsymbol{\eta}$.

A、B 选项 $\boldsymbol{\eta}_1$，$\boldsymbol{\eta}_2$ 有可能为零解，所以 A、B 不准确；

C 项，$\boldsymbol{\eta}_1+\boldsymbol{\eta}_2$ 不一定是 $\boldsymbol{Ax}=\boldsymbol{0}$ 的通解，如 $\boldsymbol{\eta}_2=-\boldsymbol{\eta}_1$，则 $\boldsymbol{\eta}_1+\boldsymbol{\eta}_2=\boldsymbol{0}$；

D 项，因为 $\boldsymbol{\eta}_1\neq\boldsymbol{\eta}_2$，所以 $\boldsymbol{\eta}_1-\boldsymbol{\eta}_2\neq\boldsymbol{0}$，$\boldsymbol{A}(\boldsymbol{\eta}_1-\boldsymbol{\eta}_2)=\boldsymbol{A\eta}_1-\boldsymbol{A\eta}_2=\boldsymbol{0}$，所以 $\boldsymbol{\eta}_1-\boldsymbol{\eta}_2$ 必是 $\boldsymbol{Ax}=\boldsymbol{0}$ 的非零解.

例 4　设 $\boldsymbol{A}=\begin{pmatrix}a_{11}&a_{12}&a_{13}\\a_{21}&a_{22}&a_{23}\end{pmatrix}$，$\boldsymbol{B}=\begin{pmatrix}b_{11}&b_{12}\\b_{21}&b_{22}\\b_{31}&b_{32}\end{pmatrix}$，若 $\boldsymbol{AB}=\begin{pmatrix}1&0\\2&1\end{pmatrix}$，则齐次线性方程组 $\boldsymbol{Ax}=\boldsymbol{0}$，$\boldsymbol{By}=\boldsymbol{0}$ 线性无关解的个数分别为(　　).

A. 0, 1　　B. 1, 0　　C. 2, 1　　D. 2, 0

解　本题选 B.

齐次线性方程组线性无关解的个数取决于其系数矩阵的秩. 由 $\boldsymbol{AB}=\begin{pmatrix}1&0\\2&1\end{pmatrix}$, 知 $R(\boldsymbol{AB})=2$, 即 $2=R(\boldsymbol{AB})\leqslant\min\{R(\boldsymbol{A}),R(\boldsymbol{B})\}\leqslant\min\{2,3\}$, 因此 $R(\boldsymbol{A})=R(\boldsymbol{B})=2$, 齐次线性方程 $\boldsymbol{Ax}=\boldsymbol{0}$ 线性无关解的个数为 $3-R(\boldsymbol{A})=1$, $\boldsymbol{By}=\boldsymbol{0}$ 线性无关解的个数为 $2-R(\boldsymbol{B})=0$.

★题型二　具体型线性方程组

例 1　求齐次线性方程组 $\begin{cases}x_1+x_2-3x_4-x_5=0,\\x_1-x_2+2x_3-x_4=0,\\4x_1-2x_2+6x_3+3x_4-4x_5=0,\\2x_1+4x_2-2x_3+4x_4-7x_5=0\end{cases}$ 的通解.

解　系数矩阵 $\boldsymbol{A}=\begin{pmatrix}1&1&0&-3&-1\\1&-1&2&-1&0\\4&-2&6&3&-4\\2&4&-2&4&-7\end{pmatrix}\xrightarrow[r_4-2r_1]{\substack{r_2-r_1\\r_3-4r_1}}\begin{pmatrix}1&1&0&-3&-1\\0&-2&2&2&1\\0&-6&6&15&0\\0&2&-2&10&-5\end{pmatrix}$

$$\xrightarrow[r_4+r_2]{r_3-3r_2}\begin{pmatrix}1&1&0&-3&-1\\0&-2&2&2&1\\0&0&0&9&-3\\0&0&0&12&-4\end{pmatrix}\xrightarrow[\substack{r_3\times\frac{1}{9}\\r_2\times\left(-\frac{1}{2}\right)}]{r_4-\frac{4}{3}r_3}\begin{pmatrix}1&1&0&-3&-1\\0&1&-1&-1&-\frac{1}{2}\\0&0&0&1&-\frac{1}{3}\\0&0&0&0&0\end{pmatrix}$$

$$\xrightarrow[r_2+r_3]{r_1-r_2}\begin{pmatrix}1&0&1&-2&-\frac{1}{2}\\0&1&-1&0&-\frac{5}{6}\\0&0&0&1&-\frac{1}{3}\\0&0&0&0&0\end{pmatrix}\xrightarrow{r_1+2r_3}\begin{pmatrix}1&0&1&0&-\frac{7}{6}\\0&1&-1&0&-\frac{5}{6}\\0&0&0&1&-\frac{1}{3}\\0&0&0&0&0\end{pmatrix}.$$

取 x_3, x_5 为自由变量,令 $\begin{pmatrix}x_3\\x_5\end{pmatrix}=\begin{pmatrix}1\\0\end{pmatrix}$, $\begin{pmatrix}0\\1\end{pmatrix}$, 基础解系个数为 $n-R(\boldsymbol{A})=2$, 基础解系 $\boldsymbol{\xi}_1=(-1,1,1,0,0)^{\mathrm{T}}$, $\boldsymbol{\xi}_2=\left(\frac{7}{6},\frac{5}{6},0,\frac{1}{3},1\right)^{\mathrm{T}}$, 通解 $\boldsymbol{x}=k_1\boldsymbol{\xi}_1+k_2\boldsymbol{\xi}_2$($k_1$, k_2 为任意常数).

例 2　求齐次方程组 $\begin{cases}x_1+x_2+3x_4-x_5=0,\\2x_2+x_3+4x_4+x_5=0,\\x_1+3x_2+x_3+4x_4+6x_5=0\end{cases}$ 的基础解系.

解　先把系数矩阵化为阶梯形

$$\boldsymbol{A}=\begin{pmatrix}1&1&0&3&-1\\0&2&1&4&1\\1&3&1&4&6\end{pmatrix}\xrightarrow{r_3-r_1}\begin{pmatrix}1&1&0&3&-1\\0&2&1&4&1\\0&2&1&1&7\end{pmatrix}\xrightarrow[r_3\times\left(-\frac{1}{3}\right)]{r_3-r_2}\begin{pmatrix}1&1&0&3&-1\\0&2&1&4&1\\0&0&0&1&-2\end{pmatrix}.$$

▶ **方法一　化为行最简形**

$$A\xrightarrow[r_1-3r_3]{r_2-4r_3}\begin{pmatrix}1&1&0&0&5\\0&2&1&0&9\\0&0&0&1&-2\end{pmatrix}\xrightarrow{r_2\times\frac{1}{2}}\begin{pmatrix}1&1&0&0&5\\0&1&\frac{1}{2}&0&\frac{9}{2}\\0&0&0&1&-2\end{pmatrix}\xrightarrow{r_1-r_2}$$

$$\begin{pmatrix}1&0&-\frac{1}{2}&0&\frac{1}{2}\\0&1&\frac{1}{2}&0&\frac{9}{2}\\0&0&0&1&-2\end{pmatrix}.$$

取 x_3, x_5 为自由变量,则有 $\begin{cases}x_1=\frac{1}{2}x_3-\frac{1}{2}x_5,\\x_2=-\frac{1}{2}x_3-\frac{9}{2}x_5,\\x_4=2x_5,\end{cases}$

$n-R(A)=5-3=2$,

基础解系 $\xi_1=\begin{pmatrix}\frac{1}{2}\\-\frac{1}{2}\\1\\0\\0\end{pmatrix}$, $\xi_2=\begin{pmatrix}-\frac{1}{2}\\-\frac{9}{2}\\0\\2\\1\end{pmatrix}$.

▶ **方法二**　在阶梯形基础上化简第 4 列,取 x_2, x_5 为自由变量.

$$A\longrightarrow\begin{pmatrix}1&1&0&3&-1\\0&2&1&4&1\\0&0&0&1&-2\end{pmatrix}\xrightarrow[r_1-3r_3]{r_2-4r_3}\begin{pmatrix}1&1&0&0&5\\0&2&1&0&9\\0&0&0&1&-2\end{pmatrix},$$

$n-R(A)=5-3=2$,

基础解系 $\xi_1=\begin{pmatrix}-1\\1\\-2\\0\\0\end{pmatrix}$, $\xi_2=\begin{pmatrix}-5\\0\\-9\\2\\1\end{pmatrix}$.

▶ **方法三**　由阶梯形直接求解,取 x_3, x_5 为自由变量,则有

$\begin{cases}x_1+x_2+3x_4-x_5=0,\\2x_2+x_3+4x_4+x_5=0,\\x_4-2x_5=0,\end{cases}$ 即 $\begin{cases}x_1=-x_2-3x_4+x_5,\\x_2=-\frac{1}{2}x_3-2x_4-\frac{1}{2}x_5,\\x_4=2x_5.\end{cases}$

令 $\begin{pmatrix} x_3 \\ x_5 \end{pmatrix} = \begin{pmatrix} 1 \\ 0 \end{pmatrix}$，$\begin{pmatrix} 0 \\ 1 \end{pmatrix}$，分别得 $\begin{pmatrix} x_1 \\ x_2 \\ x_4 \end{pmatrix} = \begin{pmatrix} \frac{1}{2} \\ -\frac{1}{2} \\ 0 \end{pmatrix}$，$\begin{pmatrix} -\frac{1}{2} \\ -\frac{9}{2} \\ 2 \end{pmatrix}$，基础解系 $\boldsymbol{\xi}_1 = \begin{pmatrix} \frac{1}{2} \\ -\frac{1}{2} \\ 1 \\ 0 \\ 0 \end{pmatrix}$，$\boldsymbol{\xi}_2 = \begin{pmatrix} -\frac{1}{2} \\ -\frac{9}{2} \\ 0 \\ 2 \\ 1 \end{pmatrix}$.

例 3　求齐次线性方程组 $\begin{cases} x_1 + x_2 - x_3 + 2x_4 - x_5 = 0, \\ x_1 + x_2 + x_3 + 3x_5 = 0, \\ x_3 + 3x_4 + 6x_5 = 0 \end{cases}$ 的通解.

解　系数矩阵 $\boldsymbol{A} = \begin{pmatrix} 1 & 1 & -1 & 2 & -1 \\ 1 & 1 & 1 & 0 & 3 \\ 0 & 0 & 1 & 3 & 6 \end{pmatrix} \xrightarrow{r_2 - r_1} \begin{pmatrix} 1 & 1 & -1 & 2 & -1 \\ 0 & 0 & 2 & -2 & 4 \\ 0 & 0 & 1 & 3 & 6 \end{pmatrix}$

$$\xrightarrow{r_2 \times \frac{1}{2}} \begin{pmatrix} 1 & 1 & -1 & 2 & -1 \\ 0 & 0 & 1 & -1 & 2 \\ 0 & 0 & 1 & 3 & 6 \end{pmatrix} \xrightarrow[r_1 + r_2]{r_3 - r_2} \begin{pmatrix} 1 & 1 & 0 & 1 & 1 \\ 0 & 0 & 1 & -1 & 2 \\ 0 & 0 & 0 & 4 & 4 \end{pmatrix}$$

$$\xrightarrow[\substack{r_1 - r_3 \\ r_2 + r_3}]{r_3 \times \frac{1}{4}} \begin{pmatrix} 1 & 1 & 0 & 0 & 0 \\ 0 & 0 & 1 & 0 & 3 \\ 0 & 0 & 0 & 1 & 1 \end{pmatrix}.$$

取 x_2，x_5 为自由变量，基础解系个数为 $n - R(\boldsymbol{A}) = 5 - 3 = 2$，

基础解系为 $\boldsymbol{\xi}_1 = \begin{pmatrix} -1 \\ 1 \\ 0 \\ 0 \\ 0 \end{pmatrix}$，$\boldsymbol{\xi}_2 = \begin{pmatrix} 0 \\ 0 \\ -3 \\ -1 \\ 1 \end{pmatrix}$，通解为 $\boldsymbol{x} = k_1\boldsymbol{\xi}_1 + k_2\boldsymbol{\xi}_2$（$k_1$，$k_2$ 为任意常数）.

例 4　求方程组 $\begin{cases} x_1 + x_2 + x_3 - 3x_4 = 6, \\ x_1 - 5x_2 + x_3 + 3x_4 = -6, \\ x_1 - 2x_2 + 2x_3 - x_4 = 2 \end{cases}$ 的通解.

解　对增广矩阵做初等行变换

$$(\boldsymbol{A} \vdots \boldsymbol{b}) = \left(\begin{array}{cccc:c} 1 & 1 & 1 & -3 & 6 \\ 1 & -5 & 1 & 3 & -6 \\ 1 & -2 & 2 & -1 & 2 \end{array}\right) \xrightarrow[r_3 - r_1]{r_2 - r_1} \left(\begin{array}{cccc:c} 1 & 1 & 1 & -3 & 6 \\ 0 & -6 & 0 & 6 & -12 \\ 0 & -3 & 1 & 2 & -4 \end{array}\right) \xrightarrow{r_2 \times \left(-\frac{1}{6}\right)}$$

$$\left(\begin{array}{cccc:c} 1 & 1 & 1 & -3 & 6 \\ 0 & 1 & 0 & -1 & 2 \\ 0 & -3 & 1 & 2 & -4 \end{array}\right) \xrightarrow[r_3 + 3r_2]{r_1 - r_2} \left(\begin{array}{cccc:c} 1 & 0 & 1 & -2 & 4 \\ 0 & 1 & 0 & -1 & 2 \\ 0 & 0 & 1 & -1 & 2 \end{array}\right) \xrightarrow{r_1 - r_3} \left(\begin{array}{cccc:c} 1 & 0 & 0 & -1 & 2 \\ 0 & 1 & 0 & -1 & 2 \\ 0 & 0 & 1 & -1 & 2 \end{array}\right).$$

基础解系个数为 $n - R(\boldsymbol{A}) = 1$，

取 x_4 为自由变量,令 $x_4=1$,则基础解系为 $\boldsymbol{\xi}=\begin{pmatrix}1\\1\\1\\1\end{pmatrix}$.

令 $x_4=0$,得非齐次方程组的特解为 $\begin{pmatrix}2\\2\\2\\0\end{pmatrix}$,

则原方程组的通解为 $\boldsymbol{x}=k\begin{pmatrix}1\\1\\1\\1\end{pmatrix}+\begin{pmatrix}2\\2\\2\\0\end{pmatrix}$($k$ 为任意常数).

例 5 求线性方程组 $\begin{cases}6x_1-2x_2+2x_3+x_4=3,\\x_1-x_2+x_4=1,\\2x_1+x_3+3x_4=2\end{cases}$ 的通解.

解 对增广矩阵做初等行变换

$$(\boldsymbol{A}\vdots\boldsymbol{b})=\left(\begin{array}{cccc:c}6&-2&2&1&3\\1&-1&0&1&1\\2&0&1&3&2\end{array}\right)\xrightarrow{r_1\leftrightarrow r_2}\left(\begin{array}{cccc:c}1&-1&0&1&1\\6&-2&2&1&3\\2&0&1&3&2\end{array}\right)$$

$$\xrightarrow[r_3-2r_1]{r_2-6r_1}\left(\begin{array}{cccc:c}1&-1&0&1&1\\0&4&2&-5&-3\\0&2&1&1&0\end{array}\right)\xrightarrow[r_3\times\frac{1}{2}]{r_2-2r_3}\left(\begin{array}{cccc:c}1&-1&0&1&1\\0&0&0&-7&-3\\0&1&\frac{1}{2}&\frac{1}{2}&0\end{array}\right)$$

$$\xrightarrow[r_1+r_2]{r_2\leftrightarrow r_3}\left(\begin{array}{cccc:c}1&0&\frac{1}{2}&\frac{3}{2}&1\\0&1&\frac{1}{2}&\frac{1}{2}&0\\0&0&0&-7&-3\end{array}\right)\xrightarrow{r_3\times\left(-\frac{1}{7}\right)}\left(\begin{array}{cccc:c}1&0&\frac{1}{2}&\frac{3}{2}&1\\0&1&\frac{1}{2}&\frac{1}{2}&0\\0&0&0&1&\frac{3}{7}\end{array}\right).$$

$R(\boldsymbol{A})=R(\boldsymbol{A}\vdots\boldsymbol{b})=3$,方程有解,基础解系个数为 1 个.

取 x_3 为自由变量,令 $x_3=1$,基础解系为 $\begin{pmatrix}-\frac{1}{2}\\-\frac{1}{2}\\1\\0\end{pmatrix}$;令 $x_3=0$,非齐次方程组的特解为 $\begin{pmatrix}\frac{5}{14}\\-\frac{3}{14}\\0\\\frac{3}{7}\end{pmatrix}$.

所以原方程组的通解为 $\boldsymbol{x}=k\begin{pmatrix}-\frac{1}{2}\\-\frac{1}{2}\\1\\0\end{pmatrix}+\begin{pmatrix}\frac{5}{14}\\-\frac{3}{14}\\0\\\frac{3}{7}\end{pmatrix}$（$k$ 为任意常数）.

例 6　设方程组 $\begin{pmatrix}1&2&1\\2&3&a+2\\1&a&-2\end{pmatrix}\begin{pmatrix}x_1\\x_2\\x_3\end{pmatrix}=\begin{pmatrix}1\\3\\0\end{pmatrix}$，讨论 a 的值，使得方程组有唯一解、无解、无穷多个解，当方程组有无穷多个解时，求出其通解.

解　对增广矩阵做初等行变换

$$(\boldsymbol{A}\vdots\boldsymbol{b})=\left(\begin{array}{ccc:c}1&2&1&1\\2&3&a+2&3\\1&a&-2&0\end{array}\right)\xrightarrow[r_3-r_1]{r_2-2r_1}\left(\begin{array}{ccc:c}1&2&1&1\\0&-1&a&1\\0&a-2&-3&-1\end{array}\right)$$

$$\xrightarrow[r_2\times(-1)]{r_3+(a-2)r_2}\left(\begin{array}{ccc:c}1&2&1&1\\0&1&-a&-1\\0&0&(a+1)(a-3)&a-3\end{array}\right).$$

① 当 $a\neq-1$ 且 $a\neq3$ 时，$R(\boldsymbol{A})=R(\boldsymbol{A}\vdots\boldsymbol{b})=3$，原方程组有唯一解.

② 当 $a=-1$ 时，$R(\boldsymbol{A})\neq R(\boldsymbol{A}\vdots\boldsymbol{b})$，原方程组无解.

③ 当 $a=3$ 时，$R(\boldsymbol{A})=R(\boldsymbol{A}\vdots\boldsymbol{b})=2$，原方程组有无穷多个解.

$$(\boldsymbol{A}\vdots\boldsymbol{b})\longrightarrow\left(\begin{array}{ccc:c}1&2&1&1\\0&1&-3&-1\\0&0&0&0\end{array}\right)\xrightarrow{r_1-2r_2}\left(\begin{array}{ccc:c}1&0&7&3\\0&1&-3&-1\\0&0&0&0\end{array}\right).$$

取 x_3 为自由变量，令 $x_3=1$，则齐次方程组的基础解系为 $\begin{pmatrix}-7\\3\\1\end{pmatrix}$；令 $x_3=0$，则非齐次方程组的特解为 $\begin{pmatrix}3\\-1\\0\end{pmatrix}$. 所以原方程组的通解为 $\boldsymbol{x}=k\begin{pmatrix}-7\\3\\1\end{pmatrix}+\begin{pmatrix}3\\-1\\0\end{pmatrix}$（$k$ 为任意常数）.

图书在版编目(CIP)数据

江苏专转本高等数学一本通/迈成教育主编.
南京：东南大学出版社,2024. 11. -- ISBN 978-7-5766-1580-7

Ⅰ. O13

中国国家版本馆 CIP 数据核字第 202466AS21 号

责任编辑：马　伟　责任校对：韩小亮　封面设计：王　玥　责任印制：周荣虎

江苏专转本高等数学一本通

主　　编：迈成教育
出版发行：东南大学出版社
出 版 人：白云飞
社　　址：南京四牌楼 2 号　邮编：210096　电话：025 - 83793330
网　　址：http://www. seupress. com
电子邮件：press@ seupress. com
经　　销：全国各地新华书店
印　　刷：南京京新印刷有限公司
开　　本：787 mm×1 092 mm　1/16
印　　张：19
字　　数：474 字
版　　次：2024 年 11 月第 1 版
印　　次：2024 年 11 月第 1 次印刷
书　　号：ISBN 978 - 7 - 5766 - 1580-7
定　　价：59. 00 元

本社图书若有印装质量问题,请直接与营销部联系。电话(传真)：025-83791830